AF618861

ENCYCLOPEDIA OF PHYSICS

EDITED BY

S. FLÜGGE

VOLUME VII/2

CRYSTAL PHYSICS II

WITH 190 FIGURES

SPRINGER-VERLAG
BERLIN · GÖTTINGEN · HEIDELBERG
1958

HANDBUCH DER PHYSIK

HERAUSGEGEBEN VON

S. FLÜGGE

BAND VII/2

KRISTALLPHYSIK II

MIT 190 FIGUREN

SPRINGER-VERLAG

BERLIN · GÖTTINGEN · HEIDELBERG

1958

ISBN-13: 978-3-642-45891-0 e-ISBN-13: 978-3-642-45890-3
DOI: 10.1007/978-3-642-45890-3

Alle Rechte, insbesondere das der Übersetzung in fremde Sprachen, vorbehalten.

Ohne ausdrückliche Genehmigung des Verlages ist es auch nicht gestattet, dieses Buch oder Teile daraus auf photomechanischem Wege (Photokopie, Mikrokopie) zu vervielfältigen.

© by Springer-Verlag OHG. Berlin · Göttingen · Heidelberg 1958

Softcover reprint of the hardcover 1st edition 1958

Die Wiedergabe von Gebrauchsnamen, Handelsnamen, Warenbezeichnungen usw. in diesem Werk berechtigt auch ohne besondere Kennzeichnung nicht zu der Annahme, daß solche Namen im Sinn der Warenzeichen- und Markenschutz-Gesetzgebung als frei zu betrachten wären und daher von jedermann benutzt werden dürften.

Inhaltsverzeichnis.

Kristallplastizität.

Von

A. Seeger.

Mit 176 Figuren.

A. Überblick über die bleibenden Verformungen.

1. Strukturempfindliche und strukturunempfindliche Eigenschaften. Von Smekal[1] wurde die Einteilung der Eigenschaften fester Körper in *strukturempfindliche* und *strukturunempfindliche* Eigenschaften eingeführt. Nach unseren heutigen Kenntnissen stellen diese Begriffe kein absolutes Einteilungsprinzip dar, doch erweisen sie sich auch heute noch als wertvolle Hilfe bei der Charakterisierung von Festkörpereigenschaften.

Dieser Einteilung liegt die Beobachtung zugrunde, daß es neben Eigenschaften wie den elastischen Konstanten, die durch geringe Verunreinigungen oder durch unkontrollierbare Zufälligkeiten beim Kristallwachstum wenig beeinflußt werden, auch andere, wie z.B. die Fließgrenze von Kristallen, gibt, die außerordentlich stark von solchen „Struktureinflüssen" abhängen. Oft sind die Ursachen für die Änderung einer solchen strukturempfindlichen Eigenschaft derartig geringfügig, daß sie selbst mit feinsten experimentellen Methoden nicht direkt, sondern nur auf dem Umweg über ihre Wirkungen auf makroskopische Eigenschaften entdeckt werden können[2].

Die Unterteilung in strukturempfindliche und strukturunempfindliche Eigenschaften läßt sich jedoch nicht ein für allemal treffen, da sie von Material zu Material verschieden ausfallen mag. Die elektrische Leitfähigkeit ist im allgemeinen bei Metallen eine strukturunempfindliche, bei Halbleitern jedoch eine strukturempfindliche Eigenschaft. Bei sehr tiefen Temperaturen wird jedoch auch bei Metallen die elektrische Leitfähigkeit strukturempfindlich. Sie ist im Bereich des sogenannten Restwiderstandes durch Fremdatome und Gitterbaufehler bestimmt. Bei vielen Metallen rufen schon minimale Verunreinigungen von der Größenordnung 10^{-6} ein Minimum des elektrischen Widerstandes im Temperaturbereich zwischen 1° K und 20° K hervor, so daß die elektrische Leitfähigkeit hier als sehr stark strukturempfindlich zu bezeichnen ist.

Die völlige Strukturunempfindlichkeit einer physikalischen Größe ist ein in Wirklichkeit nie vorhandener Idealfall, da im Prinzip jede Eigenschaft eines festen Körpers durch Verunreinigungen und Kristallbaufehler beeinflußt wird. Die obige Einteilung ist zwar dementsprechend in gewissem Maße eine Konventionsangelegenheit, aber dennoch von Wert, um das Verhältnis von Theorie und Experiment zueinander in vielen Zweigen der modernen Festkörperphysik zu

---

[1] A. Smekal: Strukturempfindliche Eigenschaften von Kristallen. In Handbuch der Physik, 2. Aufl., Bd. 24/II, Kap. 5. Berlin: Springer 1933. (Zusammenfassende Darstellung.)

[2] Eigentlich sollte man nicht von „strukturempfindlichen", sondern von „*störungsempfindlichen*" Eigenschaften sprechen, da es sich nicht um einen starken Einfluß der *Kristallstruktur* selbst, sondern ihrer *Störungen* durch Kristallbaufehler handelt. Da die Bezeichnung „Strukturempfindlichkeit" allgemein eingeführt ist, behalten wir sie bei.

charakterisieren. Untersuchen wir eine strukturunempfindliche Eigenschaft wie die Kompressibilität eines Metalls, so kann man versuchen, die betreffende Eigenschaft deduktiv — in vorliegendem Beispiel mit Hilfe der Elektronentheorie der Metalle — aus den Eigenschaften der Metallatome und der Kristallstruktur abzuleiten, das Ergebnis mit dem Experiment zu vergleichen und danach über Wert und Unwert der Theorie zu urteilen. Wenn jedoch die interessierenden Eigenschaften von nicht mehr sichtbaren Wachstumsfehlern der Kristalle oder von nicht mehr spektroskopisch nachweisbaren Verunreinigungen stark beeinflußt werden, kann man nicht mehr erwarten, diese Eigenschaften deduktiv herleiten zu können. Die Aufgabe der Theorie ist es in diesem Falle vielmehr, rückwärts aus den Beobachtungen Art und Anordnung der Fehlstellen zu ermitteln, welche für den experimentellen Befund verantwortlich waren.

Zu den strukturempfindlichen Eigenschaften gehören alle Festigkeitseigenschaften wie Bruchfestigkeit, Verformbarkeit usw. Wie fast immer wirken auch bei der plastischen Verformung mehrere Arten von Fehlstellen mit. Unter vielen experimentellen Bedingungen werden jedoch die plastischen Eigenschaften durch einen einzigen Fehlstellentypus, die Versetzung, weitgehend bestimmt. Wir verfügen heute über eine verhältnismäßig abgerundete Theorie der Eigenschaften der Kristallversetzungen und ihrer Wechselwirkungen mit anderen Gitterfehlern[1]. Diese erleichtert uns die Hauptaufgabe des vorliegenden Kapitels, nämlich die Beschreibung und Erklärung der plastischen Eigenschaften der Kristalle als Wirkung der Versetzungen und anderer Fehlstellen wie Korngrenzen, Leerstellen, Zwischengitteratomen usw. Leider ist die Anwendung der Theorie auf manchem Teilgebiet noch sehr wenig weit fortgeschritten, so daß wir uns in manchen Fällen auf eine bloße (und in Anbetracht des meist sehr großen experimentellen Materials verhältnismäßig kurze) Beschreibung der experimentellen Befunde beschränken müssen.

2. Abweichungen von den Gesetzen der Elastizitätstheorie. Die klassische Elastizitätstheorie fester Körper ist dadurch gekennzeichnet, daß sie eine eindeutige Beziehung zwischen Spannungszustand (charakterisiert durch das Feld des Spannungstensors) und Deformationszustand (charakterisiert durch das Feld des Verzerrungstensors) annimmt. Der einfachste, für die mathematische Behandlung meist zugrunde gelegte Zusammenhang ist das verallgemeinerte Hookesche Gesetz, das durch den Tensor der elastischen Konstanten (Hookescher Tensor) Spannungs- und Deformationszustand linear miteinander verknüpft. Neben dem verallgemeinerten Hookeschen Gesetz werden in der sogenannten nichtlinearen Elastizitätstheorie auch nichtlineare Zusammenhänge zwischen Spannung und Dehnung untersucht.

Es wurde jedoch schon sehr frühzeitig — etwa gleichzeitig mit der Entwicklung der mathematischen Elastizitätstheorie im 19. Jahrhundert — erkannt, daß diese Theorie eine starke Idealisierung darstellt, und daß in Wirklichkeit die meisten festen Stoffe schon bei mäßig großen Beanspruchungen nicht mehr den von der Elastizitätstheorie verlangten eindeutigen Zusammenhang zwischen Spannungstensor und Dehnungstensor aufweisen. Das mechanische Verhalten fester Körper zeigt eine Irreversibilität, die durch die Elastizitätstheorie nicht wiedergegeben wird.

Die Abweichungen von der Elastizitätstheorie kann man ganz grob in zwei Gruppen unterteilen, die jedoch untereinander, besonders hinsichtlich ihrer atomphysikalischen Deutung[2], eng zusammenhängen.

---

[1] Siehe das Kapitel „Theorie der Gitterfehlstellen" in Teil 1 dieses Bandes.

[2] Auch viele anelastische Erscheinungen, besonders soweit sie nach Verformung auftreten, rühren von der Bewegung von Versetzungen her.

α) Die bleibenden Verformungen. Man spricht von einer bleibenden Verformung, wenn auch beliebig lange Zeit nach dem Aufhören der Beanspruchung eines festen Körpers durch äußere Kräfte oder Volumkräfte eine Formänderung bestehen bleibt. Wir werden die Einteilung der bleibenden Verformungen in Ziff. 3 näher betrachten.

β) Die anelastischen Erscheinungen. Hierzu gehören die *elastische Nachwirkung* (die Verformung geht nach dem Aufhören der Beanspruchung erst allmählich auf Null bzw. auf den „bleibenden" Endwert zurück), die *Spannungsrelaxation* (wird eine bestimmte Deformation erzwungen, so nimmt die Spannung allmählich auf einen kleineren „relaxierten" Wert ab), die *innere Reibung* fester Körper[1] (Energiedissipation bei Wechselbeanspruchung fester Körper mit sehr kleinen Amplituden) und die *Variation der elastischen Konstanten mit der Frequenz* der Beanspruchung. Einen Überblick über die Gesamtheit der anelastischen Eigenschaften gibt C. ZENER [*11*].

Für beide Erscheinungsgebiete, oder genauer gesagt, für bestimmte mathematische Idealisierungen, gibt es weitgehend ausgearbeitete phänomenologische Theorien, nämlich die in Analogie zur mathematischen Elastizitätstheorie aufgebaute mathematische Plastizitätstheorie[2], die gewisse Arten der bleibenden Verformungen behandelt, und die Thermodynamik der irreversiblen Vorgänge[3], welche die anelastischen Erscheinungen zusammen mit anderen linearen irreversiblen Prozessen in einheitlicher Weise zu betrachten gestattet. In diesem Kapitel werden diese phänomenologischen Fragen nicht behandelt werden. Wie schon in Ziff. 1 erwähnt, werden wir uns vielmehr der atomtheoretischen Deutung und der Beschreibung der hierfür wesentlichen Experimente widmen.

3. Einteilung der bleibenden Verformungen, Plastizität und Viskosität. Man kann die bleibenden Verformungen, etwas unscharf allerdings, in drei Gruppen einteilen: 1. Plastische Verformung. 2. Viskose Verformung. 3. Bruchvorgänge. Wir werden die Abgrenzung und die gemeinsamen Berührungspunkte dieser Gruppen nunmehr im einzelnen besprechen.

Im gewöhnlichen Sprachgebrauch bezeichnet man feste Stoffe, die große bleibende Verformungen erfahren können ohne zu brechen, als *plastische* oder *duktile* Materialien. Werkstoffe, die schon nach geringer — manchmal unmeßbar kleiner — bleibender Verformung brechen, heißen demgegenüber *spröde.*

Vom physikalischen Standpunkt aus ist es wünschenswert, nur einen Teil der gut verformbaren Materialien plastisch zu nennen und ihnen den Begriff der viskosen Stoffe gegenüberzustellen. Eine derartige Unterteilung ist deswegen naheliegend, weil die gut verformbaren Stoffe in zwei in ihren sonstigen Eigenschaften ganz verschiedenartige Stoffklassen zerfallen, nämlich kristalline und amorphe Körper. Wir werden in Zukunft die bleibende Verformung kristalliner Körper *plastisch* und diejenige der amorphen Körper *viskos* nennen. Auch bei kristallinen Stoffen, insbesondere bei Polykristallen, können Verformungsmechanismen auftreten, die eine gewisse Verwandtschaft zur viskosen Verformung haben. Auf dieses „quasiviskose" Fließen kristalliner Stoffe werden wir am Ende dieser Ziffer zurückkommen.

Um das Grundsätzliche des Unterschiedes plastisch—viskos gut herausstellen zu können, vergleichen wir die Verformung eines möglichst einfachen amorphen Stoffes mit derjenigen eines typischen hochsymmetrischen Metallkristalles, z.B. eines Edelmetalles. Im erstgenannten Beispiel ist es plausibel, daß die

[1] Zur allgemeinen Theorie der inneren Reibung und zu den Dämpfungsmechanismen in Metallen s. A. S. NOWICK [*12*].

[2] Vgl. den Artikel von M. FREUDENTHAL und H. GEIRINGER in Band VI dieses Handbuchs.

[3] Vgl. den Artikel von J. MEIXNER und H. G. REIK in Band III, Teil 2 dieses Handbuchs.

Verformung durch thermisch aktivierte *Platzwechselvorgänge* einzelner Moleküle geschieht und daß der unverformte amorphe Zustand in einen entsprechenden verformten Zustand übergeht[1] (Fig. 1).

Im Anfangsstadium der Untersuchungen zur Verformung kristalliner Festkörper stellte man sich vor, daß sich hierbei ebenfalls Platzwechselvorgänge abspielten und daß der Kristall während der Verformung allmählich in einen amorphen Zustand übergehe[2]. Auf diese Weise glaubte man leicht verstehen zu können, weshalb bei der Kaltverformung von Metallen viele Eigenschaften (z.B. Härte, elektrischer Widerstand u.a.m.) stark geändert werden und weshalb beim Anlassen kaltverformter Metalle bei genügend hoher Temperatur die Eigenschaften des unverformten Materials durch *Rekristallisation* wiedererhalten werden können.

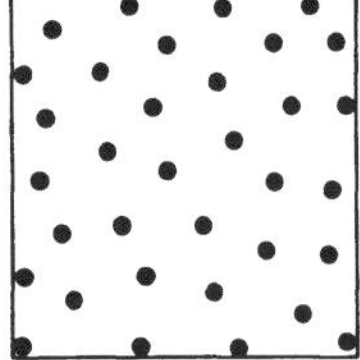

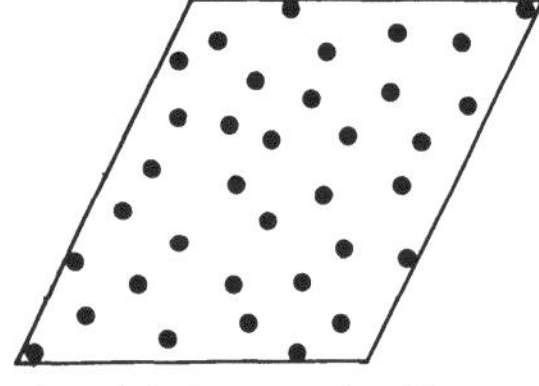

Fig. 1. Schema der Verformung eines einfachen amorphen Körpers.

Noch bevor die Versetzungstheorie der plastischen Verformung, die heute allgemein angenommen und sehr weit entwickelt ist, wirklich gesichert war, hatten Röntgenuntersuchungen ergeben, daß durch Kaltverformung die Kristallstruktur *nicht* zerstört wird, und damit dargetan, daß ein fundamentaler Unterschied zwischen der bleibenden Verformung von kristallinen und amorphen Stoffen besteht. Die klassischen Untersuchungen aus der Zeit von 1920 bis 1930 hierüber sind in den Büchern von E. SCHMID und W. BOAS [*1*], insbesondere Ziff. 59, und C.F. ELAM [*2*], insbesondere Kap. X, zusammenfassend behandelt. Sie haben ergeben, daß bei der plastischen Verformung von Einkristallen die Kristallstruktur im wesentlichen erhalten bleibt[3] und die Veränderung des Kristallgitters sich auf Verbiegungen (Asterismen der Laue-Punkte), kleine elastische Verspannungen, Verkleinerung der kohärent streuenden Bereiche und inhomogene Verzerrungen des Gitters beschränkt[4].

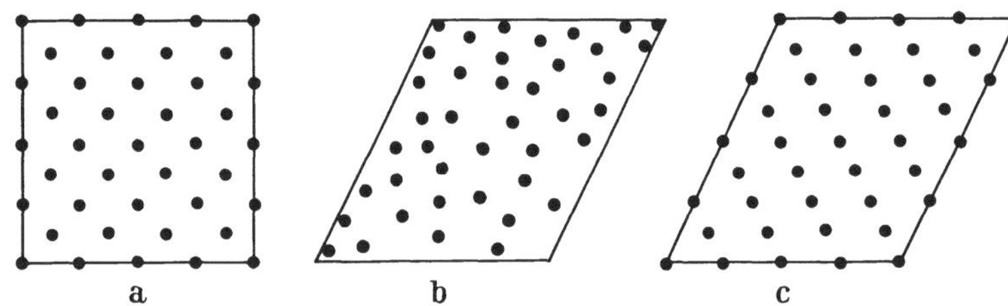

Fig. 2a—c. Ein Kristall (a) geht bei der Verformung weder in einen amorphen Zustand (b) noch in eine andere Kristallstruktur (c) über.

[1] Wegen einer Diskussion dieser Platzwechselvorgänge und wegen des Vergleichs mit dem Verformungsmechanismus bei kristallinen Körpern s. A. KOCHENDÖRFER: Z. angew. Physik **5**, 69 (1953). — Die Viskosität der Gläser wird bei G.O. JONES [Rep. Progr. Phys. **11**, 133 (1949)] zusammenfassend behandelt.

[2] G.T. BEILBY: Aggregation and Flow of Solids. London: Macmillan & Co. 1921.

[3] Eine Ausnahme bilden solche geordnete Legierungen wie CuAu, bei welchem die Zerstörung der Ordnung durch Kaltverformung gleichzeitig einen Übergang vom tetragonal-flächenzentrierten Gitter zum kubisch-flächenzentrierten Gitter bewirkt [s. U. DEHLINGER u. L. GRAF: Z. Physik **64**, 359 (1930)].

[4] Eine moderne Darstellung der röntgenographischen Untersuchungen der Struktur verormter Metalle findet sich bei C. S. BARRETT [*8*], insbesonders Kap. XVII und im Beitrag von BEEMAN, KAESBERG, ANDEREGG und WEBB im Bd. XXXII dieses Handbuchs. Wegen der Anwendungsmöglichkeiten der diffusen Röntgenstreuung vgl. auch B.E. WARREN u. B.L. AVERBACH: The Diffuse Scattering of X-Rays, Modern Research Techniques in Physical Metallurgy, S. 95 (Amer. Soc. of Metals), Cleveland 1953.

Man kann somit sagen, daß die ursprüngliche Kristallstruktur (Fig. 2a) bei der Verformung weder in eine amorphe Struktur (Fig. 2b) noch in eine andere kristalline Struktur (Fig. 2c) übergeht. Als Schlüssel für das Verständnis der sich bei der plastischen Verformung von Kristallen hauptsächlich abspielenden Vorgänge erwies sich die Tatsache, daß sich an der Oberfläche von verformten Kristallen und Kristalliten sogenannte Gleitlinien zeigten, wie sie an Ionenkristallen zuerst von E. REUSCH[1] und an polierten Metalloberflächen zuerst von A. EWING und W. ROSENHAIN[2] beobachtet wurden.

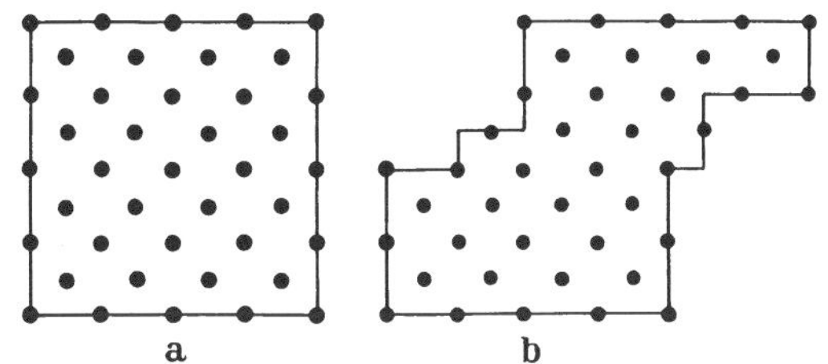

Fig. 3 a u. b. Schema der Verformung durch Translation. Die Kristallstruktur im unverformten (a) und im verformten Zustand (b) ist dieselbe.

Spätere Untersuchungen, die vor allem an Metalleinkristallen durchgeführt wurden, zeigten, daß mit gewissen Verfeinerungen, auf die wir bei der Behandlung der Oberflächenerscheinungen in Abschnitt C VI eingehen werden, die Ansicht von EWING und ROSENHAIN zutraf, daß nämlich — wie der Name Gleitlinien (engl. slip lines) ausdrücken sollte — diese die Spuren von Ebenen darstellen, auf denen Kristallteile sich gegeneinander verschoben haben. Diese Art der plastischen Verformung wird in der Kristallographie *Translation*, in der Metallphysik im allgemeinen *Gleiten* genannt. Ein durch Translation verformter Kristall ist schematisch in Fig. 3 dargestellt.

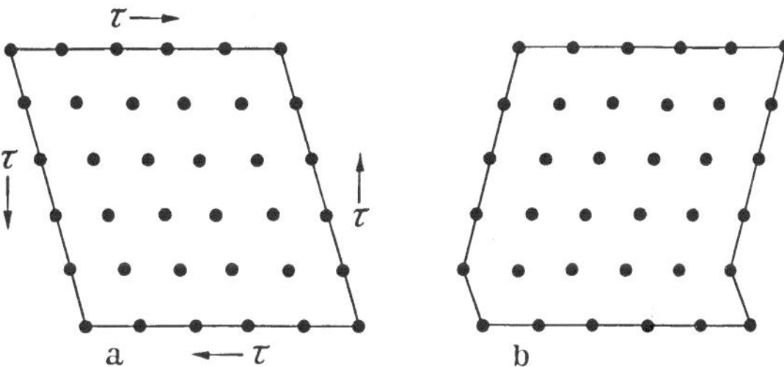

Fig. 4 a u. b. Verformung eines Kristalls durch Zwillingsbildung. Ein Teil des unverformten Kristalls (a) folgt dem äußeren Zwang durch Übergang in eine Zwillingslage (b).

Neben der Translation gibt es noch zwei weitere Mechanismen der plastischen Verformung von Kristallen, nämlich die mechanische Zwillingsbildung und die Knickung.

Bei der *mechanischen Zwillingsbildung* folgt ein Kristall der äußeren Beanspruchung dadurch, daß er teilweise in eine Zwillingsorientierung übergeht (Fig. 4). Dieser Mechanismus der plastischen Verformung spielt vor allem in Fällen wie den hexagonalen Metallen eine Rolle, bei denen nur eine kleine Zahl von Gleitmöglichkeiten vorhanden ist.

Der dritte Mechanismus, die sogenannte *Knickung* (engl. *kinking*) wurde an Ionenkristallen zuerst von O. MÜGGE[3], an Metallkristallen von E. OROWAN[4] beobachtet[5]. Er kann dann auftreten, wenn der Kristall einem äußeren Zwang weder durch Gleiten noch durch Zwillingsbildung nachgeben kann. Ein solcher Fall ist in Fig. 5 dargestellt. Belastet man einen stabförmigen hexagonalen Kristall mit Basisebene parallel zur Stabrichtung hinreichend genau axial, so

[1] E. REUSCH: Pogg. Ann. **132**, 441 (1867).

[2] A. EWING u. W. ROSENHAIN: Phil. Trans. Roy. Soc. Lond. A **193**, 353 (1899); **195**, 279 (1900).

[3] O. MÜGGE: Neues Jb. Mineral. **1889** (1), 131.

[4] E. OROWAN: Nature, Lond. **149**, 643 (1942).

[5] R. CAHN [*13*] weist darauf hin, daß es sich bei den von W. F. BERG [Nature, Lond. **134**, 143 (1934)] beobachteten und als „mechanische Zwillingsbildung" angesprochenen Erscheinungen wohl um Knickung gehandelt hat.

daß kein Ausbiegen stattfindet, so tritt eine besondere Verformungsart, nämlich die Knickung des Kristalls auf. Wie ein genaueres Studium zeigt, kann die Verformung durch Knicken dann eintreten, wenn die Verformung durch Gleiten oder Zwillingsbildung nicht möglich ist (im vorliegenden Fall wirkt z.B. in dem bei hexagonalen Metallen üblicherweise auftretenden Basisgleitsystem überhaupt keine Schubspannung).

Wir haben oben gesehen, daß in Kristallen drei verschiedene Mechanismen der plastischen Verformung beobachtet werden, nämlich 1. Translation oder Gleiten, 2. Zwillingsbildung, 3. Knickung.

Bei allen diesen Vorgängen bleibt die Kristallstruktur und der Kristallzusammenhang bestehen. Sie sind kristallographisch bestimmt und damit deutlich von den Vorgängen, die sich bei der Verformung viskoser Stoffe abspielen, unterschieden.

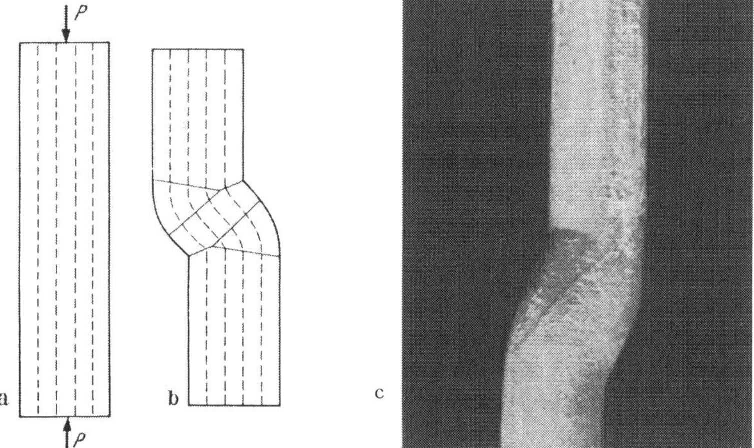

Fig. 5a—c. Knickung eines stabförmigen Zink-Kristalls, dessen Basisebene parallel zur Stab- und Beanspruchungsrichtung liegt. a und b Schematische Darstellung der Knickung. c Geknickter Kristall. (Fig. 5c wurde ebenso wie Fig. 19 und 20 von cand. phys. H. Träuble dankenswerterweise zur Verfügung gestellt.)

Es gibt aber auch bei plastischen Stoffen Verformungsvorgänge, die eine enge Verwandtschaft mit denjenigen von viskosen Stoffen zeigen, und die man *quasiviskos* nennt. Sie gehorchen näherungsweise ebenfalls dem Newtonschen Gesetz, wonach die Verformungsgeschwindigkeit der wirkenden Spannung proportional ist. Die diesem quasiviskosen Fließen von kristallinen Stoffen zugrunde liegenden Vorgänge sind *nicht* kristallographisch bestimmt. Es handelt sich hierbei um das Fließen durch die Diffusion von Leerstellen und Zwischengitteratomen (Ziff. 70γ) und die gegenseitige Verschiebung von Körnern entlang der Korngrenze (Ziff. 70β).

Als letzte Gruppe der bleibenden Verformungen haben wir schließlich noch die *Bruchvorgänge* zu betrachten. Zwischen diesen und der plastischen Verformung besteht insofern ein enger Zusammenhang, als hinreichend ausgiebige plastische Verformung in jedem Falle schließlich zum Bruch der Probe führt. Die Brucherscheinungen sind sehr vielfältig und im Vergleich zum plastischen Gleiten noch wenig theoretisch untersucht und verstanden. Einen detaillierten Überblick über die verschiedenartigen Bruchvorgänge gibt [*17*]; wir begnügen uns, da es hier vor allem auf den Zusammenhang zwischen plastischer Verformung und Bruch ankommt, mit der folgenden einfacheren und gröberen Einteilung: 1. Verformungsbruch, 2. Sprödbruch, 3. Ermüdungsbruch.

Sprödbruch und *Verformungsbruch* unterscheiden sich vor allem dadurch, daß ein hinreichend großer Riß in einem spröde brechenden Material ohne plastische Verformung seiner Umgebung, d.h. also unter konstanter Spannung, sich ausbreiten kann. Beim Bruch in einem leichter verformbaren Material hingegen ist die Ausbreitung eines Risses mit einer plastischen Verformung und Verfestigung des angrenzenden Materials, d.h. also mit einem dauernden Energieaufwand, verknüpft. Der *Ermüdungsbruch* tritt bei Wechselverformung mit sehr großer Wechselzahl auf, und zwar schon unter Beanspruchungen, unter denen bei einsinniger Verformung kein Bruch auftreten würde. Der Mechanismus der Rißbildung und Rißausbreitung ist in diesem Falle noch sehr wenig verstanden.

Von den in dieser Ziffer erwähnten Verformungsarten werden in diesem Artikel die plastischen Verformungen (am ausführlichsten, weil am besten erforscht, das plastische Gleiten) und das quasiviskose Fließen in kristallinen Körpern, nicht dagegen die Verformung der viskosen Stoffe besprochen. Die Bruchvorgänge werden im Band VI dieses Handbuches behandelt[1]. Wegen weitergehender Erörterungen sei auf die in der Bibliographie angegebene Literatur verwiesen[2].

B. Die theoretische Schubfestigkeit und der Beginn der plastischen Verformung.

4. Die theoretische Schubfestigkeit idealer Kristalle. Ausführliche Untersuchungen, die in [*1*] und [*2*] zusammenfassend dargestellt sind, haben ergeben, daß bei dem in Ziff. 3 als Gleiten bezeichneten Prozeß in der Tat eine Translation benachbarter Kristallteile längs bestimmter kristallographischer Ebenen, der *Gleitebenen*, und in bestimmten kristallographischen Richtungen, den *Gleitrichtungen*, stattfindet. Gleitrichtungen und Gleitebenen heißen *Gleit-Elemente*; eine Gleitebene und eine zugehörige Gleitrichtung bilden zusammen ein *Gleitsystem*. Diejenige Schubspannungskomponente, die in einem Gleitsystem in einem vollkommen ideal gebauten Kristall (der Einfachheit halber werde auch von der Nullpunktsbewegung der Kristallbausteine abgesehen) wirken muß, um Gleiten zu ermöglichen, heißt die *theoretische Schubfestigkeit* des betreffenden Gleitsystems.

Es erscheint naheliegend, einen Zusammenhang zwischen der theoretischen Schubfestigkeit des bei der Verformung betätigten Gleitsystems und der *kritischen Schubspannung*, bei der ausgiebige plastische Verformung einsetzt, zu erwarten. Wir wollen in dieser und der folgenden Ziffer ausführlich zeigen, daß diese Vermutung *falsch* ist. Wir werden zunächst die Größenordnung der theoretischen Schubfestigkeit abschätzen und dann für einen praktisch wichtigen Fall genauer berechnen. Es wird sich zeigen, daß sie um einen Faktor von der Größenordnung 10^3 höher liegt als die gemessene kritische Schubspannung.

Eine Abschätzung für die theoretische Schubfestigkeit kann auf folgende Weise erhalten werden[3,4]. Wir betrachten ein kubisch primitives Gitter mit der Gitterkonstanten a (Fig. 6). Die obere der beiden gezeichneten Netzebenen

---

[1] Beiträge von G.R. Irwin (Fracture) und A.M. Freudenthal (Fatigue).

[2] In jüngster Zeit sind zwei weitere Berichte über den Spröd- und Verformungsbruch erschienen, nämlich die überwiegend experimentell orientierte Darstellung von C. F. Tipper [Met. Rev. **2**, 195 (1957)] und eine theoretische Arbeit von A. N. Stroh [Adv. Physics **6**, 418 (1957)]. In letzterer wird ein bestimmtes Modell für den Spröd- und Verformungsbruch ausführlich betrachtet, nämlich das Aufreißen der Kristalle infolge der starken Spannungen in der Umgebung der Versetzungen. — Die modernste Zusammenfassung über den Ermüdungsbruch ist N. Thompson u. N. J. Wadsworth, Adv. Physics **7**, 72 (1958).

[3] J. Frenkel: Z. Physik **37**, 572 (1926).

[4] M. Polanyi u. E. Schmid: Naturwiss. **17**, 301 (1929).

soll gegenüber der unteren um die Strecke x entlang einer Würfelkante verschoben werden. Die Erhöhung der potentiellen Energie $U(x)$ als Funktion dieser Verschiebung muß, wenn die Ebenen als unendlich ausgedehnt betrachtet werden, periodisch mit der Periode a sein. Der einfachste denkbare Ansatz hierfür ist

$$U(x) = \frac{G\,a}{(2\pi)^2}\left(1 - \cos\frac{2\pi\,x}{a}\right). \tag{4.1}$$

Dabei wurde der Faktor vor dem Cosinusglied in Gl. (4.1) so bestimmt, daß sich für $x \ll a$ gerade der richtige, makroskopisch meßbare Schubmodul G ergibt. Die Schubspannung

$$\tau = \frac{dU}{dx} \tag{4.2}$$

nimmt ihren Maximalwert

$$\tau_{\max} = \frac{G}{2\pi} \tag{4.3}$$

für $x = a/4$ an (Fig. 7). $\tau_{\max}$ ist gleich der theoretischen Schubfestigkeit unseres Modells, die somit etwa um eine Größenordnung kleiner als der Schubmodul ist.

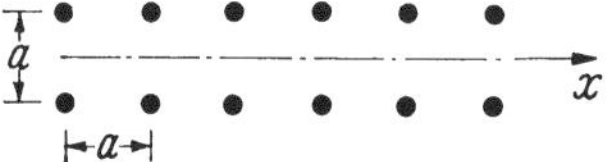

Fig. 6. Atomanordnung im kubisch-primitiven Gitter.

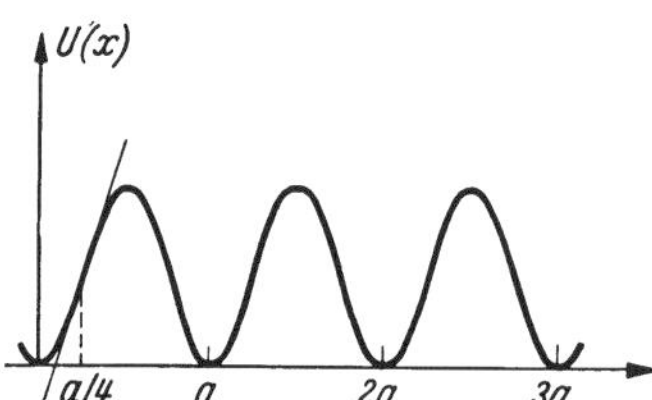

Fig. 7. Potentialverlauf $U(x)$ bei einer Verschiebung der in Fig. 6 gezeichneten zwei Atomreihen gegeneinander in x-Richtung.

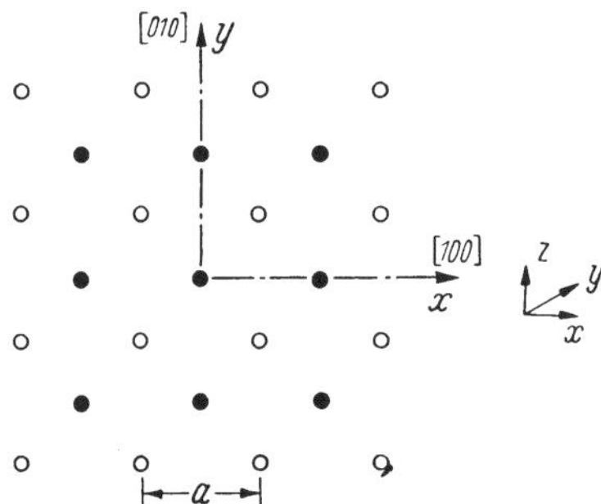

Fig. 8. Zwei Würfelebenen des kubisch-raumzentrierten Gitters. Die mit leeren und ausgefüllten Kreisen gezeichneten Netzebenen haben (in z-Richtung) den Abstand $a/2$ voneinander.

Die praktische Bedeutung des kubisch-primitiven Gitters, auf das die vorstehende Ableitung abgestellt war, ist gering. Außerdem erscheint es unsicher, ob ein einziges trigonometrisches Glied einer Fourier-Entwicklung, wie wir es in Gl. (4.1) verwertet haben, eine sehr genaue Darstellung der in Wirklichkeit auftretenden Funktionen $U(x)$ erlaubt. Eine wesentlich realistischere Behandlung, auf die wir in Ziff. 5 eingehen werden, hat J. K. MACKENZIE[1] gegeben.

Einem Gedanken von E. OROWAN[2] folgend, soll zunächst gezeigt werden, daß unter Umständen das sinusförmige Potential, Gl. (4.1), eine sehr schlechte Näherung sein kann. Wir betrachten ein kubisch-raumzentriertes Gitter mit der Gleitebene (001) und der Gleitrichtung [100], das aus starren Kugeln aufgebaut sein soll. Verschiebt man die in Fig. 8 gezeichneten Ebenen in x-Richtung gegeneinander derart, daß wegen der die Kohäsion des Gitters bewirkenden anziehenden Kräfte die Kugeln in beiden Ebenen immer in Kontakt bleiben, so bewegen sich die Kugelmittelpunkte der beiden Ebenen relativ zueinander auf Kreisbögen (Fig. 9a). Die potentielle Energie als Funktion der Verschiebung ergibt einen ähnlichen Verlauf (Fig. 9b). Für die Schubspannung ergibt sich hieraus der in Fig. 9c dargestellte Verlauf, der durch einen *endlichen* Anfangswert der Kraft bei Verschiebung aus der Gleichgewichtslage heraus charakterisiert ist.

[1] J. K. MACKENZIE: Thesis Bristol 1949.

[2] Siehe E. OROWAN [*17*], insbesondere Abschnitt 3-2.

Hat man, wie in Wirklichkeit, nicht starre, sondern etwas kompressible Atome, so muß sich für kleine Verschiebungen auch hier das Hookesche Gesetz

$$\tau = G\frac{x}{z_0} \tag{4.4}$$

($z_0 = a/2$ = Abstand benachbarter Netzebenen) ergeben. Man erhält deshalb, wie in Fig. 10b dargestellt, für kleine Verschiebungen eine gewisse Annäherung an den mit sinusförmigem Potential errechneten Schubspannungsverlauf Fig. 10a. In Ziff. 5 wird im einzelnen untersucht werden, wie gut sich die in Wirklichkeit auftretenden Verhältnisse durch die Anfangsglieder einer Fourier-Reihe darstellen lassen.

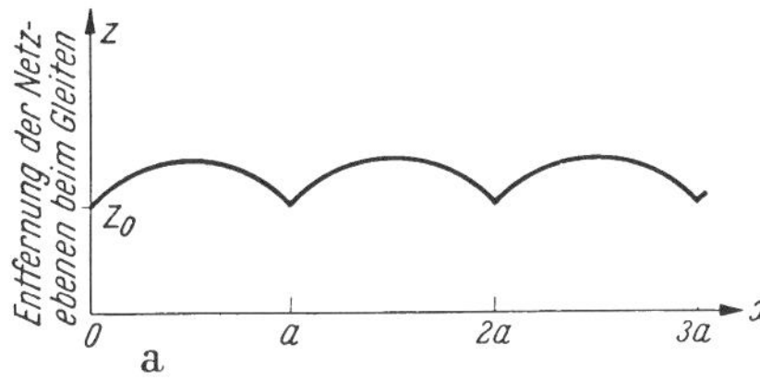

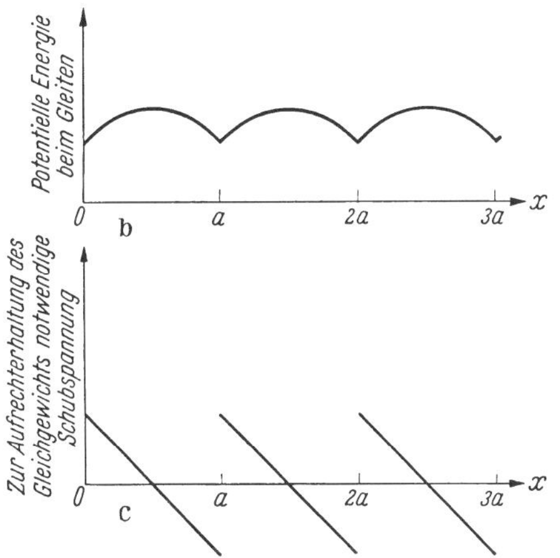

Fig. 9 a—c. Verlauf des Netzebenenabstandes, der potentiellen Energie und der Schubspannung bei der Verschiebung der in Fig. 8 gezeichneten Netzebenen in x-Richtung.

Fig. 10 a u. b. Verlauf der Schubspannung beim Gleiten: a Frenkelsches Modell, potentielle Energie sinusförmig (Fig. 7); b Modell mit kompressiblen Kugeln.

5. Die Rechnungen von MACKENZIE zur theoretischen Schubfestigkeit. Die Rechnungen von MACKENZIE[1], die in der Literatur sehr häufig zitiert werden, sind unveröffentlicht. Da sie unter den bis jetzt vorliegenden Berechnungen der theoretischen Schubfestigkeit die genauesten sind, seien sie im folgenden etwas ausführlicher wiedergegeben.

J. K. MACKENZIE hat den für kompressible Atome mit der Anordnung Fig. 8 zu erwartenden Verlauf der Schubspannung als Funktion der Scherung für das folgende, von N. F. MOTT stammende Modell quantitativ behandelt:

1. Nächste Nachbarn üben Abstoßungskräfte mit einem Potential r^{-n} aufeinander aus (r = Atomabstand).

2. Die Anziehungskräfte zwischen den beiden Ebenen wirken, als ob die Ebenen durch ein Gewicht zusammengehalten wären.

Bezeichnet z den Abstand der beiden Ebenen voneinander und λ eine Konstante, die so zu wählen ist, daß sich für z der richtige Gleichgewichtsabstand $z_0 = a/2$ ergibt, so ist die potentielle Energie gegeben durch

$$U = \sum \frac{1}{r^n} + \lambda z \tag{5.1}$$

[1] J. K. MACKENZIE: Thesis Bristol 1949.

und speziell für die Scherung in [100]-Richtung durch

$$U(x) = V + \lambda z \tag{5.2}$$

mit

$$V = 2\left\{\left[\frac{a^2}{4} + z^2 + \left(\frac{a}{2} - x\right)^2\right]^{-\frac{n}{2}} + \left[\frac{a^2}{4} + z^2 + \left(\frac{a}{2} + x\right)^2\right]^{-\frac{n}{2}}\right\}. \tag{5.3}$$

Den Zusammenhang zwischen x und z während der Scherung bekommt man aus der Gleichgewichtsbedingung

$$\frac{\partial U}{\partial z} = 0. \tag{5.4}$$

(Die Gleichgewichtsbedingung hinsichtlich Verschiebungen in y-Richtung ist aus Symmetriegründen automatisch erfüllt.)

Mit Hilfe der Taylor-Entwicklung

$$U - U_0 = \tfrac{1}{2} V_{xx} x^2 + \tfrac{1}{2} V_{zz}(z - z_0)^2 + \tfrac{1}{6}[3 V_{xxz} \cdot x^2 \cdot (z - z_0) + V_{zzz}(z - z_0)^3] + \cdots \tag{5.5}$$

erhält man aus Gl. (5.4)

$$z - z_0 = -\frac{1}{2}\frac{V_{xxz}}{V_{zz}} x^2 + \cdots, \tag{5.6}$$

woraus sich durch Einsetzen in Gl. (5.5)

$$U(x) = U_0 + \frac{1}{2} V_{xx} x^2 + \frac{x^4}{24}\left(V_{xxxx} - 3\frac{V_{xxz}^2}{V_{zz}}\right) + \cdots \tag{5.7}$$

ergibt. Für die Schubspannung als Funktion der Verschiebung erhält man näherungsweise

$$\tau = \frac{dU}{dx} = G\left\{\frac{x}{z_0} - \frac{\beta^2}{3}\frac{x^3}{z_0^3} + \cdots\right\}, \tag{5.8}$$

wobei der Schubmodul

$$G = V_{xx} z_0 \tag{5.9}$$

ist und die Abkürzung

$$\beta^2 = \frac{z_0^2}{2 V_{xx}}\left(\frac{3 V_{xxz}^2}{V_{zz}} - V_{xxxx}\right) \tag{5.10}$$

verwendet wurde.

Für die theoretische Schubfestigkeit ergibt sich nach Gl. (5.8)

$$\tau_{\max} = \frac{2}{3\beta} = \frac{2}{3}\gamma_{\max} G, \tag{5.11}$$

wobei $\gamma_{\max}$ die zur theoretischen Schubfestigkeit gehörende kritische Scherung ($\gamma = x/z_0$) ist. Setzt man in Gl. (5.10) die Funktion V gemäß Gl. (5.3) ein, so erhält man

$$\frac{\tau_{\max}}{G} \approx \frac{2}{n+7}. \tag{5.12}$$

Die Kompressibilitäten der Ionenkristalle und der festen Edelgase lassen sich mit $n = 12$ gut darstellen, für Metalle hat man n eher etwas kleiner zu wählen[1]. Man erhält also auch hier für $\tau_{\max}$ etwa ein Zehntel des Schubmoduls: Die wirklichen Atome sind nicht hart genug, um eine wesentliche Herabsetzung der kritischen Schubfestigkeit und eine starke Abweichung vom sinusförmigen Verlauf hervorzurufen.

Vorstehende Betrachtung hat einen mehr orientierenden Charakter (die Gleitrichtung im kubisch-raumzentrierten Gitter ist nicht, wie hier angenommen $\langle 100\rangle$,

[1] R. FÜRTH: Proc. Roy. Soc. Lond., Ser. A **183**, 87 (1944).

sondern $\langle 111 \rangle$). Sie zeigt jedoch, daß die Potentialkurve $U(x)$ in wirklichen Metallen wohl ziemlich glatt verläuft und keine scharfen Ecken aufweist. Man darf demnach erwarten, daß die Fourier-Entwicklung von $U(x)$ gut konvergent ist und man sie deshalb schon nach wenigen Gliedern abbrechen darf. [Im vorstehenden Fall würde die Berücksichtigung nur des ersten Gliedes der Fourier-Entwicklung an Stelle von Gl. (5.11)

$$\tau_{\max} = \frac{2}{\pi} \gamma_{\max} G \tag{5.13}$$

ergeben, was sich numerisch kaum von Gl. (5.11) unterscheidet.]

Zur Behandlung des vom praktischen Standpunkt aus interessantesten Falles, nämlich der Scherung dichtest gepackter Ebenen, wie sie beim kubisch-flächenzentrierten Gitter und bei der hexagonalen Kugelpackung auftreten, verwenden wir deshalb, MACKENZIE folgend, die Methode der Fourier-Entwicklung. Solange man nur Wechselwirkungen zwischen je zwei benachbarten Netzebenen (Kreise in Fig. 11) betrachtet, sind die beiden eben erwähnten Gitter energetisch gleichwertig. Bei der Gleitung geht das Atom A in die Lage A' über, bei der Zwillingsbildung (im kubisch-flächenzentrierten Gitter) in die Lage B. Wir bezeichnen deshalb die Richtung $\langle AB \rangle$ (x-Achse) als Zwillingsrichtung, die Richtung $\langle AA' \rangle$ (x'-Achse) als Gleitrichtung. In unserem Falle (nur zwei Ebenen) sind die mit Kreuzen bezeichneten B-Lagen den mit ausgefüllten Kreisen bezeichneten A-Lagen gleichwertig und ebenfalls mögliche Gleichgewichtslagen. Man wird deshalb erwarten, daß die Bewegung von A nach A' am leichtesten über den Umweg ABA' erfolgen wird[1]. In Fig. 12a und b sind der Potentialverlauf für Scherungen in der x- und in der x'-Richtung aufgetragen. Schert man das vollständige kubisch-flächenzentrierte Gitter homogen (und nicht nur die beiden gezeichneten Netzebenen), so kann bei Elementen, die eine allotrope Umwandlung zum kubisch-raumzentrierten Gitter aufweisen, an der Stelle P eine mehr oder minder große Einsattelung auftreten, da die bei homogener Scherung in die Lage P entstandene Kristallstruktur dem kubisch-raumzentrierten Gitter sehr ähnlich ist[2].

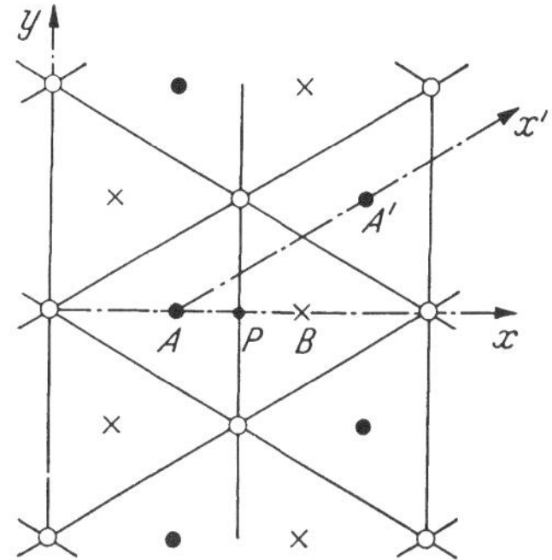

Fig. 11. Atomlagen im kubisch-flächenzentrierten Gitter. Ausgefüllte und offene Kreise liegen in zwei verschiedenen $\{111\}$-Ebenen mit Abstand $a/\sqrt{3}$ voneinander.

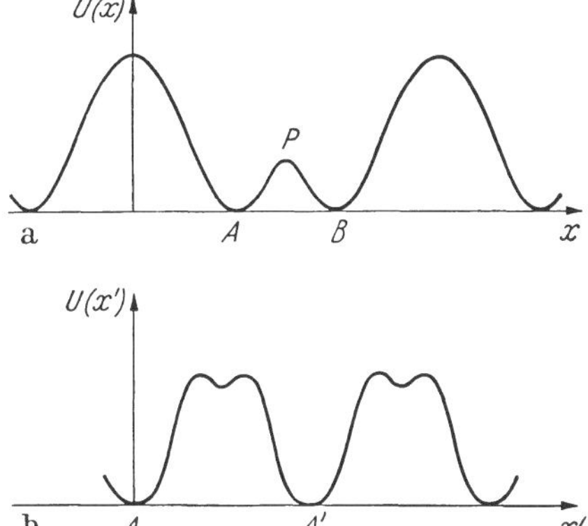

Fig. 12a u. b. Verlauf der potentiellen Energie bei der Scherung des kubisch-flächenzentrierten Gitters. a Scherung in x-Richtung (Zwillingsrichtung); b Scherung in x'-Richtung (Gleitrichtung).

Wir beschränken uns aus den eben dargelegten Gründen auf die Behandlung des Potentialverlaufs $U(x)$ in Zwillingsrichtung. Das Potential für Scherung

[1] Dies wurde an Hand von Modellen von W. E. W. MILLINGTON und F. C. THOMPSON [J. Iron Steel Inst. **109**, 67 (1924)] nachgeprüft. Siehe auch Gl. (5.17).

[2] Siehe z. B. W. BOAS [*6*], S. 172ff.

in einer beliebigen Richtung ist bei der Theorie der Versetzungen in Gittern mit dichtester Kugelpackung aufgestellt worden[1]; zwischen jenem Problem und dem vorliegenden besteht ein sehr enger Zusammenhang.

Für die potentielle Energie macht MACKENZIE den Ansatz (mit der Strecke AA' als Längeneinheit)

$$U(x) = -\operatorname{const}\left(\cos\frac{2\pi x}{3} + \frac{1}{2}\cos\frac{4\pi x}{3} + \alpha\cos\frac{6\pi x}{3}\right), \tag{5.14}$$

der, wie man aus der Gleichung

$$\tau = \frac{dU}{dx} = -\operatorname{const}\frac{2\pi}{3}\sin\frac{2\pi x}{3}\left(1 + 2\cos\frac{2\pi x}{3}\right)\left(1 - 3\alpha + 6\alpha\cos\frac{2\pi x}{3}\right). \tag{5.15}$$

sieht, das Verschwinden der Schubspannung in den Symmetrielagen ($x=0$; $x=1{,}5$) sowie in den Gleichgewichtslagen ($x=1$; $x=2$) gibt. Soll im Punkte P keine Einsattelung auftreten, so muß $\alpha \leq \frac{1}{9}$ sein; $\alpha = \frac{1}{8}$ gibt eine Einsattelung derselben Tiefen wie diejenige in A und A'. Der Schubmodul in den Gleichgewichtslagen ist im vorliegenden Modell

$$G = \frac{2\sqrt{2}\pi^2(1-6\alpha)}{3}\operatorname{const}. \tag{5.16}$$

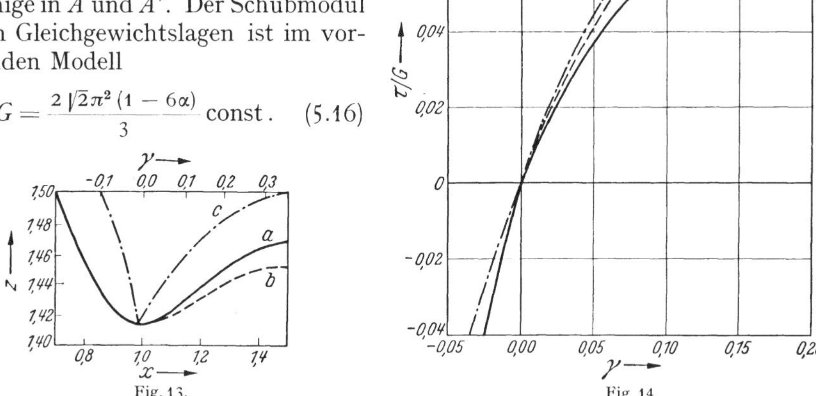

Fig. 13. Fig. 14.

Fig. 13. Ebenenabstand z bei der Scherung zweier dichtest gepackter Ebenen nach verschiedenen Modellen. a Lennard-Jonessches Potential; b Mottsches Modell; c starre Kugeln.

Fig. 14. Schubspannung τ bei der Scherung zweier dichtest gepackter Ebenen als Funktion der Scherung $\gamma = (x-1)/\sqrt{2}$ für verschiedene Modelle. a Lennard-Jonessches Potential. b Mottsches Modell. c Zweigliedriger Fourier-Ansatz für $U(x)$ [Gl. (5.15) mit $\alpha = 0$].

Theoretische Schubfestigkeit $\tau_{\max}$ und zugehörige kritische Scherung $\gamma_{\max}$ für die Gleitung in Zwillingsrichtung sind in Tabelle 1 angegeben. Wenn die Gleitung in Gleitrichtung AA' den Umweg über B einschlägt, so gilt für die theoretische Schubfestigkeit im Gleitsystem

$$\tau'_{\max} = \frac{\tau_{\max}}{\cos(\pi/6)}. \tag{5.17}$$

Berechnet man für die direkte Gleitung in x'-Richtung die theoretische Schubfestigkeit mit einem zweigliedrigen Fourier-Ansatz für $U(x')$, so erhält man

$$\tau'_{\max} = 0{,}114\,G \tag{5.18}$$

und für die zugehörige kritische Scherung

$$\gamma'_{\max} = 0{,}182. \tag{5.19}$$

[1] Vgl. den Artikel: Theorie der Gitterfehlstellen (Ziff. 73) in Teil 1 dieses Bandes.

Durch Vergleich mit den Angaben für $\tau'_{\max}$ in Tabelle 1 sieht man, daß tatsächlich die Scherung auf dem Umweg über B etwas leichter erfolgt als auf dem direkten Weg.

In Tabelle 1 sind noch einige weitere Modelle berücksichtigt, nämlich eine Darstellung von $U(x)$ durch ein Polynom, das für A, B und P gleich tiefe Einsattelungen ergibt, durch das Mottsche Modell und durch den von LENNARD-JONES stammenden Potentialansatz. In Fig. 13 und 14 sind für einige der hier diskutierten Modelle die Änderung des Abstandes z (mit der oben angegebenen Einheit) zwischen den beiden Netzebenen sowie der Verlauf von τ/G mit zunehmender Scherung aufgetragen. Würden beim Mottschen und Lennard-Jonesschen Modell nicht — wie geschehen — starre, sondern in sich bewegliche Ebenen

Tabelle 1. *Theoretische Schubfestigkeit $\tau_{\max}$ und zugehörige kritische Scherung $\gamma_{\max}$ für Gleitung dichtest gepackter Ebenen in Zwillingsrichtung nach J. K. Mackenzie*[1].

Modell	Potential	$\gamma_{\max}$	$\tau_{\max}/G$	$\tau'_{\max}/G$
2 Fourier-Glieder . .	Gl. (5.14) und (5.16), $\alpha = 0$	0,162 9,2°	0,083	0,096
3 Fourier-Glieder . .	Gl. (5.14) und (5.16), $\alpha = \frac{1}{9}$	0,088 5,0°	0,039	0,045
3 Fourier-Glieder . .	Gl. (5.14) und (5.16), $\alpha = \frac{1}{8}$	0,065 3,6°	0,028	0,032
Potenzreihe	$U \sim (x-1)^2 \left(x - \frac{3}{2}\right)^2 (x-2)^2$	0,057 3,3°	0,025	0,028
Mottsches Modell. . .	$\sum \frac{1}{r^{12}} + \lambda z$	0,141 8,0°	0,067	0,078
Lennard-Jonessches Potential	$\sum \frac{1}{r^{12}} - \frac{\lambda}{r^6}$	0,129 7,4°	0,062	0,071

betrachtet werden, so würden sich die Maxima der τ/G-Kurven wohl noch etwas senken. Im großen und ganzen kann man jedoch mit einiger Sicherheit annehmen, daß der dreigliedrige Fourier-Ansatz mit einem sehr kleinen $\alpha (\approx 0{,}1)$ die Verhältnisse bei Scherung nur zweier Ebenen recht gut beschreibt und die theoretische Schubfestigkeit für das bei kubisch-flächenzentrierten und hexagonalen Metallen auftretende Gleitsystem

$$\tau'_{\max} \gtrsim \frac{G}{30} \tag{5.20}$$

ist. Auf den Vergleich dieses theoretischen Resultates mit den tatsächlich gemessenen kritischen Schubspannungen werden wir in Ziff. 6 eingehen.

Erwähnt sei, daß ähnliche Überlegungen, wie wir sie hier für dreidimensionale Fälle durchgeführt haben, auch für den im sogenannten Braggschen Seifenblasenmodell realisierten zweidimensionalen Fall dichtgepackter Kugeln angestellt und mit den Beobachtungen am Seifenblasenmodell verglichen wurden[2,3].

6. Die Wichtigkeit von Gitterfehlern für die Kristallplastizität. Zunächst soll die Abschätzung Gl. (5.20) für die theoretische Schubfestigkeit mit der kritischen Schubspannung bei sehr tiefen Temperaturen verglichen werden, um den Einfluß der thermischen Energie auszuschalten. Messungen der Verformbarkeit von Zink- und Cadmiumeinkristallen liegen bis zu sehr tiefen Temperaturen herab

[1] J. K. MACKENZIE: Thesis Bristol 1949.
[2] W. L. BRAGG u. W. M. LOMER: Proc. Roy. Soc. Lond., Ser. A **196**, 171 (1949).
[3] W. M. LOMER: Proc. Roy. Soc. Lond., Ser. A **196**, 182 (1949).

vor[1-5] (tiefste erreichte Temperatur 1,2° K). Die Extrapolation der Messungen zum absoluten Nullpunkt ergibt als kritische Schubspannung für das Basisgleitsystem[6]

$$\text{bei Cadmium} \quad \tau_0 = 80\,\text{p/mm}^2, \tag{6.1}$$

$$\text{bei Zink} \quad \tau_0 = 150\,\text{p/mm}^2. \tag{6.2}$$

Der entsprechende Schubmodul ist bei Raumtemperatur

$$\text{bei Cadmium} \quad G = 1900\,\text{kp/mm}^2, \tag{6.3}$$

$$\text{bei Zink} \quad G = 3900\,\text{kp/mm}^2. \tag{6.4}$$

Da sich bis zum absoluten Nullpunkt die Zahlenwerte der elastischen Konstanten nur um einige Prozent erhöhen, ist in beiden betrachteten Fällen

$$\frac{\tau_0}{G} \approx 4 \cdot 10^{-5}, \tag{6.5}$$

was gegenüber Gl. (5.20) eine Diskrepanz um einen Faktor 1000 ergibt. Bei anderen reinen Kristallen ist die Diskrepanz zwischen theoretischer Schubfestigkeit und beobachteter kritischer Schubspannung von derselben Größenordnung.

In manchen technischen Werkstoffen wie Nickel-Chrom-Stählen oder Duraluminium liegen die Verhältnisse wesentlich anders. Hier kann das Verhältnis G/τ_0 bis auf den Wert 70 oder 65 herabsinken. Man muß jedoch im Auge behalten, daß diese Stoffe für einen Vergleich mit der in Ziff. 4 und 5 entwickelten Theorie ungeeignet sind, da sie einen sehr komplizierten strukturellen Bau aufweisen und die hohe Schubfestigkeit sicherlich keine Eigenschaft des Grundgitters, sondern dem Vorhandensein von Ausscheidungen zuzuschreiben ist.

Zwischen theoretischer Reißfestigkeit und der gemessenen Zugfestigkeit besteht im allgemeinen eine ähnliche Diskrepanz wie bei der Schubfestigkeit[7]. Für Steinsalz hat F. ZWICKY[8] die theoretische Reißfestigkeit zu 200 kp/mm² bei einer elastischen Dehnung von 14% berechnet. Die auf 0° K extrapolierte Reißfestigkeit von NaCl beträgt etwa 600 p/mm²[9,10]. Eine starke Annäherung an den theoretischen Wert der Reißfestigkeit kann beim sogenannten Joffé-Effekt (Bespülen von Steinsalzkristallen mit Wasser) auftreten[11]. Wegen neuerer theoretischer Arbeiten zur Zugfestigkeit von Kristallen s. BORN und FÜRTH[12].

Aus dem Vorstehenden muß man schließen, daß die Schubfestigkeit wirklicher Kristalle nicht durch die Festigkeit des idealen Gitters, sondern durch Fehlstellen im Kristallinnern bestimmt ist. Als ein Fehlstellentypus, der ohne Hilfe thermischer Energie schon bei sehr kleinen Schubspannungen ein plastisches Gleiten geben kann, wurde unabhängig voneinander von M. POLANYI[13], E. OROWAN[14] und G. I. TAYLOR[15] die *Versetzung* erkannt.

Der wesentliche Grund dafür, daß man bei der *homogenen* Scherung eines Kristallgitters eine so hohe Schubfestigkeit erhält, ist, daß bei homogener Scherung alle Atome einer Netzebene gleichzeitig die Energieschwelle zwischen zwei

[1] M. POLANYI u. E. SCHMID: Naturwiss. **17**, 301 (1929).
[2] W. MEISSNER, M. POLANYI u. E. SCHMID: Z. Physik **66**, 477 (1930).
[3] W. FAHRENHORST u. E. SCHMID: Z. Physik **64**, 845 (1930).
[4] W. BOAS u. E. SCHMID: Z. Physik **57**, 575 (1929).
[5] W. GLEN: Phil. Mag. **1**, 400 (1956).
[6] 1 p = 1 Pond = 1 Gramm-Kraft, 1 kp = 10^3 p.
[7] M. POLANYI: Z. Physik **7**, 323 (1921).
[8] F. ZWICKY: Z. Physik **24**, 131 (1923).
[9] W. BURGSMÜLLER: Z. Physik **83**, 317 (1933).
[10] K. STEINER u. W. BURGSMÜLLER: Z. Physik **83**, 321 (1933).
[11] Siehe z.B. E. SCHMID u. W. BOAS: [*1*], Ziff. 72.
[12] M. BORN u. R. FÜRTH: Proc. Cambridge Phil. Soc. **36**, 454 (1940).
[13] M. POLANYI: Z. Physik **89**, 660 (1934).
[14] E. OROWAN: Z. Physik **89**, 634 (1934).
[15] G.I. TAYLOR: Proc. Roy. Soc. Lond., Ser. **A 145**, 362 (1934).

Gleichgewichtslagen überschreiten müssen und sie sich deshalb alle gleichzeitig in energetisch ungünstiger Lage befinden (Fig. 15a, b). Im Vergleich dazu ist eine Anordnung wie in Fig. 15c wesentlich günstiger, bei der sich nur wenige Atome gleichzeitig in energetisch ungünstiger Lage befinden. Schreitet die Scherung unter der Wirkung der angelegten Schubspannung fort, so bewegen sich etwa gleich viele Atome in energetisch günstigere und in energetisch ungünstigere Lagen, so daß beim Vorhandensein einer derartigen Anordnung die Gleitung schon bei sehr niedrigen Schubspannungen stattfinden kann. Die in Fig. 15c abgebildete Gitterstörung ist eine spezielle Versetzung. Die allgemeine Definition von Versetzungen in Kristallen sowie eine Diskussion ihrer wichtigsten Eigenschaften findet man im Artikel „Theorie der Gitterfehlstellen" in Teil 1 dieses Bandes.

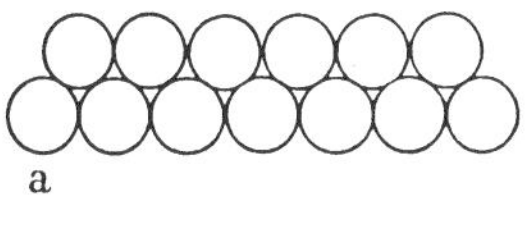

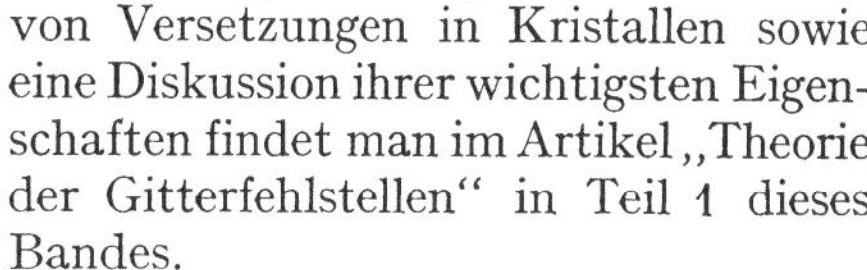

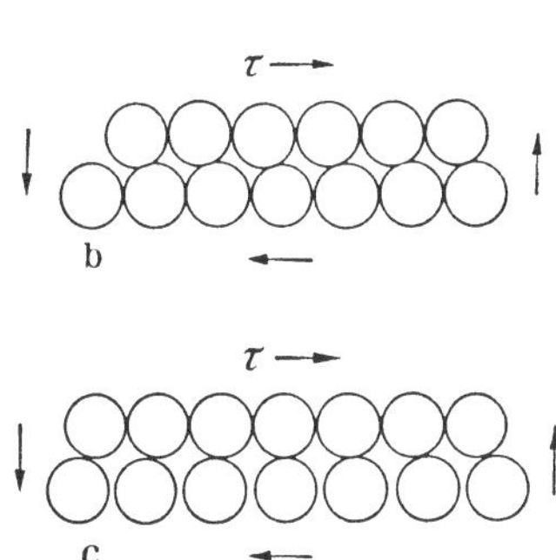

Fig. 15a—c. Zwei Mechanismen zur Scherung eines Gitters. a Ausgangslage. b Homogene Scherung. c Scherung durch einen Versetzungsmechanismus.

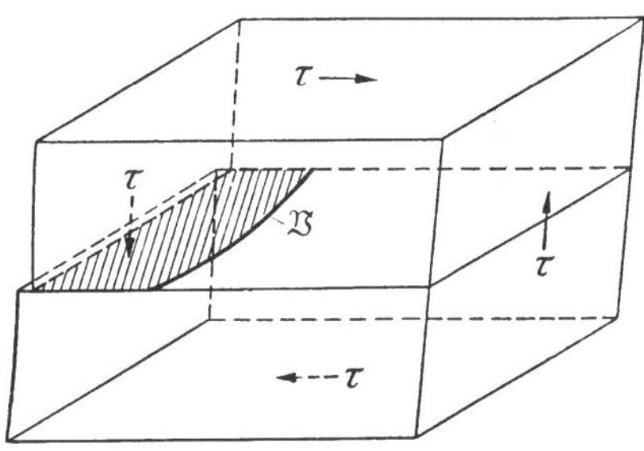

Fig. 16. Allmähliche Ausbreitung des abgeglittenen Gebiets (schraffiert) auf einer Gleitebene. Seine Begrenzung im Kristallinnern bildet eine Versetzungslinie (𝔙).

Die Anwesenheit von Versetzungen in Kristallen kann somit die kristallographische Gleitung bei Schubspannungen ermöglichen, welche klein gegen die theoretische Schubfestigkeit $\tau_{\max}$ sind[1]. Man kann nun fragen, ob die Versetzung der einzige Fehlstellentypus ist, der dies leistet. Diese Frage ist zu bejahen, und zwar mit folgender Begründung: Der für unsere Betrachtung wesentliche Unterschied zwischen homogener Scherung (Fig. 15b) und inhomogener Scherung (Fig. 15c) besteht darin, daß im erstgenannten Falle der Gleitschritt in der ganzen Gleitebene gleichzeitig erfolgt, während sich im zweiten Fall die Gleitung allmählich über die Gleitebene ausbreitet. Eine Versetzungslinie bildet immer die Trennlinie zwischen Bereichen der Gleitebene (oder allgemeiner der Gleitfläche), welche schon abgeglitten sind, gegenüber noch nicht abgeglittenen Bereichen (Fig. 16). *Versetzungswanderung* und *allmähliche Ausbreitung der Gleitung*

[1] Diejenige Spannung, die für die Bewegung einer Versetzung in einem sonst keine Gitterfehler enthaltenden Kristall aufgebracht werden muß, heißt Peierls-Spannung τ_p. Bei duktilen Kristallen und hinreichend hohen Temperaturen ist sie klein gegen die tatsächlich zu beobachtende kritische Schubspannung τ_0, da letztere durch sonstige Gitterfehler, z.B. weitere Versetzungslinien, bestimmt ist. Die Peierls-Spannung beim absoluten Nullpunkt (τ_p^0) scheint jedoch selbst bei den duktilsten Metallen für bestimmte Versetzungsorientierungen größer als die kritische Schubspannung zu sein. Beispielsweise wurde von A. Seeger, H. Donth und F. Pfaff [Discuss. Faraday Soc. **23**, 19 (1957)] für Versetzungen in Kupfer, welche parallel zu $\langle 110\rangle$-Richtungen verlaufen, τ_p^0 zu 1,7 kp/mm² bestimmt. Die kritische Schubspannung von Kupfer-Einkristallen bei 4,2° K ist wesentlich kleiner (T.H. Blewitt, R.R. Coltman und J.K. Redman [*31*], S. 369). Dies erklärt sich dadurch, daß die meisten Versetzungen in Richtungen mit sehr kleinem τ_p^0 liegen und dementsprechend leicht beweglich sind.

sind also vollkommen *äquivalent*. Fig. 17 illustriert am Beispiel einer Stufenversetzung im kubisch-primitiven Gitter (das Bild ist durch Wiederholung identischer Gitterebenen senkrecht zur Bildebene fortgesetzt zu denken), wie durch die Wanderung einer Stufenversetzung die Gleitung allmählich über die Gleitebene hinweg fortschreitet.

Aus der Auffassung einer Versetzungslinie als Trennlinie zwischen abgeglittenen und nicht abgeglittenen Bereichen (oder allgemeiner: zwischen Bereichen verschiedener Abgleitung) folgt sofort, daß eine Versetzungslinie nicht plötzlich oder allmählich im Kristallinnern enden kann, sondern daß sie entweder in sich zurücklaufen oder an der Kristalloberfläche endigen muß[1].

Oben war ausgeführt worden, daß die *Anwesenheit* von Versetzungen in Kristallen für deren Verformbarkeit bei verhältnismäßig niedrigen kritischen

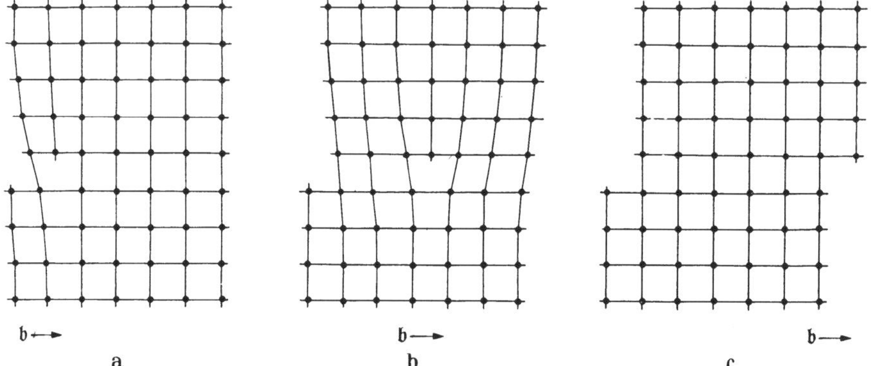

Fig. 17a—c. Fortschreitung der Gleitung über die Gleitebene hinweg durch Wanderung einer Stufenversetzung (nach TAYLOR). a Eine Stufenversetzung ist am linken Kristallrand gebildet worden. b Die Versetzung befindet sich in der Kristallmitte. c Die Versetzung ist am rechten Kristallrand aus dem Kristall ausgetreten und hat eine Gleitstufe hinterlassen. Der Vektor $\mathfrak{b}$ ist der sog. Burgers-Vektor, auch Gleitvektor genannt.

Schubspannungen τ_0 verantwortlich sei. Diese Versetzungen müssen vom Kristallwachstum her im Kristall vorhanden sein. Man kann nämlich zeigen[2], daß zur Schaffung eines Versetzungsringes in einem keine Versetzungen enthaltenden Kristall Schubspannungen von der Größenordnung von $\tau_{\max}$ erforderlich sind. In der Tat gibt es eine große Zahl experimenteller Hinweise darauf, daß auch in unverformten Kristallen Versetzungen, und zwar in nachweisbarer Anzahl, vorhanden sind. Die Ausnahme, die diese Regel bestätigt, sind die sehr dünnen Einkristallfäden („whiskers"), die unter geeigneten Bedingungen (auf Metallen und Nichtmetallen) wachsen können[3]. HERRING und GALT[4] haben gezeigt, daß derartige Zinn-Einkristallfäden, die auf zinnüberzogenen Oberflächen gewachsen waren und einen ziemlich konstanten Durchmesser von $(1{,}8 \pm 0{,}1) \cdot 10^{-4}$ cm aufwiesen, sich bis zu Scherungen von 1% ($\tau/G = \frac{1}{100}$ entsprechend) elastisch verhalten. Spätere Untersuchungen, z.B. diejenigen von BRENNER[5], haben ein rein elastisches Verhalten von Einkristallfäden (z.B. aus Kupfer oder Eisen) bis zu

---

[1] Dies gilt für unverzweigte Versetzungslinien. Wegen verzweigter Versetzungslinien vergleiche man Ziff. 33 in „Theorie der Gitterfehlstellen" in Teil 1 dieses Bandes.

[2] F.C. FRANK: [*30*], S. 89. Siehe auch Ziff. 61 von „Theorie der Gitterfehlstellen" in Teil 1 dieses Bandes.

[3] Über das Wachstum von metallischen Kristallfäden berichtet zusammenfassend H.K. HARDY: Progr. Met. Phys. **6**, 45 (1956).

[4] C. HERRING u. J.K. GALT: Phys. Rev. **85**, 1060 (1952).

[5] S.S. BRENNER: J. Appl. Phys. **27**, 1484 (1956).

noch größeren Scherungen[1] ergeben, so daß man sagen kann, daß bei Einkristallfäden die theoretische Schubfestigkeit tatsächlich erreicht wurde. Diese ausnahmsweise hohe Schubfestigkeit rührt davon her, daß die Versetzungen ausgedehnte Fehlstellen und deswegen in hinreichend kleinen Kristallen nicht mehr vorhanden sind[2]. In der Tat entspricht eine Entfernung von $2 \cdot 10^{-4}$ cm bis $5 \cdot 10^{-4}$ cm etwa dem mittleren Versetzungsabstand in unverformten Metallkristallen. Bei dickeren Einkristallfäden werden dementsprechend im Durchschnitt niedrigere Elastizitätsgrenzen gefunden. Andererseits zeigen auch sehr dünne Kristallstäbchen, die aus einem großen Silicium-Einkristall herausgeschnitten wurden, ein ähnliches Verhalten wie die „whiskers“[3], wie dies nach obiger Erklärung zu erwarten ist.

Zusammenfassend kann man somit sagen, daß die eingangs dieser Ziffer diskutierte Diskrepanz zwischen den experimentellen und den theoretischen Werten der Schubfestigkeit sich dadurch löst, daß die plastische Gleitung nicht, wie für die theoretische Berechnung angenommen wurde, in der ganzen Gleitebene gleichzeitig stattfindet, sondern daß sie sich allmählich über eine Gleitebene ausbreitet. Die Begrenzungslinie zwischen schon geglittenem und noch ungeglittenem Teil der Gleitebene ist eine *Versetzungslinie*. Um diese allmähliche Ausbreitung der Gleitung unter mäßig hohen Spannungen zu gestatten, müssen Versetzungen schon vor der Verformung im Kristallinnern vorhanden sein. Beim Fehlen von Versetzungen lassen sich in der Tat Schubfestigkeiten experimentell realisieren, die in der Größenordnung der berechneten theoretischen Schubfestigkeit liegen.

C. Grundlagen der Kristallplastizität.

I. Einleitung.

7. Historisches. Der hauptsächlichste Anstoß zu einer gründlichen Erforschung der Kristallplastizität kam zweifellos von seiten der Technologie der Metalle. Eine große Zahl von Bearbeitungsverfahren von Metallen, wie Drahtziehen, Walzen und Tiefziehen macht von der Eigenschaft vieler Metalle und Legierungen Gebrauch, sich bei normalen Temperaturen unter der Wirkung geeigneter Kräfte sehr stark bleibend zu verformen, also sich kaltbearbeiten zu lassen. Die Duktilität der Metalle bei Raumtemperatur ist darüber hinaus von größter Bedeutung für ihre Verwendung als Baustoffe im Maschinen- und Hochbau; die Fähigkeit der meisten Metalle, starken mechanischen Beanspruchungen durch Fließen teilweise nachzugeben und sich dabei zu verfestigen, macht sie für Konstruktionen, an die große Festigkeitsanforderungen gestellt werden, verwendbar, während spröde Stoffe wie Glas, die unter Umständen härter als Metalle sein können, wegen ihrer fehlenden Verformbarkeit und Verfestigung dafür vollkommen ungeeignet sind.

Als erster hat sich wohl TRESCA[4] vom theoretischen Standpunkt aus mit den plastischen Eigenschaften von Metallen beschäftigt. Er und viele Nachfolger

[1] Diese Scherungen sind so groß, daß innerhalb des rein elastischen Bereichs der Spannungs-Dehnungskurven gut meßbare Abweichungen vom Hookeschen Gesetz auftreten. Diese Abweichungen sollten sich zur Festlegung der in die nichtlineare Elastizitätstheorie (vgl. F. D. MURNAGHAN, Finite Deformation of an Elastic Solid, New York 1951) eingehenden elastischen Konstanten höherer Ordnung verwenden lassen.

[2] Es ist natürlich auch denkbar, daß zwar vor der Verformung Versetzungslinien vorhanden waren, daß jedoch diese Versetzungen wegen der Kleinheit des Kristalls keine unbeweglichen Versetzungsknoten enthielten und deswegen beim Anlegen einer Schubspannung aus dem Kristall herausgetrieben wurden.

[3] G. L. PEARSON, W. T. READ u. W. L. FELDMAN: Acta met. **5**, 181 (1957). Diese Untersuchungen haben eine Reihe von Problemen hinsichtlich der Einzelheiten des mechanischen Verhaltens der dünnen Kriställchen aufgeworfen, deren endgültige Klärung weiterer Experimente bedarf.

[4] H. TRESCA: C. R. Acad. Sci. Paris **59**, 754 (1864); **64**, 809 (1867).

haben versucht, eine phänomenologische „Plastizitätstheorie" in Analogie zur „Elastizitätstheorie" aufzubauen. In der an Tresca anschließenden Periode der Forschung trat, dem damaligen Stand der Wissenschaft entsprechend, die Frage nach dem Mechanismus und den Ursachen der plastischen Verformbarkeit vollkommen hinter den Versuchen zurück, phänomenologische Gesetze für das Fließen der Metalle zu formulieren. Dies änderte sich erst von etwa 1920 an, als die Möglichkeit zur Herstellung großer Metallkristalle es gestattete, die plastischen Eigenschaften von Metallen an *einzelnen Kristallen* und nicht nur im Kristallhaufwerk der technisch verwendeten Vielkristalle zu studieren. Die Entwicklung der röntgenographischen Verfahren in der Zeit zwischen den beiden Weltkriegen erlaubte es, die Änderungen der Kristallstruktur infolge der Verformung und die Kristallographie der Verformung direkt zu untersuchen. Die früheren Arbeiten auf diesem Gebiet und ihre Rückwirkungen auf die Erforschung der plastischen Eigenschaften der metallischen Werkstoffe fanden ihren Niederschlag in den Berichten von Masing und Polanyi[1] und von Sachs[2].

Die Hoffnungen, daß die Erforschung der Einkristallplastizität bald zu einem vollen Verständnis der sehr vielgestaltigen Festigkeits- und Verformbarkeitseigenschaften der metallischen Werkstoffe führen würde, erwies sich jedoch als verfrüht. Obwohl die experimentelle Untersuchung der Einkristallplastizität (in England vor allem durch G. I. Taylor und Mitarbeiter; in Deutschland durch M. Polanyi, E. Schmid und G. Sachs und Mitarbeiter) sehr rasche Fortschritte machte, tauchten doch dabei neue Fragestellungen in einem solchen Umfange auf, daß wir auch heute noch von einer vollständigen Kenntnis der plastischen Eigenschaften der Einkristalle weit entfernt sind. Dementsprechend ist noch immer der Abstand zwischen den empirisch gewonnenen Kenntnissen über die mechanischen Eigenschaften von Metallen und Legierungen und ihrem theoretischen Verständnis recht groß.

Die eben genannten umfangreichen Untersuchungen über die Plastizität der Einkristalle sind in den Büchern von Schmid und Boas [*1*] und Elam [*2*] niedergelegt, die nach wie vor die ausführlichsten Zusammenfassungen experimenteller Daten darstellen. Während beim Erscheinen dieser Bücher die Elektronentheorie der Metalle bereits eine voll entwickelte Disziplin darstellte, waren damals durch die Einführung des Begriffs der Kristallversetzung erst die allereinfachsten Grundlagen für das theoretische Verständnis der Kristallplastizität gewonnen worden. Auch spätere Zusammenfassungen, wie diejenigen von Kochendörfer [*3*] und Burgers [*10*], benützten die Theorie der Kristallversetzungen nur in verhältnismäßig einfachen Formen. Erst in allerjüngster Zeit ist die Versetzungstheorie so weit entwickelt worden, daß sie der Vielfalt der mechanischen Eigenschaften der Kristalle gerecht zu werden vermochte. Der Hauptinhalt des vorliegenden Kapitels wird es sein, diejenigen Teilgebiete der Kristallplastizität darzustellen, die die Theorie zur Zeit quantitativ zu beschreiben in der Lage ist und daneben die experimentellen Grundlagen zu besprechen, auf denen sich die Weiterentwicklung der Theorie wohl aufzubauen haben wird.

Da an der Erforschung der Metallplastizität ein unmittelbares technisches Interesse besteht, sind in neuerer Zeit, insbesondere bei der theoretischen Durchdringung des Gebietes, die plastischen Eigenschaften der Ionenkristalle und sonstigen Mineralkristalle neben denjenigen der Metalle etwas in den Hintergrund getreten. In der Frühzeit der Plastizitätsforschung lagen die Verhältnisse jedoch anders, da bei Mineralien natürliche Einkristalle zur Verfügung standen, die

[1] G. Masing u. M. Polanyi: Ergebn. exakt. Naturw. **2**, 177 (1923).

[2] G. Sachs: Plastische Verformung. In Handbuch der Experimentalphysik, Bd. V. Leipzig 1930.

eine gründliche Erforschung der Verformungseigenschaften dieser Stoffklasse schon vor der Herstellung künstlicher Einkristalle gestattete. Wegen zusammenfassenden Beschreibungen der von mineralogischer Seite, insbesondere von O. MÜGGE und A. JOHNSON, gewonnenen Erkenntnisse, sei auf die Darstellungen von VOIGT[1] und von TERTSCH [4] verwiesen. SCHMID und BOAS [1] behandeln die Literatur dieses Gebietes bis etwa 1935.

8. Überblick. In Ziff. 3 hatten wir die Einteilung der zu plastischer Verformung von Kristallen führenden Vorgänge in Gleiten, Zwillingsbildung und Knickung besprochen. Der Umfang der über diese drei Verformungsmechanismen vorliegenden experimentellen und theoretischen Ergebnisse ist außerordentlich verschieden. Über *Knickung* und *Knickbänder* ist noch sehr wenig bekannt. Die experimentellen Ergebnisse an Metallen sind von MADDIN und CHEN zusammengestellt worden [27]. Hinsichtlich der Frage des Mechanismus der Knickung sei auf die theoretische Arbeit von FRANK und STROH[2] verwiesen. Über die *mechanische Zwillingsbildung* liegen zwar etwas umfangreichere experimentelle Ergebnisse, aber ebenfalls nur sehr spärliche wirklich gesicherte theoretische Resultate vor. Die neuesten Zusammenfassungen auf diesem Gebiet sind diejenigen von CLARK und CRAIG [14], HALL [15] und insbesondere von CAHN [13].

Da wir uns bei dem großen Umfang des über die Kristallplastizität vorliegenden empirischen Materials vor allem mit jenen Fragen beschäftigen werden, die sich einer theoretischen Deutung zugänglich erwiesen haben, befassen wir uns in erster Linie mit dem *Gleiten der Kristalle.* Die klassischen Darstellungen dieses Gebietes sind, wie schon erwähnt, die Bücher von SCHMID und BOAS [1] und von ELAM [2]. Letzteres befaßt sich nur mit Metallen und Legierungen, während ersteres darüber hinaus auch noch die Ionenkristalle behandelt. Einen großen Teil der neueren experimentellen Ergebnisse über Metalle und Legierungen besprechen HAASEN und LEIBFRIED [24] in einem Bericht, der ganz auf dem Boden der Versetzungstheorie steht und viele experimentelle Resultate im Lichte dieser Theorie erörtert. Über Teilgebiete liegen weitere Berichte vor, wie z.B. derjenige von BROWN [26] über Oberflächenerscheinungen bei der plastischen Verformung und derjenige von MADDIN und CHEN [27] über die neueren kristallographischen und geometrischen Beobachtungen an verformten Metallkristallen.

Die weitergehenden theoretischen Ergebnisse über die plastische Verformung wurden fast ausschließlich durch das Studium der kubisch-flächenzentrierten und der hexagonal dichtest gepackten Metalle gewonnen. Nur bei diesen Metallen ist das empirische Material so vollständig, daß man die plastischen Eigenschaften einigermaßen überblicken kann. Aus diesem Grunde werden wir unsere versetzungstheoretischen Entwicklungen vor allem auf diese beiden Kristallstrukturen stützen.

Die *Theorie der Kristallversetzungen,* die sich, wie erwähnt, als Schlüssel für das Verständnis der vielfältigen experimentellen Erscheinungen erwiesen hat, ist im Artikel „Theorie der Gitterfehlstellen" in Teil I dieses Bandes ausführlich dargestellt. Ihre Anwendung auf die Kristallplastizität kann in zwei Stadien unterteilt werden. Im ersten beschränkt man sich auf ein mehr oder weniger qualitatives Verständnis der experimentellen Ergebnisse. Hierzu gehört z.B. die Tatsache der kristallographischen Bestimmtheit der Gleitung, die Auswahl der Gleitrichtungen, die Grundtatsache der im Vergleich zur theoretischen Schubfestigkeit außerordentlich niedrigen kritischen Schubspannungen von Metallen, die Interpretation der wichtigsten Unterschiede zwischen Metallen und Legierungen

[1] W. VOIGT: Lehrbuch der Kristallphysik. Leipzig u. Berlin 1910.
[2] F.C. FRANK u. A.N. STROH: Proc. Phys. Soc. Lond. B **65**, 811 (1952).

u.a.m. Da die Versetzungstheorie jedoch außerordentlich vielschichtig ist und oft mehrere qualitative Erklärungsmöglichkeiten für einen experimentellen Sachverhalt bietet, ist zu einer gesicherten theoretischen Deutung meist eine quantitative Durchführung der Theorie notwendig. Dieses zweite Stadium einer quantitativen Erfassung der Verformbarkeitseigenschaften steht erst am Anfang seiner Entwicklung. Wir müssen uns deshalb in den folgenden Abschnitten des öfteren mit qualitativen oder semiquantitativen Deutungsversuchen befassen, denen natürlich nicht dasselbe Maß an Sicherheit und Zuverlässigkeit zukommen kann wie jenen theoretischen Überlegungen, die bis zu einem quantitativen Vergleich mit experimentellen Ergebnissen durchgeführt werden konnten.

II. Geometrie und Kristallographie.

9. Die Geometrie des Gleitens. Bei der Abgrenzung des Gleitens der Kristalle gegenüber dem viskosen Fließen amorpher Stoffe hatten wir in Ziff. 3 bereits

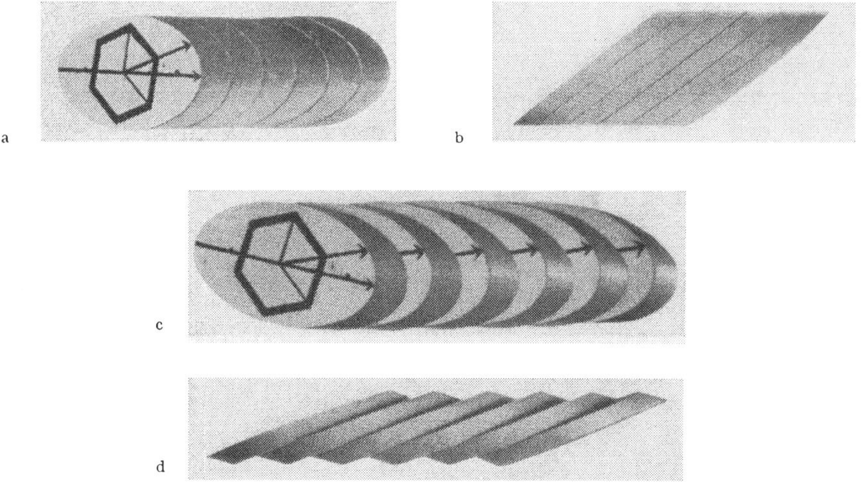

Fig. 18a—d. Modellmäßige Darstellung des Gleitvorgangs für einen hexagonalen Kristall mit Basisgleitung (sog. Holzscheibenmodell). a Ausgangszustand mit eingezeichneter hexagonaler Basisebene als Gleitebene. Der lange Pfeil stellt die Richtung der Ellipsenhauptachse dar, der kurze Pfeil die Gleitrichtung, längs der die elliptischen Scheiben aufeinander gleiten. b Seitenansicht von a. c und d Endzustand der Dehnung.

darauf hingewiesen, daß beim Gleiten die Kristallstruktur im wesentlichen erhalten bleibt und sich lediglich aneinanderstoßende Kristallteile auf kristallographischen Ebenen parallel gegeneinander verschieben. Die Kristallographie des Gleitvorganges ist von MARK, POLANYI und SCHMID[1] für Zinkeinkristalle näher untersucht worden. Hier ergab es sich, daß als Gleitebene die hexagonale Basisebene, also die am dichtesten mit Atomen belegte Netzebene, und als Gleitrichtung die digonale Achse erster Art, also die mit Atomen am dichtesten belegte Gittergerade, auftrat[2]. Diese Verhältnisse sind in einem Modell in Fig. 18 dargestellt. Dabei ist angenommen, daß der Einkristall in Stab- oder Drahtform

[1] H. MARK, M. POLANYI u. E. SCHMID: Z. Physik **12**, 58 (1922).

[2] Gleitrichtung und Gleitebene heißen *Gleitelemente*. Eine Gleitrichtung mit zugehöriger Gleitebene heißt *Gleitsystem*. Bei hochsymmetrischen Kristallen gibt es im allgemeinen mehrere kristallographisch gleichwertige Gleitsysteme, z.B. bei der oben erwähnten Basisgleitung der hexagonalen Metalle drei (1 Gleitebene mit 3 Gleitrichtungen) und bei der Oktaedergleitung der kubisch flächenzentrischen Metalle (s. unten) zwölf (vier $\{111\}$-Gleitebenen mit je drei $\langle 110\rangle$-Gleitrichtungen).

vorliegt und mit ihm, wie es bei derartigen Untersuchungen meist der Fall ist, ein Zugversuch durchgeführt wurde. Fig. 19 zeigt die Oberfläche eines bei Raumtemperatur in dieser Weise gedehnten Zinkkristalles. Man sieht die auf der Kristalloberfläche auftretenden Gleitellipsen. Sie stellen die Spuren von Gleitebenenpaketen dar, innerhalb derer die Translation benachbarter Kristallteile erfolgt ist. Durch elektronenmikroskopische Untersuchungen konnte gezeigt werden [28], daß sowohl die mit bloßem Auge sichtbaren Gleitellipsen als auch die im Lichtmikroskop oft zu sehenden feineren Gleitbänder sehr kompliziert aufgebaut sein können.

Die wirklichen Verhältnisse sind also wesentlich verwickelter als sie in dem Dehnungsmodell Fig. 18, in dem stark lokalisierte Abgleitungen angenommen wurden, dargestellt sind, und außerdem noch von der Kristallstruktur und den Versuchsbedingungen abhängig. Als Maß der Abgleitung benützt man deshalb

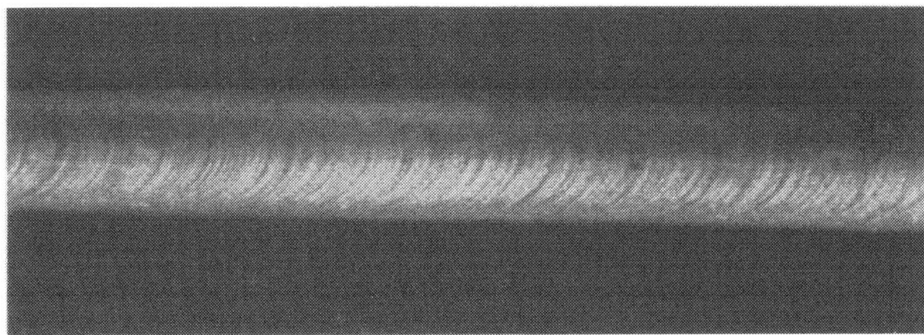

Fig. 19. Gleitlinienbild auf der Oberfläche eines bei Raumtemperatur gedehnten Zink-Kristalls (Abgleitung etwa $a=1{,}5$; Vergrößerung etwa 3fach).

für die meisten Zwecke einen makroskopischen Mittelwert. Ist s die gegenseitige Verschiebung zweier Gleitebenen in Gleitrichtung und h deren senkrechter Abstand voneinander, so wird bei Betätigung eines einzigen Gleitsystems (sogenannte Einfachgleitung) die Abgleitung a als Mittelwert von s/h definiert. Für hinreichend kleine Abgleitungen gilt in einem Cartesischen Koordinatensystem mit der Gleitrichtung als x-Richtung und der Gleitebene als x, z—Ebene, wenn die makroskopische Verformung des Kristalls durch den Verzerrungs*tensor* ε beschrieben wird[1],

$$a = 2\varepsilon_{xy} = 2\varepsilon_{yx}. \tag{9.1}$$

Die in Gl. (9.1) nicht auftretenden Komponenten des Verzerrungstensors sind in guter Näherung bei der Einfachgleitung Null. Insbesondere bleiben die Dichteänderungen bei der plastischen Verformung meist unter 0,1%.

Mit der Gleitung ist eine Änderung der Kristallform und der Kristallorientierung verbunden. Im Zugversuch wird ein ursprünglich kreiszylindrischer Kristall zu einem flachen Band mit elliptischem Querschnitt auseinandergezogen (Fig. 20). Dabei ändert sich auch die kristallographische Orientierung des Kristalls gegenüber der Zugrichtung. Die Gleitrichtung bewegt sich so, daß sie sich parallel zur Zugrichtung, also parallel zur Stabachse, zu stellen sucht. Sie nähert sich jedoch dieser Lage im Falle der Einfachgleitung nur asymptotisch für sehr große Dehnungen.

[1] Bei ε handelt es sich um den üblichen, symmetrischen Verzerrungstensor. Beschreibt man mit Hilfe des asymmetrischen Distorsionstensors β (s. [40]) Verzerrungen *und* Drehungen, so ist $a=\beta_{yx}$. Alle andern Komponenten von β sind bei Einfachgleitung in guter Näherung Null.

Die Orientierung der Stabachse (durch den Einheitsvektor $\mathfrak{a}$ gekennzeichnet) beim Zugversuch pflegt man durch die Winkel λ und $\varkappa = 90° - \chi$ anzugeben, die

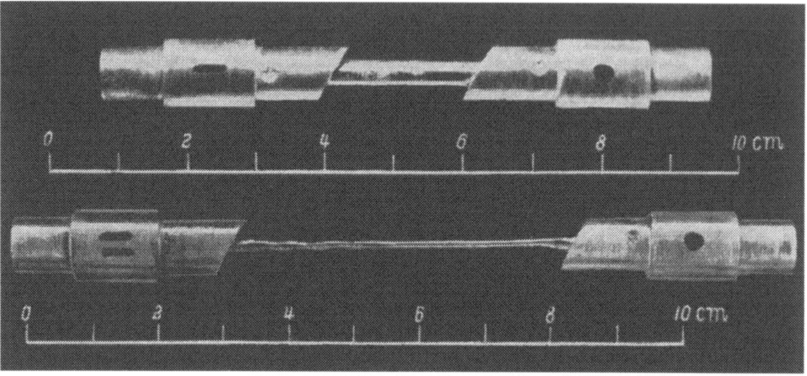

Fig. 20. Dehnung eines Zinkkristalls (mit starren Fassungen). Oben: Kristall vor der Dehnung, kreiszylindrische Form. Unten: Kristall nach der Dehnung, flaches Band.

sie mit dem Einheitsvektor $\mathfrak{g}$ in Gleitrichtung und mit dem Einheitsvektor $\mathfrak{n}$ in Richtung der Gleitebenennormalen bildet. Es gilt also (vgl. Fig. 21)

$$\left.\begin{aligned} \mathfrak{n}\cdot\mathfrak{a} &= \cos\varkappa = \sin\chi, \\ \mathfrak{g}\cdot\mathfrak{a} &= \cos\lambda, \\ \mathfrak{n}\cdot\mathfrak{g} &= 0. \end{aligned}\right\} \qquad (9.2)$$

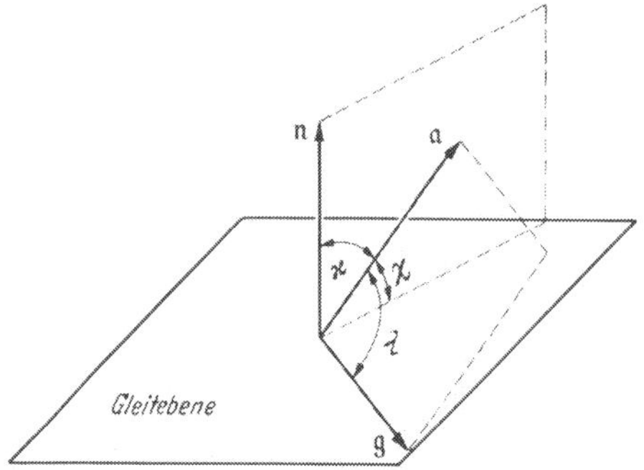

Fig. 21. Zusammenhang zwischen Gleitebenennormale $\mathfrak{n}$, Stabachse $\mathfrak{a}$ und Gleitrichtung $\mathfrak{g}$ beim Zugversuch.

Zwischen einer infinitesimalen relativen Verlängerung dl/l der Länge l des Kristalls und einer infinitesimalen Abgleitung da besteht bei Einfachgleitung der Zusammenhang

$$\frac{dl}{l} = \cos\lambda \cdot \sin\chi \cdot da. \qquad (9.3)$$

Durch Integration findet man hieraus bei bekannter Ausgangsorientierung λ_0, χ_0 den Zusammenhang zwischen l und a, der z.B. in [*1*] wiedergegeben ist. Man kann also bei Gleitung in einem einzigen Gleitsystem aus Längenänderungen (und auch aus Querschnittsveränderungen) auf die Abgleitung zurückschließen, sofern die Orientierung der Stabachse vor Beginn des Versuchs bekannt war. Eine andere Möglichkeit zur Bestimmung der Abgleitung besteht darin, röntgenographisch die Orientierungsänderung des Kristalls zu verfolgen. Diese Methode hat den Vorteil, daß sie Abweichungen vom Mechanismus der Einfachgleitung, wie sie z.B. durch Zusammenwirken mehrerer Gleitsysteme bei der sogenannten Mehrfachgleitung auftreten, anzeigt. Ihr Nachteil ist, daß sie bei sehr großen Verformungen wegen der dabei auftretenden Störungen der Kristallstruktur ungenau wird.

Die Funktion

$$\mu = \cos\lambda \cdot \sin\chi \qquad (9.4)$$

spielt beim Zugversuch nicht nur für den Zusammenhang zwischen Dehnung und Abgleitung, sondern auch bei der Berechnung der im Gleitsystem wirkenden

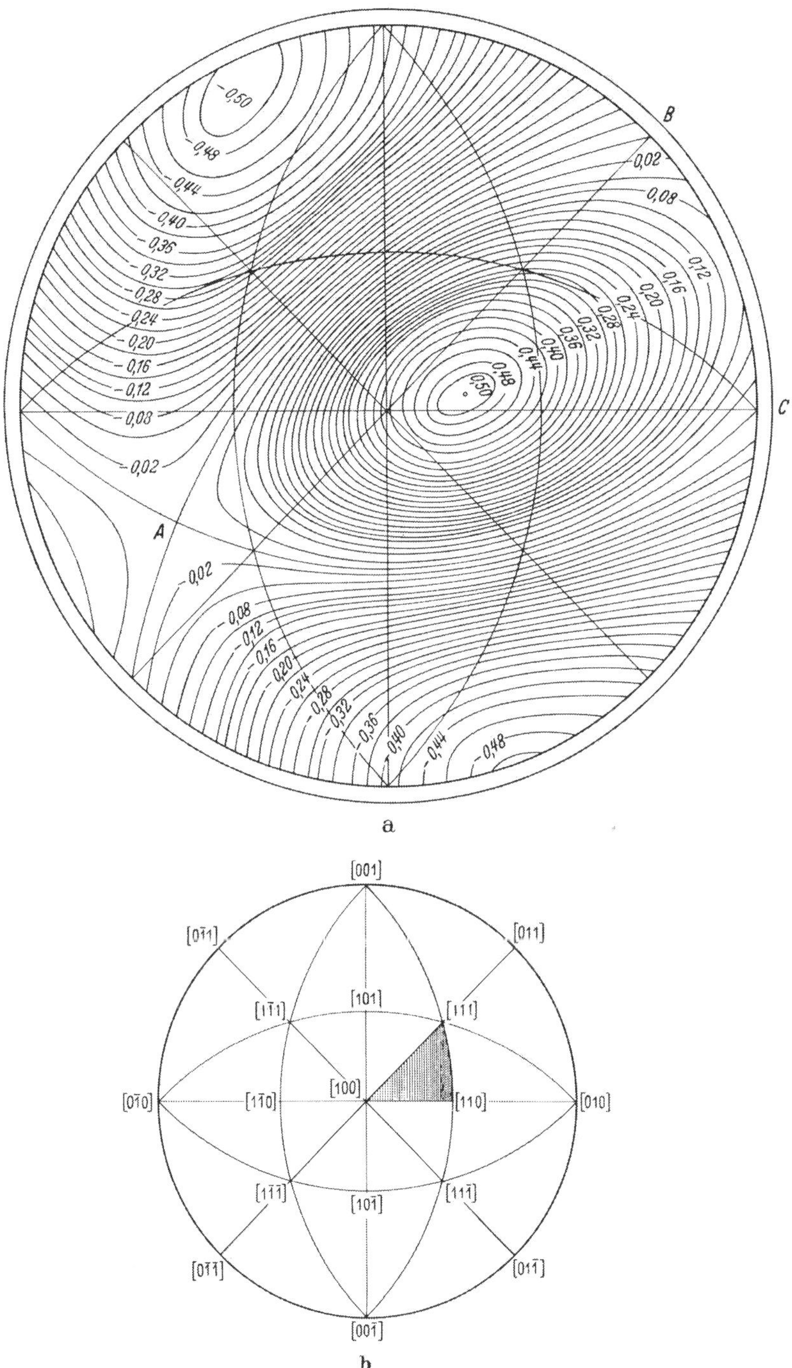

Fig. 22 a u. b. a Linien konstanten Orientierungsfaktors μ in stereographischer Projektion für das Gleitsystem $(1\bar{1}1)$, [101]. Auf den Großkreisen AB und AC ist $\mu \equiv 0$. b Indizierung der stereographischen Projektion a. Unter allen kristallographisch gleichwertigen Lagen der Stabachse hat diejenige im schraffierten Dreieck den größten Orientierungsfaktor μ. [Nach J. DIEHL, M. KRAUSE, W. OFFENHÄUSER und W. STAUBWASSER: Z. Metallkde. **45**, 489 (1954).]

Schubspannung (Ziff. 10) eine Rolle. In Fig. 22a ist μ, das oft als Orientierungsfaktor bezeichnet wird, in stereographischer Projektion für das kubisch-flächenzentrierte Gitter angegeben. Die Zahlenwerte an den Linien konstanter Orientierungsfaktoren beziehen sich auf das Gleitsystem $(11\bar{1})$, $[101]$. Wie man sieht, erreicht für dieses Gleitsystem der Orientierungsfaktor dann die größten Werte, wenn die Stabachse beim Zugversuch in dem in Fig. 22b schraffiert gezeichneten Dreieck liegt.

Ist die Lage der Stabachse in einem bestimmten der 48 „Orientierungs-Dreiecke" des kubisch-flächenzentrierten Gitters gegeben, so kann man das Gleitsystem mit dem größten μ-Wert folgendermaßen finden[1]: Man spiegle die $\langle 110\rangle$-Ecke des betreffenden Dreiecks an der Gegenseite; der so erhaltene $\langle 110\rangle$-Pol stellt die gesuchte Gleitrichtung dar. Ebenso gibt die Spiegelung der $\langle 111\rangle$-Ecke an der gegenüberliegenden Dreieckseite die Normale auf der gesuchten Gleitebene. Dieses Verfahren führt zu keinem eindeutigen Ergebnis, wenn die Orientierung der Stabachse auf einer der Seiten eines Orientierungsdreiecks liegt. In diesem Falle sind mindestens zwei Gleitsysteme „gleichberechtigt".

10. Die Translationselemente und ihre versetzungstheoretische Deutung. *α) Allgemeines.* Die Translations- oder Gleitelemente, d.h. die unter bestimmten Versuchsbedingungen betätigten Paare von Gleitrichtungen und Gleitebenen, sind für eine große Zahl von Kristallen experimentell bestimmt worden. Die ausführlichste Zusammenstellung der diesbezüglichen Ergebnisse unter voller Berücksichtigung der Beobachtungen an Mineralien hat SEIFERT[2] gegeben. Neuere Zusammenstellungen finden sich bei SCHMID und BOAS [*1*], BOAS [*6*], TERTSCH [*4*], BARRETT [*8*], MASING [*7*] und insbesondere bei MADDIN und CHEN [*27*]. In Tabelle 2 geben wir die Gleitelemente für eine Reihe von Metallen und Nichtmetallen, zum Teil mit Literaturnachweisen, an.

Da es als gesichert gelten kann, daß die kristallographische Gleitung durch die Bewegung von Versetzungen erfolgt, geschieht die theoretische Diskussion am einfachsten an Hand der Versetzungstheorie. Das Wichtigste über die Auswahl der Gleitelemente bei Versetzungen ist im Artikel „Theorie der Gitterfehlstellen" in Teil 1 dieses Bandes, insbesondere in den Ziff. 37, 38, 51 und 75, ausgeführt worden, so daß wir uns hier kurz fassen können. Wir werden lediglich die hexagonalen Metalle (im Abschnitt γ) und die intermetallischen Verbindungen bzw. geordneten Legierungen (im Abschnitt β) etwas ausführlicher behandeln.

β) Die Gleitrichtung. Die versetzungstheoretisch verständliche Regel, daß die Richtung des Burgers-Vektors und damit die Gleitrichtung durch die Richtung des kürzesten Gittervektors im Bravais-Gitter der betreffenden Struktur gegeben ist[3], ist bei allen in Tabelle 2 aufgeführten Elementkristallen sowie bei vielen Verbindungskristallen erfüllt. Ausnahmen sind lediglich die intermetallischen Verbindungen PbTe und AgMg sowie die geordnete Legierung β'-CuZn. Um diese Ausnahmen zu deuten, müssen wir etwas weiter ausholen.

Die in einem Kristall vorhandenen Versetzungen sind normalerweise sogenannte vollständige Versetzungen, d.h. ihr Burgers-Vektor ist ein Gittervektor des Bravais-Gitters der betreffenden Struktur. Stellt sich in einer Legierung eine geordnete Atomanordnung ein, so wird im allgemeinen das Bravais-Gitter geändert, und zwar derart, daß die primitiven Elementarzellen der geordneten Struktur größer als diejenigen der ungeordneten Struktur sind. Versetzungen, deren Burgers-Vektor *kein* Gittervektor im Bravais-Gitter ist, nennt man unvollständige Versetzungen. Infolge der Änderung des Bravais-Gitters bei einer

[1] J. DIEHL: Private Mitteilung.

[2] H. SEIFERT: In Landolt-Börnstein, Physikalisch-Chemische Tabellen, 5. Aufl., 1. Ergbd, S. 35ff. Berlin 1927.

[3] Der physikalische Inhalt dieser Regel ist, daß die tatsächlich auftretenden Versetzungen diejenigen geringstmöglicher Energie sind.

Unordnungs-Ordnungs-Umwandlung kann also aus einer vollständigen Versetzung des ungeordneten Kristalls eine unvollständige Versetzung des geordneten Kristalls werden. Zwischen den unvollständigen Versetzungen erstrecken sich ‚Stapelfehler"; im vorliegenden Falle sind dies die Bereichsgrenzen zwischen den geordneten „Anti-Phasen-Bereichen". Bewegt sich eine einzelne unvollständige Versetzung, so ändert sich die Fläche des von ihr berandeten Stapelfehlers.

Der oben mitgeteilte Befund über die Gleitrichtung von PbTe, AgMg und der geordneten Legierung β'-CuZn läßt sich offensichtlich so interpretieren, daß in diesen Fällen die Gleitung durch unvollständige Versetzungen erfolgt, die im Falle von PbTe (Steinsalz-Struktur) Burgers-Vektoren $\frac{1}{2}\langle 100\rangle$ und im Falle von AgMg und CuZn (Cäsiumchlorid-Struktur) Burgers-Vektoren $\frac{1}{2}\langle 111\rangle$ haben. Bei der Bewegung dieser Versetzungen wird die Ordnung bzw. die intermetallische Verbindung zerstört. Wie physikalisch plausibel ist und COTTRELL und RACHINGER[1] im einzelnen (mit numerischen Abschätzungen) darlegen, muß in diesen Fällen die Ordnungsenergie niedrig sein. Ist die Ordnungsenergie jedoch groß oder liegt gar eine typische Ionenverbindung vor, bei der Ionen gleichen Vorzeichens nur unter sehr großem Energieaufwand auf benachbarte Gitterplätze gebracht werden können, so sind nach COTTRELL und RACHINGER die unvollständigen Versetzungen paarweise durch einen Stapelfehler fest zu vollständigen Versetzungen zusammengehalten. Als Gleitrichtung tritt dann die Richtung des kürzesten Gittervektors im Bravais-Gitter auf, wie dies bei den meisten in Tabelle 2 aufgeführten Verbindungen der Fall ist.

Auf die Möglichkeit einer etwas anderen Interpretation der Verhältnisse bei geordneten Legierungen hat SEEGER[2] hingewiesen: Da für die Versetzungsbildung die Verhältnisse beim Kristallwachstum maßgebend sind, erwartet man, daß sich in Legierungen, deren Ordnungstemperaturen unterhalb des Schmelzpunktes liegen, praktisch nur unvollständige Versetzungen der geordneten Struktur vorfinden. Auch bei großen Ordnungsenergien wird es als unwahrscheinlich angesehen, daß sich diese Versetzungen zu vollständigen Versetzungen zusammenlagern, so daß unabhängig von der Größe der Ordnungsenergie immer die zu den unvollständigen Versetzungen gehörende Gleitrichtung erwartet wird. Die beiden Auffassungen unterscheiden sich in quantitativer Hinsicht nicht sehr voneinander, da bekanntlich niedrige Ordnungstemperaturen und kleine Ordnungsenergien sich gegenseitig bedingen. Deshalb ist bisher auch noch keine experimentelle Entscheidung zwischen den beiden Auffassungen möglich gewesen. Weitere Untersuchungen über die Gleitrichtung geordneter Legierungen erscheinen wünschenswert.

γ) Die Gleitebene. Die versetzungstheoretischen Überlegungen hinsichtlich des Auftretens der Gleitebenen zu gegebener Gleitrichtung sind für das kubisch-flächenzentrierte Gitter im Artikel „Theorie der Gitterfehlstellen" (Ziff. 75) durchgeführt worden. Nach der dort gegebenen Diskussion und unseren derzeitigen Kenntnissen über die Stapelfehlerenergie sowie der elastischen Anisotropie der kubisch-flächenzentrierten Metalle wird man das Auftreten zusätzlicher Gleitebenen bei höheren Temperaturen am ehesten bei Aluminium erwarten. Dies entspricht dem experimentellen Befund.

Besonders kompliziert sind die Verhältnisse bei den kubisch raumzentrierten Metallen, bei denen noch nicht einmal in allen untersuchten Fällen feststeht, ob überhaupt eine wohldefinierte Gleitebene vorhanden ist. Wegen einer Besprechung der hierüber vorliegenden Experimente und theoretischen Überlegungen sei auf die Darstellung von MADDIN und CHEN [*27*] verwiesen.

Bei den hexagonalen Metallen ist besonders interessant, wie die bei tiefen Temperaturen unter verhältnismäßig niedrigen Schubspannungen *auftretenden*

---

[1] A.H. COTTRELL: [*35*], S. 33. — W.A. RACHINGER u. A.H. COTTRELL: Acta met. **4**, 109 (1956).

[2] A. SEEGER: [*35*], S. 48.

Tabelle 2. *Gleitelemente für eine Reihe von Metallen, Legierungen und Nichtmetallkristallen.*

Kristall	Gittertypus	Gleitebene	Gleitrichtung	Bemerkungen
Cu, Ag, Au, Ni, CuAu, α-CuZn, AlCu, AlZn	kubisch flächenzentriert	{111}	⟨110⟩	
Al	kubisch flächenzentriert	{111} {100}	⟨110⟩ ⟨110⟩	 tritt oberhalb 450° C zusätzlich auf[1,2]
α-Fe	kubisch raumzentriert	{110} {112} {123}	⟨111⟩ ⟨111⟩ ⟨111⟩	
α-Fe + 4% Si	kubisch raumzentriert	{110}	⟨111⟩	
Mo, Nb	kubisch raumzentriert	{110}	⟨111⟩	durch Gleitung auf zwei verschiedenen {110}-Ebenen kann {112} oder {123}-Ebene vorgetäuscht werden[3]
Cd, Zn, ZnCd	hexagonale Kugelpackung $c/a > 1{,}85$	(0001)	$\langle 2\bar{1}\bar{1}0\rangle$	
Mg	hexagonale Kugelpackung $c/a = 1{,}623$	(0001) $\{10\bar{1}1\}$ $\{10\bar{1}0\}$	$\langle 2\bar{1}\bar{1}0\rangle$ $\langle 2\bar{1}\bar{1}0\rangle$ $\langle 2\bar{1}\bar{1}0\rangle$	 tritt oberhalb 225° C sowie unter besonderen Zwangsbedingungen zusätzlich auf[4] spielt bei und unterhalb Raumtemperatur bei geeignet orientierten Einkristallen und bei Vielkristallen eine mit abnehmender Temperatur zunehmende Rolle[5]. Zulegierung von Lithium erleichtert das Auftreten dieses Gleitsystems und erhöht die Tieftemperaturduktilität vielkristallinen Magnesiums wesentlich[6]
Be	hexagonale Kugelpackung $c/a = 1{,}568$	(0001) $\{10\bar{1}0\}$	$\langle 2\bar{1}\bar{1}0\rangle$ $\langle 2\bar{1}\bar{1}0\rangle$	s. [7]
Ti	hexagonale Kugelpackung $c/a = 1{,}587$	$\{10\bar{1}0\}$ $\{10\bar{1}1\}$ (0001)	$\langle 2\bar{1}\bar{1}0\rangle$ $\langle 2\bar{1}\bar{1}0\rangle$ $\langle 2\bar{1}\bar{1}0\rangle$	Pyramidenebene und Basisebene treten an Bedeutung hinter Prismenebene zurück[8]
C, Ge, Si, ZnS (kubisch)	Diamantstruktur	{111}		Gleitrichtung bei Ge ⟨110⟩[9]
NaCl, KCl, KBr, KJ	Steinsalzstruktur	{110}	⟨110⟩	
PbTe	Steinsalzstruktur	{110}	⟨100⟩	[10]
NH_4Cl, NH_4Br, TlCl, MgTl, AuZn, AuCd	Cäsiumchloridstruktur	{100}	⟨100⟩	[11]
β'-CuZn	Cäsiumchloridstruktur	{110}	⟨111⟩	
AgMg	Cäsiumchloridstruktur	$\{3\bar{2}\bar{1}\}$	⟨111⟩	[11]

Fußnoten zu Tabelle 2.

[1] W. BOAS u. E. SCHMID: Z. Physik **71**, 703 (1931).

[2] Bei erhöhten Temperaturen wurden von verschiedenen Autoren weitere Gleitebenen beobachtet, die versuchsweise mit {110}, {112} und {113} Ebenen identifiziert wurden [C. CRUSSARD: Bull. Soc. franç. minér. **68**, 174 (1945); I. S. SERVI, J. T. NORTON u. N. J. GRANT: Trans. Amer. Inst. Min. Metallurg. Engrs. **194**, 965 (1952); R. D. JOHNSON, A. P. YOUNG u. A. D. SCHWOPE: [*32*], S. 25. Bei der Verformung von Aluminium-*Vielkristallen* bei Raumtemperatur werden häufig Spuren von Gleitebenen beobachtet, welche nicht {111}-Ebenen sein können [s. W. BOAS u. G. J. OGILVIE: Acta met. **2**, 665 (1954); G. J. OGILVIE: J. Inst. Met. **81**, 491 (1953); T. OJALA, C. ELBAUM u. W.C. WINEGARD: Trans. Amer. Inst. Min. Metallurg. Engrs. **206**, 1344 (1956)].

[3] N. K. CHEN u. R. MADDIN: Trans. Amer. Inst. Min. Metallurg. Engrs. **191**, 937 (1951). — R. MADDIN u. N. K. CHEN: Trans. Amer. Inst. Min. Metallurg. Engrs. **197**, 1121 (1953).

[4] E. SCHMID: Z. Elektrochem. **37**, 447 (1931). — E. C. BURKE u. W. R. HIBBARD jr.: Trans. Amer. Inst. Min. Metallurg. Engrs. **194**, 295 (1952). — P. W. BAKERIAN u. C. W. MATHEWSON: Trans. Amer. Inst. Min. Metallurg. Engrs. **152**, 226 (1943). — R. E. REED-HILL u. W. D. ROBERTSON: Trans. Amer. Inst. Min. Metallurg. Engrs. **209**, 496 (1957).

[5] R. E. REED-HILL u. W. D. ROBERTSON: Trans. Amer. Inst. Min. Metallurg. Engrs. **209**, 496 (1957). — F. E. HAUSER, P. R. LANDON u. J. E. DORN: Trans. Amer. Soc. Met. **48**, 986 (1956).

[6] F. E. HAUSER, P. R. LANDON u. J. E. DORN: Trans. Amer. Soc. Met. **50** (1958), im Druck.

[7] H. T. LEE u. R. M. BRICK: J. Metals **4**, 147 (1952). — Trans. Amer. Soc. Met. **48**, 1003 (1956).

[8] A. T. CHURCHMAN: Proc. Roy. Soc. Lond., Ser. A **226**, 216 (1954). — F. D. ROSI, C. A. DUBE u. B. H. ALEXANDER: Trans. Amer. Inst. Min. Metallurg. Engr. **197**, 257 (1953). — E. A. ANDERSON u. D. C. JILLSON: Trans. Amer. Inst. Min. Metallurg. Engrs. **197**, 1191 (1953). — A. D. ROSI: Trans. Amer. Inst. Min. Metallurg. Engrs. **200**, 1 (1954).

[9] R. G. TREUTING: Trans. Amer. Inst. Min. Metallurg. Engrs. **203**, 1027 (1955). — W. BARDSLEY u. R. L. BELL: Acta met. **4**, 445 (1956).

[10] W. A. RACHINGER: Acta met. **4**, 647 (1956).

[11] W. A. RACHINGER u. A. H. COTTRELL: Acta met. **4**, 109 (1956).

Gleitebenen mit dem Achsenverhältnis c/a variieren[1]. Bei Achsenverhältnissen $c/a > \sqrt{3}$ sind die Basisebenen die am dichtesten belegten Netzebenen der hexagonalen Kugelpackung, bei Achsenverhältnissen $c/a < \sqrt{3}$ dagegen die Prismenebenen (in diesem Fall liegen die Atome allerdings nicht auf einer *Ebene*, sondern auf einer etwas *gewellten Fläche*). Experimentell wird bei den Metallen Zn und Cd (stark übernormales Achsenverhältnis) bei Raumtemperatur fast ausschließlich die Basisebene als Gleitebene beobachtet[2]. Bei Ti und Be, die beide ein stark unternormales Achsenverhältnis haben, ist die Prismenebene die hauptsächlichste Gleitebene. (Bei geeignet orientierten Be-Kristallen tritt die Basisebene als wichtigste Gleitebene auf[3].) Seinem Achsenverhältnis entsprechend nimmt Mg eine Mittelstellung ein. Unter geeigneten Schubspannungsverhältnissen bei Raumtemperatur[4] sowie allgemein bei höheren Temperaturen findet man hier neben der

[1] F. D. ROSI, C. A. DUBE u. B. H. ALEXANDER: Trans. Amer. Inst. Min. Metallurg. Engrs. **197**, 257 (1953).

[2] Es gibt jedoch auch gelegentliche Hinweise auf das Auftreten weiterer Gleitebenen bei Zn bei Raumtemperatur. Siehe z. B. K. LÜCKE, G. MASING u. K. SCHRÖDER [Z. Metallkde. **46**, 792 (1955)], H. TRÄUBLE [Diplomarbeit Stuttgart 1958 — lichtmikroskopische Beobachtung der Pyramidenebene $\{11\bar{2}2\}$], R. L. BELL u. R. W. CAHN [Proc. Roy. Soc. Lond., Ser. A **239**, 494 (1957) (Pyramidengleitung auf $\{11\bar{2}2\}$)] und D. KUHLMANN-WILSDORF [Conference on Mechanical Effects of Dislocations in Crystals, Birmingham 1954 (elektronenmikroskopische Beobachtungen)]. — Das Gleiten auf Prismenebenen bei ***höheren Temperaturen*** ist bei Zink ausführlich untersucht worden von R. W. CAHN, I. J. BEAR u. R. L. BELL [J. Inst. Met. **82**, 481 (1953)] und von J. J. GILMAN [Trans. Amer. Inst. Min. Metallurg. Engrs. **206**, 1326 (1956)]. (Dort auch Zitat einer älteren Arbeit von A. F. KOLESNIKOW.)

[3] H. T. LEE u. R. M. BRICK: Trans. Amer. Soc. Met. **48**, 1003 (1956).

[4] E. C. BURKE u. W. R. HIBBARD jr.: Trans. Amer. Inst. Min. Metallurg. Engrs. **194**, 295 (1952).

Basisebene auch die Pyramidenebenen als Gleitebenen Die Gleitrichtung ist in allen genannten Fällen eine sogenannte digonale Achse erster Art, also eine $\langle 2\bar{1}\bar{1}0\rangle$-Richtung.

Die vorstehenden Betrachtungen zeigen deutlich den Einfluß der Belegungsdichte auf die Auswahl der Gleitebenen. Es muß allerdings betont werden, daß alle diesbezüglichen Beobachtungen an Metallen angestellt wurden, die vermutlich eine hohe Stapelfehlerenergie haben. Es ist denkbar[1], daß sich bei Metallen mit niedriger Stapelfehlerenergie der Wirkung der Packungsdichte noch ein von der Aufspaltung der Versetzungen in der Basisebene in Halbversetzungen herrührender Effekt überlagert. Dieser könnte zur Folge haben, daß die Basisgleitebene sowohl hinsichtlich der Peierls-Spannung als auch hinsichtlich der Versetzungsenergie selbst bei stark unternormalen Achsenverhältnissen, wie sie z. B. bei Os und Rh auftreten, gegenüber der Prismenebene begünstigt wäre und als hauptsächlichste Gleitebene auftreten würde.

III. Die Verformung von Einkristallen.

11. Die Versuchsanordnung. Die Verformung von Einkristallen erfolgt, soweit sie stab- oder drahtförmig vorliegen, meist im *Zugversuch* Der Kristall wird, um das Auftreten von Biegemomenten zu vermeiden, möglichst axial gezogen bzw. belastet. Werden die Fassungen starr geführt, so treten jedoch wegen der in Ziff. 9 besprochenen Orientierungsänderung, die ja die unmittelbar an die Fassungen angrenzenden Kristallteile nicht mitmachen können, makroskopische Verbiegungen der Netzebenen auf (Fig. 23).

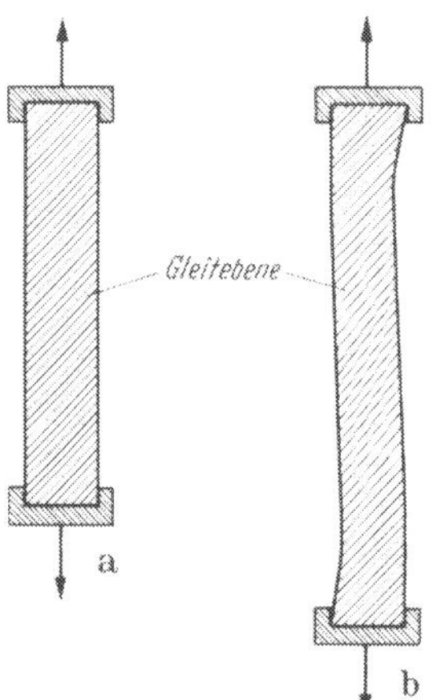

Fig. 23 a u. b. Orientierungsänderung und Verbiegung der Gleitlamellen in Fassungsnähe beim Zugversuch. a Lage der Gleitebenen vor der Verformung. b Lage der Gleitebenen nach der Verformung.

Nach DIEHL und KOCHENDÖRFER[2] sowie ROSI[3] kann man diese Verbiegungen in der Nähe der Einspannungen vermeiden, wenn man frei drehbare Fassungen benützt. Wie DIEHL und KOCHENDÖRFER zeigen konnten, ist der Unterschied zwischen den mit starren und den mit frei drehbaren Fassungen erhaltenen Ergebnissen gering und bei den Verfestigungskurven von Aluminium-Einkristallen noch innerhalb des Schwankungsbereichs der gemessenen Kurven gelegen. Voraussetzung hierfür ist natürlich, daß Kristalle verwendet werden, die im Verhältnis zu ihrem Durchmesser hinreichend lang sind, damit der Fassungseinfluß auf einen kleinen Teil der Gesamtlänge beschränkt bleibt[4].

Direkt gemessen wird bei Zugversuchen neben der Verlängerung[5] die in der Längsrichtung des Kristalls wirkende Kraft. Aus dieser erhält man durch Division mit dem Kristallquerschnitt die im Kristall wirkende Normal- oder Zugspannung σ. Für die meisten Überlegungen benötigt man jedoch die Kenntnis der Schubspannung τ im Gleitsystem. Wird die Orientierung der Stabachse wie

[1] A. SEEGER: Phil. Mag. **46**, 1194 (1955).

[2] J. DIEHL u. A. KOCHENDÖRFER: Z. angew. Phys. **4**, 241 (1952).

[3] F. D. ROSI: Rev. Sci. Instrum. **22**, 708 (1951).

[4] Recht zweckmäßig ist dagegen die Verwendung drehbarer Fassungen bei der Zugverformung hexagonaler Metalle (z. B. Zink) bei tiefen Temperaturen, da dadurch die durch das Vorhandensein nur einer Gleitebene bedingte Bruchgefahr in der Nähe der Fassungen herabgesetzt wird (S. MADER, unveröffentlicht).

[5] Zur genauen und zuverlässigen Bestimmung der Verlängerung ist es zweckmäßig, *nicht* den Abstand zwischen den Fassungen zu messen, sondern denjenigen zwischen zwei Marken, die mindestens einen Kristalldurchmesser von den Fassungen entfernt auf dem Kristall angebracht worden sind.

in Ziff. 9 durch die Winkel λ und $\varkappa$ bzw. χ beschrieben, so besteht zwischen Schubspannung τ und Normalspannung σ der Zusammenhang

$$\tau = \mu \sigma, \tag{11.1}$$

wobei der „Orientierungsfaktor" μ durch Gl. (9.4) gegeben ist. Wie man aus Fig. 22 entnehmen kann, beträgt die Schubspannung in einem $\{111\}, \langle 110 \rangle$-Gleitsystem des kubisch-flächenzentrierten Gitters (sogenanntes Oktaedersystem) mindestens 0,27 (und höchstens die Hälfte) der Normalspannung.

Sofern nicht das Gegenteil ausdrücklich gesagt wird, beziehen sich die in vorliegendem Artikel benützten experimentellen Resultate auf Zugversuche.

Gelegentlich[1] wurde zur Deformation von Einkristallen, insbesondere bei hin- und hergehender Verformung (Wechselverformung), die *„Bausch-Anordnung"* benützt[2]. Bei ihr wird der Kristall so orientiert, daß eine Gleitebene parallel zu den Fassungsbegrenzungen ist (Fig. 24) und die Relativbewegung der Fassungen gegeneinander in Gleitrichtung erfolgt. Wie SCHOLL[3] gezeigt hat, erhält man bei kubisch-flächenzentrierten Metallen bei einer derartigen Versuchsführung jedoch vom Beginn der bleibenden Verformung an Mehrfachgleitung und höhere kritische Schubspannungen als bei Einfachgleitung. Dies rührt wohl davon her, daß sich wegen des kleinen Fassungsabstandes bei der Bauschanordnung der komplizierte Spannungszustand in der Nähe der Einspannung in der ganzen Probe bemerkbar macht. Die Verhältnisse entsprechen eher denjenigen in den einzelnen Körnern von Vielkristallen, bei denen im allgemeinen auch schon bei sehr kleinen Verformungen Mehrfachgleitung auftritt.

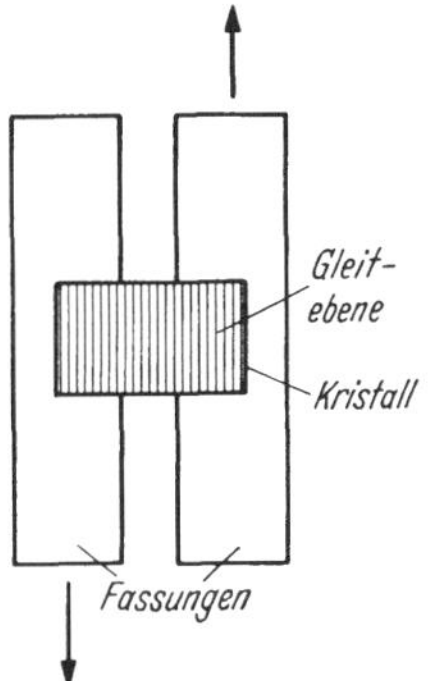

Fig. 24. Schema der Bauschanordnung. Die Lage der Gleitebene im Kristall ist angedeutet; die Pfeile geben die Bewegung der Fassungen an.

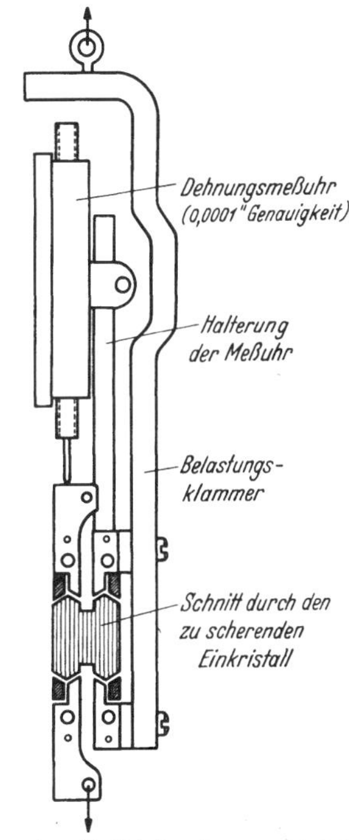

Fig. 25. Apparatur für Schubverformung nach PARKER und WASHBURN. Die Lage der Gleitebene ist durch senkrechte Schraffur angedeutet.

[1] Siehe z.B. A. KOCHENDÖRFER: Z. Kristallogr. **97**, 263 (1937) (Naphtalin). — H. HELD: Z. Metallkde. **32**, 201 (1940) (Wechselverformung von Sn-Einkristallen). — W. G. BURGERS u. F. J. LEBBINK: In J. BOUMAN, Selected Topics in X-ray Crystallography, Amsterdam 1951, Kap V (Aluminium). — E. S. WEINBERG: J. Appl. Phys. **24**, 734 (1951) (Zink).

[2] K. BAUSCH: Z. Physik **93**, 479 (1935).

[3] H. SCHOLL: 3. Diskussionstagung über Metallplastizität, Stuttgart 1954. — Z. Metallkde. **48**, 258 (1957).

Die aufgeführten Nachteile der Bauschanordnung haben PARKER und WASHBURN[1] auf folgende Weise (Fig. 25) vermindert. Aus einer großen Einkristallkugel wurde ein zylindrisches Stück herausgeätzt, so daß der eingespannte Kristallteil wesentlich größer als der auf Schub beanspruchte ist. Die Kristallorientierung wurde wie bei der Bauschanordnung gewählt. Auf diese Weise ergaben sich bei den *hexagonalen* Metallen Cd und Zn, für die die Untersuchungen bis jetzt im wesentlichen durchgeführt wurden, gute Übereinstimmung mit den beim Zugversuch erhaltenen Ergebnissen. Ein Vorteil der Anordnung gegenüber dem Zugversuch ist es unter anderem, daß durch Drehung des Kristalls die Gleitrichtung während des Versuches gewechselt und damit z.B. die latente Verfestigung untersucht werden kann (vgl. Ziff. 48 und 49).

Versucht man die Nachteile der Bauschanordnung dadurch zu vermeiden, daß man das Verhältnis von Kristallänge zu Kristalldurchmesser größer macht, so nähert man sich, da die am Kristall angreifende Kraft zur Vermeidung von Biegung[2] möglichst gut in der Kristall-Längsrichtung liegen muß, den Verhältnissen beim Zugversuch[3]. Da bei dieser Versuchsführung sowohl die Lage der Gleitebenen als auch die Stellung der Fassungen eine feste Orientierung im Raum beibehalten, können die Fassungseinflüsse auf diese Weise vermieden werden. Nach dem oben Gesagten hat man jedoch hierbei gegenüber dem gewöhnlichen Zugversuch keine wesentlich neuen Ergebnisse zu erwarten.

Von einigen Autoren wurden Einkristalle in *Kompressionsversuchen* verformt und dabei zur Vermeidung des Ausknickens scheibenförmige Kristalle (die zwischen zwei Platten gedrückt werden) verwendet[4]. Wegen der kleinen freien Kristalloberfläche hat man dabei mit ähnlichen Nachteilen wie bei der Bauschanordnung zu rechnen. Wesentlich vorteilhafter ist die Anordnung von PATERSON[5], der verhältnismäßig schlanke Kristalle verwenden konnte. Sie scheint vor allem bei alternierender Zug-Druck-Belastung gute Ergebnisse zu geben.

12. Die Versuchsführung. Die Erörterungen in Ziff. 11 bezogen sich auf die zur Untersuchung der plastischen Eigenschaften von Kristallen verwendeten *Versuchsanordnungen*. Wir besprechen nun noch kurz die *Versuchsführung*, d.h. die bei den Verformungsversuchen *konstant zu haltenden* bzw. die zu messenden *Größen*. Bei den Verformungsversuchen wird nach Möglichkeit bei gleichbleibender Temperatur gearbeitet. Je nachdem, ob man daneben noch die Schubspannung im Gleitsystem oder die Abgleitungsgeschwindigkeit während eines Versuchs oder Teilversuchs konstant hält, spricht man von *statischer* oder *dynamischer* Versuchsführung.

Eine *dynamische* Versuchsführung wird durch die Verwendung des Polanyischen Apparates ermöglicht[6]. Mit Hilfe eines Spindelantriebs kann hier eine nahezu konstante Verformungsgeschwindigkeit erzwungen werden, was für die meisten Zwecke eine hinreichend gute Annäherung an das Ideal der konstanten Abgleitungsgeschwindigkeit darstellt. Das Meßergebnis eines solchen dynamischen Versuchs läßt sich als Zusammenhang zwischen Schubspannung τ und Abgleitung a, als sogenannte *Verfestigungskurve*, darstellen[7] (Fig. 26). Die praktisch

[1] E.R. PARKER u. J. WASHBURN: Modern Research Techniques in Physical Metallurgy. Amer. Soc. of Metals 1953, S. 186.

[2] J. SAWKILL u. R.W. HONEYCOMBE: Acta met. **2**, 854 (1954).

[3] H. SCHOLL: Z. Metallkde. **44**, 528 (1953). — W. SCHRECKENBERG: Diss. Köln 1955.

[4] Siehe C.F. ELAM: [*2*], S. 25. — A. KOCHENDÖRFER: [*3*], S. 10.

[5] M.S. PATERSON: Acta met. **3**, 491 (1955). — J. Sci. Instrum. **32**, 356 (1955).

[6] Wegen ausführlicheren Darstellungen des Polanyischen Prinzips s. [*1*] und [*3*] sowie die dort angegebenen Originalarbeiten.

[7] Als Abgleitung wird dabei nur die plastische Abgleitung a aufgetragen; die elastische Scherung wird also abgezogen.

wichtigsten Parameter einer Verfestigungskurve sind Versuchstemperatur T, Kristallorientierung und Abgleitungsgeschwindigkeit $\dot{a}$. Als *Verfestigung* τ_v bezeichnet man die Differenz zwischen der für die Weiterverformung bei einer bestimmten Abgleitung aufzuwendenden Fließspannung τ und der kritischen Schubspannung τ_0, also

$$\tau_v = \tau - \tau_0. \tag{12.1}$$

Den Verfestigungsanstieg

$$\vartheta = \frac{d\tau}{da} \tag{12.2}$$

nennt man *Verfestigungskoeffizient.*

In Ziff. 9 haben wir die Abgleitung für den Fall der Einfachgleitung definiert. Bei Mehrfachgleitung kann man eine einheitliche Verfestigungskurve für den

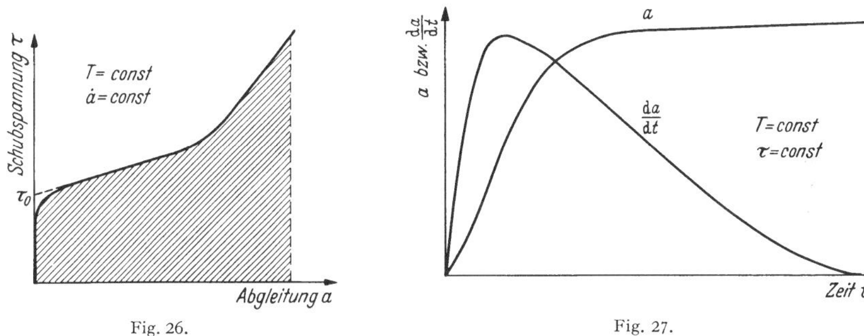

Fig. 26. Fig. 27.

Fig. 26. Schematische Darstellung einer Verfestigungskurve. Die schraffierte Fläche gibt die pro Volumeneinheit bei der Verformung aufzuwendende Arbeit an. τ_0 ist die durch Extrapolation aus der Verfestigungskurve ermittelte kritische Schubspannung.

Fig. 27. Schematische Darstellung von Kriechkurven $a(t)$ bzw. $\dot{a}(t) = da(t)/dt$.

ganzen Kristall allenfalls dann erwarten, wenn die Schubspannung in allen betätigten Gleitsystemen gleich ist. In der in Ziff. 9 eingeführten Sprechweise sind die betätigten Gleitsysteme dann *gleichberechtigt.* Nach SACHS und Mitarbeitern[1] hat man bei gleichberechtigten Gleitsystemen als Gesamtabgleitung die *algebraische* (nicht die vektorielle) Summe der Abgleitungen in den einzelnen Gleitsystemen zu verwenden. Für die so definierte Abgleitung behält die Fläche unter der Verfestigungskurve auch bei Mehrfachgleitung die Bedeutung der pro Volumeneinheit am Kristall geleisteten Arbeit[2].

Die *statische* Versuchsführung wird sehr häufig auch als *Kriechversuch* bezeichnet. Als Versuchsergebnis erhält man hier einen Zusammenhang zwischen Abgleitungsgeschwindigkeit $\dot{a}$ und Zeit t (oder auch Abgleitung a und Zeit), die sogenannte Kriech- oder Fließkurve (Fig. 27). Die Bedingung einer konstanten Schubspannung im Gleitsystem wird bei kleinen Verformungen häufig durch diejenige einer konstanten Last angenähert. Treten bei einer einzelnen Belastungsstufe größere, einige Prozent übersteigende Abgleitungen auf, so muß man die Belastung während des Versuchs so regulieren, daß die Querschnittsabnahme und die Änderung der Kristallorientierung während des Versuchs kompensiert werden und die Schubspannung tatsächlich konstant bleibt[3].

[1] K. F. v. GÖLER u. G. SACHS: Z. Physik **41**, 103 (1927). — R. KARNOP u. G. SACHS: Z. Physik **41**, 116 (1927).

[2] J. DIEHL: Persönliche Mitteilung. — Einige weitergehende Bemerkungen über die Doppelgleitung kubisch-flächenzentrierter Kristalle findet man in Ziff. 23.

[3] Die wichtigsten hierzu verwendeten Anordnungen sind bei E. N. DE C. ANDRADE [J. Iron Steel Inst. **171**, 217 (1952)] besprochen.

Nimmt man die Belastung stufenweise vor, so kann man, sofern das Fließen des Kristalls einige Zeit nach dem Aufbringen der Last abklingt, auch mit Hilfe von Kriechversuchen Verfestigungskurven[1] aufnehmen. Man muß dabei die Last nach einer bestimmten Vorschrift immer wieder um kleine Beträge erhöhen, z.B. dann, wenn die von der vorhergehenden Belastung herrührende Kriechgeschwindigkeit unmerklich geworden oder auf einen festgewählten, sehr kleinen Wert abgesunken ist. Trägt man die Summe der Abgleitungen der einzelnen Stufen über der jeweiligen Schubspannung auf, so erhält man punktweise eine sogenannte *statische Verfestigungskurve*. Sie wird sich im allgemeinen von den mit großer Verformungsgeschwindigkeiten gemessenen Verfestigungskurven etwas unterscheiden und zwar vor allem dann, wenn die Verfestigungskurve stark geschwindigkeitsabhängig ist.

IV. Die kritische Schubspannung.

13. Allgemeines. Bei der dynamischen Verformung von Einkristallen im Polanyischen Apparat beobachtet man bei sehr kleinen Verformungen zunächst einen linearen Zusammenhang zwischen Spannung und Dehnung, die sogenannte *elastische Gerade*, die von der elastischen Verformung des Kristalls herrührt. Wie in Ziff. 12 angegeben, wird diese elastische Gerade bzw. ihre Extrapolation zu höheren Verformungen vor dem Auftragen der Verfestigungskurve $\tau = \tau(a)$ abgezogen.

In vielen Fällen findet man, daß die plastische Verformung nicht plötzlich einsetzt, sondern daß die Verfestigungskurve mit einer starken Krümmung beginnt. Das übliche Verfahren ist es, die *kritische Schubspannung* τ_0 durch Extrapolation der Verfestigungskurve auf die Abgleitung $a = 0$ zu bestimmen (Fig. 26). Die Einzelheiten des Extrapolationsverfahrens, das bei Kristallen ohne Streckgrenzeneffekte (s. unten) allgemein üblich ist, werden von der angestrebten Genauigkeit und der Form der Verfestigungskurve bestimmt. Man kann also die aus verschiedenen Untersuchungen entnommenen kritischen Schubspannungen nicht immer unmittelbar miteinander vergleichen.

An die Stelle der kritischen Schubspannung tritt bei technischen Untersuchungen, insbesondere an Vielkristallen, die *Elastizitätsgrenze*[2]. Sie gibt jene Normalspannung σ an, bei der die nach der Entlastung zurückbleibende Dehnung einen bestimmten Wert hat. Am gebräuchlichsten ist in der Technik die sogenannte 0,2-Grenze $\sigma_{0,2}$, bei der die bleibende Dehnung 0,2% beträgt.

Viele verunreinigte Metalle und Legierungen, insbesondere eine Reihe von Stählen und Bronzen, zeigen die Erscheinung der *Fließ-* oder *Streckgrenze* (Fig. 28). Die Fließgrenze oder (beim Zugversuch) Streckgrenze (in der Technik mit σ_S bezeichnet) ist jene Spannung, bei der mit wachsender Dehnung die Spannung nicht mehr weiter ansteigt, sondern gleichbleibt oder absinkt. Den Bereich der Verformung unter (von kleinen Schwankungen abgesehen) konstanter Spannung nennt man den *Fließbereich*. Sinkt die Spannung nach Überschreiten eines Höchstwertes (obere Streckgrenze bzw. obere Fließgrenze, in der Technik mit $\sigma_{S\,o}$ bezeichnet) auf die Spannung des Fließbereichs ab, so nennt man diese die untere Streckgrenze bzw. die untere Fließgrenze (in der Technik mit $\sigma_{S\,u}$ bezeichnet).

---

[1] Die Methode der stufenweisen Belastung wurde z.B. von E.P.T. TYNDALL [*28*], S. 48, P. HAASEN und G. LEIBFRIED [Z. Metallkde. **43**, 317 (1952)], G. MASING und H. WEIK [Z. Metallkde. **45**, 417 (1954)], M. BAUSER und U. DEHLINGER [Z. Metallkde. **45**, 618 (1954)], H. BLANK und M. MICHELITSCH [Z. Metallkde. **49**, 27 (1958), s. Ziff. 69] verwendet.

[2] Wegen der in der Technik eingeführten Definitionen und Bezeichnungen vergleiche man Handbuch der Werkstoffprüfung, herausgegeb. v. E. SIEBEL, 2. Aufl., Bd. II, S. 38ff. Berlin-Göttingen-Heidelberg: Springer 1955.

Neben der absoluten Größe der kritischen Schubspannung, über die wir in Ziff. 6 schon einiges gesagt haben, interessiert vor allem das Auftreten oder Nichtauftreten eines Streckgrenzeneffektes, die Abhängigkeit der kritischen Schubspannung oder der Streckgrenze von der Verformungstemperatur und der Verformungsgeschwindigkeit, ferner (bei Einkristallen) die Abhängigkeit von der Kristallorientierung und (bei Legierungen) die Abhängigkeit von der Konzentration. In den Ziff. 14 bis 17 werden wir eine Reihe von typischen Beispielen für diese Abhängigkeiten anführen. Die Deutung eines Teils der Befunde auf Grund der Versetzungstheorie wird im Abschnitt D II gegeben werden.

14. Metalle. Am gründlichsten untersucht hinsichtlich der kritischen Schubspannung τ_0 sind *Metallkristalle.* Einkristalle der in der hexagonalen oder kubischen dichtesten Kugelpackung kristallisierenden Metalle weisen, wenn sie hinreichend rein sind, bei Raumtemperatur kritische Schubspannungen in der Größenordnung von 20 p/mm² bis 500 p/mm² auf.

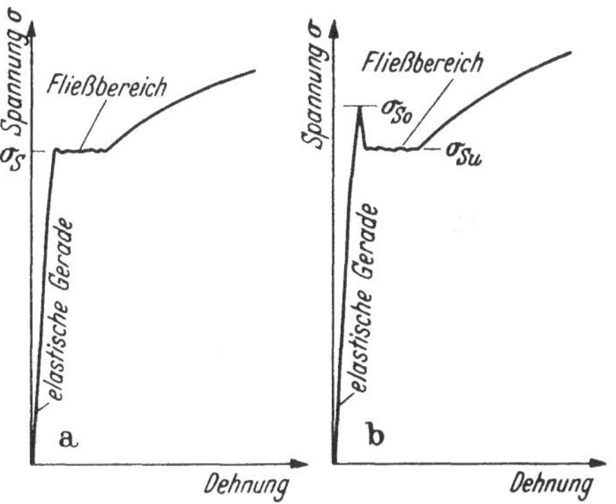

Fig. 28 a u. b. Auftreten einer Fließgrenze ohne (a) oder mit (b) oberer Streckgrenze.

Wie SCHMID[1] zuerst an Zinkeinkristallen festgestellt hat und wie später an zahlreichen Metallen, Legierungen und Ionenkristallen bestätigt wurde, ist die kritische Schubspannung im Gleitsystem von der Kristallorientierung nahezu unabhängig, während die kritische Normalspannung σ_0 gemäß Gl. (11.1) von der Orientierung stark abhängt. Dieser experimentelle Befund wird als *Schmidsches Schubspannungsgesetz* bezeichnet. Ist die Gleitebene eine Symmetrieebene des Kristalls, so bedingt eine orientierungsunabhängige *kritische Schubspannung* τ_0 auch eine orientierungsunabhängige *kritische Scherung* im Gleitsystem. Im Falle der Oktaedergleitung im kubischflächenzentrierten Gitter, bei der die eben genannte Symmetriebedingung nicht erfüllt ist, konnte gezeigt werden[2], daß die kritische Schubspannung viel weniger mit der Kristallorientierung variiert als die kritische Scherung, so daß in der Tat τ_0 als die für das Einsetzen ausgiebiger plastischer Verformung entscheidende Größe erscheint.

Vom Standpunkt der Versetzungstheorie der plastischen Verformung aus ist dieses experimentelle Ergebnis sehr befriedigend. Im Artikel „Theorie der Gitterfehlstellen" im Teil 1 dieses Bandes (Ziff. 55) ist gezeigt worden, daß die auf eine Versetzung pro Längeneinheit wirkende Kraft unabhängig vom Versetzungscharakter durch das Produkt aus Versetzungsstärke und Schubspannung im Gleitsystem gegeben ist. Das Schmidsche Schubspannungsgesetz nimmt also in der Sprache der Versetzungstheorie die sehr einfache Form an, daß *für den Gleitbeginn die auf die Versetzungen ausgeübte Kraft maßgebend ist*[3].

Neuere Untersuchungen haben ergeben, daß das Schmidsche Schubspannungsgesetz nicht mehr gut erfüllt ist für Kristallorientierungen, bei denen zwei oder gar mehr kristallographisch gleichwertige Gleitsysteme spannungsmäßig annähernd gleichberechtigt sind. Fig. 29 und 30 zeigen dies bei Raumtemperatur

[1] E. SCHMID: Proc. Internat. Congr. Appl. Mech. Delft 1924, S. 342.
[2] E. SCHMID u. W. BOAS: [1], Ziff. 42.
[3] F. R. N. NABARRO: Phil. Mag. **42**, 213 (1951).

an den Beispielen von Aluminiumeinkristallen und Zinkeinkristallen. Bei Kupfereinkristallen[1] liegen die Verhältnisse nahezu gleich wie bei Aluminium.

Die eben genannten Abweichungen vom Schmidschen Schubspannungsgesetz sind theoretisch verständlich. Sind zwei Gleitsysteme gleichberechtigt, so sind natürlich für das plastische Verhalten die auf Versetzungen beider Gleitsysteme wirkenden Kräfte wesentlich, so daß man am Rande eines Orientierungsdreiecks kompliziertere Verhältnisse als in seinem Innern erwartet. Das bis jetzt hierzu vorliegende experimentelle Material ist allerdings für eine quantitative Deutung des Effektes noch nicht ausreichend.

Die *Temperaturabhängigkeit* der kritischen Schubspannung τ_0 von Metallen ist dadurch charakterisiert, daß τ_0 mit steigender Temperatur im allgemeinen abnimmt. Bei hohen Temperaturen (relativ zum Schmelzpunkt gerechnet) findet man allerdings oft, daß die kritische Schubspannung praktisch tempe-

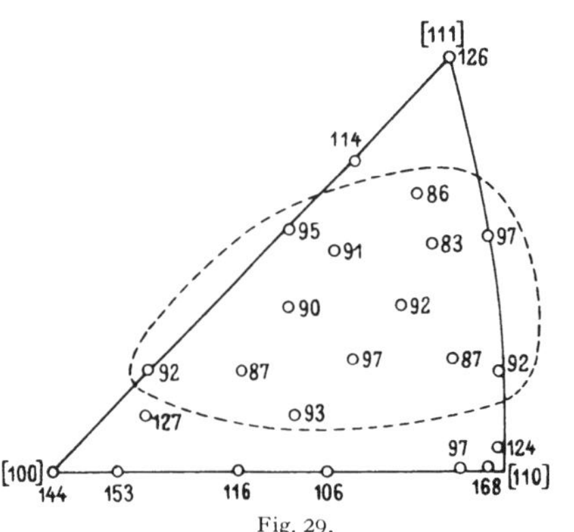

Fig. 29.

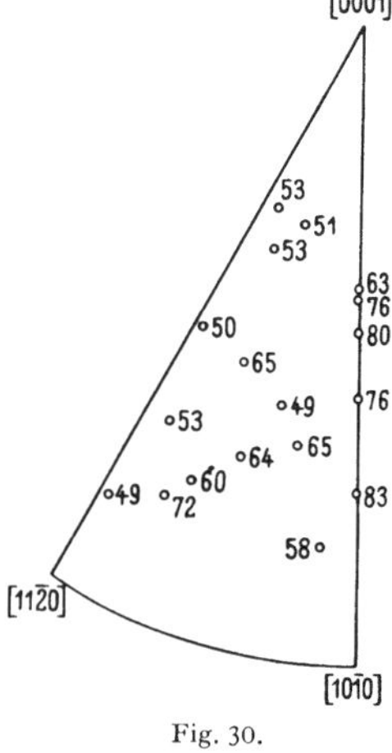

Fig. 30.

Fig. 29. Orientierungsabhängigkeit der kritischen Schubspannung von Aluminiumeinkristallen bei Raumtemperatur nach W. STAUBWASSER (Diss. Göttingen 1954). Die kritischen Schubspannungen sind in p/mm² angegeben. Ihre Genauigkeit beträgt etwa ± 7 p/mm². Die gestrichelte Kurve gibt den Orientierungsbereich an, in dem die kritische Schubspannung innerhalb der Fehlergrenzen konstant ist. Abgleitungsgeschwindigkeit $\dot{a}_0 = 2 \cdot 10^{-4}$ sec⁻¹. Herrn Dr. STAUBWASSER sei für die Überlassung seiner unveröffentlichten Meßwerte gedankt.

Fig. 30. Orientierungsabhängigkeit der kritischen Schubspannung von Zinkeinkristallen bei Raumtemperatur nach K. SCHRÖDER (Diss. Göttingen 1954) und K. LÜCKE, G. MASING und K. SCHRÖDER [Z. Metallkde. **46**, 792 (1955)]. Die kritischen Schubspannungen sind in p/mm² angegeben. Abgleitungsgeschwindigkeit $\dot{a}_0 = 2 \cdot 10^{-4}$ sec⁻¹.

raturunabhängig ist. Dies geht z.B. aus Fig. 31, die Beobachtungen an Magnesium-[2] und Wismut-Einkristallen[3] wiedergibt, hervor. (Die ausgezogenen Kurven sowie die Angabe T_0 beziehen sich auf die in Abschnitt D II zu gebende Theorie. Dort finden sich auch weitere experimentelle Resultate.) Eine Erhöhung der Verformungsgeschwindigkeit wirkt sich wie eine Temperaturerniedrigung aus. Die *Geschwindigkeitsabhängigkeit* der kritischen Schubspannung ist bei Metallen allerdings meist sehr gering. Es ist deshalb nicht von allzu großer praktischer Bedeutung, daß bei vielen der älteren Messungen (siehe SCHMID und BOAS [*1*]) die Verformungsgeschwindigkeit nicht gut konstant gehalten worden war.

Fig. 32 gibt ein Beispiel für die Temperaturabhängigkeit der kritischen Schubspannung bei einem kubisch-raumzentrierten Metall (Molybdän[4]). Der ausgeprägte Anstieg der kritischen Schubspannung bei Erniedrigung der Temperatur

[1] J. DIEHL: Z. Metallkde. **46**, 331 (1955).

[2] E. SCHMID: Z. Elektrochem. **37**, 447 (1931).

[3] M. GEORGIEFF u. E. SCHMID: Z. Physik **36**, 759 (1926).

[4] Ein ähnlicher Temperaturgang wurde in ausführlichen Messungen an polykristallinem Molybdän von R.P. CARREKER u. R.W. GUARD [Trans. Amer. Inst. Min. Metallurg. Engrs. **206**, 178 (1956)] gefunden. Unterhalb 200° C ergab sich ein ausgeprägter Streckgrenzeneffekt.

wird auch bei anderen kubisch-raumzentrierten Metallen gefunden, z. B. Eisen (siehe folgende Ziffer), Tantal[1] und Wolfram[2]. Während bei Tantal die Fließspannung bis zu den tiefsten erreichten Temperaturen ansteigt, bricht polykristallines Wolfram unterhalb von etwa $+100°$ C spröde bei einer praktisch temperaturunabhängigen Spannung.

Wie von verschiedenen Autoren vorgeschlagen wurde, sind die ausgeprägten Unterschiede zwischen kubisch-raumzentrierten Metallen und kubisch-flächenzentrierten Metallen (die auch bei sehr tiefen Temperaturen nicht spröde werden, keine Streckgrenzeneffekte aufweisen und eine viel geringere Temperaturabhängigkeit der kritischen Schubspannung besitzen) einer besonders starken Wechsel-

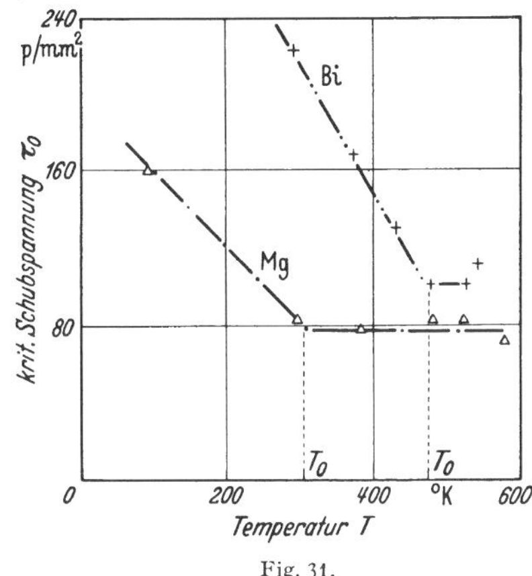

Fig. 31.

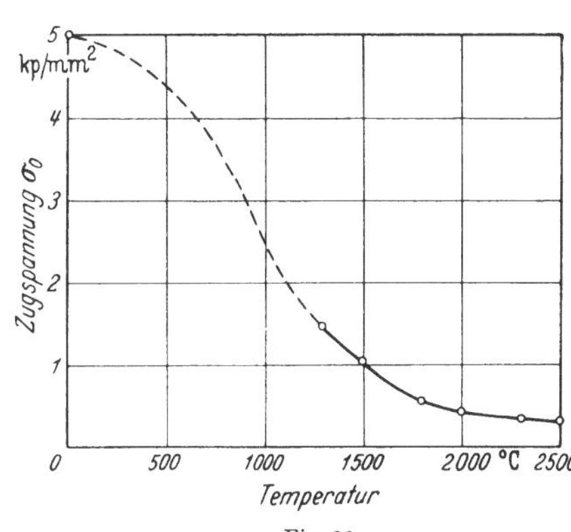

Fig. 32.

Fig. 31. Temperaturabhängigkeit der kritischen Schubspannung von Wismut-Einkristallen (nach N. GEORGIEFF und E. SCHMID) und Magnesium-Einkristallen (nach G. SIEBEL und E. SCHMID).

Fig. 32. Temperaturabhängigkeit der kritischen Zugspannung von Molybdäneinkristallen. Hochtemperaturwerte nach R. MADDIN und N. K. CHEN [Trans. Amer. Inst. Min. Metallurg. Engrs. **200**, 280 (1954)]; Raumtemperaturwert nach N. K. CHEN und R. MADDIN [Trans. Amer. Inst. Min. Metallurg. Engrs. **191**, 937 (1951)]. Die kritische Schubspannung τ_0 beträgt nur rund die Hälfte der angegebenen Werte für σ_0.

wirkung zwischen gelösten Zwischengitteratomen (Kohlenstoff, Stickstoff, eventuell Sauerstoff) und Versetzungen in kubisch-raumzentrierten Metallen zuzuschreiben. Die eben besprochenen Eigenschaften sind also wohl gar nicht typisch für die reinen Metalle selbst, sondern für die Legierungen mit geringen Konzentrationen von Kohlenstoff, Stickstoff und Sauerstoff. Wir werden deshalb die Erscheinungen am meistuntersuchten kubisch-raumzentrierten Metall, am α-Eisen, in der folgenden Ziffer im Rahmen der Legierungen besprechen.

15. Homogene Legierungen. Wie schon oben angedeutet, hat man α-Eisen, sofern es nicht in ganz extremer Reinheit vorliegt, hinsichtlich seiner plastischen Eigenschaften als Legierung mit Kohlenstoff (und eventuell weiteren interstitiellen Verunreinigungen) zu betrachten. Die ausführlichste Untersuchung über die Streckgrenze von Eisen-Einkristallen ist diejenige von ALLEN, HOPKINS und McLENNAN[3]. Diese Autoren machen für den Temperaturbereich von $-253°$C bis $+100°$ C ausführliche Angaben über die auftretenden Gleitsysteme ($\{110\}$, $\langle 111\rangle$; $\{112\}$, $\langle 111\rangle$; $\{123\}$, $\langle 111\rangle$) sowie gegebenenfalls über die Zwillingsbildung

[1] J. H. BECHTOLD: Acta met. **3**, 249 (1955). Bei vielkristallinen Tantal treten ebenfalls Streckgrenzeneffekte auf.

[2] J. H. BECHTOLD u. P. G. SHEWMON: Trans. Amer. Soc. Met. **46**, 397 (1954).

[3] N. P. ALLEN, B. E. HOPKINS u. J. E. McLENNAN: Proc. Roy. Soc. Lond. **234**, 221 (1956). Vgl. auch Fig. 75.

und den spröden Bruch als Funktion der kristallographischen Orientierung der Kristalle. Während bei höheren Temperaturen das Schmidsche Schubspannungsgesetz erfüllt war, zeigte sich unterhalb von 0° C eine systematische Variation der kritischen Schubspannung im jeweiligen Gleitsystem mit der Kristallorientierung.

Wir können auf die Einzelheiten nicht eingehen und beschränken uns darauf, in Fig. 33 die Temperaturabhängigkeit der oberen und der unteren Streckgrenze (Zugspannungen $\sigma_{S\,o}$ und $\sigma_{S\,u}$) sowie die zur unteren Streckgrenze gehörende Schubspannung im jeweiligen Gleitsystem (mit τ_0 bezeichnet) für zwei

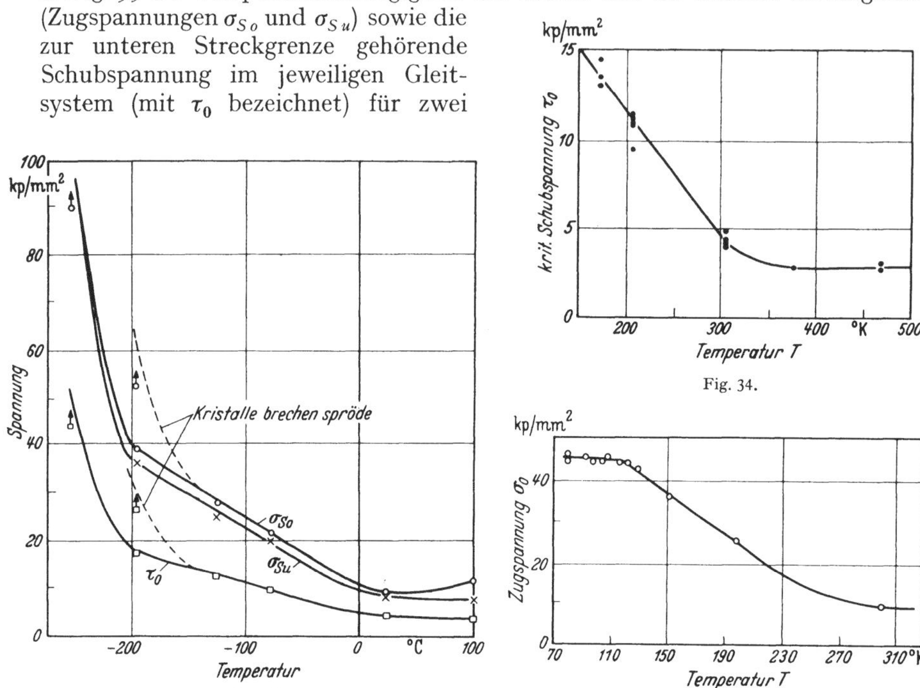

Fig. 33.

Fig. 34.

Fig. 35.

Fig. 33. Temperaturabhängigkeit der oberen Streckgrenze σ_{S_0} und der unteren Streckgrenze $\sigma_{S\,u}$ (Zugspannungen) sowie der kritischen Schubspannung τ_0 von Eisen-Einkristallen zweier verschiedener Orientierungsbereiche nach Allen, Hopkins und McLennan. Reinheit 99,96%. Kohlenstoffgehalt 0,0027%, Stickstoffgehalt und Sauerstoffgehalt je $0{,}001_6$%. —— Kristallorientierungen in der Nähe der ⟨011⟩—⟨111⟩-Linie, - - - - Kristallorientierungen in der Nähe der ⟨001⟩-Ecke des Orientierungsdreiecks.

Fig. 34. Temperaturabhängigkeit der kritischen Schubspannung von Eiseneinkristallen nach F. L. Vogel und R. M. Brick [Trans. Amer. Inst. Min. Metallurg. Engrs. **197**, 700 (1953)]. Reinheit und Kristallorientierung unbekannt. Abgleitungsgeschwindigkeit $\dot{a} = 0{,}0017\ \text{sec}^{-1}$.

Fig. 35. Temperaturabhängigkeit der Streckgrenze von Eisenvielkristallen nach D. F. Gibbons [Trans. Amer. Inst. Min. Metallurg. Engrs. **197**, 1245 (1953)]. Korndurchmesser ungefähr $2 \cdot 10^{-2}$ mm. Hauptsächlichste Verunreinigungen (Gewichtsanteile) $2 \cdot 10^{-5}$ C; $3{,}4 \cdot 10^{-5}$ O; $5 \cdot 10^{-5}$ Si, $5 \cdot 10^{-4}$ Al. Die Deformationsgeschwindigkeit entsprach etwa $\dot{a} = 0{,}01\ \text{sec}^{-1}$.

Orientierungsbereiche anzugeben. Sieht man von jenen Fällen ab, bei denen vor Erreichen der Fließgrenze Sprödbruch oder Zwillingsbildung eintrat[1], so wurde bei allen Temperaturen eine obere und untere Streckgrenze beobachtet. Bemerkenswert ist, daß die untere Streckgrenze in der Umgebung der Raumtemperatur praktisch temperaturunabhängig ist. Diese Temperaturunabhängigkeit der kritischen Schubspannung bis zu etwa + 200° C zeigen auch die in Fig. 34

[1] Dies war bei fast allen Kristallen bei 20° K der Fall. Extrem reines α-Eisen ist bis zu 4,2° K herab sehr duktil, wobei die Zwillingsbildung wesentlich zur Duktilität beiträgt. (R. L. Smith u. J. L. Rutherford, Trans. Amer. Inst. Min. Metallurg. Engrs. **209**, 857 (1957). — Versuche an feinkristallinen Vielkristallen.)

wiedergegebenen Einkristalldaten. Oberhalb dieses Temperaturbereichs sinkt die Fließgrenze (bzw. die kritische Schubspannung) mit wachsender Temperatur weiter ab[1]. Bei sehr tiefen Temperaturen wird sehr häufig gefunden, daß die Elastizitätsgrenze σ_0 bzw. die kritische Schubspannung τ_0 temperaturunabhängig ist (vgl. Fig. 35). Dies scheint jedoch durch das Auftreten von Verformungszwillingen (sogenannte Neumannsche Lamellen) bedingt zu sein. Die Erklärung hierfür ist wohl, daß die (praktisch temperaturunabhängige) kritische Spannung für die Zwillingsbildung bei den vorliegenden Spannungsverhältnissen und Korngrößen bei hinreichend tiefen Temperaturen kleiner ist als die mit fallender Temperatur rasch ansteigende kritische Spannung für das Gleiten.

Abgesehen von den kubisch-raumzentrierten Metallen, bei denen — wie oben bereits erwähnt — sich sehr kleine Verunreinigungskonzentrationen sehr stark auf die kritische Schubspannung auswirken können, liegen bis jetzt sehr wenig Messungen über die Temperaturabhängigkeit der kritischen Schubspannung von Legierungen vor. Fig. 36 zeigt die von GILMAN[2] in neuester Zeit gemessene Temperaturabhängigkeit der kritischen Schubspannung für Gleitung auf der Basisebene in Einkristallen von Zink mit 0,1 Atomprozent Cadmium. Bemerkenswert ist, daß die kritische Schubspannung bei tiefen Temperaturen mit wachsender Temperatur rasch abfällt und dann über einen verhältnismäßig weiten Bereich temperaturunabhängig ist. In diesem Bereich erfolgt die plastische Verformung ruckweise. (Die Verfestigungskurve weist eine Folge unregelmäßiger Zacken auf.) Nach höheren Temperaturen hin fällt die kritische Schubspannung noch ein zweites Mal stark ab, und zwar auf Werte, die in der Größenordnung der kritischen Schubspannung des reinen Zinks (in Fig. 36 als strichpunktierte Linie eingetragen) liegen. In diesem Temperaturbereich ist die kritische Schubspannung stark von der Verformungsgeschwindigkeit abhängig.

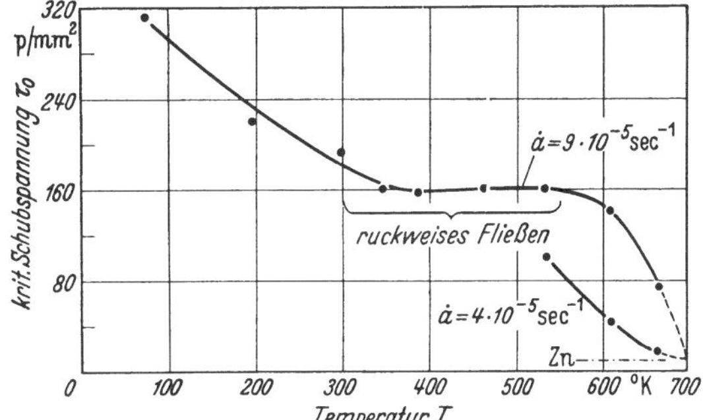

Fig. 36. Die kritische Schubspannung von Zn + 0,1 Atom % Cd-Einkristallen als Funktion der Temperatur. Die Angaben bei hohen Temperaturen beziehen sich auf zwei verschiedene Verformungsgeschwindigkeiten; die strichpunktierte Gerade gibt etwa die kritische Schubspannung reiner Zink-Einkristalle an.

In Fig. 37 ist die Temperaturabhängigkeit der kritischen Schubspannung von α-Messing-Kristallen verschiedener Zusammensetzung (also einer kubisch-flächenzentrierten Legierung) angegeben[3]. Die allgemeinen Verhältnisse liegen ganz ähnlich wie bei der oben besprochenen hexagonalen Legierung und bei den verunreinigten kubisch-raumzentrierten Metallen: Bei tiefen Temperaturen ist die kritische Schubspannung stark temperaturabhängig. An den Abfall mit wachsender Temperatur schließt sich ein Bereich an, in dem die kritische Schubspannung praktisch temperaturunabhängig ist oder mit steigender Temperatur leicht ansteigt. In diesem Bereich wird (wie auch bei α-Fe und anderen raumzentrierten Metallen) ruckweises Fließen beobachtet. Der aus Analogiegründen

---

[1] Dies geht aus Messungen an Vielkristallen, z.B. denjenigen von W. KNORR, Diplomarbeit T.H. Stuttgart 1952, hervor.

[2] J. J. GILMAN: Trans. Amer. Inst. Min. Metallurg. Engrs. **206**, 1326 (1956).

[3] Außer den in Fig. 37 berücksichtigten Messungen verschiedener Autoren liegen aus neuester Zeit noch Messungen von H. SUZUKI ([*36*] S. 361) vor.

zu erwartende weitere Abfall der kritischen Schubspannung bei höheren Temperaturen wurde im vorliegenden Fall bis jetzt noch nicht direkt beobachtet.

Es können jedoch wenig Zweifel bestehen, daß dieser Abfall auch bei α-Messing auftritt. Ein starker Hinweis darauf ist, daß BURGHOFF und MATHEWSON[1] im Temperaturbereich um 700° K bei Spannungen, welche weit unterhalb der kritischen Schubspannung bei dieser Temperatur lagen, ein mit der Zeit abklingendes Kriechen (sogenanntes Übergangskriechen) beobachtet haben, und zwar mit einer maximalen Kriechgeschwindigkeit von etwa $\dot{a} = 10^{-8}\,\text{sec}^{-1}$. Derartige Kriechvorgänge hängen immer mit thermisch aktivierten Prozessen

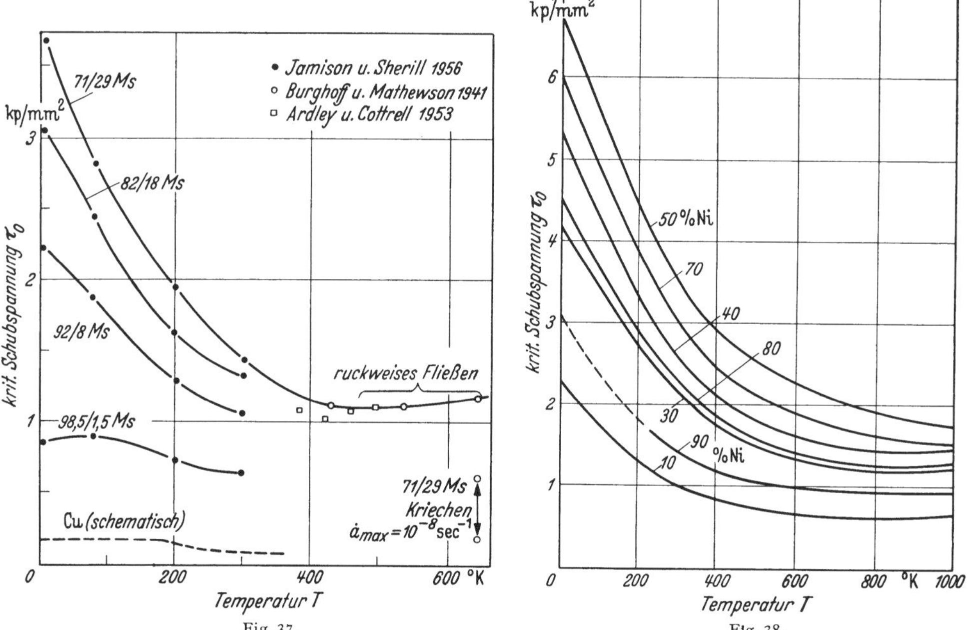

Fig. 37. Fig. 38.

Fig. 37. Die Temperaturabhängigkeit der kritischen Schubspannung von α-Messing-Einkristallen verschiedener Konzentration nach Messungen von R. E. JAMISON und F. A. SHERRILL [Acta met. **4**, 197 (1956)], H. L. BURGHOFF und C. H. MATHEWSON [Trans. Amer. Inst. Min. Metallurg. Engrs. **143**, 45 (1941)] sowie G. W. ARDLEY und A. H. COTTRELL [Proc. Roy. Soc. Lond., Ser. A **219**, 328 (1953)]. Der Pfeil deutet den Temperatur- und Schubspannungsbereich an, in dem nach BURGHOFF und MATHEWSON Kriechen auftritt.

Fig. 38. Die Temperaturabhängigkeit der kritischen Schubspannung von Kupfer-Nickel-Einkristallen verschiedener Konzentration nach SUZUKI [*36*], S. 361.

zusammen, deren Geschwindigkeit durch eine Temperaturerhöhung gesteigert wird. Es ist deshalb zu erwarten, daß bei hinreichend hohen Temperaturen auch bei Spannungen von der Größenordnung 0,2 bis 0,6 kp/mm² eine ausgiebige plastische Verformung mit den normalerweise zur Messung der kritischen Schubspannung verwendeten Abgleitungsgeschwindigkeiten (von der Größenordnung $10^{-4}\,\text{sec}^{-1}$) möglich ist.

Eine kubisch-flächenzentrierte lückenlose Mischkristallreihe, in der die Temperaturabhängigkeit der kritischen Schubspannung bei verschiedenen Konzentrationen gemessen ist, ist das von SUZUKI, IKEDA und TAKEUCHI[2] untersuchte System Cu—Ni (Fig. 38). Der Verlauf entspricht in großen Zügen dem bei α-Messing beobachteten.

Neben der Temperaturabhängigkeit ist vor allem auch die Konzentrationsabhängigkeit der kritischen Schubspannung von Interesse, die man im Falle von α-Messing und Cu—Ni durch Umzeichnen aus den Fig. 37 und 38 ermitteln

---

[1] H. L. BURGHOFF u. C. H. MATHEWSON: Trans. Amer. Inst. Min. Metallurg. Engrs. **143**, 45 (1941).

[2] H. SUZUKI: [*36*], S. 361.

kann. Fig. 39 gibt die Konzentrationsabhängigkeit der kritischen Schubspannung von α-Messing am absoluten Nullpunkt und bei Zimmertemperatur wieder. Außerdem ist gestrichelt die Differenz zwischen diesen beiden Kurven, also die Erhöhung der kritischen Schubspannung beim Übergang von Raumtemperatur zum absoluten Nullpunkt, eingezeichnet. Diese Differenzkurve wird bei der Besprechung der Theorie in Ziff. 62 benötigt werden.

Bei homogenen Mischkristallreihen weist die kritische Schubspannung als Funktion der Konzentration c einen in grober Näherung parabelförmigen Verlauf auf, wie er in den Fig. 40 und 41 am Beispiel der Legierungen Au—Ag und Cu—Ni (beide bei Raumtemperatur gemessen) gezeigt wird. Zieht man die den „reinen" Metallen entsprechenden Anteile der kritischen Schubspannung (in den Fig. 40 und 41 durch gerade Linien angedeutet) ab, so kann man versuchen, den verbleibenden Legierungsanteil $\tau_0^{(L)}$ der kritischen Schubspannung in der Form

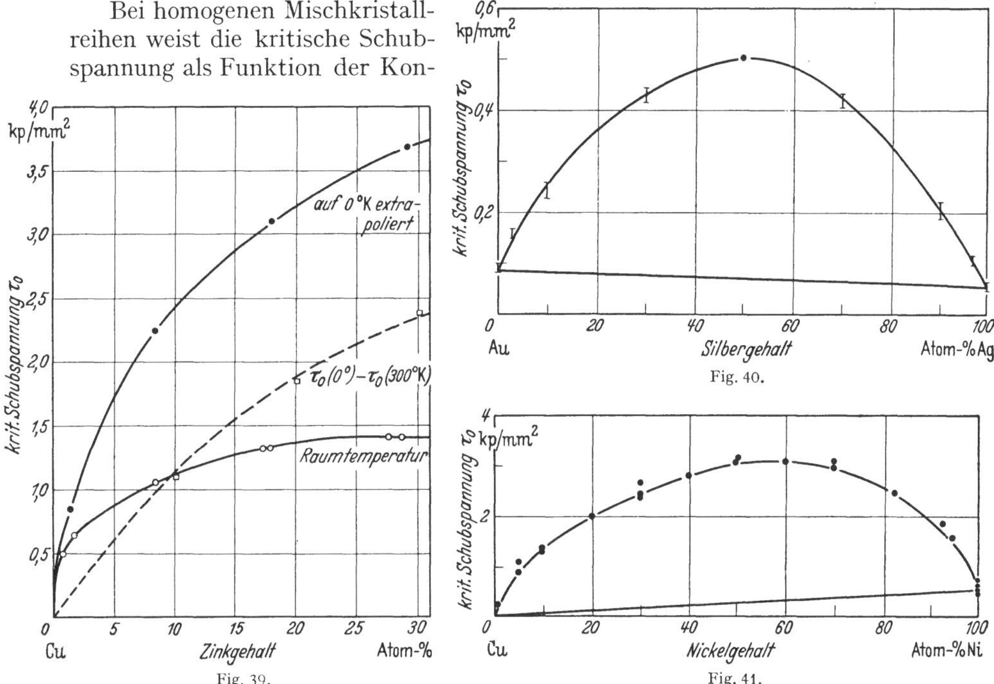

Fig. 39. Fig. 40. Fig. 41.

Fig. 39. Die Konzentrationsabhängigkeit der kritischen Schubspannung von α-Messingkristallen bei zwei verschiedenen Temperaturen. Der Verlauf bei 0° K (●) wurde aus den Messungen von R. E. JAMISON und F. A. SHERRILL [Acta met. **4**, 197 (1956)] extrapoliert. Die Punkte bei Raumtemperatur (○) wurden der Arbeit von JAMISON und SHERRILL entnommen und sind aus einer Mittelung zwischen den experimentellen Ergebnissen dieser Autoren und den Messungen von K. F. v. GÖLER und G. SACHS [Z. Physik **55**, 581 (1929)], M. MASIMA und G. SACHS [Z. Physik **50**, 161 (1928)] und G. W. ARDLEY und A. H. COTTRELL [Proc. Roy. Soc. Lond. Ser. **A 219**, 328 (1953)] gewonnen worden.

Fig. 40. Konzentrationsabhängigkeit der kritischen Schubspannung von Au—Ag-Einkristallen bei Raumtemperatur nach G. SACHS und J. WEERTS [Z. Physik **62**, 473 (1930)].

Fig. 41. Konzentrationsabhängigkeit der kritischen Schubspannung von Cu—Ni-Einkristallen bei Raumtemperatur nach E. OSSWALD [Z. Physik **83**, 55 (1933)].

$$\tau_0^{(L)} = A\,c\,(1-c) \tag{15.1}$$

darzustellen. Hierbei ist A zwar nicht von der Konzentration, wohl aber im allgemeinen von der Temperatur abhängig.

In den meisten Fällen stellt Gl. (15.1) nur eine sehr rohe Annäherung an den wirklichen Verlauf dar. Sind die beiden Legierungspartner in ihrem chemischen

Verhalten und in der Atomgröße einander unähnlich (wie dies bei Cu—Ni im Gegensatz zu Au—Ag der Fall ist), so werden die $\tau_0^{(L)}(c)$ Kurven unsymmetrisch. Ferner werden häufig bei sehr kleinen Konzentrationen Abweichungen von Gl. (15.1) gefunden. Bei den kubisch-raumzentrierten Metallen und ähnlich gelagerten Fällen, bei denen die Wechselwirkung zwischen gewissen Verunreinigungsatomen in kleinen Konzentrationen und Versetzungen besonders stark ist, ist dies eigentlich selbstverständlich. Ein Beispiel hierfür scheint das Quecksilber zu sein, bei dem Silberzusätze in der Größenordnung von 10^{-7} einen starken Einfluß auf die kritische Schubspannung haben (Fig. 42)[1]. Einen etwas andersartigen, aber ebenfalls sehr ausgeprägten Einfluß üben geringe Verunreinigungskonzentrationen bei den Edelmetallen aus, wie Fig. 43 zeigt. In Fig. 43 sind die für verschiedene Verunreinigungsgrade gemessenen kritischen Schubspannungen mit den durch Extrapolation gemäß Gl. (15.1) von größeren

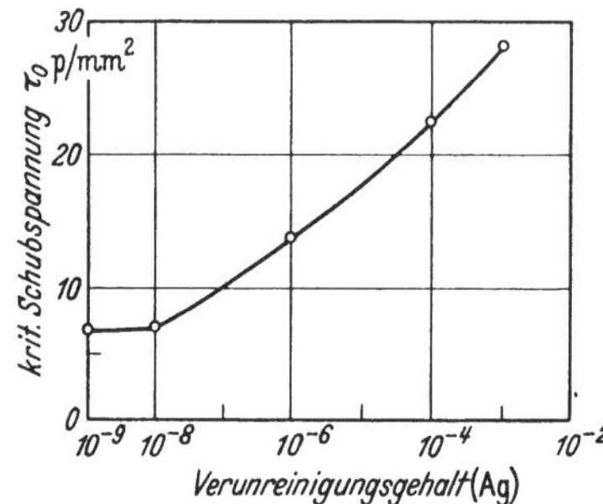

Fig. 42. Abhängigkeit der kritischen Schubspannung von Quecksilberkristallen bei — 60° C vom Gehalt an Verunreinigungen (Silber).

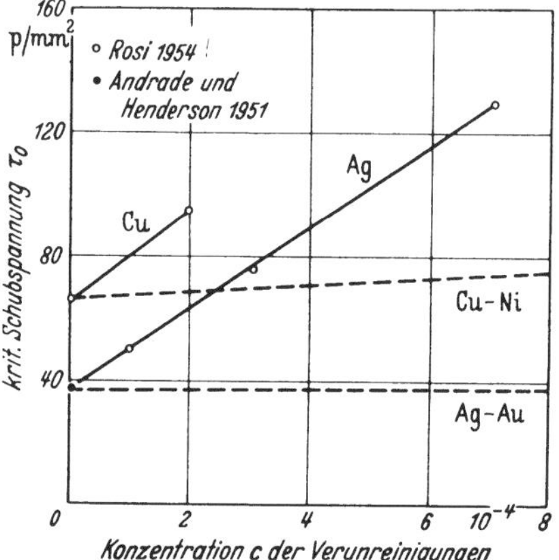

Fig. 43. Abhängigkeit der kritischen Schubspannung von Kupfer- und Silbereinkristallen bei Raumtemperatur vom Gehalt an Verunreinigungen.

Konzentrationen her (vgl. Fig. 40 und 41) ermittelten verglichen. Die Tatsache, daß die experimentellen Werte erheblich größer sind, kann schwerlich durch eine besonders starke Wechselwirkung zwischen Versetzungen und kleinen Verunreinigungskonzentrationen erklärt werden, da typische Legierungseffekte (obere und untere Streckgrenze), etwa im System Cu—Zn, erst für $c \gtrsim 0{,}015$ auftreten[2]. Viel naheliegender ist die Annahme[3], daß man es hier mit einem „indirekten" Effekt zu tun hat, der darauf beruht, daß die Dichte der beim Kristallwachstum entstehenden Versetzungen und damit der durch ihr Spannungsfeld hervorgerufene Anteil der kritischen Schubspannung von der Verunreinigungskonzentration abhängt (vgl. Ziff. 42 und 60).

Sieht man von den Verhältnissen bei sehr geringen Fremdatomzusätzen ab, so läßt sich *zusammenfassend* sagen, daß der Legierungseinfluß auf die kritische Schubspannung bei den verschiedenen metallischen Strukturen recht ähnlich ist. An einen Tieftemperaturbereich mit starker Temperaturabhängigkeit schließt sich ein Bereich an, in dem τ_0 wenig temperaturabhängig ist und die plastische Verformung ruckweise erfolgt. Bei noch höheren Temperaturen fällt im allgemeinen die kritische Schubspannung weiter ab auf Werte, die in der Größenordnung derjenigen der reinen Metalle liegen. Dieses Erscheinungsbild wird in Ziff. 61, zumindest qualitativ, weitgehend gedeutet werden. Wir werden in

[1] K. M. GREENLAND: Proc. Roy. Soc. Lond., Ser. A **163**, 28 (1937).
[2] G. W. ARDLEY u. A. H. COTTRELL: Proc. Roy. Soc. Lond., Ser. A **219**, 328 (1953).
[3] A. SEEGER: Z. Naturforsch. **11** a, 985 (1956).

Abschnitt E auch auf einige hier nicht erwähnte Besonderheiten, z.B. die mit Ordnungsvorgängen oder Ausscheidungen zusammenhängenden, eingehen.

16. Nichtmetalle. Nichtmetalle können sich hinsichtlich der plastischen Verformbarkeit sehr verschieden verhalten. Viele organische Kristalle, wie z.B. Naphtalin[1], sind bei normalen Temperaturen sehr gut verformbar und in dieser Hinsicht durchaus den duktilsten Metallen vergleichbar. Die meisten Ionenkristalle sowie die homöopolaren Verbindungs- und Elementkristalle (und auch eine ganze Reihe intermetallischer Verbindungen) sind dagegen sehr viel weniger verformbar als die typischen Metalle. Doch gibt es auch innerhalb dieser Stoffklassen sehr ausgeprägte Unterschiede. Während z.B. Silberchloridkristalle (ebenso wie TlCl- und TlBr-Kristalle[2]) sehr leicht ausgiebig verformt werden können[3], sind die für Steinsalz bei Raumtemperatur unter normalen Bedingungen erreichbaren plastischen Dehnungen sehr gering. Die homöopolaren Kristalle Germanium, Silicium sowie die entsprechenden intermetallischen Verbindungen wie z.B. Indiumantimonid sind bei Raumtemperatur praktisch vollkommen spröde.

Die meisten im Mineralreich auftretenden Salze verhalten sich ähnlich wie Steinsalz, das am ausführlichsten untersucht worden ist[4]. Wegen der starken Sprödbruchneigung bei niedrigen Temperaturen ist eine zentrische und erschütterungsfreie Aufbringung der Last wesentlich. OBREIMOW und SCHUBNIKOFF[5] sowie SCHMID und VAUPEL[6] konnten zeigen, daß nach längerem Anlassen bei etwa 600° C natürliche Steinsalzkristalle ihre fast vollkommene Sprödigkeit bei Raumtemperatur verlieren und eine kritische Schubspannung von 70 p/mm² bis 100 p/mm² aufweisen. Bei den Versuchen von SCHMID und VAUPEL konnten die Verfestigungskurven bis zu einigen Prozent Abgleitung (etwa einer Verdopplung der Schubspannung entsprechend) verfolgt werden, bevor die Kristalle brachen. Die Verformbarkeit, d.h. die vor dem Eintreten des Bruchs erreichbare Abgleitung, nimmt mit wachsender Temperatur sehr stark zu. So konnten z.B. GRAF und KLATTE[7] bei höheren Temperaturen künstliche NaCl- und KCl-Kristalle in der Bausch-Anordnung (vgl. Ziff. 11) ausgiebig verformen.

Die Temperaturabhängigkeit der kritischen Schubspannung τ_0 von Steinsalzkristallen wurde wiederholt untersucht[7–12]. In Fig. 44 sind die Messungen von EKSTEIN[9] (Torsionsversuche), NEWEY[12] (Kompressionsversuche) und GRAF und KLATTE[7] (Schubversuche in Bauschanordnung) aufgetragen. Die verschiedenen Messungen stimmen darin überein, daß τ_0 unterhalb 0° C mit sinkender Temperatur stark ansteigt, bei Temperaturen oberhalb 650° C fast temperaturunabhängig wird und im Zwischengebiet Maxima und Minima aufweist. Wir werden diesen

[1] A. KOCHENDÖRFER: Z. Kristallogr. **97**, 263 (1938).

[2] A.W. STEPANOW: Phys. Z. Sowjet. **6**, 312 (1934).

[3] A.W. STEPANOW: Phys. Z. Sowjet. **8**, 25 (1935). — Bei Raumtemperatur wird bei gut geglühten AgCl-Kristallen $\sigma_0 \approx 70$ p/mm² gefunden; bei —185° C brechen die Kristalle im Zugversuch spröde, während sie im Druckversuch gut verformbar sind.

[4] Siehe hierzu E. SCHMID u. W. BOAS: [*1*], insbesondere Ziff. 67 u. 68.

[5] W. OBREIMOW u. L.W. SCHUBNIKOFF: Z. Physik **41**, 907 (1927).

[6] E. SCHMID u. O. VAUPEL: Z. Physik **56**, 308 (1929).

[7] L. GRAF u. H. KLATTE: Unveröffentlicht. — H. KLATTE: Diplomarbeit, Stuttgart 1953.

[8] G. TAMMANN u. W. SALGE: Neues Jb. Mineral., Beil.-Bd. **57**, 117 (1927).

[9] H. EKSTEIN: Z. Kristallogr. **92**, 253 (1935).

[10] A. JOFFÉ, M.W. KIRPITSCHEWA u. M.A. LEWITZKY: Z. Physik **22**, 286 (1924).

[11] W. THEILE: Z. Physik **75**, 763 (1932).

[12] J. D. ESHELBY, C. W. A. NEWEY, P. L. PRATT u. A. B. LIDIARD: Phil. Mag. **3**, 75 (1958). — Die in Fig. 44 dargestellten Ergebnissen, die neueren Datums als die in der eben genannten Arbeit mitgeteilten experimentellen Resultate sind, wurden dankenswerterweise von den Herren Dr. J. D. ESHELBY und C. W. A. NEWEY mitgeteilt.

Temperaturverlauf, der von dem bei Metallen gewohnten abweicht, in Ziff. 46 näher diskutieren.

Die Sprödbruchneigung der Steinsalzkristalle bei Verformung bei Raumtemperatur kann durch besonders langsame Dehnung[1], Verformung unter hydrostatischem Druck[1] sowie insbesondere durch Verformung unter Wasser oder nach Benetzen mit Wasser (Joffé-Effekt)[2] sehr reduziert werden. Unter den genannten Bedingungen sind große Dehnungen vor Eintreten des Bruchs möglich. Werden also die Steinsalzkristalle durch geeignete Versuchsführung am frühzeitigen Brechen gehindert, so verhalten sie sich (abgesehen von der Temperaturabhängigkeit der kritischen Schubspannung) qualitativ wie Metallkristalle[3].

Durchsichtige Kristalle wie NaCl, KCl, AgCl usw. gestatten es, die plastische Verformung und insbesondere den Gleitbeginn dadurch zu studieren, daß die

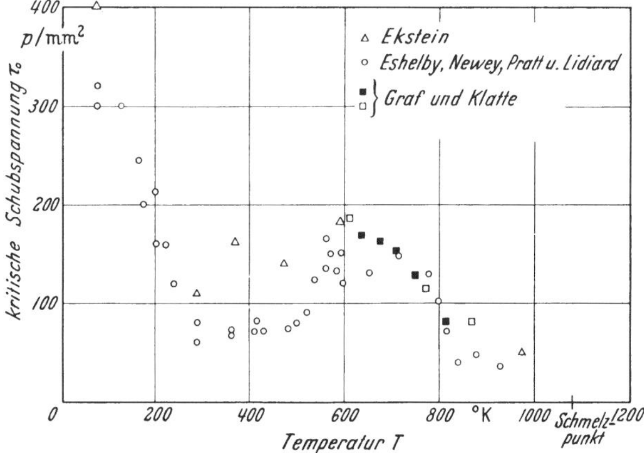

Fig. 44. Temperaturabhängigkeit der kritischen Schubspannung von Steinsalzkristallen nach Messungen verschiedener Autoren (s. Text). Bei den Messungen von GRAF und KLATTE bezeichnen ausgefüllte Quadrate Meßpunkte, die durch Messungen an mehreren Kristallen belegt sind (Streuung 2 bis 3%) und leere Quadrate Punkte, die nur an einem Kristall gemessen sind.

nach der Verformung zurückbleibenden inneren Spannungen mit der Spannungsdoppelbrechung sichtbar gemacht werden. Diese Methode ist unter anderen von OBREIMOW und SCHUBNIKOFF[4] sowie RINNE[5] auf NaCl, von SCHÜTZE[6] auf KCl und in neuerer Zeit besonders ausführlich von NYE[7] auf AgCl angewendet worden.

[1] Siehe G. SACHS: Plastische Verformung. In Handbuch der Experimentalphysik, Bd. V, insbes. S. 50. Leipzig 1929.

[2] A. JOFFÉ, M. W. KIRPITSCHEWA u. M. A. LEWITZKY: Z. Physik **22**, 286 (1924). — A. JOFFÉ: The Physics of Crystals. New York: McGraw-Hill 1928. — Eine ausführliche Besprechung des Joffé-Effektes sowie der älteren Deutungsversuche findet sich bei E. SCHMID und W. BOAS [*1*], insbes. Ziff. 72. Die neueste und wohl auch zutreffende Erklärung haben E. AERTS und W. DEKEYSER [Acta met. **4**, 557 (1956)] auf Grund von Begasungsversuchen, insbes. mit Stickstoff, gegeben. Es konnte gezeigt werden, daß die Sprödigkeit des Steinsalzes mindestens teilweise auf die verfestigende Wirkung von gasförmigen Verunreinigungen (insbes. Stickstoff) zurückgeht, die in einer Oberflächenschicht gelöst sind. Die Dicke dieser Schicht hängt von der Vorbehandlung ab. Eine Wasserschicht auf der Kristalloberfläche verhindert das Eindringen bzw. die Adsorption von Gasen. Ähnliche Ergebnisse an einer ganzen Reihe von Salzkristallen (einschließlich MgO) sind von E. R. PARKER, J. WASHBURN und Mitarbeiter an der University of California erhalten worden (persönliche Mitteilung).

[3] Dies gilt auch hinsichtlich anderer Eigenschaften, wie Erholung und Rekristallisation.

[4] I. W. OBREIMOW u. L. W. SCHUBNIKOFF: Z. Physik **41**, 907 (1927).

[5] F. RINNE: Z. Kristallogr. **61**, 389 (1925).

[6] W. SCHÜTZE: Z. Physik **76**, 135 (1932).

[7] J. F. NYE: Proc. Roy. Soc. Lond., Ser. A **198**, 190 (1949); **200**, 47 (1949).

Auch die photochemischen Eigenschaften der Alkali- und Silberhalogenide sind zum Studium der plastischen Verformung verwendet worden, insbesondere von SMEKAL und seiner Schule[1] und neuerdings von ROHLOFF[2] (Untersuchung des durch ausgeschiedenes Silber bewirkten Dichroismus polarisierten Lichtes in verformten AgCl-Kristallen).

Die spannungsoptischen Untersuchungen haben das Auftreten einer Inkubationszeit (einer Erscheinung, die wir bei den homöopolaren Kristallen sogleich noch ausführlicher kennenlernen werden) ergeben[3]. Es wurde gefunden, daß sich beim Belasten eines Steinsalzkristalls bei Raumtemperatur mit einer Zugspannung von 78 p/mm² zunächst keine Veränderung im spannungsoptischen Bild ergab. 20 sec nach Anlegen der Spannung trat plötzlich eine Streifung auf, der später noch weitere Streifen folgten.

Derartige Inkubationszeiten für den Fließbeginn wurden auch an Germanium gefunden, und zwar von GALLAGHER[4] bei Kriechversuchen im Temperaturbereich zwischen 500 und 600° C. Germanium ist bei Raumtemperatur vollkommen spröde und beginnt sich von dem Temperaturbereich von etwa 500° C an plastisch zu verformen[5], wobei unter konstanter Belastung Kriechkurven von der in Fig. 45 dargestellten Art gemessen werden. SEITZ[6] und PATEL[7] geben an, daß die Zeit t_0, die bis zum Fließbeginn verstreicht, in der Form

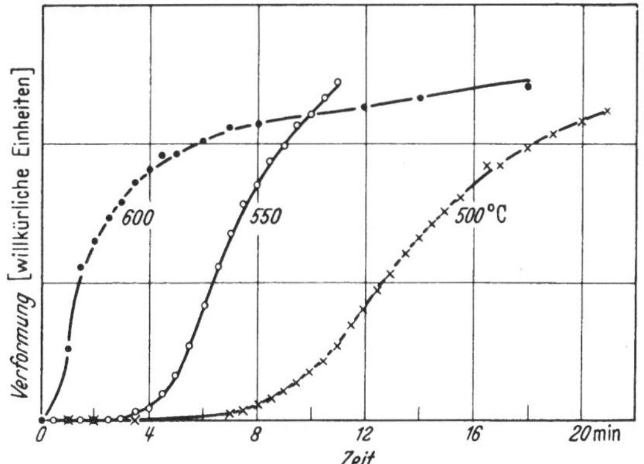

Fig. 45. Verformung von Germaniumkristallen unter konstanter Last bei verschiedenen Temperaturen (nach GALLAGHER).

$$t_0 = t_{00}\, e^{Q/kT} \tag{16.1}$$

dargestellt werden kann. PATEL[7] findet $t_{00} = 3 \cdot 10^{-10}$ sec und $Q = 1{,}7$ eV.

VAN BUEREN u. Mitarb.[8] bestätigen die exponentielle Temperaturabhängigkeit von t_0 gemäß Gl. (16.1), finden aber eine etwas größere Aktivierungsenergie als PATEL, nämlich $Q \approx 2$ eV. Ein für die theoretische Deutung der Inkubationszeit bei den Diamantstrukturen (auch bei Si wurde bei Kriechversuchen bei 800° C eine Inkubationszeit von einigen Minuten beobachtet[9]) sehr wichtiger Befund ist, daß VAN BUEREN u. Mitarb.[8] keine Inkubationszeit finden konnten, wenn die Kristalle unter Argon (unter Fernhaltung von Sauerstoff) hergestellt worden waren. Sie betrachten dies wohl mit Recht als experimentellen Beweis dafür, daß die Inkubationszeit (und wohl auch die Erscheinung einer oberen Streckgrenze, s. unten) von Verunreinigungen, insbesondere von Sauerstoff, herrühren.

[1] A. SMEKAL: Handbuch der Physik, 2. Aufl., Bd. 24/II, Kap. 5, Ziff. 22, 1933.
[2] E. ROHLOFF: Z. Physik **132**, 643 (1952).
[3] I. W. OBREIMOW u. L. W. SCHUBNIKOFF: Z. Physik **41**, 907 (1927).
[4] C. J. GALLAGHER: Phys. Rev. **88**, 721 (1952).
[5] L. GRAF, H. R. LACOUR u. K. SEILER: Z. Metallkde. **44**, 113 (1953).
[6] F. SEITZ: Phys. Rev. **88**, 722 (1952).
[7] J. R. PATEL: Phys. Rev. **101**, 1436 (1956).
[8] H. G. VAN BUEREN, J. HORNSTRA u. P. PENNING: Suppl. Nuovo Cim. (im Druck). — H. G. VAN BUEREN: Diskussionstagung Aachen 1958 sowie private Mitteilung.
[9] G. L. PEARSON, W. T. READ jr., u. W. L. FELDMANN: Acta met. **5**, 181 (1957).

Über die Spannungsabhängigkeit von t_0 liegen bis jetzt keine sehr genauen Messungen vor. Die Ergebnisse von TREUTING[1] über die Inkubationszeit an einem Ge-Kristall mit $\langle 110\rangle$-Orientierung bei 600° C als Funktion der Zugspannung σ kann man in der Form

$$t_0 = 2640\,\text{sec}\cdot e^{-(\sigma/\sigma^*)^2} \tag{16.2}$$

mit $\sigma^* = 1{,}27\,\text{kp/mm}^2$ näherungsweise darstellen. VAN BUEREN u. Mitarb.[2] finden an Germaniumkristallen näherungsweise

$$t_0 \sim e^{-\frac{\sigma}{\sigma_0}}, \tag{16.3}$$

wo σ_0 von der Größenordnung 10 kp/mm² ist.

Mit der Inkubationszeit hängt wohl das Auftreten eines Streckgrenzeneffekts[3,4] ursächlich zusammen. Detaillierte experimentelle Resultate über diesen liegen jedoch an Germanium noch nicht vor; die ausführlichsten Ergebnisse wurden bis jetzt an Silicium von PEARSON, READ und FELDMANN[5] gewonnen, die auch das Wiederauftreten des Streckgrenzeneffekts nach Verformung und Alterung untersucht haben. Wegen weiteren Angaben sehe man den im Literaturverzeichnis angegebenen zusammenfassenden Bericht [38].

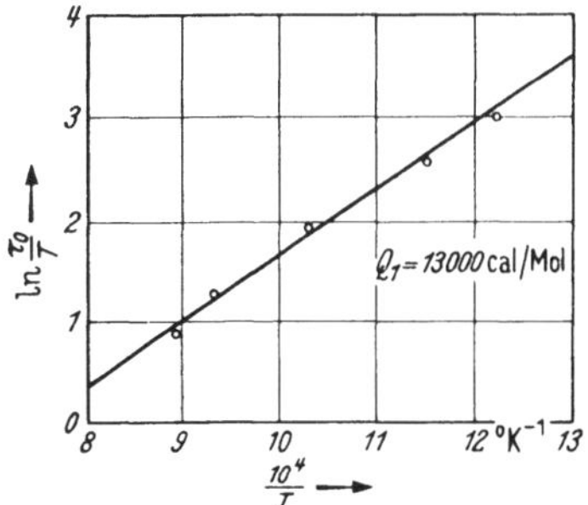

Fig. 46. Der natürliche Logarithmus (bis auf eine additive Konstante) von τ_0/T bei Germaniumkristallen als Funktion des Reziprokwerts der absoluten Temperatur aufgetragen (nach P. HAASEN). Der Anstieg entspricht einer Aktivierungsenergie $Q_1 = 13000$ cal/Mol.

Die bisherigen Angaben bezogen sich auf den Beginn der bleibenden Verformung von Germaniumkristallen. Wie Fig. 76 zeigt, wird die Spannungs-Dehnungs-Kurve bei einigen Prozent Dehnung linear. Man kann also (in Analogie zu dem Vorgehen bei Metallen) durch Extrapolation auf die Dehnung Null eine „kritische Schubspannung" τ_0 definieren, die allerdings wesentlich höher liegt als die aus dem Beginn der plastischen Verformung ermittelten Spannungen. Nach HAASEN[6] lassen sich die aus den Messungen von PATEL und ALEXANDER[7] extrapolierten Werte in der Form

$$\frac{\tau_0}{T} = \text{const}\cdot e^{Q_1/kT} \tag{16.4}$$

darstellen, wobei die Aktivierungsenergie $Q_1 = 0{,}56$ eV, also von dem oben angegebenen Wert von Q wesentlich verschieden ist (vgl. Fig. 46).

Ähnliche Erscheinungen wie bei Germanium und Silicium werden auch bei den sogenannten Grimm-Sommerfeldschen Verbindungen beobachtet. Allerdings sind sie dort nicht so ausführlich erforscht wie bei Germanium. Aus neuester Zeit stammt eine Arbeit, in der mit Härteprüfer-Eindrücken die Rißbildung, die Bildung von Verformungszwillingen sowie das Auftreten von Gleitlinien an einigen der oben genannten Kristalle als Funktion der Temperatur untersucht wurden[8]. Die wichtigsten Ergebnisse sind in Tabelle 3 zusammengestellt[9].

[1] R. G. TREUTING: Trans. Amer. Inst. Min. Metallurg. Engrs. **203**, 1027 (1955).

[2] Siehe Fußnote 8, S. 43.

[3] G. S. BAKER, L. M. SLIFKIN u. J. W. MARX: J. Appl. Phys. **24**, 1331 (1953).

[4] R. P. CARREKER jr.: Trans. Amer. Inst. Min. Metallurg. Engrs. **206**, 111 (1956).

[5] Siehe Fußnote 9, S. 43.

[6] P. HAASEN: Acta met. **5**, 598 (1957).

[7] J. R. PATEL u. B. H. ALEXANDER: Acta met. **4**, 385 (1956).

[8] A. T. CHURCHMAN, G. A. GEACH u. J. WINTON: Proc. Roy. Soc. Lond., Ser. A **238**, 194 (1956).

[9] Daß der Beginn der Gleitlinienbildung unterhalb der Temperatur liegt, bei der die Rißbildung aufhört, hängt wohl mit der Druckbeanspruchung an der Eindruckstelle zusammen. Im Zugversuch dürfte die Temperatur beginnender Verformbarkeit bei etwa 0,6 der absoluten Schmelztemperatur liegen.

Tabelle 3. *Die absoluten Temperaturen (relativ zum Schmelzpunkt) des Einsetzens bzw. Aufhörens der Zwillingsbildung, der Rißbildung und der Gleitlinienbildung (als Indicator des Gleitens) für einige Diamant- bzw. Zinkblende-Strukturen.*

Kristall	Ende der Rißbildung	Beginn der Gleitlinienbildung	Beginn der Zwillingsbildung	Ende der Zwillingsbildung	Schmelzpunkt °C
Silicium	0,60	0,47	0,47	0,72	1415
Germanium . . .	0,63	—	0,46	0,71	960
Indium-Antimonid	0,67	0,44	0,44	0,74	525
Gallium-Antimonid	0,67	0,38	0,38	0,77	725
Zinkblende	0,66	—	0,43	0,74	1050

Man sieht, daß für die aufgeführten Kristalle in roher Annäherung tatsächlich ein Gesetz korrespondierender Temperaturen gilt.

Diamant hat dieselbe Kristallstruktur wie Silicium und Germanium. Man sollte deshalb beginnende Verformbarkeit bei etwa 0,6 der absoluten Schmelztemperatur (etwa 3800° K), also bei $0{,}6 \times 3800°\ \mathrm{K} = 2280°\ \mathrm{K} = 2000°\ \mathrm{C}$ erwarten. FRIEDEL[1] hat beobachtet, daß sich oberhalb von 1885° C die (Spannungs-) Doppelbrechung von Diamanten ändert, was am einfachsten durch eine Veränderung der inneren Spannungen infolge der in diesem Temperaturbereich einsetzenden plastischen Verformbarkeit zu erklären ist.

V. Verfestigung und Verfestigungskurve.

17. Vorbemerkung. Die Definition der *Verfestigung* τ_v und der Verfestigungskurve $\tau = \tau(a)$ ist für *Einkristalle* bereits in Ziff. 12 gegeben worden. Bei *Vielkristallen* bezeichnet man die im Zugversuch ermittelte Beziehung zwischen der Normalspannung σ und der Dehnung ε als Verfestigungskurve oder auch als Spannungs-Dehnungs-Kurve. Wie wir sehen werden, hängt die Spannungs-Dehnungs-Kurve von *Einkristallen* von der Orientierung der Stabachse beim Zugversuch ab. Da die Körner eines Vielkristalls sehr verschiedene Orientierungen gegenüber der Beanspruchungsrichtung aufweisen und der Spannungszustand im einzelnen Korn oft sehr inhomogen ist (was die Spannungs-Dehnungs-Beziehung natürlich verfälscht), stellt die Verfestigungskurve von *Vielkristallen* im allgemeinen einen sehr komplizierten Mittelwert über die Verfestigungskurven der Einkristalle dar. Zur Aufklärung der Grundgesetze der Verfestigung ist es demnach unbedingt notwendig, an Einkristallversuche anzuknüpfen. Wir werden uns deshalb im folgenden im wesentlichen auf die Besprechung von Einkristalldaten beschränken.

Am ausführlichsten untersucht ist die Verfestigungskurve bei hexagonalen und kubisch-flächenzentrierten Metallkristallen, die wir in den Abschnitten a) und b) behandeln werden und zwar aufgegliedert nach Temperaturabhängigkeit, Orientierungsabhängigkeit und Legierungseinfluß. Über die übrigen Kristalle einschließlich der kubisch-raumzentrierten Metalle ist verhältnismäßig wenig bekannt; wir werden deshalb in Abschnitt c) (S. 66) nur kurz darauf eingehen.

a) Hexagonale Metalle und Legierungen.

18. Die Orientierungsabhängigkeit der Verfestigungskurve. Das *Schmidsche Schubspannungsgesetz* bezog sich ursprünglich nur auf die Orientierungsabhängigkeit der *kritischen Schubspannung* von Kristallen. In der Literatur ist jedoch die weitergehende, oft als *erweitertes Schmidsches Schubspannungsgesetz* bezeichnete Feststellung sehr verbreitet, daß bei den kubisch-flächenzentrierten und bei den

[1] G. FRIEDEL: Z. Kristallogr. **83**, 42 (1932) sowie dort angegebene frühere Arbeiten.

hexagonalen Metallen die *Verfestigungskurve* ebenfalls von der Orientierung unabhängig ist. Wie neuere Untersuchungen — insbesondere an sehr reinen Kristallen — gezeigt haben, trifft diese Aussage jedoch nicht einmal näherungsweise zu, obschon die Orientierungsabhängigkeit der Verfestigungskurve $\tau = \tau(a)$ geringer als diejenige der Zugspannungs-Dehnungs-Kurve $\sigma = \sigma(\varepsilon)$ ist.

Bei Zink (Fig. 47) ergaben sich bei *Raumtemperatur* die folgenden Verhältnisse: Sieht man von dem allmählichen Umbiegen der Verfestigungskurve in der Nähe der kritischen Schubspannung ab, so kann man die untersuchten Zinkkristalle nach LÜCKE, MASING und SCHRÖDER[1] folgendermaßen einordnen[2]: Eine erste Gruppe umfaßt alle Kristalle, deren Orientierungen nicht zu nahe an dem Großkreis durch die Richtungen [0001] und ⟨10$\bar{1}$0⟩ (sogenannte Symmetrale) liegen. Die kritische Schubspannung (durch Extrapolation des ersten linearen Teils der Verfestigungskurve gewonnen) liegt bei dieser Gruppe im Mittel bei 57 p/mm², während sie bei der zweiten Gruppe (Stabachse auf oder in unmittelbarer Nähe der Symmetralen) im Mittel 79 p/mm² beträgt. Die Verfestigungskurve verläuft bei Gruppe I bis zu $a = 1{,}3$ geradlinig und ziemlich flach, steigt dann stark an und ergibt von etwa $\tau = 240$ p/mm² wiederum einen etwa linearen, jedoch ziemlich steilen Verlauf[3]. Die zweite Gruppe besitzt Kristallorientierungen in der Nähe oder auf der Symmetralen, bei denen zwei Gleitsysteme praktisch gleichberechtigt sind. Da sich das zweite Gleitsystem nicht immer in gleicher Weise an der Gleitung beteiligt, überrascht es nicht, daß die Streuung der Kurven hier stärker als bei der ersten Gruppe ist. Die Dehnung erfolgt hier viel ungleichmäßiger als in Gruppe I. Die Verfestigungskurven zeigen bei verhältnismäßig kleinen Abgleitungen einen steileren Anstieg als die nicht so nahe an der Symmetralen liegenden Kristallorientierungen.

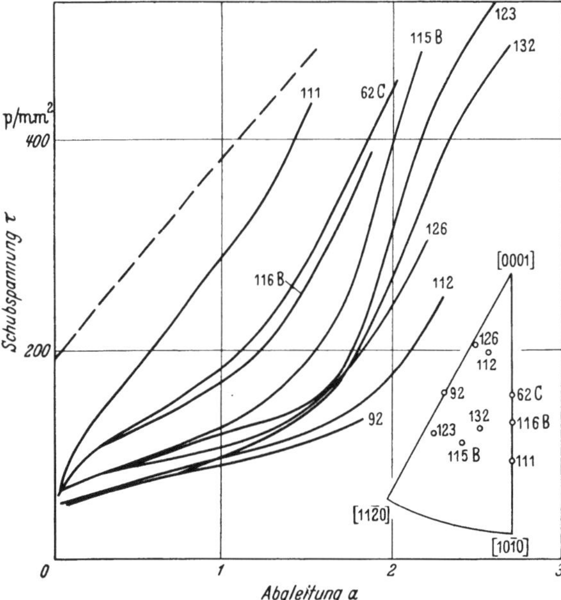

Fig. 47. Orientierungsabhängigkeit der Verfestigungskurven von Zinkeinkristallen bei Raumtemperatur nach K. LÜCKE, G. MASING und K. SCHRÖDER [Z. Metallkde. **46**, 792 (1955)] sowie K. SCHRÖDER (Diss. Göttingen 1954). Reinheit 99,995%. Anfangsabgleitungsgeschwindigkeit $\dot{a}_0 = 2 \cdot 10^{-4}$ sec⁻¹. Gestrichelt ist eine mittlere Verfestigungskurve für stärker verunreinigtes Zink eingezeichnet.

[1] K. LÜCKE, G. MASING u. K. SCHRÖDER: Z. Metallkde. **46**, 792 (1955).

[2] Wie Fig. 47 zeigt, wurden Kristalle, bei denen die Stabachse fast senkrecht oder fast parallel zur hexagonalen Achse ist, nicht untersucht. Wegen dieser „Ausnahmeorientierungen" siehe unten.

[3] Nach H. TRÄUBLE (unveröffentlicht) ist die Orientierungsabhängigkeit in Gruppe I im wesentlichen ein indirekter Effekt, welcher durch die verschiedenen Änderungen der Abgleitungsgeschwindigkeit während der Verformung, die mit konstanter *Dehnungs*geschwindigkeit durchgeführt wird, zustande kommt. Verschiedene Abgleitungsgeschwindigkeiten bedingen wegen der bei Raumtemperatur auftretenden dynamischen Erholung (Ziff. 50) etwas verschiedenes Verfestigungsverhalten.

Der Grund, weshalb bei den älteren Untersuchungen [*1*] diese starke Orientierungsabhängigkeit nicht bemerkt wurde, liegt wohl daran, daß die früher verwendeten Kristalle stärker verunreinigt waren. Dadurch war die Verfestigung bei einer bestimmten Abgleitung wesentlich höher, wie dies in Fig. 47 angedeutet ist. Durch den Verunreinigungseffekt wurden die individuellen Züge sowohl innerhalb der einzelnen Verfestigungskurven (Unterschied der Neigung $d\tau/da$ in den beiden linearen Teilen) als auch hinsichtlich der Orientierungsabhängigkeit verdeckt.

Wie Fig. 47 zeigt, existiert in der Mitte des Orientierungsdreiecks ein ziemlich ausgedehnter Bereich von Kristallorientierungen, bei denen die Verfestigungskurve von Zinkkristallen bei Raumtemperatur sehr wenig von der Kristallorientierung abhängt. Die Angaben über die Temperaturabhängigkeit der Verfestigungskurve und die später zu gebenden theoretischen Erörterungen beziehen sich vor allem auf diese Orientierungsmannigfaltigkeit. Neben dieser gibt es drei Gruppen von „Ausnahmeorientierungen“[1]. Die erste wird von jenen, schon erwähnten Kristallorientierungen gebildet, bei denen zwei Gleitrichtungen in der Basisebene spannungsmäßig gleichberechtigt sind und deshalb von Beginn der Verformung an Doppelgleitung auftritt.

Bei der zweiten Gruppe ist der Winkel zwischen Basisebene und Zugrichtung klein (unterer Rand des Orientierungsdreiecks in Fig. 47). Dann ist der Orientierungsfaktor μ (vgl. Ziff. 9) und damit die Schubspannung im Gleitsystem klein, so daß zur Basisgleitung eine sehr große Normalspannung σ benötigt würde. Zink- und Cadmiumkristalle, die ja ein Achsenverhältnis $\boldsymbol{c}/\boldsymbol{a} > \sqrt{3}$ haben, können sich in diesem Falle durch Zwillingsbildung mit der in den hexagonalen Metallen vorherrschenden Zwillingsebene $\{10\bar{1}2\}$ verlängern und damit der Zugspannung nachgeben[2, 3]. Da mit der mechanischen Zwillingsbildung nicht wie bei der Gleitung eine stetige, sondern eine unstetige Verlängerung verknüpft ist, äußert sie sich in der Last-Verlängerungskurve des Polanyischen Apparats durch das Auftreten scharfer Zacken. In den Kristallbereichen, in denen sich Deformationszwillinge gebildet haben, ist die Basisebene in einer spannungsmäßig günstigen Lage ($\chi \approx 60°$), so daß jetzt wieder Gleitung auf der Basisebene einsetzen kann (sogenannte sekundäre Translation). Diese Gleitung führt dazu, daß sich die Basisebene erneut parallel zur Zugrichtung zu stellen sucht und nach hinreichend großer Dehnung innerhalb der Zwillingslamellen von neuem Zwillinge gebildet werden. Dieses Wechselspiel von Basistranslation und Zwillingsbildung konnte in günstigen Fallen (sehr dunne Kristalle) bis zur tertiaren Translation verfolgt werden[4].

---

[1] Dies gilt (soweit das vorliegende experimentelle Material erkennen läßt), auch für Cd- und Mg-Kristalle, die sich überhaupt sehr ähnlich wie Zn-Kristalle verhalten. Über das Verfestigungsverhalten von Einkristallen von Kobalt, das bei Raumtemperatur ebenfalls hexagonal ist, ist nichts bekannt; die Daten über die überwiegend auf Prismen- oder Pyramidenebenen gleitenden hexagonalen Metalle (Be, Ti, Zr) sind so spärlich, daß wir hier nicht darauf eingehen.

[2] Wegen Einzelheiten der Zwillingsbildung bei hexagonalen Metallen vergleiche man die ausführliche Darstellung von SCHMID und BOAS [*1*], insbesondere die Ziff. 30, 31, 32, 33, 37, 38, 39 und 44. Wegen der Aufteilung des Orientierungsdreiecks in Bereiche, in denen die Betätigung der verschiedenen Zwillingssysteme Dehnungen oder Stauchungen der Stabachse ergibt, sehe man F. C. FRANK und N. THOMPSON [Acta met. **3**, 30 (1955)]. Hier ist insbesondere berücksichtigt, daß in das Kriterium für das Auftreten der Zwillingsbildung nicht die Wirkung der vollständigen Zwillingsumwandlung des ganzen Kristalls, sondern die bei der Bildung einer *dünnen* Zwillings*lamelle* auftretende Dehnung oder Stauchung der Stabachse eingeht.

[3] Bei Kompressionsversuchen ist in diesem Falle Zwillingsbildung also nicht möglich. Es tritt „Knickung“ ein (siehe Ziff. 3).

[4] A. BLAHA: Acta phys. Austriaca **10**, 239 (1956).

Die vorstehende Diskussion gilt nicht für Magnesiumkristalle des betreffenden Orientierungsbereichs (und auch nicht für die anderen hexagonalen Kristalle mit $c/a < \sqrt{3}$). Diese Kristalle würden sich nämlich bei einer Zwillingsbildung nach $\{10\bar{1}2\}$-Zwillingsebenen nicht verlängern, sondern verkürzen. Eine solche Zwillingsbildung kann also nur bei Druck-, nicht aber bei Zugversuchen auftreten. Magnesiumkristalle dieses Orientierungsbereichs zeigen in der Tat bei Kompressionsversuchen frühzeitig Zwillingsbildung mit nachfolgender sekundärer Basistranslation[1]. Bei Zugversuchen wird entweder Gleitung auf den Pyramidenebenen $\{10\bar{1}1\}$ mit nachfolgender komplizierter Zwillingsbildung in den verbogenen Kristallbereichen in der Nähe der Fassungen[2] oder frühzeitiger Bruch beobachtet[3].

Die dritte Gruppe von Ausnahmeorientierungen umfaßt jene Kristalle, bei denen die Zugrichtung etwa senkrecht zur Basisebene, also parallel zur hexagonalen Achse ist. Ist die Basisebene genau senkrecht zur Zugachse, so wirkt in ihr überhaupt keine Schubspannungskomponente. In diesem Falle brechen Zinkkristalle spröde mit der Basisebene als Bruchfläche. Für Kristallorientierungen in der Nähe der hexagonalen Achse ist der Orientierungsfaktor μ zu Beginn der Verformung sehr klein, so daß die kritische Schubspannung τ_0 erst bei sehr großen Zugspannungen σ erreicht wird. Nachdem das Gleiten eingesetzt hat, nimmt μ wegen der Änderung der Kristallorientierung gegenüber der Zugrichtung rasch zu. Die damit verbundene Abnahme von σ bei konstanter Fließspannung τ im Gleitsystem bezeichnet man als *geometrische Entfestigung*[4]. Ist der Winkel zwischen Stabachse und hexagonaler Achse hinreichend klein, so wird die durch die geometrische Entfestigung (sowie durch die Verringerung des Kristallquerschnitts) bedingte Lastabnahme nicht durch die Lasterhöhung infolge der Verfestigung des Kristalls aufgewogen, so daß die Verformung unter abnehmender Last verläuft. Die Verformung des Kristalls ist dann nicht mehr stabil gegen Einschnürungen. Sie verläuft in diesen Fällen, zumindest zu Beginn, sehr inhomogen. Die betreffenden Kristallorientierungen sind deshalb zur Auswertung der Verfestigungskurve nicht sehr geeignet[5].

19. Die Temperaturabhängigkeit der Verfestigungskurve. Einen Überblick über die Temperatur- und Geschwindigkeitsabhängigkeit der Verfestigungskurve von Cadmiumkristallen mittlerer Orientierung gibt Fig. 48[6]. Wie man sieht, nimmt der Verfestigungsanstieg mit wachsender Temperatur und abnehmender Verformungsgeschwindigkeit ab. BOAS und SCHMID[6] geben eine Tabelle des Verfestigungsanstiegs von Cadmiumkristallen für zwei um etwa einen Faktor 100 verschiedene Verformungsgeschwindigkeiten[7]. Aus der nach dieser Tabelle gezeichneten Fig. 49 geht hervor, daß bei hinreichend tiefen Temperaturen der Verfestigungsanstieg temperatur- und geschwindigkeitsunabhängig ist. Einen

---

[1] P. W. BAKARIAN u. C. H. MATHEWSON: Trans. Amer. Inst. Min. Metallurg. Engrs. **152**, 226 (1943).

[2] E. C. BURKE u. W. R. HIBBARD jr.: Trans. Amer. Inst. Min. Metallurg. Engrs. **194**, 295 (1952).

[3] E. SCHIEBOLD u. G. SIEBEL: Z. Physik **69**, 458 (1931). — E. SCHMID: Z. Elektrochem. **37**, 447 (1931).

[4] Wegen Einzelheiten sowie numerischer Angaben sehe man SCHMID und BOAS ([*1*], insbes. Ziff. 43) sowie E. SCHMID [Metallwirtsch. **7**, 1011 (1928)].

[5] Bei Magnesiumkristallen tritt wegen $c/a < \sqrt{3}$ außerdem Zwillingsbildung mit nachfolgender sekundärer Basistranslation ein [E. C. BURKE u. W. R. HIBBARD jr.: Trans. Amer. Inst. min. Metallurg. Engrs. **194**, 295 (1952)].

[6] W. BOAS u. E. SCHMID: Z. Physik **61**, 767 (1930).

[7] Es handelt sich dabei um den Anstieg der Verfestigungskurve (Schubspannungszunahme pro Abgleitung 1) in den bei höheren Abgleitungen bei allen Temperaturen beobachteten geradlinigen Teilen der Verfestigungskurve.

entsprechenden Temperaturverlauf haben CONRAD und ROBERTSON[1] bei statischer Versuchsführung (s. Ziff. 12) gefunden (Fig. 50). Bei Zink tritt dagegen nach den Messungen von FAHRENHORST und SCHMID[2] — die von DERUYTTÈRE und GREENOUGH[3] neuerdings in diesem Punkt bestätigt wurden —

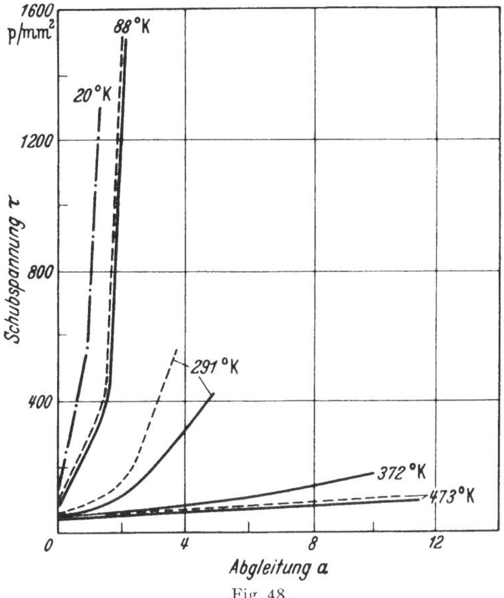

Fig. 48.

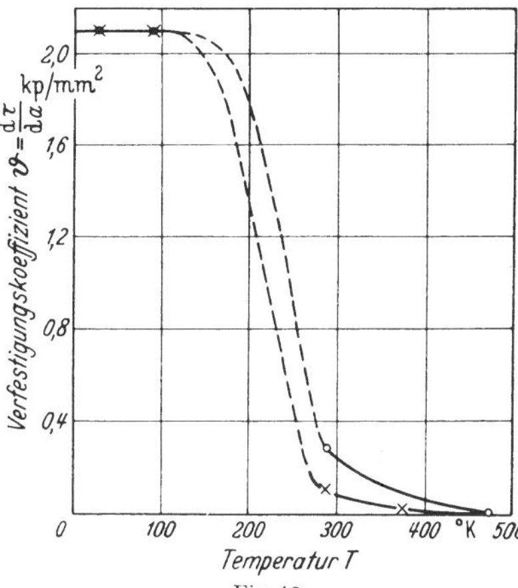

Fig. 49.

Fig. 48. Temperatur- und Geschwindigkeitsabhängigkeit der Verfestigungskurve von Cadmiumeinkristallen nach W. BOAS und E. SCHMID [Z. Physik **61**, 767 (1930)]. Die gestrichelten Kurven beziehen sich auf eine rund 100mal größere Verformungsgeschwindigkeit als die ausgezogenen Kurven. Innerhalb der Meßgenauigkeit fallen die bei 20° K gemessenen Kurven für die beiden Verformungsgeschwindigkeiten zusammen.

Fig. 49. Temperatur- und Geschwindigkeitsabhängigkeit des Verfestigungsanstiegs von Kadmiumeinkristallen nach W. BOAS und E. SCHMID. ×: langsame Verformung ($\dot{a} \sim 2 \cdot 10^{-3}\,\mathrm{sec}^{-1}$), ○: rasche Verformung ($\dot{a} \sim 2 \cdot 10^{-1}\,\mathrm{sec}^{-1}$).

eine Anomalie insofern auf, als der Verfestigungsanstieg bei der Temperatur der flüssigen Luft geringer als bei der Temperatur der festen Kohlensäure ist (Fig. 51). Da die Theorie (Ziff. 50) den bei Cadmium und Magnesium beobachteten Verlauf zwanglos erklärt, neigen

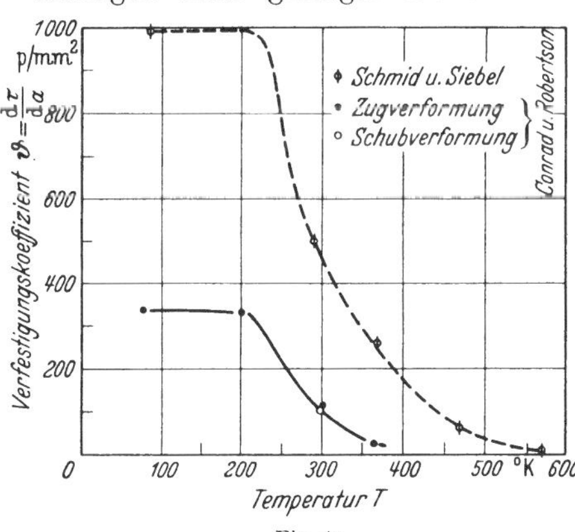

Fig. 50.

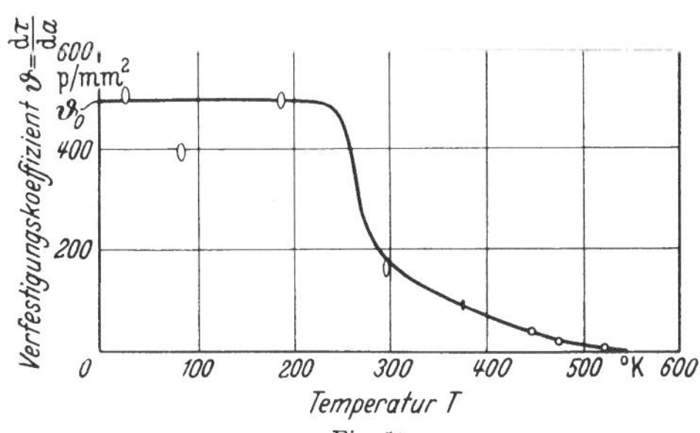

Fig. 51.

Fig. 50. Temperaturabhängigkeit des Verfestigungsanstieges von Magnesium-Einkristallen nach H. CONRAD und W. D. ROBERTSON [Trans. Amer. Inst. Min. Met. Engrs, **209**, 503 (1957)]. Die gestrichelte Kurve bezieht sich auf die Messungen von E. SCHMID und G. SIEBEL [E. SCHMID, Z. Elektrochem. **37**, 447 (1931)].

Fig. 51. Temperaturabhängigkeit des Verfestigungsanstiegs von Zink-Einkristallen nach SCHMID und FAHRENHORST.

[1] H. CONRAD u. W. D. ROBERTSON: Trans. Amer. Inst. Min. Metallurg. Engrs. **209**, 503 (1957). — H. CONRAD: Diss. Yale 1956.

[2] W. FAHRENHORST u. E. SCHMID: Z. Physik **64**, 845 (1930).

[3] A. DERUYTTÈRE u. B. G. GREENOUGH: J. Inst. Met. **84**, 337 (1955/56).

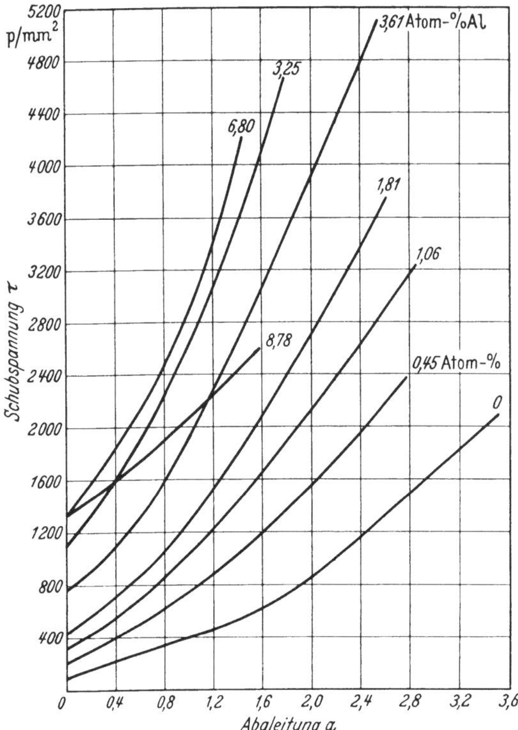

Fig. 52. Mittlere Verfestigungskurven von Magnesium-Aluminium-Mischkristallen bei Raumtemperatur. Die an die einzelnen Verfestigungskurven angeschriebenen Zahlen geben den Aluminiumgehalt in Atomprozent an.

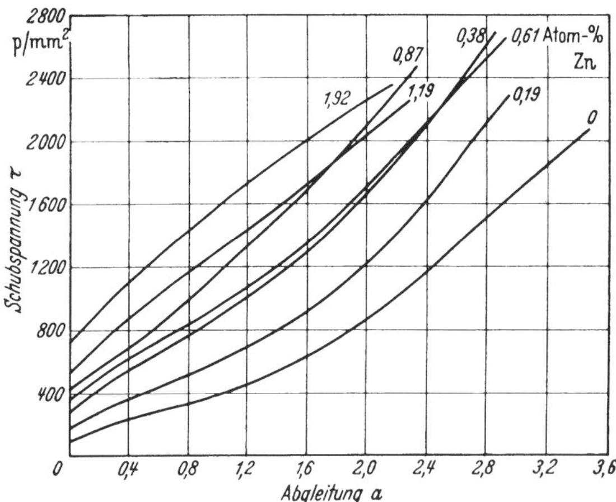

Fig. 53. Mittlere Verfestigungskurve von Magnesium-Zink-Mischkristallen bei Raumtemperatur. Die an den einzelnen Verfestigungskurven angeschriebenen Zahlen geben den Zinkgehalt in Atomprozent an.

wir zu der Annahme, daß es sich bei diesem Befund an Zink um eine durch die Versuchsführung (etwa die Benetzung mit dem Kältemittel) bedingte Erscheinung handelt.

20. Der Einfluß von Legierungszusätzen auf die Verfestigungskurve. Über den Einfluß von Zulegierungen auf die Verfestigungskurve hexagonaler Metalle liegen verhältnismäßig wenig Untersuchungen vor. Sie beziehen sich hauptsächlich auf die Raumtemperatur. Es ist bedauerlich, daß keine Verfestigungsdaten bei tiefen Temperaturen vorliegen, wo der Verfestigungsanstieg der reinen Metalle temperaturunabhängig ist. Bei Raumtemperatur ist die Verfestigungskurve so stark temperaturabhängig, daß ein Teil der Legierungseffekte die indirekte Auswirkung einer Veränderung der Temperaturabhängigkeit der Verfestigungskurve (die, wie wir später — Ziff. 50 — sehen werden, durch *Erholung* zustande kommt) sein kann. Diese Möglichkeit bedeutet natürlich eine wesentliche Erschwerung für die theoretische Deutung.

SCHMID und SELIGER[1] haben die Verfestigung von Einkristallen der Systeme **Mg**—Al und **Mg**—Zn bei Raumtemperatur untersucht und gefunden, daß sich die Verfestigungskurven für „mittlere" Kristallorientierungen leidlich gut durch eine „mittlere Verfestigungskurve" darstellen lassen. Die Konzentrationsabhängigkeit dieser mittleren Verfestigungskurve ist in den Fig. 52 und 53 wiedergegeben. Während die kritische Schubspannung wie immer (vgl. Ziff. 15) bei Zulegierung zunimmt, ist das Verhalten des Verfestigungsanstiegs komplizierter. Beim Zusatz von Aluminium zu Magnesium (Fig. 52) nimmt der Verfestigungsanstieg bei kleinen Konzentrationen zunächst zu, um bei

[1] E. SCHMID u. H. SELIGER: Metallwirtsch. **11**, 421 (1932).

höheren Konzentrationen die umgekehrte Tendenz zu zeigen. Bei den **Mg**—Zn-Mischkristallen wird im Gegensatz dazu der Verfestigungsanstieg sehr wenig von der Zulegierung beeinflußt. Bei **Zn**—Cd-Mischkristallen[1] nimmt er bei Raumtemperatur mit wachsender Zulegierung ab, wie dies übrigens bei vielen kubisch-flächenzentrierten Mischkristallen im Anfangsteil der Verfestigungskurve der Fall ist (vgl. Ziff. 23).

b) Kubisch-flächenzentrierte Metalle und Legierungen.

21. Die Temperaturabhängigkeit der Verfestigungskurve. Wir beginnen die Besprechung der Verfestigungskurve kubisch-flächenzentrierter Metalle mit der

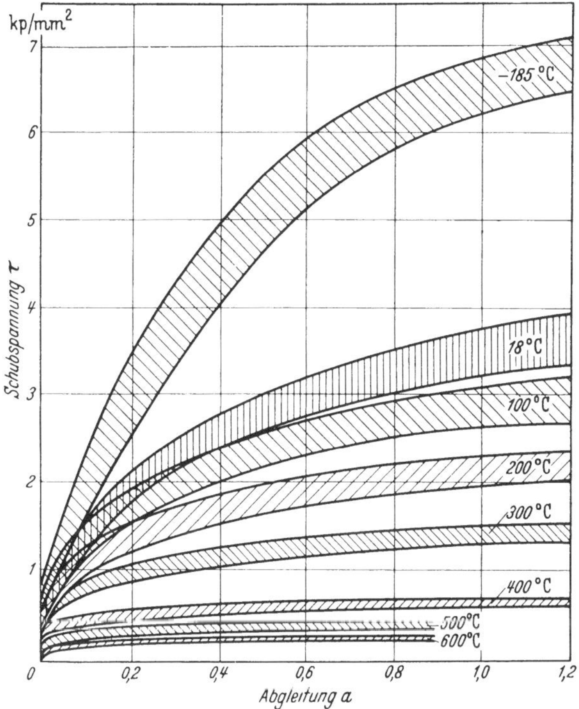

Fig. 54. Temperaturabhängigkeit der Verfestigungskurve von Aluminium-Einkristallen eines Reinheitsgrades von 99,6% (0,23% Fe; 0,14% Si) nach W. Boas und E. Schmid. Die schraffierten Gebiete geben die Bereiche der Verfestigungskurven verschieden orientierter Kristalle.

Erörterung der Temperaturabhängigkeit. Fig. 54 zeigt die Verhältnisse bei Aluminium-Einkristallen „technischer Reinheit", die nach heutigen Maßstäben stark verunreinigt waren[2]. Auf diese experimentellen Ergebnisse gründete sich die weitverbreitete Ansicht, daß die Verfestigungskurve der kubisch-flächenzentrierten Metalle eine Parabel sei, deren Parameter (der gewissermaßen an die Stelle des Verfestigungsanstieges der näherungsweise linearen Verfestigungskurven der hexagonalen Metalle treten sollte) in einfacher Weise mit wachsender Temperatur abnehme.

Wir wissen heute, daß die charakteristischen Züge von Fig. 54 dem verhältnismäßig großen Verunreinigungsgehalt des verwendeten Aluminiums (das nur

[1] P. Rosbaud u. E. Schmid: Z. Physik **32**, 197 (1925).
[2] W. Boas u. E. Schmid: Z. Physik **71**, 703 (1931).

geringe Verunreinigungskonzentrationen in gelöster Form aufzunehmen vermag) zuzuschreiben ist. Fig. 55 zeigt, wie nach den Messungen von ANDRADE und HENDERSON[1] die Verfestigungskurve von sehr reinen Goldkristallen (Verunreinigungsgehalt weniger als 10^{-5} — überwiegend Kupfer und Silber, die in Gold gut löslich sind) von der Temperatur abhängt. Die in Fig. 55 aufgenommenen Kristalle hatten allerdings, wie das sterographische Dreieck in Fig. 55 zeigt, keine einheitliche Orientierung.

Das Verhalten von Kupfer-Kristallen einheitlicher Orientierung zeigen die Fig. 56[2] und 57. Man kann die charakteristischen Züge der Fig. 55 und 56 dahingehend zusammenfassen, daß eine starke Temperaturabhängigkeit der Verfestigungskurve (und zwar wie bei den hexagonalen Metallen — vgl. Ziff. 19 — im Sinne einer Abnahme des Verfestigungsanstiegs mit wachsender Temperatur) erst bei hohen Spannungen einsetzt, und daß sich die Spannung, bei der dies der Fall ist, mit wachsender Temperatur vermindert.

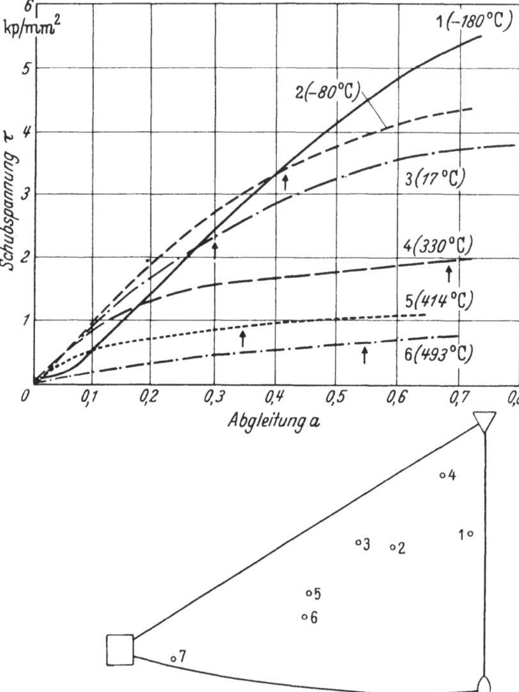

Fig. 55. Temperaturabhängigkeit der Verfestigungskurve von Gold-Einkristallen nicht einheitlicher Orientierung nach ANDRADE und HENDERSON. Die Pfeile geben das Erreichen der Symmetralen an. Die Kurven sind *nicht* von da an auf Doppelgleitung umgerechnet, sondern durchweg unter der Annahme von Einfachgleitung ermittelt. Sie verlaufen bei großen Abgleitungen deswegen flacher als die richtigen, umgerechneten Kurven.

Fig. 57 zeigt die Temperaturabhängigkeit einer Erscheinung, die sich auch schon in älteren Arbeiten über die Verfestigungskurve kubisch-flächenzentrierter Metalle findet, auf deren Bedeutung aber erst von ANDRADE und HENDERSON[1] hingewiesen worden ist. Bei nicht zu hohen Temperaturen weisen die Verfestigungskurven von Kristallen, deren Stabachsen nicht zu nahe am Rande des Orientierungsdreiecks gelegen sind, einen linearen Anfangsteil mit geringem Verfestigungsanstieg (z.B. Kristall 1 in Fig. 55) auf. Wie Fig. 57 zeigt, ist die Ausdehnung des „easy glide"-Bereichs um so größer, je tiefer die Temperatur ist. Auch der Verfestigungsanstieg in diesem Bereich variiert etwas mit der Temperatur und zwar im Sinne einer schwachen Abnahme mit sinkender Temperatur.

Neben älteren Messungen[1] liegen aus neuester Zeit ausführliche Untersuchungen[3] an Nickeleinkristallen über die Temperaturabhängigkeit der Verfestigungskurve vor. Diese haben das an Kupfereinkristallen erhaltene Bild im wesentlichen bestätigt (vgl. Fig. 58) und darüber hinaus wertvolle quantitative Ergebnisse über die Temperaturabhängigkeit der Kenngrößen der Verfestigungskurve

[1] E. N. DA C. ANDRADE u. C. HENDERSON: Phil. Trans. Roy. Soc. Lond. **244**, 177 (1951).
[2] T. H. BLEWITT, R. R. COLTMAN u. J. K. REDMAN: [*31*], S. 369.
[3] P. HAASEN: Phil. Mag. **3**, 384 (1958).

zwischen 20 und 300° K erbracht, die wir zum Teil in späteren Ziffern näher behandeln werden. (Vgl. insbesondere Ziff. 56 zur Temperaturabhängigkeit von τ_{III}).

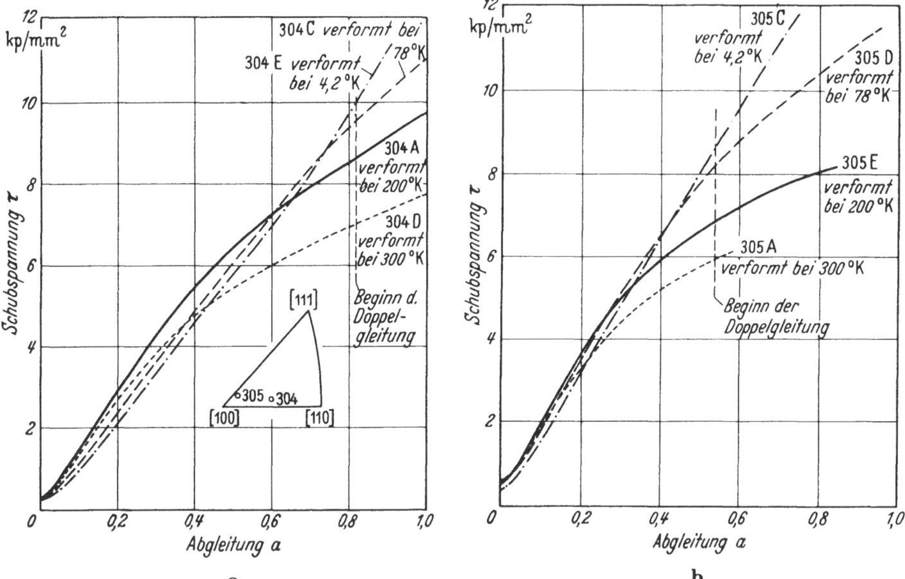

Fig. 56 a u. b. Temperaturabhängigkeit der Verfestigungskurve von Kupfer-Einkristallen zweier verschiedener Orientierung (s. Orientierungsdreieck in Fig. 56 a).

In Fig. 59 sind die charakteristischen Züge der Temperaturabhängigkeit der Verfestigungskurve kubisch-flächenzentrierter Kristalle schematisch wieder-

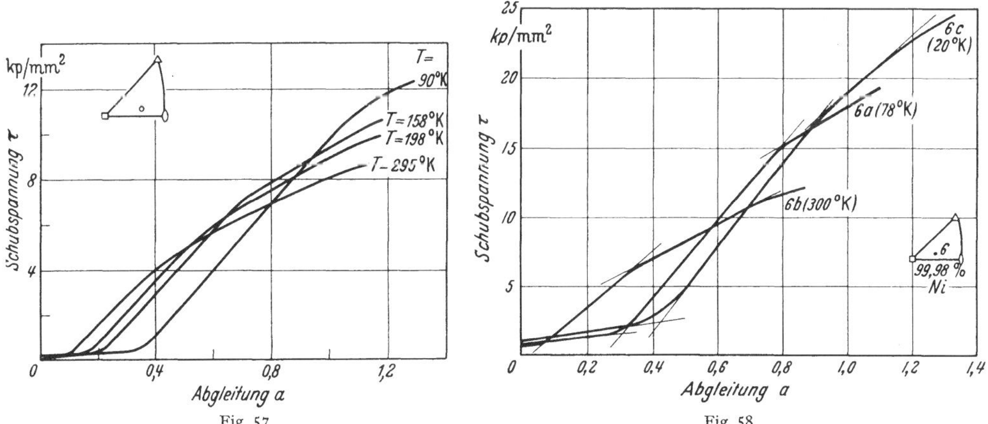

Fig. 57. Temperaturabhängigkeit der Verfestigungskurve von Kupfer-Einkristallen einheitlicher Orientierung nach R. BERNER (Diplomarbeit Stuttgart 1957).

Fig. 58. Temperaturabhängigkeit der Verfestigungskurve von Nickelkristallen einheitlicher Orientierung nach P. HAASEN.

gegeben. Man unterscheidet einen Bereich I („easy glide region") geringer Steigung, dessen Länge stark und dessen Verfestigungsanstieg wenig temperaturabhängig ist. Dann folgt ein Bereich II, dessen Anstieg von der Temperatur nur wenig abhängt[1]. Bei einer stark temperaturabhängigen Schubspannung τ_{III} schließt sich daran der Bereich III an, in dem der Verfestigungskoeffizient mit wachsender Abgleitung (und auch steigender Temperatur) abnimmt.

Soweit dies die vorliegenden Messungen erkennen lassen, liegen die Verhältnisse bei Silbereinkristallen[2] ganz entsprechend wie bei Kupfer, Nickel und Gold; für Aluminium-Kristalle (und auch für Blei-Kristalle[3]) gilt dasselbe, doch sind die Einzelheiten weniger leicht erkennbar, da für einen weiten Orientierungsbereich die Spannungen τ_{II} und τ_{III} bei Raumtemperatur zusammenfallen. Wir werden auf diese Metalle, deren Sonderstellung theoretisch verständlich ist (s. Ziff. 51 und 55), bei der Behandlung der Orientierungsabhängigkeit der Verfestigungskurve in Ziff. 22 eingehen.

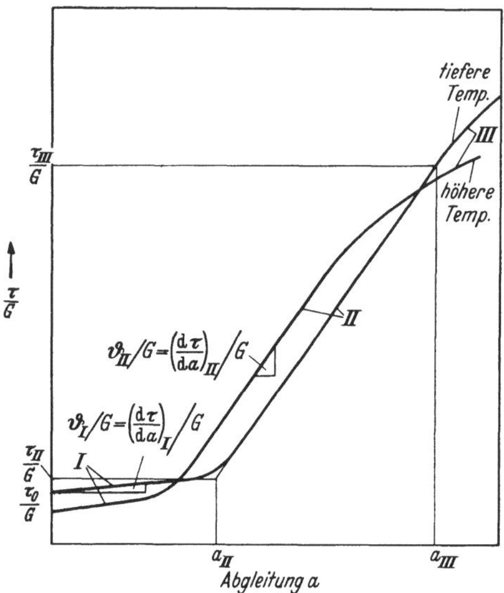

Fig. 59. Schematische Darstellung der Temperaturabhängigkeit der Bereiche I, II und III der typischen Verfestigungskurve kubisch-flächenzentrierter Metalleinkristalle.

22. Die Orientierungsabhängigkeit der Verfestigungskurve. Wie wir in Ziff. 21 gesehen haben, zeichnen sich in der Temperaturabhängigkeit der Verfestigungskurve kubisch-flächenzentrierter Metalle drei wesentlich voneinander verschiedene Bereiche ab. Bei Raumtemperatur verformte Kupfereinkristalle weisen alle drei Bereiche wohlausgebildet auf (sofern sie eine geeignete Orientierung besitzen) und sind deshalb zur Untersuchung der Orientierungsabhängigkeit dieser drei Bereiche geeignet. Die ausführlichste Untersuchung hierüber stammt von DIEHL[4]. Seine Ergebnisse stimmen gut mit denjenigen von ROSI[5] an Silbereinkristallen dreier verschiedener Reinheitsgrade sowie mit den an Kupferkristallen gewonnenen Befunden von PATERSON[6], SUZUKI, IKEDA und TAKEUCHI[7] sowie ROSI[5] (mit einer Einschränkung — s. unten) überein. Fig. 60 zeigt die Verfestigungskurven von Kupferkristallen ausgewählter Orientierungen bei Raumtemperatur. Die Striche auf den Verfestigungskurven markieren den Beginn und das Ende des Bereichs II, in dem die Verfestigungskurven in sehr guter Näherung geradlinig sind[8]. Statt des Beginns der Abweichung von der Geradlinigkeit sollte der Übergang von Bereich II zu Bereich III eigentlich durch die beginnende irrever-

---

[1] Die schwache Temperaturabhängigkeit des Verfestigungsanstiegs im Bereich II enthält einen „trivialen“, durch die Temperaturabhängigkeit der elastischen Konstanten bedingten Anteil. Diesen haben wir in Fig. 59 dadurch näherungsweise berücksichtigt, daß wir τ/G (G = Schubmodul) aufgetragen haben. Die verbleibende „nichttriviale“ Temperaturabhängigkeit, die in Fig. 59 vernachlässigt ist, wird in Ziff. 58 besprochen und theoretisch gedeutet werden.

[2] E. N. DA C. ANDRADE u. C. HENDERSON: Phil. trans. Roy. Soc. Lond. **244**, 177 (1951).

[3] P. FELTHAM u. J. D. MEAKIN: Acta met. **5**, 555 (1957).

[4] J. DIEHL: Z. Metallkde. **47**, 331, 412 (1956).

[5] F. D. ROSI: Trans. Amer. Inst. Min. Metallurg. Engrs. **200**, 1009 (1954).

[6] M. S. PATERSON: Acta met. **3**, 491 (1955).

[7] H. SUZUKI, S. IKEDA u. S. TAKEUCHI: J. Phys. Soc. Japan **11**, 382 (1956).

[8] F. D. ROSI [Trans. Amer. Inst. Min. Metallurg. **200**, 1009 (1954)] gibt nur für zwei Kupferkristalle Verfestigungskurven (im Gegensatz zu Zugspannungs-Dehnungs-Kurven) an und unterscheidet dabei nicht zwischen Bereich II und Bereich III.

sible Temperaturabhängigkeit von $(d\tau/da)/G$ definiert werden (vgl. hierzu Ziff. 58). Wenn die Verfestigungskurve in Bereich II genau linear ist, so stimmen die beiden Definitionen miteinander überein; wäre der Verfestigungsanstieg im Bereich II

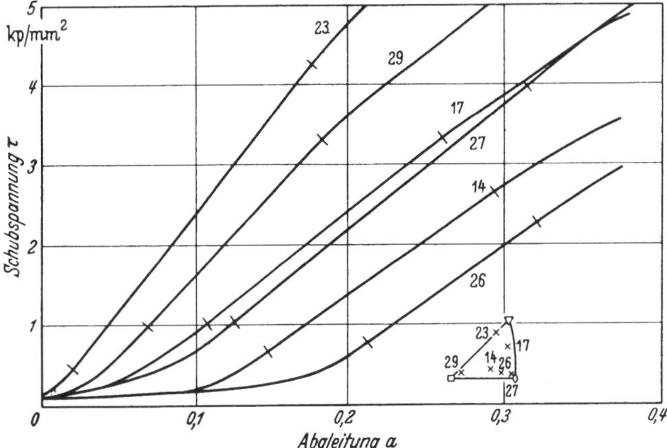

Fig. 60. Orientierungsabhängigkeit der Verfestigungskurven von Kupfer-Einkristallen bei Raumtemperatur nach J. Diehl (Reinheit 99,98%, Anfangsabgleitungsgeschwindigkeit $2 \cdot 10^{-3}\,\mathrm{sec}^{-1}$). Die Striche in den Verfestigungskurven geben Anfang und Ende des linearen Bereichs II an.

nicht konstant, so müßte der Beginn von Bereich III wohl mit Hilfe einer Untersuchung der Temperaturabhängigkeit der Verfestigungskurve festgelegt werden.

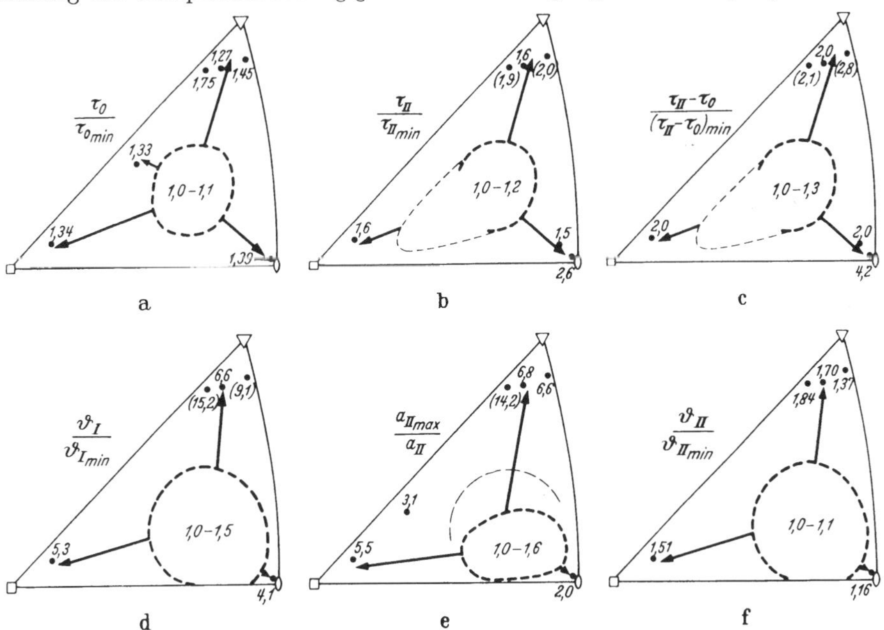

Fig. 61 a—f. Relative Orientierungsabhängigkeit der Kenngrößen (s. Fig. 59) der Verfestigungskurven von Kupfer-Einkristallen bei Raumtemperatur nach J. Diehl. Jede der Größen ist auf ihren Minimal- bzw. Maximalwert innerhalb des Orientierungsdreiecks bezogen.

In Fig. 61a—f ist die relative Variation der Kenngrößen der Verfestigungskurve innerhalb des Orientierungsdreiecks dargestellt. (Zur verwendeten Bezeichnung vgl. Fig. 59.) Wie man sieht, kann diese Variation für die einzelnen

Kenngrößen sehr verschieden sein. DIEHL unterscheidet zwischen stark und schwach orientierungsabhängigen Parametern. Die stärkste Variation innerhalb des Orientierungsdreiecks (nämlich um rund eine Größenordnung) zeigen der Verfestigungsanstieg ϑ_{I} im Bereich I der Verfestigungskurve sowie die Abgleitung a_{II} am Übergang von Bereich I in den Bereich II der Verfestigungskurve. Die Variationen dieser beiden Parameter kompensieren sich teilweise, so daß die Schubspannung τ_{II} nur noch eine Orientierungsabhängigkeit mittlerer Stärke aufweist. Betrachtet man die Variation von τ_{II} über das ganze Orientierungsdreieck (und nicht nur über dessen Mitte), so sieht man, daß die Differenz $\tau_{\mathrm{II}} - \tau_0$ (im Gegensatz zu der von ROSI[1] und GARSTONE, HONEYCOMBE und GREETHAM[2] vertretenen Ansicht) *nicht* orientierungsunabhängig ist.

Zur Gruppe der schwach orientierungsabhängigen Kenngrößen gehören die übrigen in Fig. 61 betrachteten Parameter, also die kritische Schubspannung τ_0 und ϑ_{II}, der Anstieg der Verfestigungskurve im Bereich II, sowie die Schubspannung τ_{III} am Beginn von Bereich III. Diese Größen weisen eine relative Variation innerhalb des Orientierungsdreiecks etwa um den Faktor zwei oder noch weniger auf.

Außer von der Kristallorientierung hängen einige der Kenngrößen auch noch vom Kristalldurchmesser ab. Wegen des engen Zusammenhangs mit der Theorie der Verfestigung werden wir darauf erst in Ziff. 52 eingehen. Kurz erwähnen wollen wir hier jedoch noch die Frage der Reproduzierbarkeit der Kenngrößen der Verfestigungskurven. Diese Frage wurde von DIEHL[3] an Kupfereinkristallen bei Raumtemperatur untersucht. Er fand, daß sich die größten Unterschiede zwischen den Kenngrößen gleichorientierter und nach Möglichkeit gleich vorbehandelter Kristalle gerade bei den beiden stark orientierungsabhängigen Parametern ϑ_{I} und a_{II} ergaben. In allen Fällen blieben aber diese Variationen von Kristall zu Kristall wie auch die Schwankungen zwischen verschiedenen Teilen des gleichen Kristalls (deren individuelle Verfestigungskurven mit Hilfe von Marken auf der Kristalloberfläche bestimmt worden waren — vgl. Ziff. 11) geringer als die systematische Variation mit der Orientierung. Die oben besprochenen Orientierungsabhängigkeiten dürfen also als reell angesehen werden.

Bei anderen Temperaturen als Raumtemperatur liegen ähnlich umfassende Untersuchungen nicht vor. Man darf jedoch auf Grund der vorliegenden experimentellen Ergebnisse[4] annehmen, daß die oben geschilderten Verhältnisse im wesentlichen auch bei anderen Temperaturen zutreffen, sofern Bereich II genügend gut ausgebildet ist.

Ein Fall, bei dem die eben genannte Bedingung nicht zutrifft, liegt bei den Raumtemperatur-Verfestigungskurven reiner Aluminium-Kristalle vor. Die ausführlichste bis jetzt bekanntgewordene Untersuchung hierüber stammt von STAUBWASSER[5]. Fig. 62 gibt eine Auswahl der von ihm gemessenen Verfestigungskurven. Während bei der Temperatur der flüssigen Luft die Verfestigungskurven alle drei Bereiche der Verfestigungskurve aufweisen (sofern die Kristalle geeignet orientiert sind), besitzen die meisten Verfestigungskurven bei Raum-

---

[1] F. D. ROSI: Trans. Amer. Inst. Min. Metallurg. Engrs. **200**, 1009 (1954).

[2] J. GARSTONE, R. W. K. HONEYCOMBE u. GREETHAM: Acta met. **4**, 485 (1956).

[3] J. DIEHL: Z. Metallkde. **47**, 411 (1956).

[4] Insbesondere derjenigen an Nickelkristallen [P. HAASEN, Phil. Mag. **3**, 384 (1958)].

[5] W. STAUBWASSER: Diss. Göttingen 1954. — Siehe auch die früheren Arbeiten von G. MASING u. J. RAFFELSIEPER: Z. Metallkde. **41**, 65 (1950). — K. LÜCKE u. H. LANGE: Z. Metallkde. **43**, 55 (1952). — J. DIEHL u. A. KOCHENDÖRFER: Z. angew. Phys. **4**, 241 (1952). H. LANGE u. K. LÜCKE: Z. Metallkde. **44**, 183 (1953) sowie die neueren Arbeiten von B. JAOUL u. I. BRICOT: Rev. Métall. **52**, 659 (1955). — B. JAOUL: J. Mech. Phys. Solids **5**, 95 (1957).

temperatur nirgendwo die ϑ_{II} entsprechende Steilheit der Verfestigungskurve. Wie in Ziff. 21 erwähnt wurde, hat man dies so zu interpretieren, daß τ_{III} infolge seiner Temperaturabhängigkeit sehr nahe an τ_{II} herangerückt ist. Der Bereich II ist dann in eine Wendetangente entartet, deren Steigung kleiner als ϑ_{II} ist (und mit wachsender Temperatur abnimmt). Lediglich Kristalle, deren Stabachsen etwa parallel zur $\langle 111 \rangle$-Richtung sind, besitzen einen Bereich II.

Die bei 4,2° K gemessenen Verfestigungskurven[1,2] passen in das hier gegebene Bild, wonach sich die Verfestigungskurven von Aluminiumkristallen bei hinreichend tiefen Temperaturen wie diejenigen von Kupfer verhalten und nur die in der Umgebung der Raumtemperatur und darüber gemessenen eine Sonderstellung einnehmen. Bei der Temperatur des flüssigen Heliums wurde (neben Bereich I) ein sehr ausgeprägter Bereich II ohne Abbiegen in den Bereich III gefunden, ähnlich wie dies bei den entsprechenden Kurven der Fig. 56 der Fall ist.

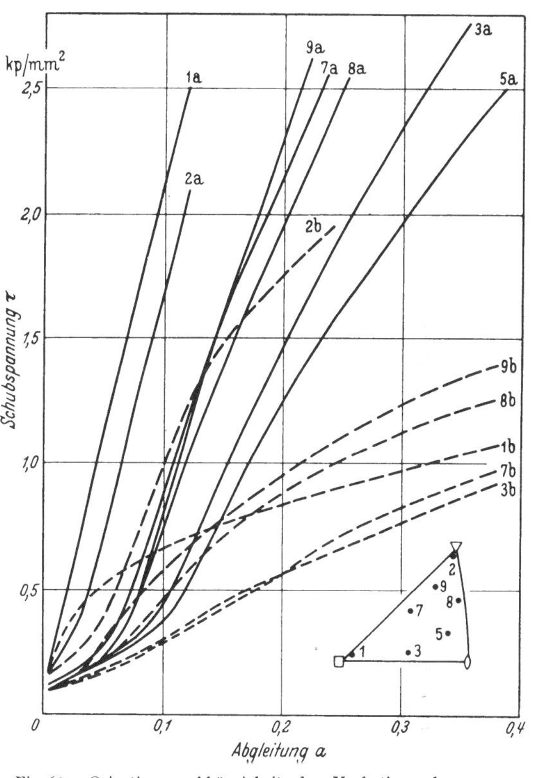

Fig. 62. Orientierungsabhängigkeit der Verfestigungskurven von Aluminium-Einkristallen. Ausgezogen (a-Kurven): Temperatur der flüssigen Luft. Gestrichelt (b-Kurven): Zimmertemperatur. Reinheit 99,99% (Hauptverunreinigung 0,008% Si). Anfangsabgleitungsgeschwindigkeit $\dot{a}_0 = 2 \cdot 10^{-4}\,\text{sec}^{-1}$.

Bleikristalle[3,4] verhalten sich (mit Unterschieden in quantitativer Hinsicht) ähnlich wie Aluminiumkristalle. Hier wurde bei 4,2° K das Abbiegen der Verfestigungskurve beim Übergang von Bereich II in den Bereich III gefunden[4], und zwar bei einer Spannung $\tau_{III} \approx 1{,}8\,\text{kp/mm}^2$.

Zusammenfassend kann man sagen, daß die Verfestigungskurve der kubisch-flächenzentrierten Metalle sehr stark von der Orientierung der Stabachse abhängt und daß das erweiterte Schmidsche Schubspannungsgesetz, wonach nicht nur die kritische Schubspannung, sondern auch die Verfestigungskurve orientierungsunabhängig sein soll, in diesem Falle nicht gilt.

23. Die Verfestigungskurve kubisch-flächenzentrierter Legierungen. Über die Konzentrationsabhängigkeit der Verfestigungskurve kubisch-flächenzentrierter Legierungseinkristalle liegen wesentlich umfangreichere experimentelle Ergebnisse als über die Temperatur- oder Orientierungsabhängigkeit vor. Wir beginnen deshalb die Besprechung der Legierungen mit einer Diskussion der Konzentrationsabhängigkeit.

[1] A. Sosin u. J. S. Koehler: Phys. Rev. **101**, 972 (1956).
[2] T. S. Noggle u. J. S. Koehler: J. Appl. Phys. **28**, 53 (1957).
[3] P. Feltham u. J. D. Meakin: Acta met. **5**, 555 (1957).
[4] J. K. Redman: private Mitteilung.

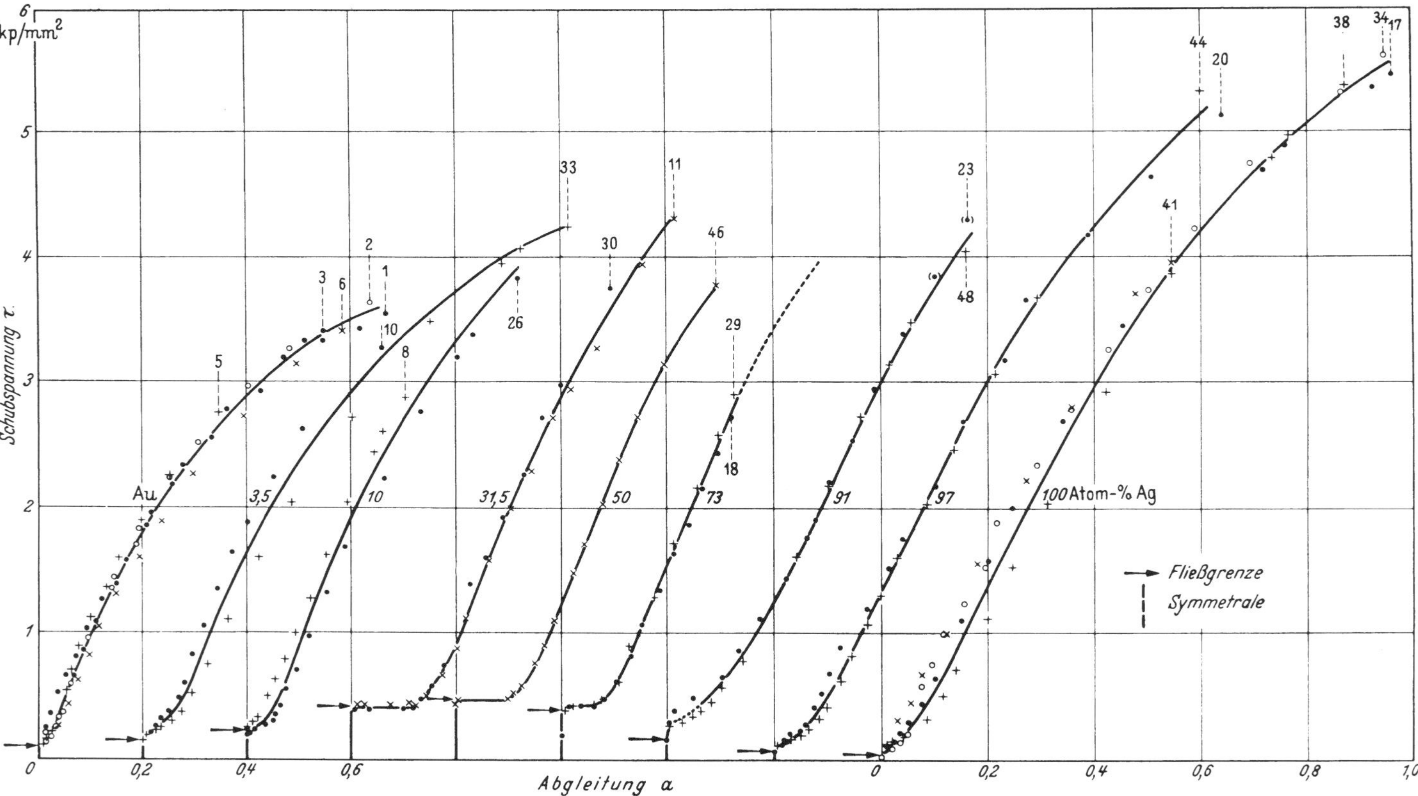

Fig. 63. Konzentrationsabhängigkeit der Verfestigungskurve von Gold-Silber-Legierungseinkristallen nach SACHS und WEERTS (bei Raumtemperatur).

Fig. 63 zeigt den von SACHS und WEERTS[1] gemessenen Verfestigungsverlauf bei Silber-Gold-Mischkristallen. Die einzelnen Meßpunkte gehören zu Kristallen der jeweils angegebenen Zusammensetzung; die betreffenden Orientierungen sind in der Originalarbeit und zum größten Teil auch als Ausgangsorientierungen in Fig. 64 angegeben. Die ausgezogenen Kurven stellen mittlere Verfestigungskurven

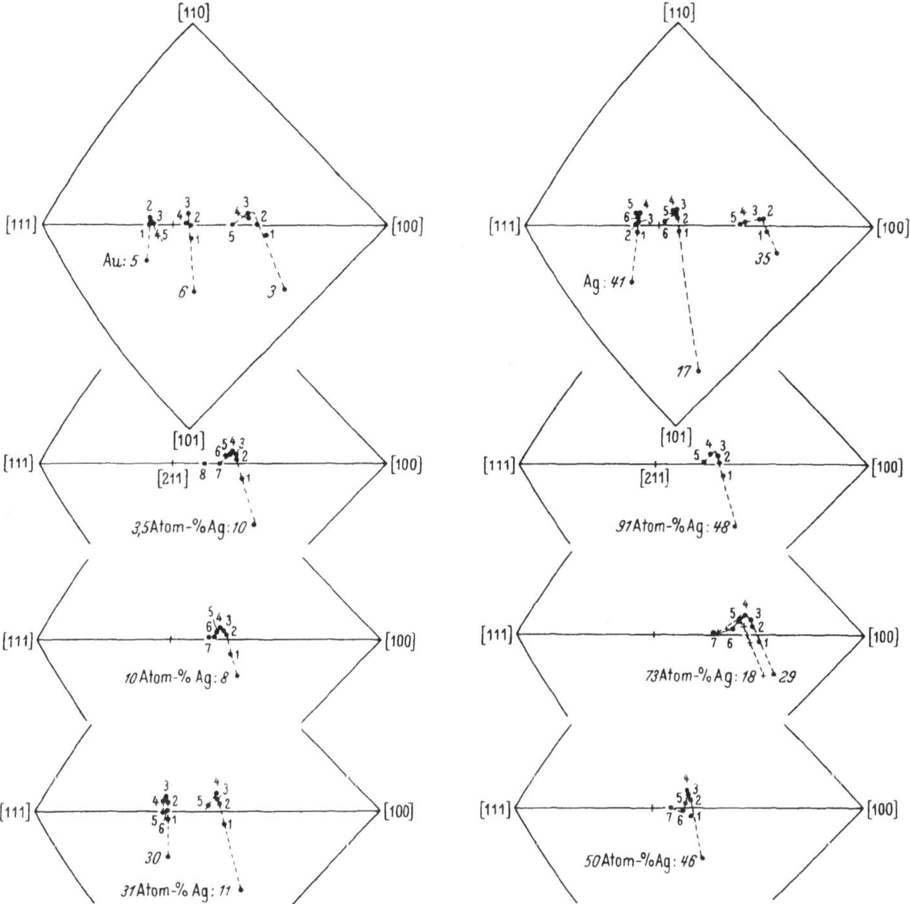

Fig. 64. Röntgenographisch bestimmte Orientierungsänderung der Stabachse in stereographischer Projektion bei einer Anzahl von Kristallen aus Fig. 63.

für die betreffenden Zusammensetzungen dar. Wie man sieht, sind die Abweichungen von den mittleren Kurven, besonders hinsichtlich des Betrags des Verfestigungskoeffizienten, verhältnismäßig gering. Auffallend an den Legierungs-Verfestigungskurven ist, daß der Bereich I der Verfestigungskurve mit wachsender Zulegierung (von beiden Seiten her) länger und flacher wird. Man kann wie bei den reinen Metallen einen Bereich II und einen Bereich III der Verfestigungskurven unterscheiden. Der Verfestigungsanstieg ϑ_{II} im Bereich II ist im wesentlichen derselbe wie bei den reinen Metallen. Die den Beginn von Bereich III anzeigende Spannung τ_{III} wird, zumindest wenn man von der Gold-Seite herkommt, durch Zulegierung zu höheren Werten verschoben.

[1] G. SACHS u. J. WEERTS: Z. Physik **62**, 473 (1930).

In Fig. 64 ist die röntgenographisch bestimmte Orientierungsänderung der Stabachsen während der Verformung für die verschiedenen (durch Nummern bezeichneten) Kristalle dargestellt. Wie man sieht, zeigen alle Kristalle (auch diejenigen der reinen Metalle) die Erscheinung der „Überschießens". Darunter wird folgendes verstanden: Solange Einfachgleitung vorliegt, also im wesentlichen nur eines der zwölf Oktaedergleitsysteme eines kubisch-flächenzentrierten Kristalls betätigt wird, bewegt sich die Orientierung der Stabachse auf die Gleitrichtung, also (vgl. Ziff. 9) auf die dem Ausgangsdreieck unmittelbar gegenüber liegende ⟨110⟩ Ecke der stereographischen Projektion zu. Sofern die Doppelgleitung nicht vorher einsetzt, erreicht die Stabachse die „Symmetrale", d.h. den durch die ⟨100⟩- und ⟨111⟩-Ecken des Ausgangsdreiecks gehenden Großkreis. Auf diesem Großkreis sind zwei Gleitsysteme (in Eckorientierungen, von denen wir absehen wollen, sogar mehr) spannungsmäßig gleichberechtigt (vgl. Ziff. 9). Wenn beide Gleitsysteme in gleichem Maße verfestigt worden wären (bei dem ursprünglich nicht betätigten, also „latenten" Gleitsystem spricht man von „latenter Verfestigung"), müßten beide Gleitsysteme von dem Erreichen der Symmetralen an in gleichem Maße zur Gleitung beitragen. Man hätte hier also als Spezialfall der in Ziff. 12 besprochenen Mehrfachgleitung sogenannte „*Doppelgleitung*". Aus Symmetriegründen kann bei idealer Doppelgleitung die Stabachse die Symmetrale nicht verlassen. Sie bewegt sich auf die auf der Symmetrale gelegene (in Fig. 64 eingezeichnete) ⟨211⟩-Richtung[1] zu, die sie allerdings nur asymptotisch, d.h. nach unendlich großer Abgleitung, erreicht. Wie Fig. 64 zeigt, tritt bei Ag—Au-Legierungen der eben geschilderte Idealfall nicht ein. Die Stabachse „überschießt": Sie überschreitet die Symmetrale um einige Winkelgrade, bevor sie ihre Bewegungsrichtung umkehrt. Fig. 65 gibt das Verhältnis der Schubspannungen τ_{pr} im ursprünglichen Gleitsystem und τ_{ko} im latenten Gleitsystem (im vorliegenden Falle handelt es sich um das „konjugierte" Gleitsystem) am Umkehrpunkt an. Wie man sieht, ist der Ausdruck $(\tau_{ko}/\tau_{pr} - 1)$ im vorliegenden Fall immer positiv. Dies bedeutet, daß die latente Verfestigung des konjugierten Gleitsystems größer als die „wirkliche" Verfestigung des aktiven Gleitsystems ist.

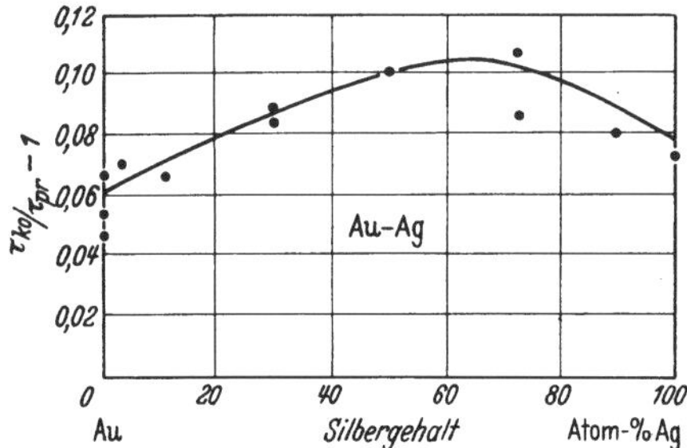

Fig. 65. Schubspannungsverhältnis am Umkehrpunkt der Stabachse bei den in Fig. 64 dargestellten Gold-Silber-Einkristallen als Funktion der Konzentration. τ_{pr} = Schubspannung im ursprünglichen (primären) Gleitsystem, τ_{ko} = Schubspannung des konjugierten Gleitsystems, jeweils am Umkehrpunkt.

In der Art, wie die Umkehr der Bewegungsrichtung der Stabachse nach dem Überschreiten der Symmetralen erfolgt, gibt es wichtige Unterschiede. Würde am Umkehrpunkt das konjugierte Gleitsystem die gesamte Gleitung allein übernehmen, so würde sich die Stabachse auf die neue Gleitrichtung, also auf die ⟨110⟩-Ecke des ursprünglichen stereographischen Dreiecks maximaler Schubspannung, zu bewegen. Die Symmetrale kann dann ein zweites Mal erreicht und sogar nochmals überschritten werden. Ein Blick auf Fig. 64 zeigt, daß dieses Verhalten näherungsweise bei den stark legierten Kristallen der Ag—Au-Reihe gefunden wird. In solchen Fällen zeigt die Last-Dehnungs-Kurve des Polanyi-Apparats Irregularitäten, insbesondere eine plötzliche Veränderung des Anstiegs.

[1] Dies ist die resultierende Richtung der Gleitrichtungen der beiden Gleitsysteme. Sie spielt dieselbe Rolle wie die Gleitrichtung bei der Einfachgleitung.

Bei den reinen Metallkristallen und bei den niedrig legierten Kristallen tragen nach dem Erreichen des Umkehrpunkts beide Gleitsysteme im vergleichbarem Maße zur Abgleitung bei. Die Stabachse bewegt sich dann nicht auf den ⟨110⟩-Pol zu, sondern mehr in Richtung des ⟨211⟩-Poles. In der Last-Dehnungs-Kurve werden in solchen Fällen keine Unregelmäßigkeiten beobachtet. Zur Ermittlung der Abgleitung wendet man in solchen Fällen vom erstmaligen Überschreiten der Symmetralen an oft die Formel für die ideale Doppelgleitung[1] an, was meist keinen sehr großen Fehler bedeutet. In Fig. 63 sind die Meßpunkte überhaupt nur bis zur Symmetralen in die Schubspannungs-Abgleitungs-Beziehung umgerechnet worden.

Wir haben die Ergebnisse von SACHS und WEERTS an der lückenlosen Mischkristallreihe Silber-Gold so ausführlich besprochen, da sie als typisch für homogene

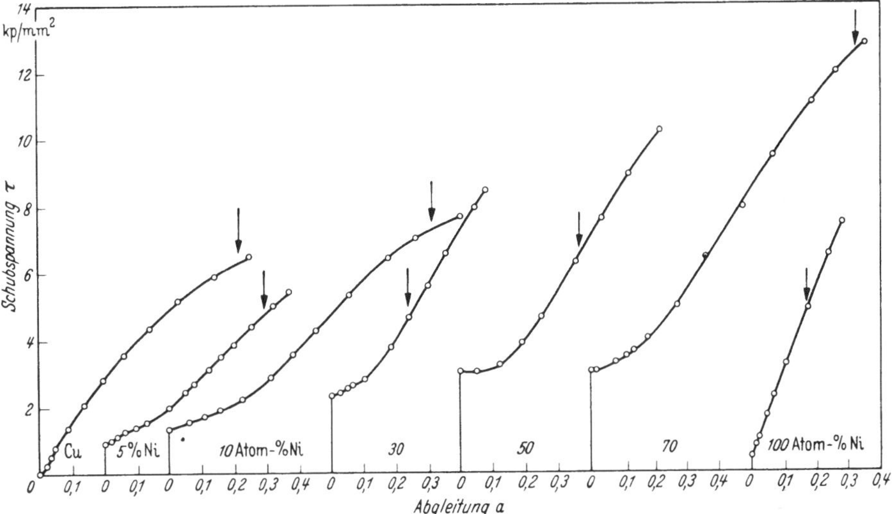

Fig. 66. Raumtemperaturverfestigungskurven von Kupfer-Nickel-Einkristallen verschiedener Konzentration nach OSSWALD. Die Pfeile bezeichnen das Erreichen der Symmetralen durch die Stabachse.

Legierungen erscheinen. Dies geht für das System Cu—Ni aus den Fig. 66 und 67 hervor[2], die auch ohne nähere Erläuterungen verständlich sein dürften. In diesem System wurde übrigens immer „allmähliche" Richtungsumkehr der Stabachse gefunden.

Ausführlich untersucht ist ferner die Verfestigung von Einkristallen der primären Kupfer-Zink-Legierungen (α-Messing)[3-9]. Eine umfassende Diskussion der Orientierungsabhängigkeit der Verfestigungskurve liegt auch hier nicht vor, doch geht aus den vorliegenden experimentellen Ergebnissen hervor, daß sie für nicht zu kleine Zink-Konzentrationen — sofern man von ausgesprochenen Randorientierungen absieht — verhältnismäßig gering ist. Fig. 68 zeigt, wie die

[1] K. F. v. GÖLER u. G. SACHS: Z. Physik **41**, 103 (1927).
[2] E. OSSWALD: Z. Physik **83**, 55 (1933).
[3] C. F. ELAM: Proc. Roy. Soc. Lond., Ser. A **115**, 148 (1927).
[4] M. MASIMA u. G. SACHS: Z. Physik **50**, 161 (1928); **54**, 666 (1929).
[5] K. F. v. GÖLER u. G. SACHS: Z. Physik **55**, 581 (1929).
[6] R. MADDIN, C. H. MATHEWSON u. W. R. HIBBARD: Trans. Amer. Inst. Min. Metallurg. Engrs. **185**, 527 (1949).
[7] H. M. MURPHY u. E. A. CALNAN: Acta met. **3**, 268 (1955).
[8] G. R. PIERCY, R. W. CAHN u. A. H. COTTRELL: Acta met. **3**, 331 (1955).
[9] H. KIMURA: J. Phys. Soc. Japan **11**, 53 (1956) (Kompressionsversuche).

Verfestigungskurve bei Raumtemperatur für sogenannte Mittelorientierungen mit der Legierungszusammensetzung variiert. Man erkennt die schon in Ziff. 15 besprochene starke Konzentrationsabhängigkeit der kritischen Schubspannung. Die Verfestigungskurven zeigen wiederum die Bereiche I bis III, wobei sich der Beginn von Bereich III (in Fig. 68 durch Pfeile angedeutet) mit wachsendem Zn-Gehalt zu so hohen Spannungen verschiebt, daß er bei Raumtemperatur nicht mehr vor der Umkehr der Stabachse (die bei α-Messing sehr stark überschießt) eintritt[1]. Wie bei Ag—Au-Einkristallen wächst die Länge des Bereichs I mit zunehmender Zulegierung, während der Verfestigungskoeffizient in diesem Bereich immer kleiner wird. Dies führt dazu, daß bei zinkreichen Legierungen

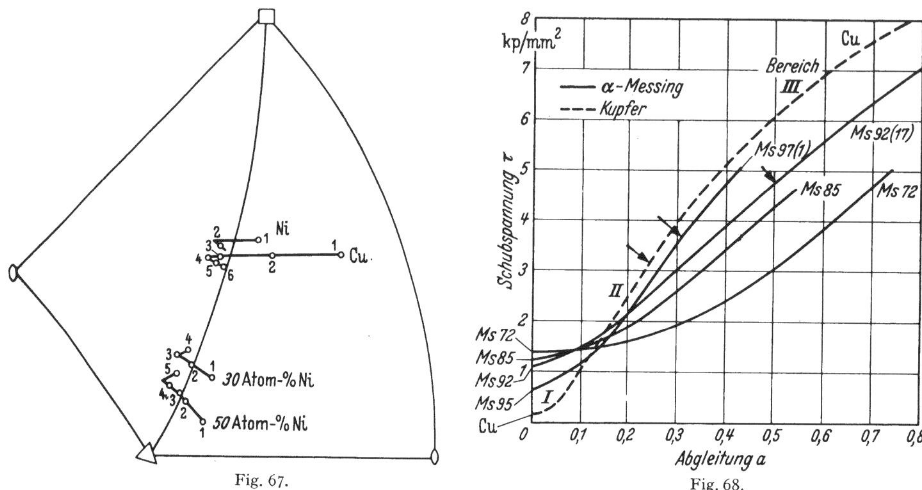

Fig. 67. Fig. 68.

Fig. 67. Die röntgenographisch bestimmte Orientierungsänderung der Stabachse in stereographischer Projektion bei einigen der in Fig. 66 dargestellten Verfestigungskurven.

Fig. 68. Konzentrationsabhängigkeit der „mittleren" Verfestigungskurve von α-Messing-Einkristallen bei Raumtemperatur nach K. F. v. GÖLER und G. SACHS, [Z. Physik 55, 581 (1929)]. Die Kupferkurve entspricht dem Kristall 17/2 von J. DIEHL [Z. Metallkde. 47, 331 (1956)].

ein *Fließbereich* (vgl. Ziff. 13) auftritt, d.h. ein an die Fließgrenze anschließender Bereich, in dem die Verformung ohne Spannungszunahme erfolgt. Wie von PIERCY, CAHN und COTTRELL[2] im einzelnen (röntgenographisch und mit Marken auf der Kristalloberfläche) untersucht wurde, erfolgt die Verformung im Fließbereich sehr inhomogen. Die Gleitlinienbildung und fast die gesamte bleibende Dehnung ist auf einen bestimmten Kristallbereich (*Lüders-Band* genannt) beschränkt. Während der Dehnung im Fließbereich wächst das Lüders-Band (das in der Regel an einer der Fassungen entsteht), bis es das andere Kristallende erreicht oder einem zweiten, in entgegengesetzter Richtung wachsenden Lüders-Band begegnet. Innerhalb eines solchen Bands ist die Dehnung näherungsweise konstant. Das Ende des Fließbereichs ist erreicht, wenn die „Lüders-Gleitung" den ganzen Kristall erfaßt hat.

Bei zinkreichen α-Messing-Kristallen wird starkes Überschießen gefunden, und zwar wird nach der Umkehr der Stabrichtung praktisch die gesamte Gleitung vom konjugierten Gleitsystem übernommen[3] (vgl. Fig. 69, die sich auf einen

[1] Wie Fig. 71 zeigt, wird bei der dort betrachteten Orientierung nicht einmal bei 200° C Bereich III vor der Umkehr der Stabachse erreicht.
[2] G. R. PIERCY, R. W. CAHN u. A. H. COTTRELL: Acta met. 3, 331 (1955).
[3] C. F. ELAM: Proc. Roy. Soc. Lond., Ser. A 115, 148 (1927).

72/28 α-Messing-Kristall bezieht[1]). Im Gegensatz zu den Verhältnissen bei Kupfer hat man also bei zinkreichem Messing im allgemeinen keine Doppelgleitung (d.h. gleichzeitige Betätigung des ursprünglichen und des konjugierten Gleitsystems), sondern zeitlich nacheinander Gleitung in nur einem der beiden Doppelgleitsysteme.

Fig. 70 zeigt, daß das Überschießen [wiederum gemessen durch $(\tau_{ko}/\tau_{pr}) - 1$] mit dem Zinkgehalt rasch anwächst. Die Orientierungsabhängigkeit des Überschießens bei gegebener Zusammensetzung scheint gering zu sein. PIERCY, CAHN und COTTRELL[2] zeigen, daß sich eine große Zahl von Messungen an 70/30 Messing durch $\tau_{ko}/\tau_{pr} = 1{,}28$ darstellen lassen. Eine ähnliche empirische Beziehung, nämlich

$$\frac{2(\tau_{ko} - \tau_{pr})}{\tau_{ko} + \tau_{pr}} = 1{,}24, \qquad (23.1)$$

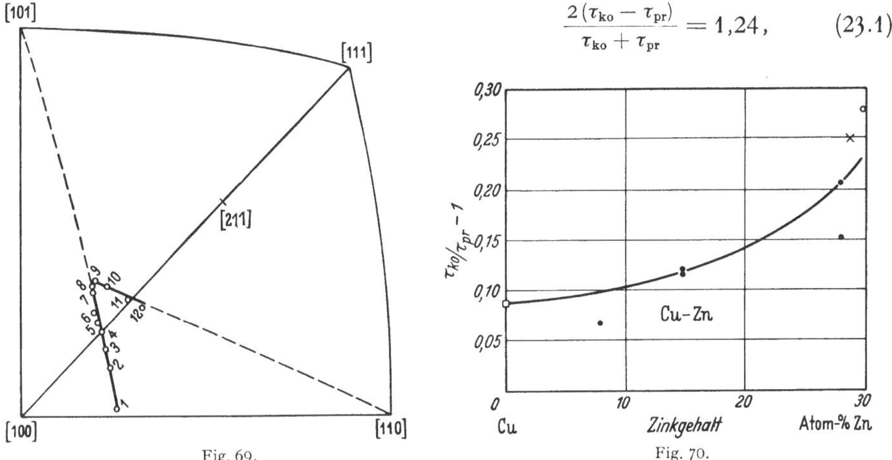

Fig. 69. Fig. 70.

Fig. 69. Orientierungsänderung der Stabachse bei einem 72/28—α-Messing-Kristall. Die Numerierung entspricht den sukzessiven Lagen der Stabachse.

Fig. 70. Konzentrationsabhängigkeit des Schubspannungsverhältnisses am Umkehrpunkt der Stabachse bei α-Messingkristallen, die bei Raumtemperatur verformt wurden. Bezeichnungen wie in Fig. 65. Die angegebenen Meßpunkte sind den folgenden Quellen entnommen: □ G. SACHS u. J. WEERTS: Z. Physik **62**, 473 (1930). ● K.-F. v. GÖLER u. G. SACHS: Z. Physik **55**, 581 (1929). × H. M. MURPHY u. E. A. CALNAN: Acta met. **3**, 268 (1955). ○ G. R. PIERCY, R. W. CAHN u. A. H. COTTRELL: Acta met. **3**, 331 (1955).

war schon früher von MASIMA und SACHS[3] an Messingkristallen mit etwa 72% Kupfer aufgefunden worden.

Über die Temperaturabhängigkeit — und Geschwindigkeitsabhängigkeit — der Verfestigungskurve von α Messing-Kristallen ist verhältnismäßig wenig bekannt. Fig. 71 gibt die an Kristallen einheitlicher Orientierung von PIERCY, CAHN und COTTRELL[2] gefundenen experimentellen Ergebnisse wieder. (Die Verformung bei 200° C erfolgte ruckweise; in Fig. 71 blieb dies der Einfachheit halber unberücksichtigt.) Wie bei Kupfer ist der *Verfestigungskoeffizient im Bereich II* (bezogen auf den Schubmodul) praktisch temperaturunabhängig. Im Gegensatz zu den Verhältnissen bei reinen Metallen hängt jedoch (zumindest in dem untersuchten Temperaturbereich) die *Ausdehnung des Bereichs I* sehr wenig von der Temperatur ab[4].

Bei der Umrechnung von der Last-Dehnungs-Kurve des Polanyischen Apparats auf die Verfestigungskurve wurde in Fig. 71 bis zur Richtungsumkehr der

[1] K. F. v. GÖLER u. G. SACHS: Z. Physik **55**, 581 (1929).
[2] G. R. PIERCY, R. W. CAHN u. A. H. COTTRELL: Acta met. **3**, 331 (1955).
[3] M. MASIMA u. G. SACHS: Z. Physik **55**, 581 (1929).
[4] P. HAASEN (unveröffentlicht) hat an zwei gleichorientierten 75/25-Messingkristallen gefunden, daß a_{II} bei 20° K und bei Raumtemperatur ebenfalls denselben Wert hat.

Stabachsenbewegung der Orientierungsfaktor μ des ursprünglich betätigten Gleitsystems und von da an derjenige des konjugierten Gleitsystems verwendet. Dementsprechend weisen die Verfestigungskurven an der Umkehrstelle einen Sprung auf. Die Angaben in Fig. 71 gestatten es, die Temperaturabhängigkeit des Verhältnisses zwischen latenter und wirklicher Verfestigung bei der Bewegungsumkehr der Stabachse, also des Ausdrucks $(\tau_{ko} - \tau_0)/(\tau_{pr} - \tau_0)$ festzustellen. Sowohl bei 20° C wie bei —190° C bekommt man

$$\frac{\tau_{ko} - \tau_0}{\tau_{pr} - \tau_0} = 1{,}4\,, \qquad (23.2)$$

also Temperaturunabhängigkeit.

MURPHY and CALNAN [1] finden an Messing-Kristallen mit 70% bis 72% Kupfer, daß τ_{ko}/τ_{pr} nicht nur orientierungs-, sondern auch temperaturunabhängig ist und etwa den Wert 1,25 hat. Über die Temperaturabhängigkeit des in Gl. (23.2) betrachteten Verfestigungsverhältnisses kann man aus ihrer Arbeit leider keine Angaben entnehmen.

Von ELAM [2] stammen einige Angaben über die Verformung von Einkristallen der primären

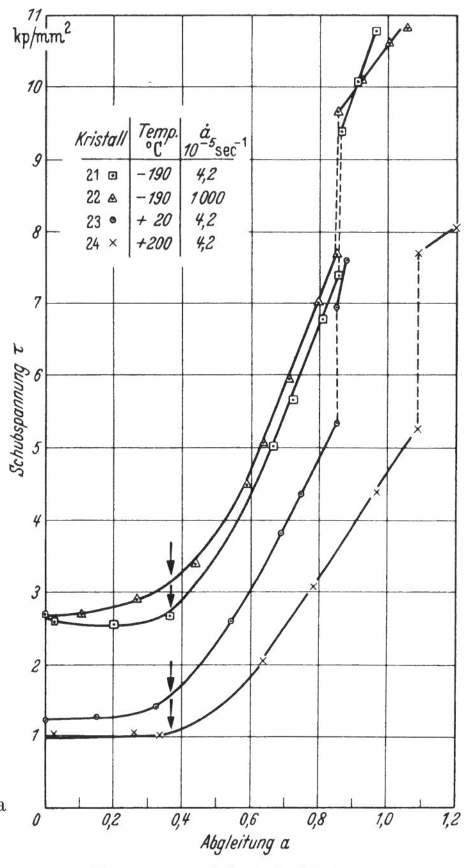

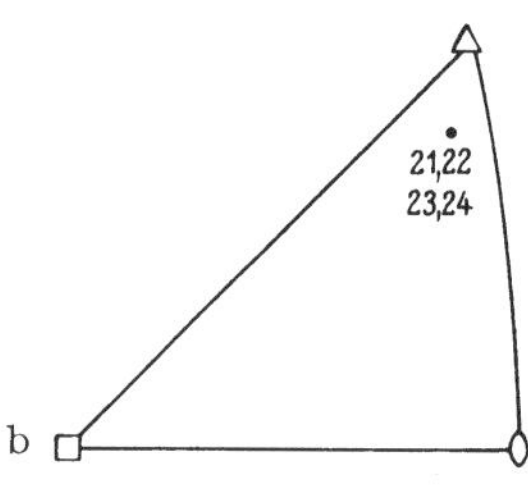

Fig. 71 a u. b. Temperatur- und Geschwindigkeitsabhängigkeit bei 70/30-α-Messing-Einkristallen einheitlicher Orientierung nach PIERCY, CAHN und COTTRELL. Die Pfeile bezeichnen die Stellen, an denen die Stabachse die Symmetrale überschritten hat. Die Unstetigkeiten in den Verfestigungskurven entsprechen der Übernahme der Gleitung durch das konjugierte Gleitsystem. In den Last-Dehnungskurven tritt an den entsprechenden Stellen lediglich eine Änderung des Anstiegs auf.

Kupfer-Aluminium-Legierungen. Soweit man erkennen kann, liegen die Verhältnisse ähnlich wie bei α-Messing.

J. MEISSNER [3] hat die Verfestigungskurven von Ni—Co-Einkristallen verschiedener Konzentration (0, 10, 20, 30, 40% Co) und etwa gleicher Orientierung bei Raumtemperatur und bei 90° K untersucht. Einen Ausschnitt aus seinen experimentellen Ergebnissen zeigt Fig. 72. Man kann auch bei diesem Legierungssystem die Bereiche I, II und III der Verfestigungskurve unterscheiden, wobei

[1] H. M. MURPHY u. E. A. CALNAN: Acta met. **3**, 268 (1955).
[2] C. F. ELAM: Proc. Roy. Soc. Lond., Ser. A **116**, 694 (1927).
[3] J. MEISSNER: Diss. Stuttgart 1958.

der Beginn von Bereich III sich mit wachsender Zulegierung zu größeren Spannungen verschiebt. Der Verfestigungsanstieg im Bereich II hängt wie beim Kupfer und seinen Legierungen wenig von der Temperatur ab. Auffallend und im Gegensatz zu den Befunden bei α-Messing stehend ist die starke Temperaturabhängigkeit der Ausdehnung des Bereichs I; sie entspricht qualitativ den Verhältnissen bei den reinen kubisch-flächenzentrierten Metallen (vgl. Ziff. 21). In quantitativer Hinsicht ist bemerkenswert, daß a_{II} mit wachsendem Kobaltgehalt stark zunimmt und (bei 90° K) bei 40% Co etwa den Wert 1 erreicht.

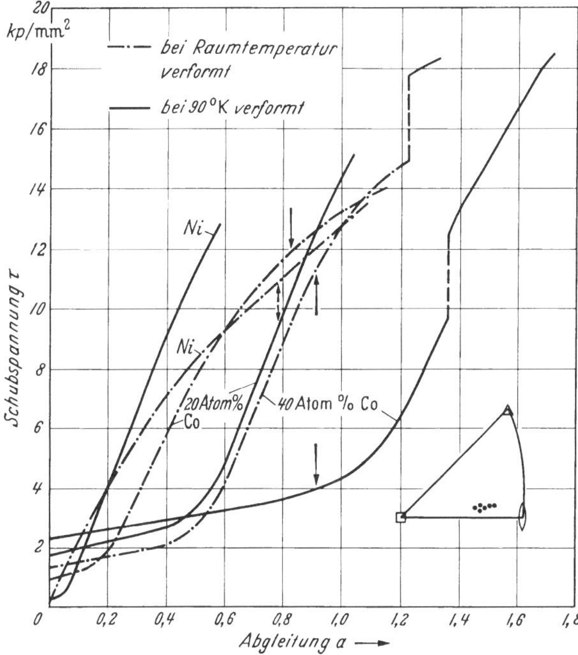

Fig. 72. Temperatur- und Orientierungsabhängigkeit der Verfestigungskurven von Nickel-Kobalt-Einkristallen nach J. MEISSNER. Die Pfeile geben das Erreichen der Symmetralen an, die gestrichelten senkrechten Linien die Übernahme der Gleitung durch das konjugierte Gleitsystem.

Eine ganze Reihe von Untersuchungen liegt vor über die Verfestigungskurven von kubisch-flächenzentrierten Legierungs-Einkristallen mit Aluminium als überwiegender Legierungskomponente, z. B. über die Legierungen **Al**—Zn, **Al**—Mg, **Al**—Ag und **Al**—Cu. Die Verhältnisse sind jedoch wesentlich komplizierter als in den bisher besprochenen Fällen, so daß wir es vorziehen, die Erörterung der experimentellen Befunde zusammen mit der theoretischen Diskussion in Abschnitt E durchzuführen.

Die Diskussion der Verfestigungskurven kubisch-flächenzentrierter Legierungen abschließend, wollen wir am Beispiel der Legierung Cu_3Au[1] den *Einfluß einer Ordnungsumwandlung* auf die Verfestigungskurve von Legierungseinkristallen besprechen.

Cu_3Au-Einkristalle, die von 800° C abgeschreckt worden sind, haben *keine Fernordnung* und zeigen bei Raumtemperatur einen ähnlichen Verfestigungsverlauf wie andere Legierungskristalle ohne Fernordnung, z.B. α-Messing-Kristalle: An eine ziemlich hohe kritische Schubspannung schließt sich ein sehr ausgedehnter Bereich I mit geringem Verfestigungskoeffizienten an (Fig. 73a).

[1] G. SACHS u. J. WEERTS: Z. Physik **67**, 507 (1931).

Die Kristalle überschreiten die Symmetrale ziemlich weit; nach der Umkehr übernimmt das konjugierte System fast allein die Gleitung (Fig. 73b).

Die Verfestigungskurve der 240 Std bei 325° C angelassenen und damit ferngeordneten Kristalle kommt dem Verhalten der reinen Metalle nahe (Fig. 73a). Die kritische Schubspannung liegt zwischen derjenigen der reinen Metalle und derjenigen der Legierungen ohne Fernordnung. Ausdehnung und Verfestigungskoeffizient des Bereichs I sind ähnlich wie bei den reinen Metallen. Der Verfestigungsanstieg im Bereich II, ϑ_{II}, ist etwas größer als bei reinem Kupfer. Da jedoch die elastischen Konstanten von Cu_3Au ebenfalls etwas größer sind als diejenigen des reinen Kupfers[1], hat ϑ_{II}/G bei geordnetem Cu_3Au dieselbe Größe wie bei den reinen Metallen. Das Überschießen der Kristalle ist geringer; wie bei den reinen Metallen tritt Doppelgleitung auf (Fig. 73b).

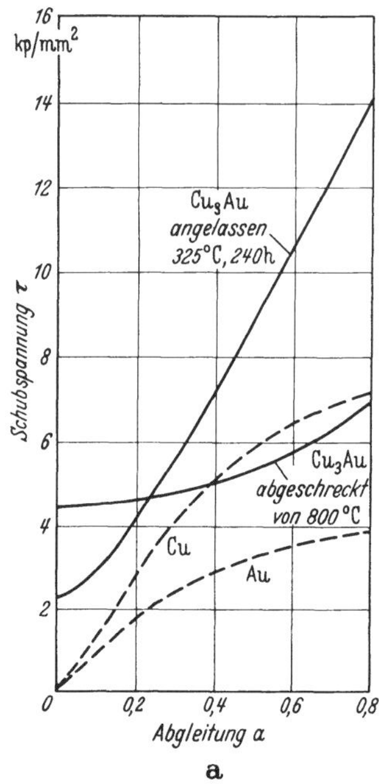

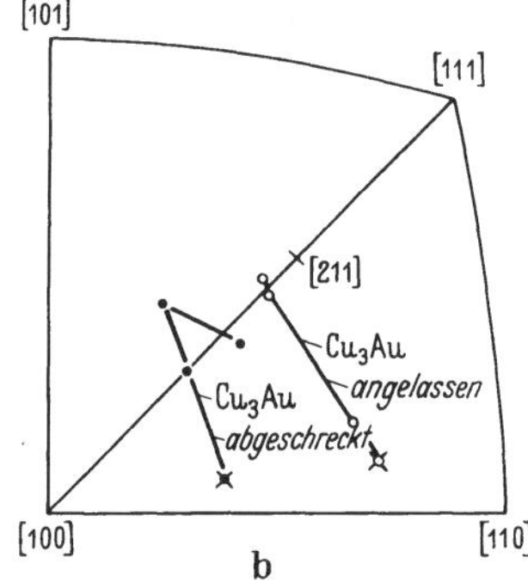

Fig. 73a u. b. a Verfestigungskurven von ungeordneten (abgeschreckten) und ferngeordneten (angelassenen) Cu_3Au-Einkristallen nach SACHS und WEERTS. Zum Vergleich sind Cu- und Au-Verfestigungskurven mit angegeben. Alle Kurven beziehen sich auf Raumtemperatur. b Zugehörige Orientierungsänderungen der Stabachsen.

c) Sonstige Kristalle.

24. Nicht-dichtest gepackte Metalle. Wie wir in den Abschnitten a und b gesehen haben, ist bei den dichtest gepackten Metallstrukturen und ihren Legierungen (also hexagonalen und kubisch-flächenzentrierten Kristallen) ein umfangreiches empirisches Material zur Verfestigung vorhanden. Im Vergleich dazu ist über das Verhalten anderer Metalleinkristalle, von denen die kubisch-raumzentrierten die wichtigsten sind, sehr wenig bekannt.

Während über die polykristallinen Spannungs-Dehnungs-Kurven der hochschmelzenden kubisch-raumzentrierten Metalle wie Mo, Ta, Wo in einem weiten Temperaturbereich experimentelle Daten vorliegen[2], beschränken sich die entsprechenden *Einkristall*daten auf Molybdän[3]. Fig. 74 zeigt die Temperaturabhängigkeit der Spannungs-Dehnungs-Kurven[4] von Molybdäneinkristallen bei hohen Temperaturen. Außerdem ist (mit geändertem Zugspannungs-Maßstab)

[1] Siehe W. BOAS u. J. K. MACKENZIE: Progr. Met. Phys. **2**, 90 (1950).

[2] Unter anderem in den in Ziff. 14 zitierten Arbeiten über die Metalle dieser Gruppe.

[3] R. MADDIN u. N. K. CHEN: Trans. Amer. Inst. Min. Metallurg. Engrs. **200**, 280 (1954).

[4] Da die verwendeten Kristalle ähnliche Orientierungen hatten (vgl. das stereographische Dreieck in Fig. 74), sind die Kurven miteinander vergleichbar. Die verschiedenen Orientierungsfaktoren für [111], $(1\bar{1}0)$-Gleitung unterschieden sich maximal um den Faktor 1,08.

eine bei Raumtemperatur gemessene Spannungs-Dehnungs-Kurve[1] eingezeichnet. Wie man sieht, hängt die Verfestigung der Molybdänkristalle stark von der Temperatur ab. Da mit einer Temperaturabhängigkeit auch immer eine Abhängigkeit von der Verformungsgeschwindigkeit Hand in Hand geht, wäre es wichtig, die bei den einzelnen Kristallen verwendete Verformungsgeschwindigkeit zu kennen, die jedoch in der Originalarbeit nicht angegeben ist.

Die Angabe von Einkristall-Verfestigungskurven bei α-Eisen ist aus verschiedenen Gründen sehr erschwert. Da die Verhältnisse hinsichtlich der betätigten Gleitsysteme sehr verwickelt sind (vgl. Ziff. 10 und 15), herrscht Unsicherheit darüber, welchen Orientierungsfaktor man für die Ermittlung der Verfestigungskurve zu verwenden hat. Bei tiefen Temperaturen beginnen sich die Kristalle sofort nach Erreichen der Streckgrenze einzuschnüren; außerdem tritt oft Zwillingsbildung auf. Aus diesem Grunde verzichten wir auf die Angabe von Verfestigungskurven und geben als Fig. 75 lediglich eine Anzahl der von ALLEN, HOPKINS und MCLENNAN[2] gemessenen Last-Dehnungs-Kurven wieder.

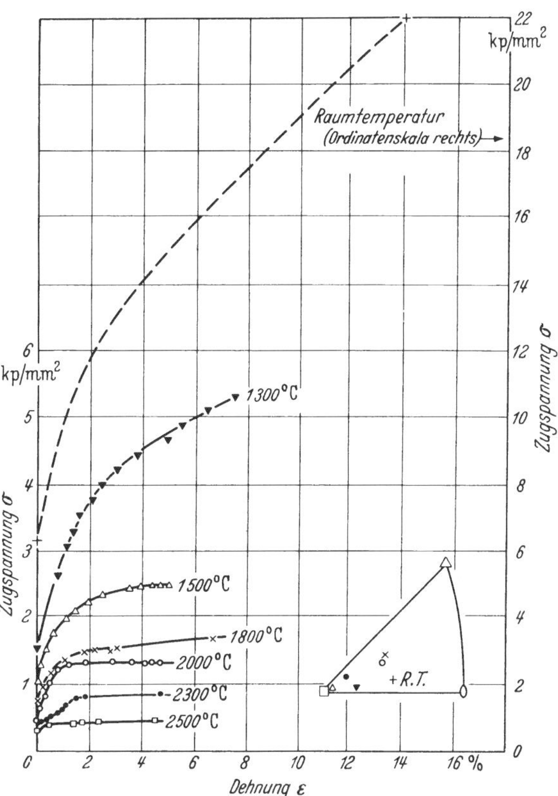

Fig. 74. Temperaturabhängigkeit der Spannungs-Dehnungs-Kurven von Molybdänkristallen nach MADDIN und CHEN.

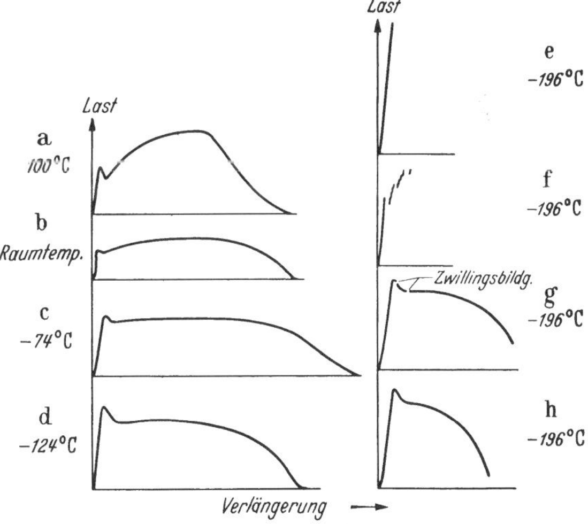

Fig. 75a—h. Last-Dehnungskurven von Eisen-Einkristallen bei verschiedenen Temperaturen nach ALLEN, HOPKINS und MCLENNAN. Alle oberhalb —196° C verformten Kristalle wiesen eine oberen Streckgrenze auf und schnürten sich beim Bruch vollständig ein (schneidenförmiger Bruch). Die Kurve a hatte wegen der beginnenden Reckalterung einen (nicht gezeichneten) etwas unregelmäßigen Verlauf. Von den bei —196° C verformten Kristallen zeigten diejenigen mit Stabachsen in der Nähe des ⟨111⟩-⟨011⟩-Großkreises (h) dasselbe Verhalten wie die bei höheren Temperaturen verformten Kristalle, während diejenigen mit Stabachsen in der Nähe der ⟨001⟩-Richtung (e) ohne meßbare plastische Verformung oder Zwillingsbildung spröde brachen. Die übrigen Kristalle verformten sich durch Zwillingsbildung mit anschließendem Sprödbruch (f) oder Zwillingsbildung und Gleiten (g).

[1] N. K. CHEN u. R. MADDIN: Trans. Amer. Inst. Min. Metallurg. Engrs. **191**, 937 (1951).

[2] N. P. ALLEN, B. E. HOPKINS u. J. E. MCLENNAN: Proc. Roy. Soc. Lond., Ser. A **234**, 221 (1955).

25. Homöopolare Kristalle. Über die Verfestigungskurve homöopolarer Kristalle (Germanium, Silicium, Diamant, Grimm-Sommerfeldsche Verbindungen – vgl. Ziff. 16) liegt nur eine einzige ausführlichere Untersuchung vor, nämlich eine Reihe von Kompressionsversuchen von PATEL und ALEXANDER[1] an Germanium-Einkristallen. Fig. 76 zeigt die auf den Ausgangsquerschnitt bezogene Last

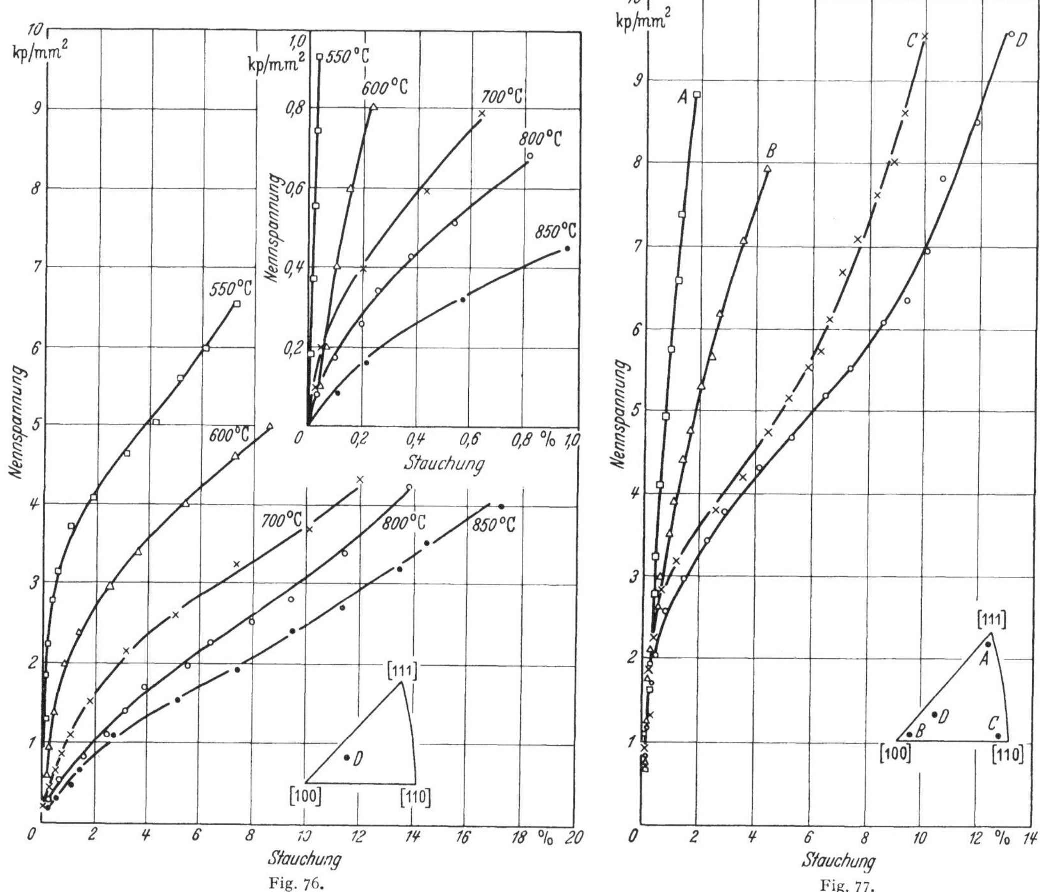

Fig. 76. Fig. 77.

Fig. 76. Nennspannung-Dehnungskurven von Germaniumkristallen gleicher Orientierung (Kompressionsversuche) bei verschiedenen Temperaturen nach PATEL und ALEXANDER.

Fig. 77. Orientierungsabhängigkeit der Nennspannung-Dehnungskurven von Germaniumkristallen (Kompression bei 600° C) nach PATEL und ALEXANDER.

(= Nennspannung) als Funktion der Stauchung für Germanium-Kristalle, die bei verschiedenen Temperaturen verformt worden sind. Da alle Kristalle dieselbe kristallographische Orientierung aufweisen, geben die Kurven einen Eindruck von der Temperaturabhängigkeit der Verfestigungskurve[2]. Mit der starken Temperaturabhängigkeit der Verfestigungskurven ist im Einklang, daß CARREKER[3] bei Zugverformung von Germaniumkristallen einen ausgeprägten Einfluß der Verformungsgeschwindigkeit beobachtet hat.

[1] J. R. PATEL u. B. H. ALEXANDER: Acta met. **4**, 385 (1956).

[2] Die umgerechneten Verfestigungskurven sind in dem zusammenfassenden Bericht von P. HAASEN u. A. SEEGER [*38*] angegeben.

[3] R. P. CARREKER jr.: Trans. Amer. Inst. Min. Metallurg. Engrs. **206**, 111 (1956).

Fig. 77 zeigt die entsprechenden Kurven (auf den Ausgangsquerschnitt bezogene Last als Funktion der Stauchung) für verschieden orientierte Kristalle, die bei 600° C verformt worden sind. Obschon die Kurven wegen der fehlenden Umrechnung in Schubspannungs-Abgleitungs-Koordinaten nicht direkt quantitativ verglichen werden können, ist doch zu erkennen, daß sich die verschieden orientierten Kristalle bis zu einer Stauchung $\varepsilon = 0{,}2\%$ etwa gleich verhalten, während bei größeren Abgleitungen starke Unterschiede auftreten.

26. Salzkristalle. Die Untersuchungen über die Verfestigungskurven von Salzkristallen wurden überwiegend an NaCl- und AgCl-Kristallen durchgeführt. Diese haben dieselbe Kristallstruktur (Steinsalz-Struktur) und weisen unter normalen Bedingungen dieselben Gleitelemente, nämlich $\{110\}$-Gleitebenen und $\langle 110 \rangle$-Gleitrichtungen, auf. Man bezeichnet Gleitung mit diesen Gleitelementen als *Dodekaeder-Gleitung*.

Da bei der Dodekaeder-Gleitung die Gleitrichtung parallel zur Normalenrichtung einer möglichen Gleitebene (und umgekehrt) ist, sind wegen der Symmetrie des Tensors der elastischen Spannungen stets mindestens zwei (bei symmetrischer Lage der Zugrichtung sogar mehr) Gleitsysteme spannungsmäßig gleichberechtigt. Beim Verformungsbeginn wirken deswegen immer mindestens zwei Gleitsysteme mit; bei größeren Verformungen mag eines der beiden Systeme das Übergewicht erringen und die Gleitung praktisch allein übernehmen[1].

Fig. 78 zeigt die Verfestigungskurven von NaCl-Schmelzflußkristallen[2], die in Richtung der Würfelkante gezogen wurden. Obwohl bei dieser speziellen Orientierung vier Dodekaeder-Gleitsysteme spannungsmäßig gleichberechtigt sind, wurden nur zwei dieser Systeme betätigt. Als Spannung ist die Schubspannung in jedem der beiden Gleitsysteme aufgetragen. Sie beträgt im vorliegenden Falle die Hälfte der Zugspannung. Die Abgleitung in einem der beiden betätigten Systeme ist hier gerade gleich der Dehnung; die Abgleitung für die auf Doppelgleitung umgerechnete Verfestigungskurve beträgt somit das Doppelte der in Fig. 78 angegebenen Dehnung ε.

Wie man sieht, fügt sich auch das Steinsalz der allgemeinen Regel ein, daß die Verfestigung mit wachsender Temperatur abnimmt[3].

Wie schon in Ziff. 16 erwähnt wurde und wie aus Fig. 78 hervorgeht, sind Steinsalzkristalle bei Raumtemperatur normalerweise so spröde, daß man die Verfestigungskurve nur bis zu ganz kleinen Abgleitungen verfolgen kann. Stepanow[4] ist es durch Anwendung eines Kunstgriffs gelungen, die Verfestigungskurve von NaCl-Kristallen auch bei Raumtemperatur bis zu großen Abgleitungen zu erhalten und mit derjenigen der bei Raumtemperatur gut verformbaren AgCl-Kristalle zu vergleichen. Er verformte die Steinsalz-Kristalle unter Ausnützung des Joffé-Effekts (Ziff. 16) im mit Wasser benetzten Zustand. Der Versuch wurde hinreichend oft unterbrochen, um den Kristall immer wieder von neuem zu benetzen. Die dabei stattfindende Ablösung einer Oberflächenschicht wurde durch Korrekturen bei der Ermittlung der Spannung berücksichtigt. Auf diese Weise wurden für jeweils in Würfelkantenrichtung gezogene NaCl- bzw. AgCl-Kristalle die in Fig. 79 dargestellten Dehnungskurven (d.h. Kraft geteilt durch Ausgangsquerschnitt gegen die Dehnung aufgetragen) gefunden. Man sieht, daß sich bei Raumtemperatur Steinsalz-Kristalle besonders bei höheren Abgleitungen wesentlich stärker verfestigen als Silberchlorid-Kristalle.

---

[1] Siehe hierzu P. L. Pratt: Acta met. **1**, 103 (1953).

[2] W. Theile: Z. Physik **75**, 763 (1932).

[3] Dies gilt auch für AgCl-Kristalle. Siehe A. W. Stepanow: Phys. Z. Sowjet. **8**, 25 (1934).

[4] A. W. Stepanow: Phys. Z. Sowjet. **8**, 25 (1934).

GRAF und KLATTE[1] haben mit der Bauschanordnung (Ziff. 11) die Verfestigung von Steinsalz- und Sylvin-Kristallen bei hohen Temperaturen untersucht. In Fig. 80 ist die durch Gl. (12.1) definierte Verfestigung τ_v, also die Differenz

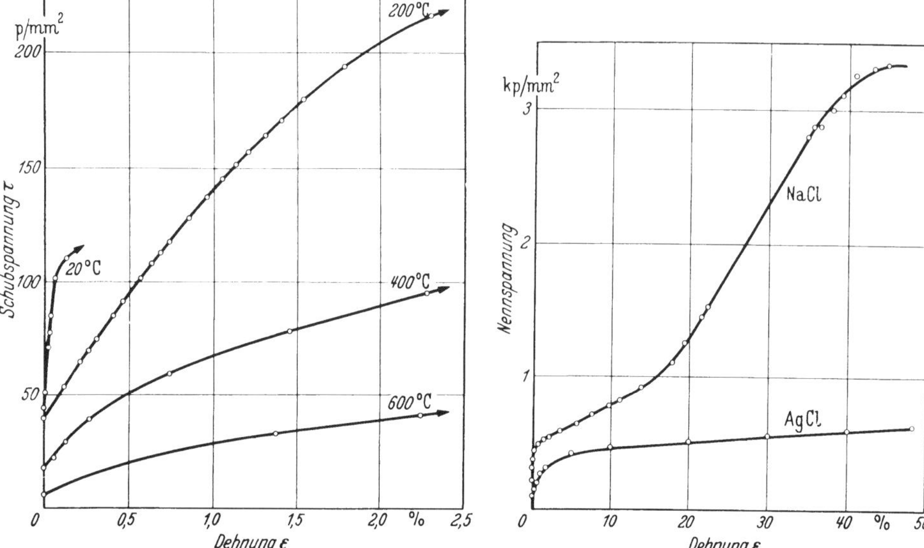

Fig. 78. Verfestigungskurven von Steinsalz-Einkristallen bei verschiedenen Temperaturen nach THEILE. Weitere Erläuterungen siehe Text.

Fig. 79. Dehnungskurven von Steinsalz- und Silberchlorid-Einkristallen bei Raumtemperatur nach STEPANOW. Wegen weiterer Erläuterungen siehe Text.

zwischen der Schubspannung τ in einem der beiden betätigten Gleitsysteme und der kritischen Schubspannung τ_0, als Funktion der Abgleitung a aufgetragen. (Wegen der Temperaturabhängigkeit der kritischen Schubspannung s. Fig. 44.)

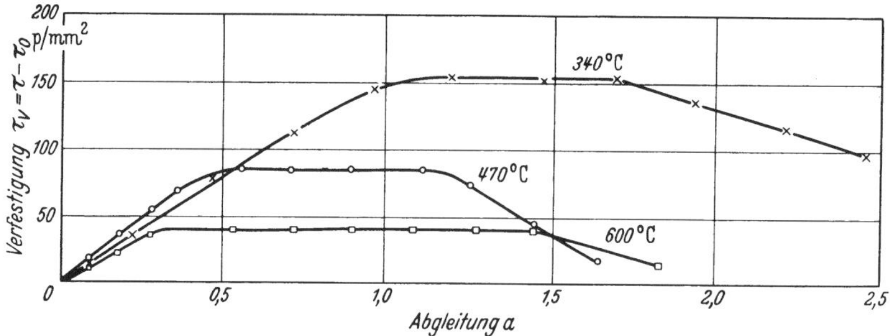

Fig. 80. Verfestigungskurven (mit unterdrückter kritischer Schubspannung) von Steinsalz-Einkristallen bei verschiedenen Temperaturen nach GRAF und KLATTE (Bauschanordnung).

Die Verfestigungskurven lassen drei verschiedene Teile erkennen: je einen Bereich mit positivem, verschwindendem und negativem Verfestigungskoeffizienten. Im Bereich mit positiven $d\tau_v/da$ nimmt der Verfestigungskoeffizient mit wachsender Temperatur ein wenig ab (wie aus weiteren, in Fig. 80 nicht dargestellten Versuchen hervorgeht). Im Bereich mit Verfestigungsanstieg Null findet man empirisch (s. Fig. 81)

$$\tau_v = \tau_v^* \, e^{Q/kT}, \tag{26.1}$$

[1] L. GRAF u. H. KLATTE: Unveröffentlicht. — H. KLATTE: Diplomarbeit, T. H. Stuttgart 1953.

wobei die „Aktivierungsenergie" Q oberhalb von 470° C den Wert $Q = 9400$ cal pro Mol und unterhalb von 470° C den Wert $Q = 2240$ cal/Mol hat.

Die Versuche von GRAF und KLATTE wurden nach dem Polanyischen Prinzip, also mit etwa konstanter Abgleitungsgeschwindigkeit $\dot{a}$ (von der Größenordnung 10^{-3} sec^{-1}) durchgeführt. Man kann deshalb die Verformung mit Verfestigungskoeffizient Null auch als *stationäres Kriechen* (Ziff. 70) auffassen, also als Kriechversuch (konstante Spannung — s. Ziff. 12) mit zeitlich unveränderlicher Abgleitungsgeschwindigkeit. Diese Auffassungsweise läßt einen Zusammenhang mit den Kriechversuchen von CHRISTY[1] an Silberbromid-Einkristallen erkennen, die im Temperaturbereich zwischen 300 und 410° C ebenfalls stationäres Kriechen ergeben. Die von CHRISTY gefundene Aktivierungsenergie von 69100 cal/Mol für das stationäre Kriechen ist wesentlich größer als die oben angegebenen Werte bei NaCl. Allerdings kann man die Zahlenwerte der Aktivierungsenergie nicht direkt miteinander vergleichen, da bei NaCl die Temperaturabhängigkeit der Schubspannung, bei AgBr dagegen diejenige der Verformungsgeschwindigkeit gemessen wurde.

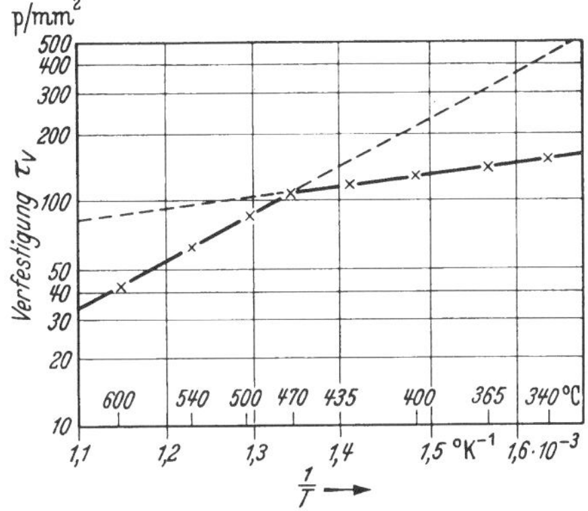

Fig. 81. Temperaturabhängigkeit der Verfestigung τ_v im Gebiet des Verfestigungsanstiegs Null von Fig. 80.

VI. Oberflächenerscheinungen.

a) Lichtmikroskopische Beobachtungen.

27. Gleitspuren (Gleitlinien) auf verformten Kristallen. Wie schon in Ziff. 3 erwähnt wurde, spielte die Beobachtung der Oberfläche verformter Kristalle in den frühen Untersuchungen über die Kristallplastizität eine wesentliche Rolle. Es handelte sich dabei vor allem um die häufig schon mit bloßem Auge oder mit schwacher Vergrößerung sichtbaren *Spuren der betätigten Gleitebenen* (bei kreiszylindrischen Proben „Gleitellipsen"), die früher ganz allgemein als Gleitlinien bezeichnet wurden[2]. Auch heute noch (z.B. bei den kubisch-raumzentrierten Metallen) werden diese Gleitspuren bei der Aufklärung der Kristallographie der Gleitung mitverwertet.

Das Hauptinteresse an den Untersuchungen der Oberfläche verformter Kristalle rührt zur Zeit davon her, daß sie Einblicke in die räumliche Verteilung der Gleitung erlauben. Betrachtet man zum Beispiel die Oberfläche eines verformten Kristalls unter geringer Vergrößerung (s. etwa Fig. 19), so hat man oft den Eindruck, daß die Gleitung sehr inhomogen erfolgt und auf verhältnismäßig wenige Gleitebenenpakete beschränkt geblieben ist. In dieser (mit den atomaren Vorgängen verglichen sehr groben) Betrachtungsweise gibt also das sogenannte Holzscheibenmodell der Gleitung (Fig. 18) die Verhältnisse ganz gut wieder. Wir möchten aber betonen, daß dies für die verfeinerten elektronenmikroskopischen Untersuchungen nicht mehr zutrifft.

Einen umfassenden Überblick über die (größtenteils mit dem Lichtmikroskop durchgeführten) Untersuchungen über Gleitspuren bis zum Jahre 1949 hat

[1] R. W. CHRISTY: Acta met. 2, 284 (1954).

[2] Die elektronenmikroskopischen Beobachtungen haben zu einer verfeinerten Terminologie geführt, auf die wir in Abschnitt b (S. 80) näher eingehen werden.

KUHLMANN[1] gegeben. Wir können uns deshalb hier kurz fassen und wollen nur erwähnen, daß schon die groben lichtmikroskopischen Untersuchungen charakteristische Unterschiede zwischen den einzelnen Metallen erkennen ließen, die durch die späteren elektronenmikroskopischen Untersuchungen gedeutet wurden. So zeigen z. B. bei Raumtemperatur verformte *Aluminiumkristalle* „Gleitlinien"[2], die im Lichtmikroskop gut getrennt werden können und die vor allem von YAMAGUCHI[3] und CRUSSARD[4] ausführlich untersucht worden sind. Im Gegensatz dazu hängt die Dichte und Stärke der im Lichtmikroskop auf *Zink-* und *Cadmiumkristallen* nach Verformung bei Raumtemperatur sichtbaren Gleitlinien von der verwendeten Vergrößerung ab[5], so daß in diesem Falle offensichtlich das Lichtmikroskop nicht ausreicht, um alle „Gleitlinien" voneinander zu trennen.

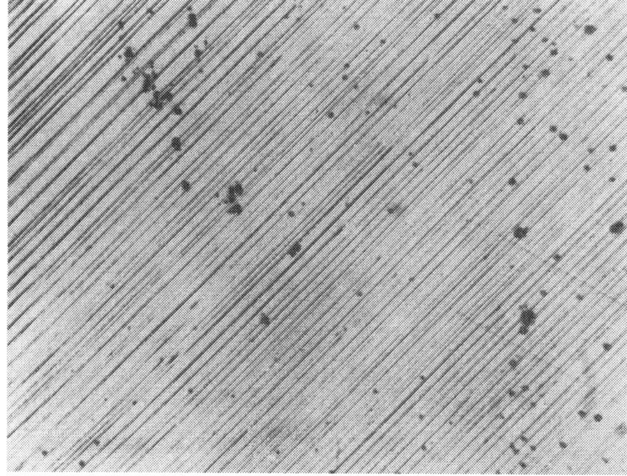

Fig. 82. Lichtmikroskopisches Oberflächenbild der Seitenfläche eines Aluminiumkristalls nach 7% Dehnung bei Raumtemperatur. × 140. Die Fig. 82, 83 und 85 wurden von Herrn Dr. CAHN in dankenswerter Weise freundlichst zur Verfügung gestellt.

In neuerer Zeit hat die lichtmikroskopische Untersuchung der Oberflächenerscheinungen an verformten Metallen dadurch einen starken Aufschwung genommen, daß es gelingt, mit Hilfe verbesserter Methoden des elektrolytischen und chemischen Polierens, die heute fast ganz das früher übliche mechanische Polieren ersetzt haben, sehr glatte Kristalloberflächen herzustellen, die in ihrem mechanischen Zustand nicht durch das Polieren verändert worden sind. So konnte z. B. CAHN[6] an elektrolytisch polierten Aluminium-Einkristallen zeigen, daß man auch mit dem Lichtmikroskop Einzelheiten und charakteristische Züge des Gleitspurenbildes erkennen kann. Wie die Fig. 82 und 83, die an quaderförmigen Kristallen aufgenommen worden sind, zeigen, hängt das Erscheinungsbild von der Orien-

[1] D. KUHLMANN: Z. Metallkde. **41**, 129 (1950). Ferner sei auf die schon früher erwähnten Zusammenfassungen von A. F. BROWN [*28*], R. MADDIN u. N. K. CHEN [*27*], P. HAASEN und G. LEIBFRIED [*24*] sowie W. T. READ, Imperfections in Nearly Perfect Crystals (herausgeg. von W. SHOCKLEY, J. H. HOLLOMON, R. MAURER und F. SEITZ, New York: Wiley & Sons 1952), Kap. 4, hingewiesen.

[2] Das Elektronenmikroskop hat gezeigt, daß es sich dabei nicht um einzelne Gleitlinien, sondern um Bündel von solchen, sogenannte *Gleitbänder*, handelt (vgl. Ziff. 32).

[3] K. YAMAGUCHI: Sci. Pap. Inst. Phys. Chem. Res., Tokyo **8**, 289 (1928).

[4] C. CRUSSARD: Rev. Métall. **42**, 286, 312 (1945).

[5] M. STRAUMANIS: Z. Kristallogr. **83**, 29 (1932) (Zn). — E. N. DA C. ANDRADE u. R. ROSCOE: Proc. Phys. Soc. Lond. **49**, 152 (1937) (Cd).

[6] R. W. CAHN: J. Inst. Met. **79**, 129 (1951).

tierung der Kristalloberflächen ab. Die Orientierung der Oberflächen gegenüber der betätigten Gleitrichtung ist in Fig. 84 angegeben. Auf der sogenannten *Stirnfläche* (auch *Scheitelfläche* genannt) werden häufig Verästelungen und Verzweigungen der Gleitspuren beobachtet (s. Fig. 83). Ihre Häufigkeit nimmt mit

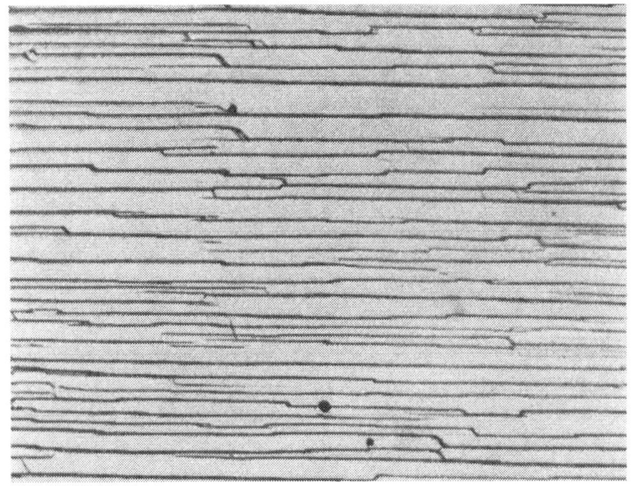

Fig. 83. Lichtmikroskopisches Oberflächenbild der Stirnfläche eines Aluminiumkristalls nach 7% Dehnung bei Raumtemperatur. ×210.

der Temperatur und mit der Abgleitung zu. Dieses Phänomen wird als *Quergleitung* (engl. „cross-slip") bezeichnet. Nach MOTT[1] hängt es mit der im Artikel „Theorie der Gitterfehlstellen" (Ziff. 35 und 74) besprochenen und ebenfalls Quergleitung genannten Möglichkeit von Schraubenversetzungen zusammen, ihre Gleitebene zu wechseln[2]. Die Stirnfläche eines Kristalls ist nämlich nach Fig. 84 gerade so orientiert, daß die an der Oberfläche austretenden Versetzungslinien Stufencharakter, die am Ende einer Gleitstufe in das Kristallinnere verlaufenden Versetzungen jedoch Schraubencharakter haben, während die von der Seitenfläche nach innen laufenden Versetzungslinien Stufencharakter haben. Sieht man von den Verhältnissen bei hohen Temperaturen (bei denen „Klettern" möglich ist) ab, so können die Stufenversetzungen im Gegensatz zu den Schraubenversetzungen ihre Gleitebenen nicht verlassen. Dies erklärt die Geradlinigkeit der von ihnen erzeugten Spuren[3].

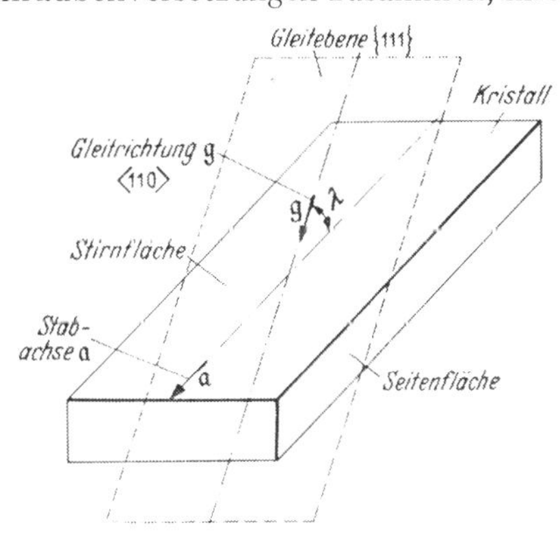

Fig. 84. Orientierung der Stirnfläche und der Seitenfläche eines Kristalls gegenüber der Gleitrichtung.

Das eben beschriebene Beispiel hat gezeigt, wie Oberflächenbeobachtungen mit der Versetzungstheorie der plastischen Verformung korreliert werden können.

[1] N. F. MOTT: Proc. Phys. Soc. Lond. B **64**, 729 (1951).

[2] Auf die Frage der Bildung der auf der Kristalloberfläche sichtbaren Quergleitung werden wir in Ziff. 55 zurückkommen.

[3] Wenn die Seitenfläche genau parallel zur Gleitrichtung ist, so rufen die an der Kristalloberfläche austretenden Versetzungslinien keine *Stufe*, sondern nur eine Verschiebung benachbarter Kristallbereiche gegeneinander innerhalb der Oberfläche hervor. Um die Verhältnisse auf der Seitenfläche gut beobachten zu können, muß diese eine von der idealen etwas abweichende Orientierung haben.

Auf weitere Einzelheiten werden wir im Zusammenhang mit den elektronenmikroskopischen Untersuchungen (Abschnitt b) und mit den theoretischen Erörterungen in Teil D eingehen.

28. Deformationsbänder. Neben den eigentlichen Gleitspuren oder Gleitlinien, die die Spuren der betätigten Gleitebenen sind und letztlich durch den Austritt von Versetzungen an der Kristalloberfläche hervorgerufen werden, gibt es noch weitere Oberflächenerscheinungen an verformten Kristallen, die gelegentlich mit Gleitlinien verwechselt wurden und die im allgemeinen unter dem Sammelbegriff *Deformationsbänder* zusammengefaßt werden.

Von manchen Autoren[1] wird die Bezeichnung Deformationsband (engl. deformation band) für Erscheinungen verwendet, die unter anderem Namen gut bekannt sind (z. B. Verformungszwillinge, in α-Eisen auch Neumannsche Lamellen oder Bänder genannt). Wir fassen hier Deformationsbänder als Überbegriff zu zwei Oberflächenerscheinungen auf, nämlich *Knickbändern* (engl. kink bands) und *Bändern zweiter Gleitung* (engl. bands of secondary slip, striae; franz. faisceaux) auch *Striemen* genannt, die wir in Ziff. 29 und 31 im einzelnen behandeln werden.

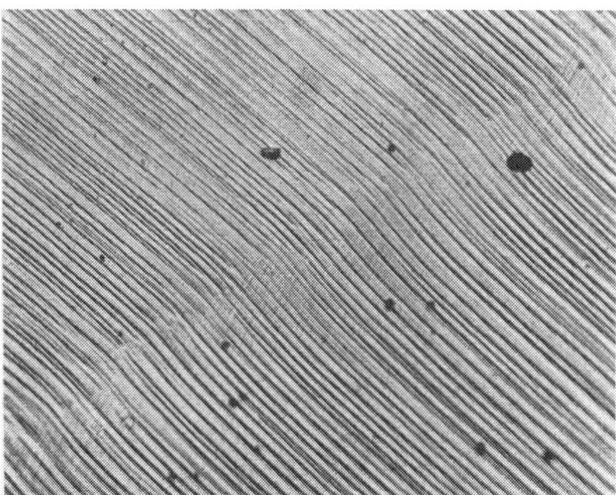

Fig. 85. Seitenfläche eines Aluminiumkristalls mit Knickband. (Nach 20% Dehnung bei Raumtemperatur.) ×250.

29. Knickbänder. Diese Art von Deformationsbändern wurde von CAHN[2] auf der Seitenfläche elektropolierter und bei Raumtemperatur verformter Aluminiumkristalle beobachtet (Fig. 85). Sie kann als ein gegenüber der Matrix gedrehter Kristallbereich beschrieben werden, in dem die Gleitlinen S-förmig gekrümmt sind. Die Verwandtschaft mit dem Knicken (kinking) (Fig. 5, S. 6) der hexagonalen Metalle, bei dem ebenfalls die Gleitebenen (Basisebenen) S-förmig gekrümmt werden, ist offenkundig und hat CAHN zu der Bezeichnung ***kink bands*** geführt.

Nach HESS und BARRETT[3], die das Knicken von Zinkkristallen experimentell untersucht haben, hat man in einem Knick Anordnungen von Stufenversetzungen der in Fig. 86 dargestellten Art. (In dem Zeichen $\perp$ für eine Stufenversetzung bedeutet der durchgehende waagrechte Strich die Gleitebene der Stufenversetzung, der darauf endigende senkrechte Strich die ,,eingeschobene Netzebene" der Stufenversetzung. Diese eingeschobenen Netzebenen bringen offensichtlich die Gitterkrümmung zustande). Es war deshalb naheliegend, eine ähnliche Versetzungsverteilung, etwa wie in Fig. 87 gezeichnet, in einem Knickband anzunehmen. (In Fig. 87 ist der häufig zu beobachtende Fall dargestellt, daß das

[1] Zum Beispiel C. S. BARRETT: The Crystallographic Mechanism of Translation, Twinning and Banding, in Cold-working of Metals (American Society of Metals), Cleveland 1949. S. 65.

[2] R. W. CAHN: J. Inst. Met. **79**, 129 (1951). — Eine Reihe von Arbeiten, in denen ähnliche oder gleiche Erscheinungen früher beschrieben wurden, ist bei R. W. K. HONEYCOMBE [J. Inst. Met. **80**, 49 (1951)] zitiert.

[3] J. B. HESS u. C. S. BARRETT: Trans. Amer. Inst. Min. Metallurg. Engrs. **185**, 599 (1949).

Knickband unsymmetrisch ist, d.h. die Bereiche des Kristalls auf beiden Seiten des Knickbands verschiedene Orientierung haben[1].) Dieser Aufbau aus Stufenversetzungen macht es verständlich, daß die Knickbandebene immer etwa senkrecht zur hauptsächlich betätigten Gleitrichtung liegt[2].

Wir stellen im folgenden die wichtigsten experimentellen Tatsachen über Knickbänder zusammen. HONEYCOMBE[3] konnte zeigen, daß plastisch gedehnte Cadmium-Einkristalle keine Knickbänder zeigten. Dies ist im Einklang damit, daß sie selbst nach sehr starker Dehnung keinen Asterismus der Laueschen Röntgeninterferenzpunkte ergeben, da ja Knickbänder der Sitz von Gitterkrümmungen sind und deshalb ihr Vorhandensein zu Asterismus Anlaß geben müßte. Im Gegensatz dazu zeigen gedehnte Aluminiumkristalle, die sehr ausgeprägte Knickbänder aufweisen, schon nach wenigen Prozent Abgleitung Asterismus. Ferner tritt, wie zu erwarten, Asterismus auch in Cadmiumkristallen auf, wenn sie durch Stauchung parallel zur Basisebene geknickt worden oder auch wenn sie gebogen worden sind.

Über den Einfluß der *Verformungsgeschwindigkeit* und der *Verformungstemperatur* auf die Knickbandbildung ist bei Aluminiumkristallen bekannt, daß bei Raumtemperatur eine Geschwindigkeitsänderung wenig Einfluß hat[4,5]; es

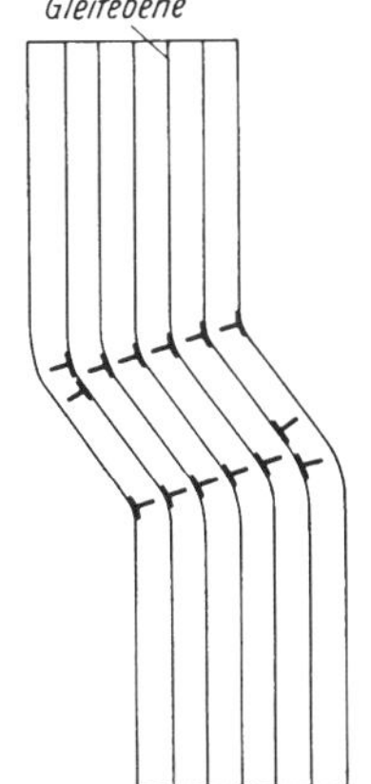

Fig. 86. Versetzungsanordnung in einem geknickten hexagonalen Kristall (schematisch).

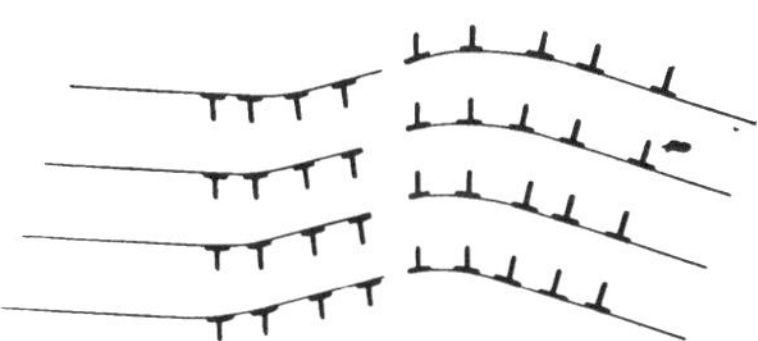

Fig. 87. Versetzungsanordnung in einem unsymmetrischen Knickband (schematisch).

sei denn, es werden sehr hohe Verformungsgeschwindigkeiten (Schlagverformung $\dot{a} \gtrsim 1\ \text{sec}^{-1}$) erreicht[6]. Dann nimmt die Dichte der Knickbänder sehr stark zu. Die Knickbänder sind unter diesen Bedingungen weniger regelmäßig, kürzer, schwächer ausgeprägt und damit weniger gut zu erkennen als bei Verformung mit normaler Geschwindigkeit. Ähnlich wirkt auch eine Verminderung der Verformungstemperatur (vgl. Fig. 88, rechter Ordinatenmaßstab).

Mit dieser Temperaturabhängigkeit der Knickbandbildung bei Aluminiumkristallen ist im Einklang, daß die Knickbänder auf Kupferkristallen[7], welche bei Raumtemperatur gedehnt worden sind, weniger deutlich ausgeprägt (schmäler),

---

[1] Wegen einer einfachen Theorie der Versetzungsanordnung in einem symmetrischen Knickband siehe F. C. FRANK u. A. N. STROH: Proc. Phys. Soc. Lond. B **65**, 811 (1952). Es wird angenommen, daß die Stufenversetzungen in je einer Wand auf beiden Seiten des Bandes senkrecht übereinander stehen. — Einen wesentlichen Beitrag zur Lösung der vielen noch offenen theoretische Fragen hinsichtlich der Bildung und der Stabilität der Knickbänder stellt die Göttinger Dissertation (1957) von H. MÜLLER: Zur Theorie der Bildung *S*-förmiger Knickbänder auf plastisch verformten Metallkristallen dar.

[2] In kubisch-flächenzentrierten Metallen erfolgt die Gitterdrehung um die senkrecht zur Gleitrichtung und in der Gleitebene liegende $\langle 211 \rangle$-Richtung.

[3] R. W. K. HONEYCOMBE: J. Inst. Met. **80**, 45 (1951).

[4] R. W. CAHN: J. Inst. Met. **79**, 129 (1951).

[5] R. W. K. HONEYCOMBE: J. Inst. Met. **80**, 49 (1951).

[6] H. MÜLLER u. G. LEIBFRIED: Z. Physik **142**, 87 (1955).

[7] J. DIEHL: Z. Metallkde. **47**, 331 (1956).

kürzer und welliger sind als auf Aluminium nach Raumtemperaturverformung. Entsprechend den Verhältnissen bei den Verfestigungskurven (Ziff. 21) ähneln sie also den nach Tieftemperaturverformung von Aluminiumkristallen beobachteten; auch ihre Dichte mit einigen hundert pro cm ist von entsprechender Größenordnung[1, 2].

Bei hohen Temperaturen wurde von Honeycombe[3] gefunden, daß ein bei 450° C dynamisch verformter Aluminiumkristall etwa den dreifachen Abstand zwischen den Knickbändern aufweist wie ein bei 20° C verformter.

Ferner hat Honeycombe[3] bei Aluminium (Raumtemperatur) einen Einfluß des *Verunreinigungsgrades* festgestellt. In reinen Kristallen ist die Dichte der Knickbänder geringer als in unreinem Material; die Drehungen in den einzelnen Bändern sind stärker, was zu stärkeren und mit bloßem Auge sichtbaren Verwerfungen der Kristalloberfläche Anlaß gibt.

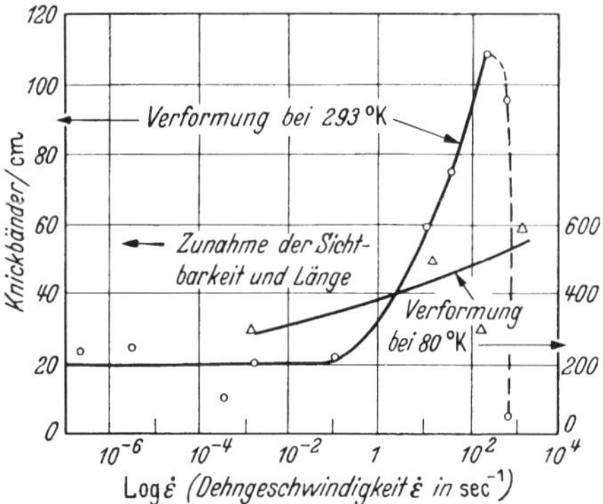

Fig. 88. Abhängigkeit der Knickbanddichte von Aluminiumkristallen von der Verformungsgeschwindigkeit bei zwei Temperaturen nach Müller und Leibfried. Als Abszisse ist der Logarithmus der Dehngeschwindigkeit $\dot{\varepsilon}$ aufgetragen. Der gestrichelte gezeichnete Abfall der Kurve bei großen Geschwindigkeiten ist wohl mangelnder Sichtbarkeit der Knickbänder zuzuschreiben.

Hinsichtlich der *Orientierungsabhängigkeit* der Knickbandbildung und des Asterismus lassen sich die Untersuchungen verschiedener Autoren an Aluminium[3-10] und Kupfer[11] wie folgt zusammenfassen (siehe insbesondere[8]): Besonders kräftig sind die Knickbänder bei Orientierungen der Stabachse in der Mitte des Orientierungsdreiecks (Orientierungsfaktor μ etwa 0,5) und in der Nähe des Großkreises $\langle 100\rangle - \langle 110\rangle$. Die Abstände zwischen den Knickbändern sind sehr groß (bei Aluminium nach großen Abgleitungen bei Raumtemperatur 0,5—1 mm). Bei Annäherung an die Symmetrale $\langle 100\rangle - \langle 111\rangle$ werden die Knickbänder weniger ausgeprägt; ihre Dichte wird geringer, um auf der Symmetralen, insbesondere in unmittelbarer Nähe der $\langle 100\rangle$- und $\langle 111\rangle$-Orientierungen, ganz zu verschwinden. Nähert sich die Kristallorientierung dem Großkreis $\langle 111\rangle - \langle 110\rangle$, so werden die Knickbänder ebenfalls feiner, gleichzeitig jedoch unregelmäßiger, nicht mehr genau der $\langle 110\rangle$-Ebene folgend und oft verzweigt. Ihre Dichte vergrößert sich.

Von manchen Autoren wurde die Ansicht vertreten, daß die Knickbänder mit den durch die üblicherweise verwendeten starren Fassungen hervorgerufenen Kristallverbiegungen im Zusammenhang stehen. Von Diehl[11] wurden auf Kupfer-

[1] Dies gilt für mittlere Verformungen. Die Knickbanddichte nimmt mit der Abgleitung zu [siehe auch H. Scholl: Z. Metallkde. **44**, 528 (1953)]. Bei großen Abgleitungen werden häufig Gleitspuren einer weiteren Gleitebene im Innern des Knickbandes beobachtet.

[2] Ähnliches gilt für Au-Einkristalle [J. Sawkill u. R. W. K. Honeycombe: Acta met. **2**, 854 (1954)].

[3] R. W. K. Honeycombe: J. Inst. Met. **80**, 49 (1951).

[4] N. K. Chen u. C. H. Mathewson: Trans. Amer. Inst. Min. Metallurg. Engrs. **191**, 653 (1951).

[5] A. Laloeuf u. Ch. Crussard: Rev. Métall. **48**, 461 (1951).

[6] H. Lange u. K. Lücke: Z. Metallkde. **44**, 514 (1953).

[7] H. Scholl: Z. Metallkde. **44**, 528 (1953).

[8] W. Staubwasser: Diss. Göttingen 1954.

[9] J. Sawkill u. R. W. K. Honeycombe: Acta met. **2**, 854 (1954).

[10] B. Jaoul, I. Bricot u. P. Lacombe: Rev. Métall. **54**, 81 (1957).

[11] J. Diehl: Z. Metallkde. **47**, 331 (1956).

kristallen in der Tat besonders starke asymmetrische Knickbänder in der Nähe der (starren) Fassungen gefunden. Ein Teil der in der Umgebung der Einspannstellen auftretenden Gitterbiegungen wird also durch knickbandähnliche Anordnungen (gewissermaßen „halbe" Knickbänder — überwiegend aus Stufenversetzungen eines Vorzeichens bestehend, vgl. Fig. 89) aufgenommen. In dieses Bild läßt sich auch die Mitteilung von ROSI[1] einfügen, der auf Kupferkristallen nur bei Verformung mit starren Fassungen, nicht aber bei Verformung mit drehbaren Fassungen Knickbänder beobachtet hat. Da die „normalen" Knickbänder auf

Fig. 89. „Halbes" Knickband in der Nähe der Einspannung auf einem bei Raumtemperatur gedehnten Kupfer-Einkristall. ×120, nach J. DIEHL (Diss. Stuttgart 1955).

Kupfer schwer zu sehen sind, bezieht sich dieser Befund wohl auf die in der Nähe der Einspannungen zusätzlich auftretenden Knickbänder. Die eigentlichen, im Hauptteil dieser Ziffer behandelten Knickbänder treten auch bei der Verformung mit drehbaren Fassungen auf, wie DIEHL an Aluminiumkristallen röntgenographisch[2] und durch Oberflächenbeobachtungen[3] zeigen konnte. Es handelt sich bei ihnen also um keinen Einspanneffekt.

30. Knickbänder, Asterismus und Verfestigungskurve. In dieser Ziffer soll auf die Zusammenhänge zwischen dem Auftreten von Asterismus und Knickbändern und dem Verlauf der Verfestigungskurve der kubisch-flächenzentrierten Metalle und Legierungen eingegangen werden. Zunächst ist die Beobachtung von MADER[4] zu erwähnen, daß bei Kupfer Knickbänder vor allem im Bereich III der Verfestigungskurve und nur in wesentlich geringerem Maße in Bereich I oder II auftreten. Man überzeugt sich an Hand der Angaben in Ziff. 29 leicht davon, daß die Variation der Stärke der Knickbänder mit der Verformungstemperatur

[1] F. D. ROSI: Trans. Amer. Inst. Min. Metallurg. Engrs. **200**, 1009 (1954).
[2] J. DIEHL u. A. KOCHENDÖRFER: Z. angew. Phys. **4**, 241 (1952).
[3] J. DIEHL: Diplomarbeit, T. H. Stuttgart 1951.
[4] S. MADER: Z. Physik **149**, 73 (1957); Diskussionstagung Aachen 1958.

und mit dem verformten Metall (Unterschied zwischen Aluminium und Kupfer) etwa dem Auftreten des Bereichs III der Verfestigungskurve parallel geht. Bei der Verformung von Aluminiumkristallen bei Raumtemperatur beginnt der Bereich III schon bei verhältnismäßig kleinen Spannungen; die Knickbänder sind sehr stark und dementsprechend weniger zahlreich. Beginnt der Bereich III erst bei höheren Spannungen (bei der Temperatur der flüssigen Luft verformte Aluminiumkristalle oder bei Raumtemperatur verformte Kupferkristalle), so sind die Knickbänder viel schwächer und dafür entsprechend zahlreicher. Mit der hier vertretenen Auffassung einer engen Korrelation zwischen dem Auftreten des Bereichs III der Verfestigungskurve und dem Auftreten von Knickbändern ist im Einklang, daß bei zinkreichem α-Messing, für das durch Verformung bei Raumtemperatur der Teil III nicht erreicht wird (vgl. Fig. 68), in der Literatur keine Beobachtungen von Knickbändern mitgeteilt werden[1].

Wir illustrieren die vorstehenden Ausführungen durch einige quantitative Angaben, die unveröffentlichten Beobachtungen von S. MADER entnommen sind. Auf Kupfer- und Nickelkristallen, die bei Raumtemperaturen verformt worden waren, konnten im Bereich I der Verfestigungskurve Knickbänder *nicht* beobachtet werden. Im Bereich II der Verfestigungskurve wächst bei Raumtemperatur die Knickbanddichte von Null auf etwa 50 Knickbänder/cm (längs der Gleitrichtung gezählt). Die Länge der im Bereich II entstehenden Knickbänder variiert zwischen 100 μ und dem halben Kristallumfang (von Scheitel zu Scheitel). Zu Beginn des Bereichs III springt die Knickbanddichte fast plötzlich auf 300 bis 400 pro cm, um dann weiterhin mit der Abgleitung wesentlich rascher als im Bereich II anzusteigen. Die im Bereich III entstehenden Knickbänder sind sehr schmal, nur etwa 100 bis 200 μ lang und nicht selten durch Verzweigungen miteinander verbunden. — Kupferkristalle, die bei der Temperatur der flüssigen Luft verformt worden sind, zeigen auch schon im Bereich I einige wenige Knickbänder, was wohl mit der größeren Ausdehnung von Bereich I bei tiefen Temperaturen zusammenhängt.

Über die Abhängigkeit der Stärke des Asterismus von Laue-Reflexen (gemessen durch die Winkelaufspaltung der Reflexe) vom Verformungsgrad bzw. von der Fließspannung gibt es eine Reihe von Untersuchungen[2-6]. ANDRADE und HENDERSON[3] haben die Winkelaufspaltung an Goldkristallen nach Verformung bei verschiedenen Temperaturen als Funktion der Fließspannung gemessen. Sie finden, daß die Aufspaltung mit zunehmender Fließspannung wächst und mit abnehmender Temperatur sinkt. Besonders aufschlußreich sind die Untersuchungen von LANGE und LÜCKE[5] sowie von STAUBWASSER[6] an Aluminiumkristallen verschiedener Orientierung. Fig. 90 zeigt die Abhängigkeit der Abgleitung (ausgezogene Kurven) und der Winkelaufspaltung der Laue-Reflexe (gestrichelte Kurven) als Funktion der Schubspannung für drei bei Raumtemperatur verformte Aluminiumkristalle extrem verschiedener kristallographischer Orientierung. Der Beginn des Bereichs III der Verfestigungskurven ist durch Pfeile markiert. Man erkennt, daß der Beginn des Bereichs III mit dem Beginn einer starken Zunahme des Asterismus zusammenfällt. Ähnliche Folgerungen kann man aus der Arbeit von STAUBWASSER[6] für die Verformung bei der Temperatur der flüssigen Luft ziehen, obgleich dort der Asterismus auf die Abgleitung bezogen ist und deshalb nicht so leicht mit der Schubspannung τ_{III} (Beginn des Bereichs III) in Verbindung gebracht werden kann.

---

[1] Vgl. hierzu P. HAASEN u. G. LEIBFRIED [*24*], insbes. S. 134, und D. KUHLMANN-WILSDORF u. H. WILSDORF: Acta met. **1**, 294 (1953), insbes. S. 407.

[2] K. YAMAGUCHI: Sci. Pap. Inst. Phys. Chem. Res., Tokyo **11**, 151 (1929).

[3] E. N. DA C. ANDRADE u. C. HENDERSON: Phil. Trans. Roy. Soc. Lond. **244**, 177 (1951).

[4] A. LALOEUF u. C. CRUSSARD: Rev. Métall. **48**, 461 (1951).

[5] H. LANGE u. K. LÜCKE: Z. Metallkde. **44**, 183 (1953).

[6] W. STAUBWASSER: Diss. Göttingen 1954.

Der eben erwähnte verstärkte Anstieg des Asterismus mit wachsender Verformung fällt mit dem Auftreten optisch sichtbarer Knickbänder zusammen[1, 2]. Auch die Orientierungsabhängigkeit der beiden Erscheinungen ist dieselbe. Man geht deshalb wohl nicht fehl in der Annahme, daß der schwache Asterismus von etwa 2°, der schon bei ganz geringen Verformungen auftritt, von nicht in Knickbändern befindlichen Versetzungen hervorgerufen werden kann daß, jedoch der starke Asterismus bei höheren Abgleitungen ausschließlich von den Knickbändern herrührt[3]. Diese Interpretation ist mit den Beobachtungen von NOGGLE[4] im Einklang, daß auch Reflexe, die von Knickbändern nicht beeinflußt werden, einen Asterismus von der Größenordnung 1° aufweisen und daß Aluminiumkristalle, die bei der Temperatur des flüssigen Heliums oder des flüssigen Stickstoffs nur bis Bereich II oder Anfang von Bereich III verformt worden sind, einen Asterismus von etwa 2° aufweisen.

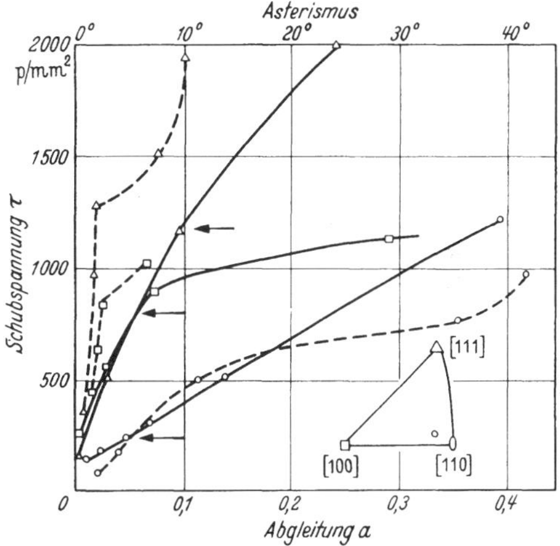

Fig. 90. Abgleitung a (ausgezogene Kurven) und Asterismus (gestrichelte Kurven) in Winkelgrad als Funktion der Schubspannung τ bei Aluminium-Einkristallen dreier Orientierungen. Verformung bei Raumtemperatur (LANGE und LÜCKE). Die Pfeile auf den Verfestigungskurven bezeichnen den Beginn von Bereich III.

Die Beobachtung[5], daß zinkreiche Messingkristalle bei Raumtemperatur vor der Umkehr der Bewegung der Kristallachse (vgl. Ziff. 23), also im Bereich I und II, keinen mit gewöhnlichen Laue-Aufnahmen entdeckbaren (d.h. über 1—2° hinausgehenden) Asterismus aufweisen, paßt in das oben gegebene Bild. Nach Einsetzen des konjugierten Gleitsystems wird sehr ausgeprägter Asterismus gefunden[5].

Kurz zusammengefaßt ist das Ergebnis der Diskussion dieser Ziffer, daß Knickbänder sowie der starke, über einige Winkelgrad hinausgehende Asterismus bei den flächenzentrierten Metallen vor allem im Bereich III der Verfestigungskurve auftreten, und daß sich dadurch die beobachtete Variation dieser Erscheinungen mit der Verformungstemperatur und mit dem untersuchten Material (Aluminium, Kupfer, α-Messing) zwanglos erklärt.

31. Bänder zweiter Gleitung (striae — Striemen). Es wurde zuerst von HONEYCOMBE[6] betont, daß man neben den Knickbändern noch eine zweite Art von Deformationsbändern, die sogenannten Bänder zweiter Gleitung, zu unterscheiden hat. Er beschreibt sie als Gebiete auf der Oberfläche verformter Kristalle, in

[1] H. LANGE u. K. LÜCKE: Z. Metallkde. **44**, 183 (1953).

[2] H. LANGE u. K. LÜCKE: Z. Metallkde. **44**, 514 (1953).

[3] Bei den oben erwähnten Asterismus-Messungen von LANGE und LÜCKE und STAUBWASSER wurde senkrecht zur „theoretischen" Drehachse der Knickbänder des Hauptgleitsystems eingestrahlt, so daß der gemessene Asterismus tatsächlich die Gitterdrehung in den Knickbändern anzeigen kann. — Wegen des Zusammenhangs zwischen den lichtmikroskopisch sichtbaren Oberflächenerscheinungen auf verformten Aluminiumkristallen und der Form der Laue-Reflexe s. auch B. JAOUL, I. BRICOT u. P. LACOMBE: Rev. Métall. **54**, 81 (1957).

[4] TH. S. NOGGLE: Diss. University of Illinois 1955.

[5] R. MADDIN, C. H. MATHEWSON u. W. R. HIBBARD: Trans. Amer. Inst. Min. Metallurg. Engrs. **185**, 527 (1940).

[6] R. W. K. HONEYCOMBE: J. Inst. Met. **80**, 49 (1951).

denen die lichtoptisch sichtbaren Spuren des Gleitsystems mit größter Schubspannung (das primäre Gleitsystem) schwächer als üblich sind und in denen mit zunehmender Verformung die Gleitspuren einer anderen, sekundären, Gleitebene auftreten. Diese Gebiete, die, grob betrachtet[1], etwa den Gleitlinien des primären Gleitsystems folgen, geben zu röntgenographisch (mit der Berg-Barrett-Methode[2]) sichtbaren Inhomogenitäten Anlaß. Nach Calnan[3] (der sie als *striae* bezeichnet) lassen sich die röntgenographischen Befunde in charakteristischem Gegensatz zu den Knickbändern nicht durch eine lokale Rotation des Gitters um eine $\langle 211 \rangle$-Richtung deuten.

Bei Raumtemperatur beträgt die Dichte der Bänder zweiter Gleitung bei Aluminium nach 12% Dehnung mit normaler Geschwindigkeit 10/cm bis 30/cm. Mit wachsender Verformungsgeschwindigkeit und sinkender Verformungstemperatur werden die Bänder zweiter Gleitung ausgeprägter und dichter[4]. Nach 12% Dehnung bei der Temperatur der flüssigen Luft beträgt ihre Dichte etwa 100/ cm.

Abgesehen von Rosi[5], der keine bevorzugte Bildung von Bändern zweiter Gleitung bei bestimmten Orientierungen der Kristallachse (an Kupferkristallen) zu erkennen glaubt, stimmen die Ergebnisse an Aluminiumkristallen[4, 6–9] und Kupferkristallen[10] darin überein, daß die Striemen besonders bei jenen Orientierungen auftreten, bei denen die Knickbänder nur schwach ausgebildet sind, also in der Nähe des Großkreises $\langle 100 \rangle - \langle 111 \rangle$. Bei Kristallen, die genau auf der Symmetralen liegen, ist die Kristalloberfläche geradezu in Felder eingeteilt, in denen die Gleitung entweder überwiegend nach dem einen oder nach dem anderen der beiden gleichberechtigten Gleitsysteme erfolgt[8].

b) Elektronenmikroskopische Beobachtungen. Vergleich mit lichtmikroskopischen Untersuchungen[11].

32. Überblick. Die im Abschnitt a besprochenen Untersuchungen der Oberflächenerscheinungen an verformten Kristallen mit Hilfe des Lichtmikroskops eignen sich besonders zum Studium von Strukturen, deren charakteristische Dimensionen in der Größenordnung zwischen 1 μ und 1 mm liegen. Die Anwendung des Elektronenmikroskops gestattet die Erforschung feinerer Züge der Oberflächenerscheinungen, die dem Lichtmikroskop verborgen bleiben. Bekanntlich reicht die Auflösung der heutigen Elektronenmikroskope und der derzeit verwendeten Abdruckverfahren nicht aus, um bei Metallen, die eine verhältnis-

[1] H. Müller und G. Leibfried [Z. Physik **142**, 87 (1955)] berichten, daß die Ebene der Striemen [wie sie ebenso wie H. Scholl, Z. Metallkde. **44**, 528 (1953), diese Erscheinung nennen] gegenüber der Gleitebene des primären Gleitsystems um etwa 10° zur Stabachse hin gedreht sind. Auf der Stirnfläche erscheint die Kristalloberfläche gewellt, auf der Seite treten bei genügender Verformung die Gleitspuren des konjugierten Gleitsystems (= Doppelgleitsystem) auf, auch wenn dieses spannungsmäßig nicht das zweitbegünstigste Gleitsystem, sondern nur das System mit der drittgrößten Schubspannung ist.

[2] Siehe R. W. K. Honeycombe: J. Inst. Met. **80**, 45 (1951).

[3] E. A. Calnan: Acta crystallogr. **5**, 557 (1952).

[4] H. Müller u. G. Leibfried: Z. Physik **142**, 87 (1955).

[5] F. D. Rosi: Trans. Amer. Inst. Min. Metallurg. Engrs. **200**, 1009 (1954).

[6] H. Lange u. K. Lücke: Z. Metallkde. **44**, 514 (1953).

[7] H. Scholl: Z. Metallkde. **44**, 528 (1953).

[8] W. Staubwasser: Diss. Göttingen 1954.

[9] B. Jaoul, I. Bricot u. P. Lacombe: Rev. Métall. **54**, 81 (1957).

[10] J. Diehl: Z. Metallkde. **47**, 331 (1956).

[11] Soweit nicht anders angegeben, wurden die Gleitlinienbilder dieses Abschnitts von Herrn Dr. S. Mader dankenswerterweise zur Verfügung gestellt.

mäßig kleine Gitterkonstante haben, einzelne Versetzungen sichtbar zu machen[1]. Glücklicherweise spielen sich jedoch gerade die interessantesten Vorgänge bei der plastischen Verformung in den Dimensionen zwischen 1 mμ und 1 μ ab, also in jenem Größenbereich, der von modernen Elektronenmikroskopen erfaßt wird. Aus diesem Grunde ist in den letzten Jahren das Elektronenmikroskop zu einem unentbehrlichen Hilfsmittel für die Erforschung der plastischen Eigenschaften der Metalle geworden.

Nachdem schon früher BARRETT[2] das Elektronenmikroskop zur Untersuchung von Gleitspuren verwendet hatte, wurde die Pionierarbeit für das elektronenmikroskopische Studium der Oberflächenerscheinungen an plastisch verformten Metallen von HEIDENREICH und SHOCKLEY[3] und BROWN[4] geleistet. Die genauere Erforschung vieler Einzelheiten mit stark verbesserter Auflösung verdankt man KUHLMANN-WILSDORF und WILSDORF[5]. Die Mehrzahl der genannten Untersuchungen wurde an kubisch-flächenzentrierten Metallen durchgeführt, insbesondere an Aluminiumkristallen, die bei Raumtemperatur verformt worden waren. Daneben gibt es eine wesentlich geringere Anzahl von Beobachtungen an kubisch-flächenzentrierten Legierungen und an hexagonalen Metallen, die wir in Ziff. 36 und 37 gesondert behandeln werden.

Bei den kubisch-flächenzentrierten Metallen, bei denen unsere Kenntnisse sowohl hinsichtlich der Oberflächenerscheinungen als auch hinsichtlich der Verfestigungskurven verhältnismäßig vollständig sind, kommt es uns vor allem auf die Zusammenhänge zwischen den Oberflächenerscheinungen und den verschiedenen Bereichen der Verfestigungskurve an. Erst aus der Tatsache, daß bei verschiedenen Metallen und verschiedenen Verformungstemperaturen eine eindeutige Beziehung zwischen den Vorgängen im Kristallinnern (die sich in der Verfestigungskurve widerspiegeln) und den an der Kristalloberfläche sichtbaren Gleitspuren besteht, kann man ja das Recht ableiten, bei der Theorie der Verfestigung und des Gleitmechanismus die Oberflächenbeobachtungen mitzuverwerten.

Wenn man die eben erwähnte Zuordnung des Oberflächenbildes zu einem der drei in Ziff. 21 eingeführten Bereiche der Verfestigungskurve kubisch-flächenzentrierter Metalle treffen will, so muß man — wie dies u. a. YAMAGUCHI[6] und BLEWITT, COLTMAN und REDMAN[7] bei lichtmikroskopischen Untersuchungen getan haben — durch Abpolieren die Gleitspuren früherer Verformungsbereiche beseitigen. Bei elektronenmikroskopischen Untersuchungen ist dies bisher nur

[1] Einzelne Stufenversetzungen (genauer gesagt: die „eingeschobenen Netzebenen" der Stufenversetzungen) konnten im Elektronenmikroskop (Durchstrahlung) in Platin- und Kupferphthalocyanin (Versetzungsstärke etwa 12 Å) sichtbar gemacht werden [J. W. MENTER: Proc. Roy. Soc. Lond., Ser. A **236**, 119 (1956)]. Nach Vorarbeiten von H. HASHIMOTO und R. UYEDA [Acta crystallogr. **10**, 143 (1957)] an Kupfersulfid konnten D. W. PASHLEY, J. W. MENTER und G. A. BASSET [Nature, Lond. **179**, 752 (1957)] mit Hilfe der Moiré-Muster die eingeschobenen Netzebenen von Stufenversetzungen auch in Metallen (allerdings in indirekter Weise) sichtbar machen. Es sei ferner auf die in Ziff. 39a näher besprochenen Versuche von HIRSCH und Mitarbeitern hingewiesen, in denen mit Durchstrahlungsaufnahmen im Elektronenmikroskop einzelne Versetzungen infolge der Bragg-Reflexion der Elektronen im Verzerrungsfeld sichtbar gemacht werden.

[2] C. S. BARRETT: Trans. Amer. Inst. Min. Metallurg. Engrs. **156**, 62 (1944).

[3] R. D. HEIDENREICH u. W. SHOCKLEY: J. Appl. Phys. **18**, 1029 (1947); [*29*], S. 57.

[4] A. F. BROWN: Metallurgical Applications of the Electron Microscope (Institute of Metals Monograph and Report Series No. 8), London 1950, S. 103. — Wegen weiterer Literaturangaben siehe A. F. BROWN [*28*].

[5] H. WILSDORF u. D. KUHLMAN-WILSDORF: Z. angew. Phys. **4**, 361, 409, 418 (1952). — D. KUHLMAN-WILSDORF u. H. WILSDORF: Acta met. **1**, 394 (1953). — H. WILSDORF: Z. Metallkde. **45**, 14 (1954).

[6] K. YAMAGUCHI: Sci. Pap. Inst. Phys. Chem. Res., Tokyo **8**, 289 (1928).

[7] T. H. BLEWITT, R. R. COLTMAN u. J. K. REDMAN: [*31*], S. 369.

in einigen wenigen Arbeiten[1] geschehen, an die wir unsere Darstellung in den Ziff. 32 bis 35 anlehnen werden.

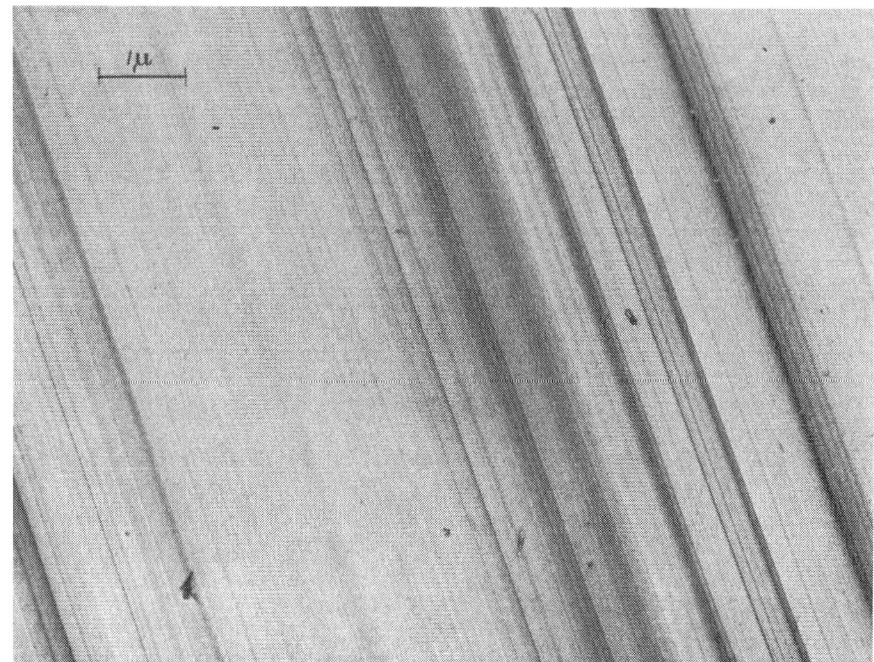

Fig. 91. Elektronenmikroskopisches Oberflächenbild (×12000) eines bei Raumtemperatur um 15% gedehnten Aluminiumkristalls. Man erkennt die Bündelung eines Teils der Gleitlinien in sog. Gleitbänder, die im Lichtmikroskop als einheitliche Linien erscheinen.

Fig. 92. Elektronenmikroskopisches Oberflächenbild (×10000) eines bei der Temperatur der flüssigen Luft um 10% gedehnten Aluminiumkristalls. Das Gleitlinienbild ist viel gleichmäßiger als in Fig. 91; die Gleitlinien sind nur in ganz geringem Maße zu Gleitbändern gebündelt.

In der vorliegenden Ziffer berichten wir kurz über die wichtigsten Ergebnisse der eingangs erwähnten elektronenmikroskopischen Arbeiten.

[1] J. DIEHL, S. MADER u. A. SEEGER: Z. Metallkde. **46**, 650 (1955). — A. SEEGER, J. DIEHL, S. MADER u. H. REBSTOCK: Phil. Mag. **2**, 323 (1957). — S. MADER: Z. Physik **149**, 73 (1957).

HEIDENREICH und SHOCKLEY[1] konnten zeigen, daß die im Lichtmikroskop auf Aluminiumkristallen (bei Raumtemperatur verformt, vgl. etwa Fig. 82 oder 83) sichtbaren „Gleitlinien“ keineswegs die Spuren einheitlich abgeglittener Gebiete sind. Sie setzen sich vielmehr aus einzelnen Gleitstufen zusammen (Fig. 91). Die Abgleitung auf einer einzelnen solchen Stufe beträgt nach WILSDORF und KUHLMAN-WILSDORF[2] zwischen 70 und 1200 Å und schwankt in diesem Bereich auf demselben Kristall ziemlich stark, während in den vorangegangenen elektronenmikroskopischen Arbeiten, wohl wegen zu geringer Auflösung, von Stufen mit einer einheitlichen Abgleitung von etwa 2000 Å berichtet worden war. Man nennt diese elektronenmikroskopisch sichtbaren Stufen heute *Gleitlinien*, während die bei Aluminium mit dem Lichtmikroskop sichtbaren Spuren, die ursprünglich vielfach als Gleitlinien bezeichnet worden waren, zusammengesetzte Gebilde sind, die man heute allgemein *Gleitbänder* nennt[3]. Ob in den Gleitlinien die Abgleitung durchweg auf einzelne Netzebenen beschränkt ist oder ob dabei auch „homogene“, d.h. über ein Netzebenen-Paket gleichmäßig verteilte Abgleitung auftritt, kann man nicht mit Sicherheit sagen. Im Falle des α-Messings sowie in einigen anderen Beispielen ist diese Frage experimentell untersucht worden, worauf wir in Ziff. 36 zurückkommen werden.

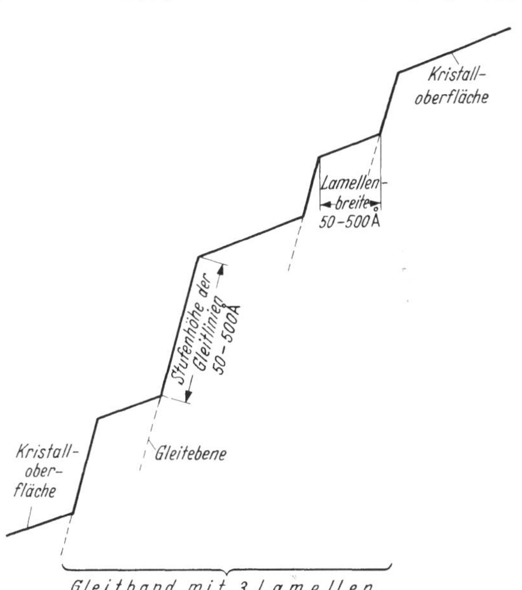

Fig. 93. Schematische Darstellung eines Gleitbandes mit ungefähren Zahlenangaben, die für Aluminiumkristalle nach mittlerer Verformung bei Raumtemperatur als typisch angesehen werden können.

Die von Gleitspuren freien Zwischenräume zwischen den Gleitlinien eines Gleitbandes werden *Gleitlamellen* genannt (Fig. 93). Ihre Breite ist nach WILSDORF und KUHLMANN-WILSDORF von der Größenordnung 50 bis 500 Å. Die Zahl der Lamellen pro Band nimmt mit der Abgleitung durch seitliche Anlagerung von Lamellen zu. Auf Aluminiumkristallen, die bei Raumtemperatur gedehnt worden waren, wurden bis zu etwa 50 Lamellen pro Band beobachtet.

Hinsichtlich der Temperaturabhängigkeit der Gleitbandbildung findet BROWN[4], wie auch durch spätere Untersuchungen[5,6,7] bestätigt wurde, daß die Gleitbandbildung bei tieferen Temperaturen weniger ausgeprägt ist. Er berichtet z.B., daß bei −185° C um 15% gedehnte Aluminiumkristalle „ein bis zwei

[1] R. D. HEIDENREICH u. W. SHOCKLEY: [29], S. 57.

[2] H. WILSDORF u. D. KUHLMANN-WILSDORF: Z. angew. Phys. **4**, 361, 418 (1952).

[3] In einem Teil der älteren Literatur [z.B. K. YAMAGUCHI: Sci. Pap. Inst. Phys. Chem. Res., Tokyo **8**, 289 (1928)] wurde die Bezeichnung Gleitbänder (engl. slip bands) schon im modernen Sinne verwendet.

[4] A. F. BROWN: Metallurgical Applications of the Electron Microscope (Institute of Metals Monograph and Report Series No. 8), London 1950, S. 103.

[5] J. DIEHL, S. MADER u. A. SEEGER: Z. Metallkde. **46**, 650 (1955).

[6] T. S. NOGGLE u. J. S. KOEHLER: J. Appl. Phys. **28**, 53 (1957).

[7] H. MÜLLER u. G. LEIBFRIED: Z. Physik **142**, 87 (1955)

Lamellen" pro Band aufweisen, wobei die Bänder $\frac{1}{2}\mu$ bis $1\,\mu$ voneinander entfernt seien. Fig. 92 zeigt jedoch, daß das Oberflächenbild unter diesen Bedingungen durch verhältnismäßig schwache und gleichmäßig angeordnete Gleitlinien (die von BROWN nicht aufgelöst werden konnten) mit überlagerten Gleitbändern sehr kleiner Lamellenzahl bestimmt ist[1, 2].

Auch auf Aluminiumkristallen, die bei Raumtemperatur verformt worden waren, findet man außer den Gleitbändern noch feinere Gleitlinien mit Stufenhöhen von 200 Å und weniger[3, 4]. Sie wurden auf elektrolytisch polierten (nicht jedoch auf mechanisch polierten) Kristalloberflächen besonders bei kleinen Abgleitungen gefunden und von BROWN und HONEYCOMBE[3] als „micro-slip", von WILSDORF und KUHLMANN[4] als „Elementar-Struktur" bezeichnet. Die letztgenannte Bezeichnung wurde gewählt, weil diese Gleitlinien, deren Abstand in

Fig. 94. Elektronenmikroskopisches Oberflächenbild (× 10000) eines bei Raumtemperatur um 16% gedehnten Kupfer-Einkristalls.

der Größenordnung der Lamellenbreite in den Gleitbändern gefunden wurde, als Vorstufe der Gleitbandbildung angesehen wurden. Ausführliche zahlenmäßige Angaben über die Elementarstruktur auf Aluminium-Ein- und Vielkristallen, die bei Raumtemperatur verschieden stark verformt worden waren, finden sich bei WILSDORF und KUHLMANN-WILSDORF[5] sowie bei KUHLMANN-WILSDORF, VAN DER MERWE und WILSDORF[6]. Nach diesen Autoren liegt die Länge der Gleitlinien der Elementarstruktur zwischen 3 und $20\,\mu$.

Über die anderen kubisch-flächenzentrierten Metalle liegen wesentlich weniger elektronenmikroskopische Untersuchungen wie über Aluminium vor. Aus einigen Aufnahmen an Blei[7] geht hervor, daß die Verhältnisse dort qualitativ ähnlich wie bei Aluminium sind, d. h., daß nach ausgiebiger Verformung bei Raumtemperatur starke Gleitbänder (große Lamellenzahl) auftreten, zwischen denen sich die schwächeren Gleitlinien der Elementarstruktur befinden.

[1] J. DIEHL, S. MADER u. A. SEEGER: Z. Metallkde. **46**, 650 (1955).
[2] T. S. NOGGLE u. J. S. KOEHLER: J. Appl. Phys. **28**, 536 (1957).
[3] A. F. BROWN u. R. W. K. HONEYCOMBE: Phil. Mag. **52**, 1146 (1951).
[4] H. WILSDORF u. D. KUHLMANN-WILSDORF: Naturwiss. **38**, 502 (1951).
[5] H. WILSDORF u. D. KUHLMANN-WILSDORF: Z. angew. Phys. **4**, 361 (1952).
[6] D. KUHLMANN-WILSDORF, J. H. VAN DER MERWE u. H. WILSDORF: Phil. Mag. **43**, 632 (1952).
[7] H. WILSDORF: Z. Metallkde. **45**, 14 (1954).

KUHLMANN-WILSDORF und WILSDORF[1] haben die Oberflächenerscheinungen an vielkristallinem Kupfer und Silber nach Verformung bei Raumtemperatur untersucht. Sie berichten, daß die Linien der Elementarstruktur stärker sind und enger beieinander liegen als bei Aluminium. Gleitbänder treten bei Kupfer und Silber erst nach höheren Dehnungen als bei Aluminium auf, so daß der Anteil der Elementarstruktur an der Gesamtabgleitung größer ist.

Ein typisches Oberflächenbild eines bei Raumtemperatur verformten Kupfer-Einkristalls gibt Fig. 94 wieder. Man sieht, daß die Verhältnisse doch sehr verschieden von denjenigen sind, die an Aluminium nach Verformung bei Raumtemperatur beobachtet werden, jedoch den Verhältnissen bei Aluminiumkristallen, die bei der Temperatur der flüssigen Luft verformt wurden, recht nahe kommen[2].

Fig. 95. Elektronenmikroskopisches Oberflächenbild (×10000) eines bei Raumtemperatur um 15% gedehnten Nickel-Einkristalls.

Untersuchungen an Nickel-Einkristallen haben dagegen eine enge Verwandtschaft zum Oberflächenbild bei Kupferkristallen ergeben, wie dies Fig. 95 zeigt[3].

Wir werden in den Ziff. 33 bis 35 bei der Besprechung der Zusammenhänge zwischen den Oberflächenerscheinungen und den Verfestigungskurven der kubisch-flächenzentrierten Metalle sehen, daß sich die Variation des Gleitlinienbildes mit der Verformungstemperatur und mit dem untersuchten Metall zwanglos in das Verhalten der Verfestigungskurven einpaßt.

33. Die Oberflächenerscheinungen im Bereich I der Verfestigungskurve kubisch-flächenzentrierter Metalle. Die sich auf den Bereich I der Verfestigungskurve beziehenden elektronenmikroskopischen Untersuchungen[4] wurden an Kupferkristallen durchgeführt, die ja, sofern die kristallographische Orientierung geeignet gewählt ist, bei Raumtemperatur einen ausgeprägten Bereich I aufweisen (vgl. Fig. 60 und 96). Wie die Fig. 97a und 97b zeigen, ist das Erscheinungsbild demjenigen der Elementarstruktur nach WILSDORF und KUHLMANN-WILSDORF sehr ähnlich. Ein wesentlicher Unterschied (vgl. Tabelle 4) besteht allerdings darin, daß die Länge der Gleitlinien um mindestens eine Größenordnung größer als für die Elementarstruktur angegeben und (wenigstens bei einem Teil der

[1] D. WILSDORF-KUHLMANN u. H. WILSDORF: Acta met. **1**, 394 (1953).
[2] J. DIEHL, S. MADER u. A. SEEGER: Z. Metallkde. **46**, 650 (1955).
[3] Vgl. auch J. DIEHL, S. MADER u. A. SEEGER: Z. Metallkde. **46**, 650 (1955). — T. NAGASHIMA u. T. YAMAMOTO: Acta met. **4**, 94 (1956).
[4] S. MADER: Z. Physik **149**, 73 (1957).

Linien) mit dem Kristalldurchmesser vergleichbar ist[1]. Aus diesem Grunde wollen wir die Bezeichnung Elementarstruktur hier nicht verwenden und statt dessen die Gleitung im Bereich I als *gleichmäßige Feingleitung* bezeichnen. Im Durchschnitt sind pro Feingleitungslinie etwa 12 Versetzungen aus dem Kristall ausgetreten. Da man beim Vergleich von Abbildungen wie Fig. 97a und b, die denselben Kristallbereich nach verschieden großen Abgleitungsbeträgen im Bereich I darstellen, keine Gleitlinien feststellt, die mit Sicherheit in der Tiefe weitergewachsen sind, muß man schließen, daß in diesem Bereich der Verfestigungskurve die Gleitung durch Betätigung immer neuer Gleitebenen erfolgt. Angaben über die Häufigkeitsverteilung der Gleitlinienabstände finden sich bei MADER[2].

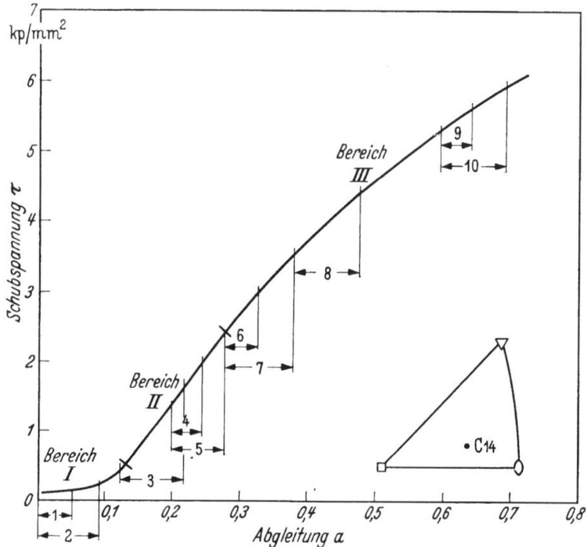

Fig. 96. Verfestigungskurve des Kupferkristalls C 14 bei Raumtemperatur mit den für die elektronenmikroskopischen Untersuchungen verwendeten Abgleitungsintervallen.

Lichtoptisch sind im Bereich I nur bei sehr günstigen Beleuchtungsverhältnissen im Dunkelfeld oder bei geeigneter Defokusierung im Hellfeld sehr schwache Linien zu sehen, die dem elektronenoptischen Bild nicht zugeordnet werden können und wohl durch mehr oder weniger zufällige Interferenz des von den einzelnen Gleitlinien reflektierten Lichtes zustande kommen.

34. Die Oberflächenerscheinungen im Bereich II der Verfestigungskurve kubisch-flächenzentrierter Kristalle. Fig. 98 zeigt die Gleitlinien, die nach Abpolieren der Gleitspuren des Bereichs I in einem Abgleitungsintervall von etwa 0,05 im Anfang des Bereichs II auf einem Kupferkristall bei Raumtemperatur entstanden sind. Wir nennen sie mit MADER[2] *„strukturierte Feingleitung"*, da die Verteilung der Gleitlinien über die Kristalloberfläche wesentlich unregelmäßiger als im Bereich I ist. Man findet auf der Kristalloberfläche Gebiete stärkerer oder schwächerer Gleitliniendichte. Die mittlere Höhe der Gleitstufen ist größer als im Bereich I (vgl. Tabelle 4) und entspricht einer Zahl von etwa 20 pro Gleitlinie

[1] Theoretische Überlegungen (Ziff. 47) zeigen, daß die große Länge der Gleitlinien, die mit einem entsprechend großen Laufweg der Versetzungen zusammenhängt, keineswegs auf ein bestimmtes Metall beschränkt sein kann, sondern mit dem geringen Verfestigungskoeffizienten im Bereich I ursächlich verknüpft ist.

[2] S. MADER: Z. Physik **149**, 73 (1957).

a

b

Fig. 97 a u. b. Gleichmäßige Feingleitung im Bereich I der Verfestigungskurve. a Entstanden im Abgleitungsintervall 1 von Fig. 96. b Entstanden im Abgleitungsintervall 2 von Fig. 96. Die Fig. 97 a und b stellen denselben Bereich der Kristalloberfläche dar. Elektronenmikroskopische Bilder, ×15000.

aus dem Kristall ausgetretenen Versetzungen[1]. Die Gleitstufenhöhe ist im Bereich II von der Abgleitung unabhängig.

Die Gleitlinien sind wesentlich kürzer als im Bereich I; ihre Länge liegt auf der Stirnfläche (vgl. Ziff. 27) im Durchschnitt zwischen 20 μ und 40 μ (je nach Abgleitung, vgl. Tabelle 4 und Fig. 103). Ist der Winkel zwischen der Gleitrichtung und der untersuchten Kristallfläche kleiner als bei der Stirnfläche, so werden die Gleitlinien länger, und zwar derart, daß sie beim Übergang von der Stirnfläche zur Seitenfläche um etwa einen Faktor 2 zunehmen. Dies stimmt mit lichtoptischen Ergebnissen von MÜLLER und LEIBFRIED[2] an Gleitbändern auf Aluminiumkristallen und von REBSTOCK[3] an Kupferkristallen überein. Man hat daraus zu folgern, daß im Bereich II die Laufwege der Schraubenversetzungen rund halb so groß wie diejenigen der Stufenversetzungen sind. Wie man in Fig. 98 erkennt, treten vom Beginn des Bereiches II an vereinzelte Gleitlinien sekundärer Gleitsysteme auf, die bis zu 10 μ lang sein können.

Fig. 98. Strukturierte Feingleitung und Gleitung auf sekundären Gleitsystemen zu Beginn des Bereichs II. — Entstanden im Abgleitungsintervall 3 von Fig. 96. Elektronenmikroskopisches Bild, ×10000.

Die Strukturierung der Feingleitung, d. h. eine Gruppierung in Bereiche verschiedener Gleitliniendichte, nimmt, wie die Fig. 99a und 99b zeigen, gegen Ende von Bereich II zu. Die Bereiche größerer und kleinerer Gleitliniendichte verlaufen nicht genau parallel zu den Gleitlinien, sondern sind etwas gegen die Stabachse hin gedreht, wie dies in Ziff. 31 bei der Besprechung der Striemen — um die es sich hier handelt — erwähnt worden war.

Die Fig. 99a und 99b, die dasselbe Gebiet der Kristalloberfläche nach verschiedenen Abgleitungsbeträgen darstellen, lassen erkennen, daß die Bildung neuer Gleitlinien vorwiegend am Rande vorhandener Gruppen sowie im Innern derjenigen Oberflächenbereiche erfolgt, in denen im vorhergehenden Verformungsintervall nur wenige Gleitlinien gebildet worden waren; es besteht also die Tendenz zu einer abwechselnden Gleitung in Gebieten, die einen Abstand von der Größenordnung 2 bis 10 μ voneinander haben[4]. Durch Vergleich zusammengehöriger Gleitlinien in den Fig. 99a und 99b stellt man fest, daß zwar einige Linien in dem Bild mit der größeren Abgleitung eine größere Stufenhöhe (erkennbar an der Stärke der Linien) aufweisen (ein Beispiel ist mit Pfeilen bezeichnet), daß es sich dabei jedoch um höchstens 5% der nach dem ersten Verformungsintervall vorhandenen Linien handelt.

Mit schräg auffallender Hellfeldbeleuchtung erhält man im Bereich II der Verfestigungskurve lichtoptische Bilder von der in Fig. 100 dargestellten Art.

[1] Ein kleiner Bruchteil der Linien, der auf den Mittelwert der Abgleitung per Linie fast ohne Einfluß ist, besitzt etwa die doppelte oder dreifache Gleitstufenhöhe als die übrigen Linien.

[2] H. MÜLLER u. G. LEIBFRIED: Z. Physik **142**, 87 (1955).

[3] H. REBSTOCK: Z. Metallkde. **48**, 206 (1957).

[4] Eine Häufigkeitsverteilung der Abstände dieser Gebiete ist bei S. MADER [Z. Physik **149**, 73 (1957)] angegeben.

Man erkennt die Gruppierung der Gleitlinien der strukturierten Feingleitung wieder — die dunklen Gebiete der lichtmikroskopischen Aufnahme entsprechen Gebieten hoher Gleitliniendichte. Die Zuordnung der Hellfeldaufnahme Fig. 100

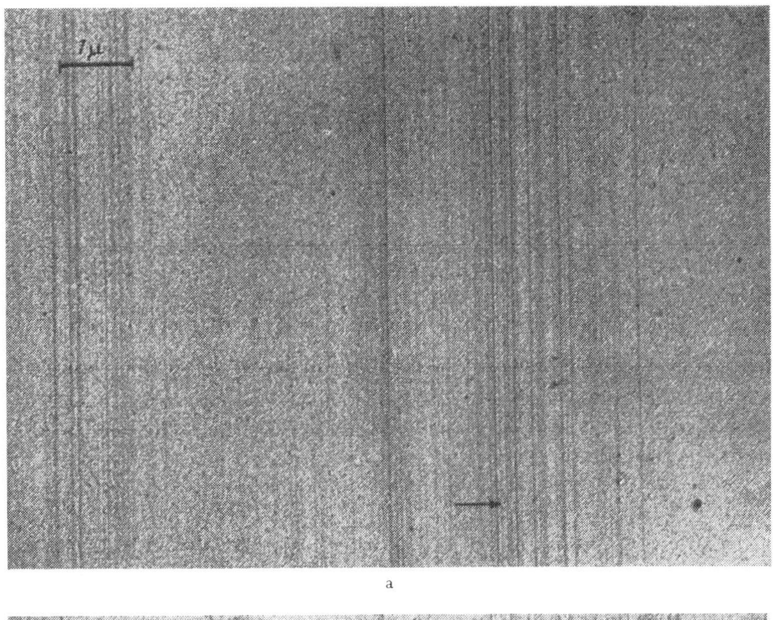

a

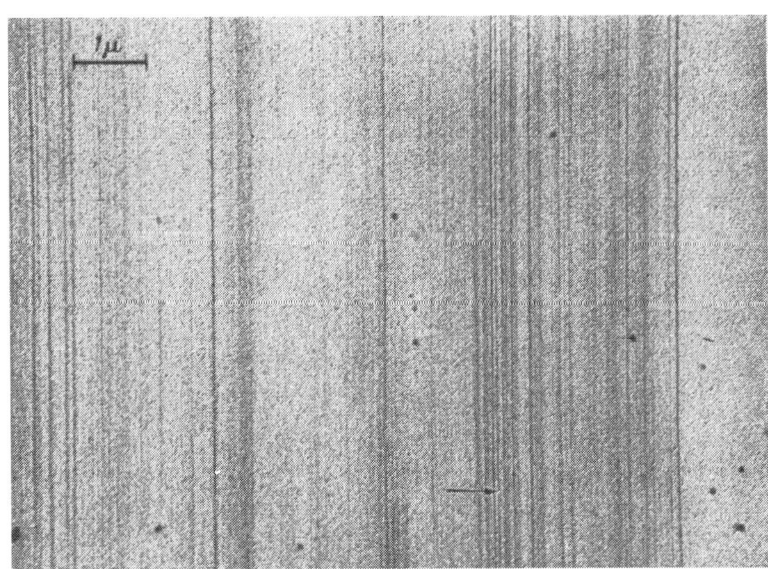

b

Fig. 99 a u. b. Strukturierte Feingleitung im Bereich II. a Entstanden im Abgleitungsintervall 4 von Fig. 96. b Entstanden im Abgleitungsintervall 5 von Fig. 96. In den Fig. 99a und b ist derselbe Bereich der Kristalloberfläche abgebildet. Elektronenmikroskopische Bilder, × 10000.

zu dem elektronenmikroskopischen Übersichtsbild Fig. 101 und zum hochaufgelösten elektronenmikroskopischen Bild von Fig. 99b, die sämtlich dieselbe Stelle der Kristalloberfläche darstellen, bietet keine Schwierigkeiten.

Verwendet man Dunkelfeldbeleuchtung, so beobachtet man im Bereich II einzelne Linien (Fig. 102). Auf dem elektronenmikroskopischen Bild findet man an den entsprechenden Stellen entweder eine schmale (ungefähr 0,5 μ breite)

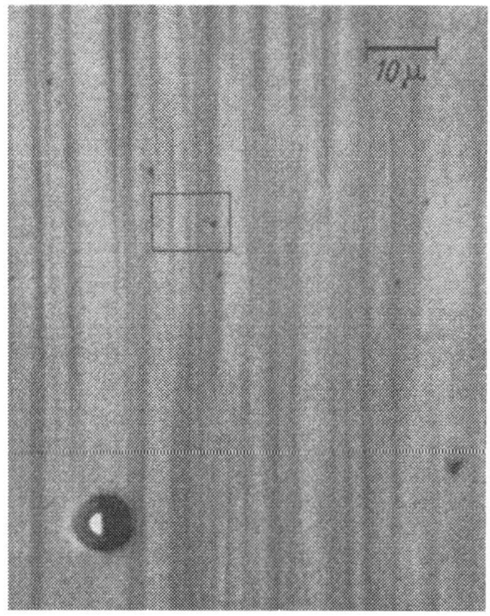

Fig. 100.

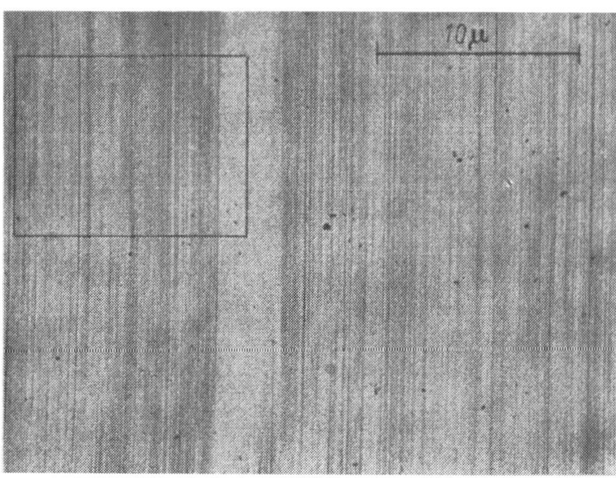

Fig. 101.

Fig. 100. Wie Fig. 99b, jedoch lichtmikroskopische Hellfeldaufnahme, ×800. Das Gesichtsfeld von Fig. 99 b ist eingezeichnet.

Fig. 101. Elektronenmikroskopische Übersichtsaufnahme zu Fig. 99b (×2700). Das Gesichtsfeld von Fig. 99b ist eingezeichnet.

Gleitliniengruppe oder einige zufällig dicht beieinander liegende starke Einzellinien. In beiden Fällen sind die lichtmikroskopisch sichtbaren Gleitlinien 1,5 bis 2mal länger als die entsprechenden, im Elektronenmikroskop sichtbaren einzelnen Gleitlinien.

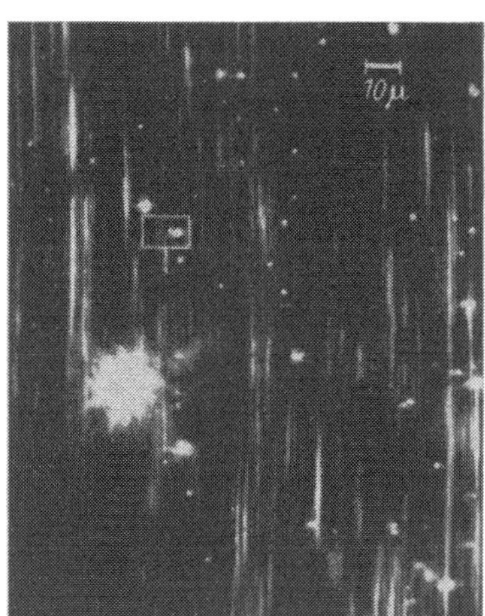

Fig. 102. Wie Fig. 99b, jedoch lichtmikroskopische Dunkelfeldaufnahme, ×400. Das Gesichtsfeld von Fig. 99 ist eingezeichnet.

Die sogenannte aktive Gleitlinienlänge L, d.h. die Länge der in einem bestimmten Verformungsintervall entstandenen Gleitlinien, ist im Dunkelfeld von BLEWITT, COLTMAN und REDMAN[1] sowie von REBSTOCK[2] (für Kristalle verschiedener Orientierung) bei Raumtemperatur an Kupferkristallen als Funktion der Abgleitung bestimmt worden. Fig. 103 gibt den Verlauf von $1/L$ an einem von REBSTOCK untersuchten Kristall wieder[3]. Ferner ist in Fig. 103 die elektronenmikroskopisch bestimmte aktive Gleitlinienlänge eingetragen, die in Übereinstimmung mit dem oben Gesagten im Bereich II rund die Hälfte der lichtmikroskopisch bestimmten beträgt. (Die Aufwärtskrümmung der lichtmikroskopischen Kurve erfolgt am Beginn von Bereich III.) Die elektronenmikroskopischen Daten (die sich ebenso wie die lichtoptischen auf die Stirnfläche des Kristalls beziehen) lassen sich durch

[1] T. H. BLEWITT, R. R. COLTMAN u. J. K. REDMAN: [31], S. 369.
[2] H. REBSTOCK: Z. Metallkde. **48**, 206 (1957).
[3] A. SEEGER, J. DIEHL, S. MADER u. H. REBSTOCK: Phil. Mag. **2**, 323 (1957).

eine Gleichung der Form

$$L = \frac{\Lambda_2}{a - a^*} \tag{34.1}$$

darstellen, wobei

$$\Lambda_2 = 4 \cdot 10^{-4}\ \text{cm} \tag{34.2}$$

ist.

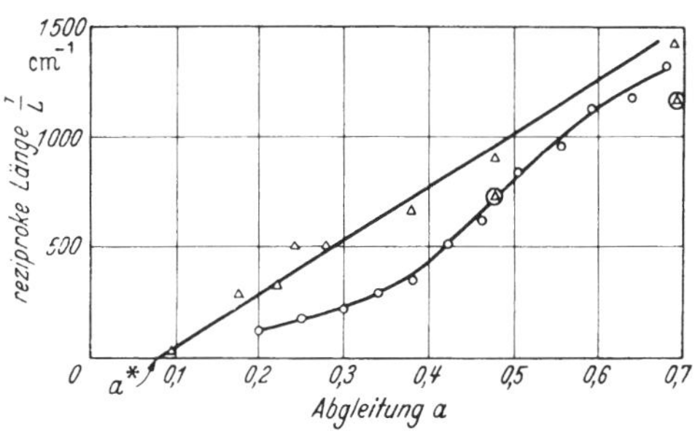

Fig. 103. Die reziproke Länge der aktiven Gleitlinien, aufgetragen über der Gesamtabgleitung am Ende derjenigen Intervalle, in denen die Gleitlinien entstanden sind. (Kupferkristall C 14, Verformung bei Raumtemperatur.) △ Elektronenmikroskopisch bestimmte Länge der einzelnen Gleitlinien. (△) Elektronenmikroskopisch bestimmte Länge der Gleitbandfragmente. [Beide Angaben nach S. MADER, Z. Physik **149**, 73 (1957)]. ○ Lichtmikroskopisch in Dunkelfeldabbildung bestimmte Werte nach H. REBSTOCK [Z. Metallkde. **48**, 206 (1957)].

Tabelle 4. *Zahlenangaben über die Gleitlinien auf Kupferkristallen (Orientierung C 14) nach Verformung bei Raumtemperatur* [nach S. MADER, Z. Physik **149**, 73 (1957)]

	Schubspannung in kp/mm² von bis	Abgleitung in % von bis	Abgleitungsintervall Δa	Mittlerer Gleitebenen-Abstand in Å	Stufenhöhen[1] Anteil in %	Stufenhöhen[1] Gleitschritt in Å	Mittlere Länge der einzelnen Gleitlinien in μ	Fig.
Bereich I	0,10—0,14	0,0—5,2	0,052	640	94	31	600	97a
					6	62		
	0,10—0,18	0,0—9,4	0,094	380	94	33,5	600	97b
					6	67		
Bereich II	0,40—1,05	12,5—17,3	0,048	970	98	42,5	35	
					2	85		
	0,40—1,60	12,5—21,8	0,093	585	90	49	30	98
					10	98		
	1,35—1,95	20,0—24,3	0,043	1130	94,5	46	20	99a
					5,5	92		
	1,35—2,45	20,0—28,0	0,080	695	90	50,5	20	99b
					10	101		
Bereich III	3,55—4,35	38,0—47,5	0,095	860[2]	70	58	11	107
					24	116		
					6	290		
	5,30—5,95	59,0—69,0	0,100	1230[2]	60	64	7	109b
					33	192		
					7	320		

Tabelle 4a. *Ergänzung zu Tabelle 4 (Bereich III, Gleitbänder).*

Abgleitung in % von bis	Mittlerer Abstand der Gleitbänder in μ	Mittlere Lamellenbreite in den Bändern in Å	Zahl der Gleitlinien im Band	Mittlere Länge der Gleitbandfragmente in μ
38,0—47,5	0,6	300	3—10	14
59,0—69,0	0,85	300	4—8	8,5

[1] Es wurde eine schematische Aufteilung in Stufen mit einfacher, doppelter und etwa fünffacher Stufenhöhe vorgenommen.

[2] Ohne Berücksichtigung der Bündelung zu Gleitbändern.

Die im vorstehenden ausführlich beschriebenen Hauptzüge des Oberflächenbildes (strukturierte Feingleitung mit einigen besonders starken Linien, Fehlen von Gleitbändern) sind keineswegs auf Kupferkristalle beschränkt, die bei Raumtemperatur im Bereich II verformt worden waren. Wie DIEHL, MADER und SEEGER[1] durch Experimente mit Abpolieren bei Aluminium- und Kupfer-Einkristallen, die bei der Temperatur der flüssigen Luft verformt worden waren, festgestellt haben, sind die genannten Erscheinungen für den Bereich II der kubisch-flächenzentrierten Metalle charakteristisch.

35. Die Oberflächenerscheinungen im Bereich III der Verfestigungskurve kubisch-flächenzentrierter Kristalle. Fig. 91 (Ziff. 32) zeigt, daß auf der Oberfläche von Aluminiumkristallen, die bei Raumtemperatur verformt worden sind, starke Gleitbänder auftreten. Die Zwischengebiete zwischen den Gleitbändern sind mit den Gleitspuren der gleichmäßigen Feingleitung, wie sie nach Ziff. 33 für den Bereich I der Verfestigungskurve typisch sind, bedeckt. Da einerseits nach Ziff. 34 im Bereich II Gleitbänder, d.h. Bündelung starker Gleitlinien in der in Fig. 93 dargestellten Art, nicht beobachtet wurden, und da andererseits in der Raumtemperatur-Verfestigungskurve von Aluminiumkristallen der Bereich III dominiert (s. Ziff. 22), ist die Vermutung naheliegend, daß die Gleitbänder erst im Bereich III der Verfestigungskurve auftreten. Daß dies in der Tat zutrifft, wurde von DIEHL, MADER und SEEGER[1] in ausführlichen Versuchen an Kupfer- und Aluminium-Einkristallen gezeigt. Wir bringen hier ein Beispiel für die dabei verwendete Versuchsmethodik: Fig. 104 gibt das Gleitlinienbild eines bei der Temperatur des flüssigen Sauerstoffs gedehnten Aluminiumkristalls wieder, dessen Oberfläche nach Erreichen einer Schubspannung $\tau = 0{,}5$ kp/mm^2 abpoliert und damit von den Gleitspuren des Bereichs I befreit wurde. Fig. 104 zeigt das bei Weiterverformung bis zu $\tau = 1{,}3$ kp/mm^2, also bis knapp vor dem Ende von Bereich II entstehende Oberflächenbild, auf dem noch keine Gleitbänder zu sehen sind. Im Gegensatz dazu erkennt man in Fig. 105, die vom gleichen Aluminiumkristall stammt und die das bei 90° K im Verformungsintervall $0{,}3 \leqq a \leqq 0{,}4$, also im Bereich III, entstandene Gleitlinienbild wiedergibt, wohlausgebildete Gleitbänder, zwischen denen sich fast keine Feingleitung mehr befindet. Durch derartige Versuche konnte gezeigt werden, daß unabhängig vom verwendeten Metall und von der Verformungstemperatur die Gleitbandbildung im Bereich III der Verfestigungskurve stattfindet, und daß sich dabei mit wachsender Abgleitung die Verformung fast ganz auf die Gleitbänder konzentriert.

Wir wollen nun am Beispiel des Kupfereinkristalls C 14, dessen Verfestigungskurve in Fig. 96 wiedergegeben ist, die Gleitbandbildung im einzelnen betrachten. Fig. 106a zeigt das bei einer Zusatzabgleitung von $\Delta a = 0{,}05$ entstandene Gleitlinienbild. Man sieht, wie sich der strukturierten Feingleitung überlagerte Gleitbänder zu bilden beginnen. Dasselbe Kristallgebiet ist in Fig. 106b dargestellt, wobei jedoch die Zusatzabgleitung gegenüber Fig. 106a verdoppelt worden war. Während der zweiten Verformungsstufe hat die mit einem Pfeil bezeichnete Gleitlinie an Stärke zugenommen, woraus zu folgern ist, daß die zugehörige Gleitebene sich erneut betätigt hat. Am Ende dieser Linie (durch Kreise bezeichnet) hat die bereits in Ziff. 27 erwähnte Quergleitung stattgefunden, auf die wir unten zurückkommen werden. An die sehr kurze Quergleitlinie schließt sich ein zweites, im Entstehen begriffenes Gleitband an. Dieses Zusammentreffen von Gleitbandbildung und Quergleitung ist kein Zufall, sondern durch weitere Experimente und durch theoretische Überlegungen als Gesetzmäßigkeit

[1] J. DIEHL, S. MADER u. A. SEEGER: Z. Metallkde. **46**, 650 (1955).

Fig. 104. Elektronenmikroskopisches Gleitlinienbild (×12000) nach Verformung eines Aluminiumkristalls im Bereich II bei 90° K. Abgleitungsintervall $\Delta a = 0{,}07$. Schubspannungsintervall von 0,5 kp/mm² bis 1,3 kp/mm².

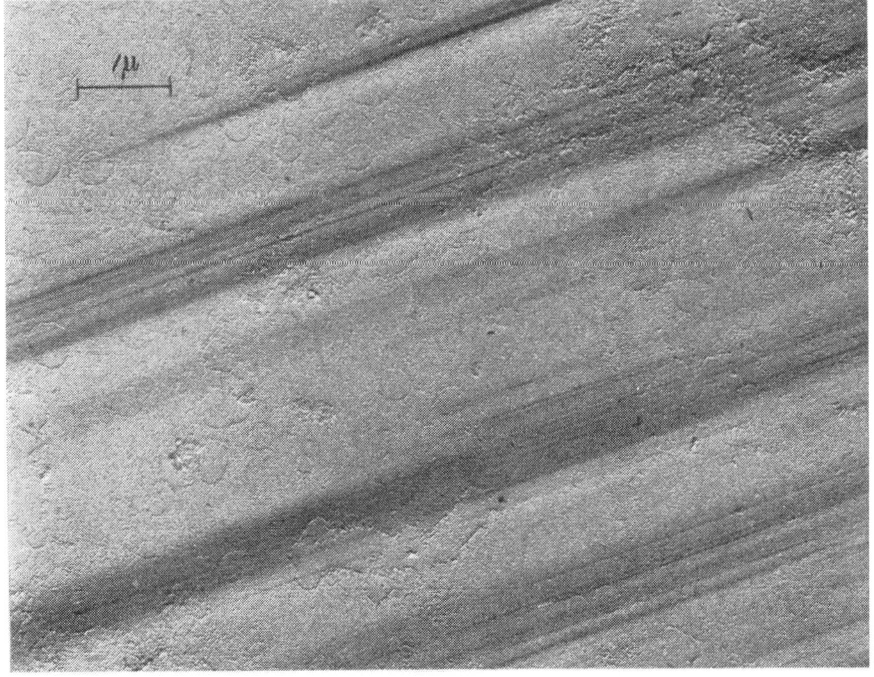

Fig. 105. Elektronenmikroskopisches Oberflächenbild (×12000) desselben Aluminiumkristalls wie Fig. 104 nach Verformung im Bereich III bei 90° K. Abgleitungsintervall von 0,3 bis 0,4.

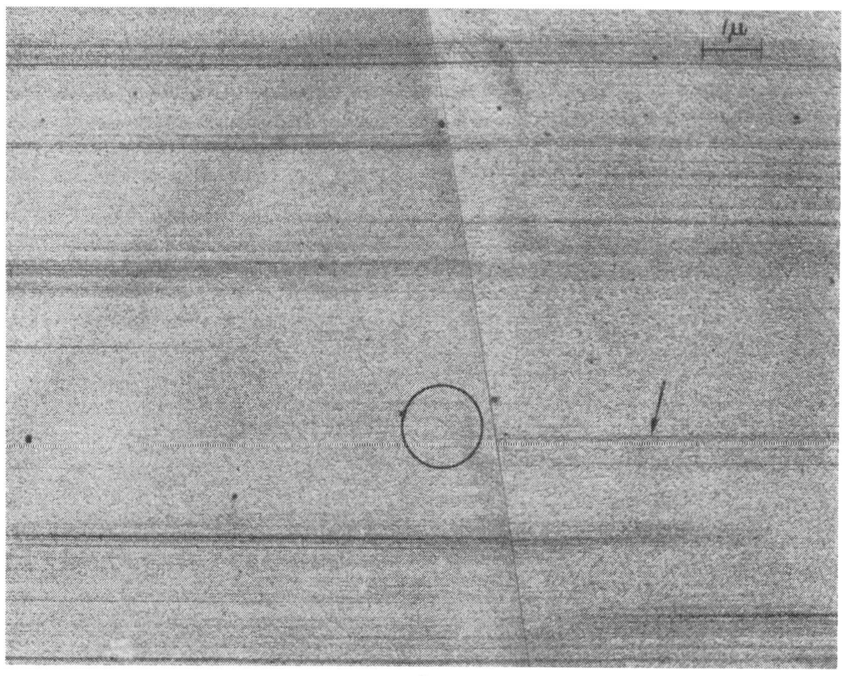

a

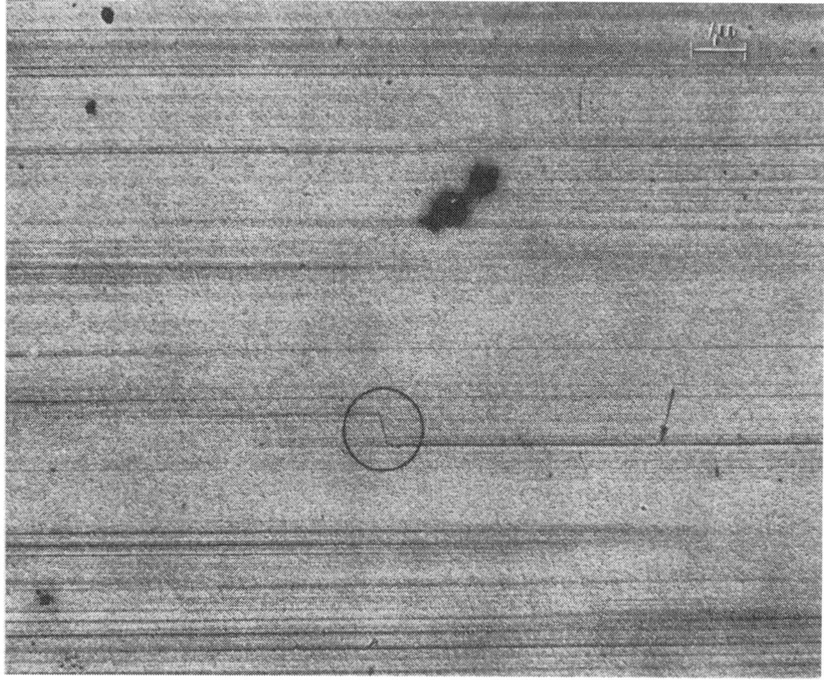

b

Fig. 106a u. b. Quergleitung und Tiefenwachstum einzelner Gleitstufen zu Beginn des Bereich III. a Entstanden im Abgleitungsintervall 6 von Fig. 96. b Entstanden im Abgleitungsintervall 7 von Fig. 96. In Fig. 106a und b ist der gleiche Bereich der Kristalloberfläche abgebildet. Elektronenmikroskopische Bilder, ×7500.

sichergestellt[1]. Gelegentlich kann man auch innerhalb eines Gleitbandes Quergleitung beobachten, z. B. in Fig. 107.

Neben der Quergleitung und der Gleitbandbildung gibt es noch eine dritte für den Bereich III der Verfestigungskurve charakteristische Erscheinung, die

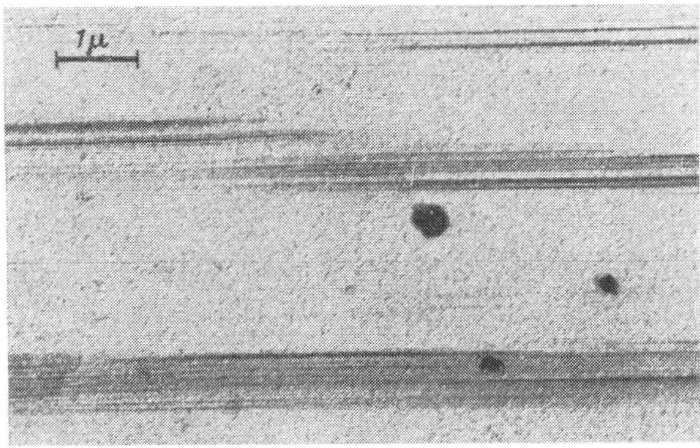

Fig. 107. Elektronenmikroskopisches Bild von Gleitbändern im Bereich III der Verfestigungskurve (×9000). Entstanden im Abgleitungsintervall 8 von Fig. 96.

Fragmentierung der Gleitbänder, auf die zuerst BLEWITT, COLTMAN und REDMAN[2] an Hand von Dunkelfeldaufnahmen im Lichtmikroskop aufmerksam gemacht haben und die von REBSTOCK[3] sowie SEEGER, DIEHL, MADER und REBSTOCK[4] dem Bereich III zugeordnet werden konnte. Eine typische derartige Aufnahme zeigt Fig. 108. Als Fragmentierung wird die an den mit Pfeilen bezeichneten sowie vielen anderen Stellen sichtbare seitliche Verschiebung aneinanderstoßender Gleitbänder bezeichnet. Daß es sich bei den im Dunkelfeld zu sehenden Linien im Bereich III tatsächlich um Gleitbänder handelt, geht aus einem Vergleich mit den elektronenmikroskopischen Bildern Fig. 109a und 109b hervor, in denen die drei gleichen Fragmentierungsstellen mit *A*, *B* und *C* bezeichnet sind. Man sieht, daß drei verschiedene Fragmentierungstypen auftreten: Beim *Typ A* verlaufen mehrere (aber verhältnismäßig schwache) Gleitspuren zwischen den Enden der beiden aneinanderstoßenden Gleitbandfragmente. Sie folgen den Spuren der Quergleitebene. Beim *Typ B* zieht sich zwischen den beiden Fragmenten eine aus kurzen Gleitlinien der primären Gleitebene bestehende Gleitstreifung hin. Der Abstand dieser Linien ist gleich der oder größer als die Lamellenbreite in den Gleitbändern. Der *Typ C* stellt gewissermaßen eine Kombination der beiden vorhergehenden

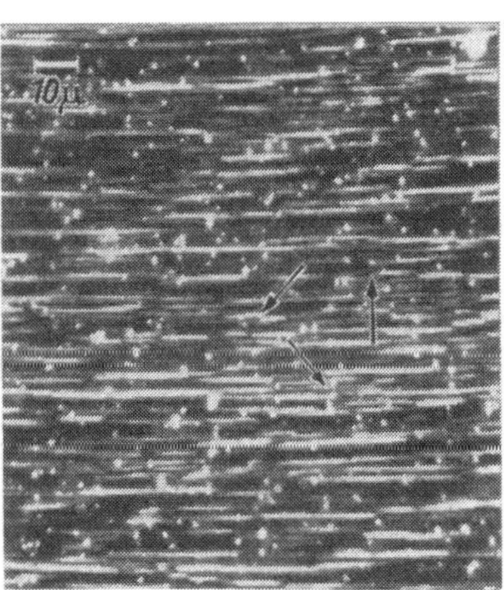

Fig. 108. Dunkelfeldabbildung von Gleitbändern im Bereich III der Verfestigungskurve, die im Abgleitungsintervall 10 von Fig. 96 gebildet worden sind (×430). Die Pfeile weisen auf die in Fig. 109 b mit *A*, *B*, *C* bezeichneten Stellen hin.

[1] SEEGER: [*35*], S. 90. — A. SEEGER, J. DIEHL, S. MADER u. H. REBSTOCK: Phil. Mag. **2**, 323 (1957).

[2] T. H. BLEWITT, R. R. COLTMAN u. J. K. REDMAN: [*31*], S. 369.

[3] H. REBSTOCK: Z. Metallkde. **48**, 206 (1957).

[4] A. SEEGER, J. DIEHL, S. MADER u. H. REBSTOCK: Phil. Mag. **2**, 323 (1957).

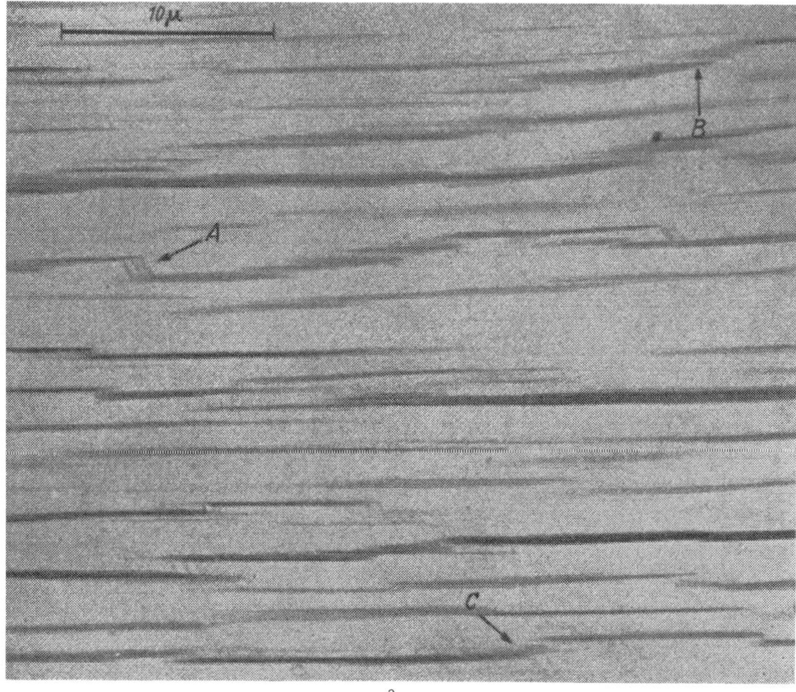

a

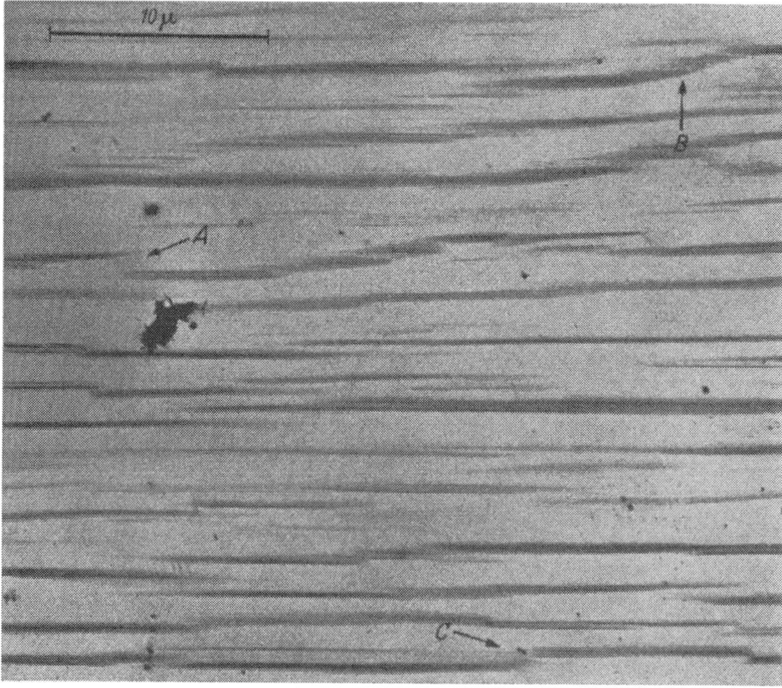

b

Fig. 109 a u. b. Fragmentierte Gleitbänder aus Bereich III der Verfestigungskurve. a Entstanden im Intervall 9 der in Fig. 96 gezeichneten Verfestigungskurve. b Entstanden im Intervall 10 von Fig. 96. In Fig. 109a und b ist das gleiche Oberflächengebiet abgebildet. Elektronenmikroskopische Bilder, × 3000.

Typen dar; bei ihm treten Gleitlinien des primären und des Quergleitsystems auf, die sich treppenförmig von einem Fragment zum anderen hinziehen.

Den Zusammenhang mit lichtoptischen Hellfeldbeobachtungen gibt Fig. 110. Der wellige Verlauf der Gleitbänder kann leicht den einzelnen Gleitbandfragmenten der elektronenmikroskopischen Aufnahme Fig. 109 zugeordnet werden. Die Unterschiede zwischen den einzelnen Fragmentierungstypen sind angedeutet, aber nicht in den Einzelheiten zu erkennen.

Fig. 110 zeigt eine Anzahl schräg zur Gleitstreifung verlaufender Knickbänder. Der Unterschied gegenüber Fig. 85 beruht darauf, daß jene eine Aufnahme der Seitenfläche des Kristalls ist, Fig. 110 jedoch in der Nähe des Scheitels der Gleitellipsen, also auf der Stirnfläche des Kristalls, gemacht wurde. Eines der Knickbänder läuft diagonal durch Fig. 109 hindurch. Wie man an Hand eines Vergleichs mit Fig. 108 sieht, tritt entlang des Knickbandes besonders starke Fragmentierung, und zwar überwiegend vom Typ B, auf.

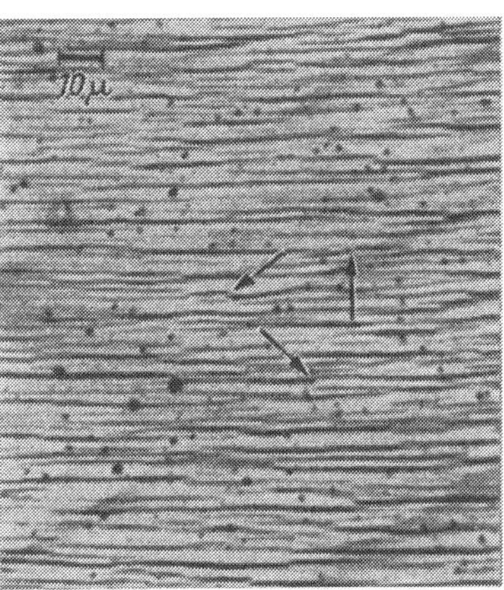

Fig. 110. Hellfeldabbildung von Gleitbändern, die im Abgleitungsintervall 10 von Fig. 96 entstanden sind (×400). Die Pfeile weisen auf die in Fig. 109b mit A, B, C bezeichneten Stellen hin.

Im Gegensatz zu den aus dem Beginn von Teil III stammenden Fig. 106a und 106b ist im eigentlichen Bereich III die Abgleitung so gut wie vollständig auf die Gleitbänder konzentriert, wie dies die Fig. 109a und 109b zeigen. Unter diesen Bedingungen erfolgt die Gleitung in erster Linie durch die Vermehrung der Lamellenzahl in den Gleitbändern (seitilches Wachstum der Gleitbänder), durch Vergrößerung der Stufenhöhe der einzelnen Gleitlinien und (in verhältnismäßig geringem Maße) durch Bildung neuer Gleitbänder. Wegen numerischer Angaben hierüber sei auf die ausführliche Darstellung von Mader[1] verwiesen.

Die Länge der einzelnen Gleitlinien nimmt im Bereich III nach etwa dem gleichen Gesetz wie in Bereich II mit wachsender Abgleitung ab, wie aus Fig. 103 hervorgeht. Da die einzelnen Gleitlinien um etwa 20% kürzer als die Gleitbandfragmente sind, liegen die elektronenmikroskopisch bestimmten $1/L$-Werte auch im Bereich III noch etwas über den lichtmikroskopischen Werten. Die elektronenmikroskopisch bestimmten Gleitbandlängen stimmen dagegen gut mit den Beobachtungen im Lichtmikroskop überein.

Die vorstehenden Ergebnisse wurden überwiegend an Kupferkristallen gewonnen. Sie sind jedoch mit den Befunden an Aluminiumeinkristallen zumindest qualitativ im Einklang. So beobachteten z.B. Noggle und Koehler[2] nach Verformung bei 4.2° K (wobei der Bereich III *nicht* erreicht wurde) keine Gleitbänder. Nach Verformung bei 78° K wurden bei großen Verformungsgraden Gleitbänder festgestellt, während bis zu etwa $a = 0{,}4$ Feingleitung vorherrschte.

Ausführliche Untersuchungen über Gleitbänder an Aluminium-Ein- und Vielkristallen, die bei Raumtemperatur verformt worden sind, finden sich (mit

---

[1] S. Mader: Z. Physik **149**, 73 (1957).

[2] T. S. Noggle u. J. S. Koehler: J. Appl. Phys. **28**, 53 (1957). Wegen einer kritischen vergleichenden Diskussion der Zahlenangaben dieser Arbeit sehe man S. Mader: Z. Physik **149**, 73 (1957)

vielen Detail- und Zahlenangaben) bei WILSDORF und KUHLMANN-WILSDORF[1]. Wir können hier auf Einzelheiten nicht eingehen, sondern erwähnen nur die Untersuchung der Quergleitung in Gleitbändern, von der zwei Beispiele in den Fig. 111a und 111b abgebildet sind. Insbesondere wurde als Quergleitebene in allen untersuchten Fällen eine {111}-Ebene[2] beobachtet, auch in jenen Fällen wie in Fig. 111b, in denen man lichtoptisch den Eindruck einer anderen Quergleitebene oder eines nichtkristallographischen Verlaufs der Gleitbänder erhalten würde.

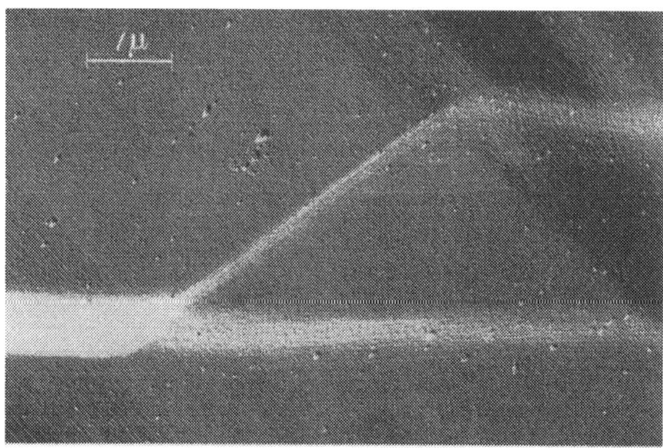

a

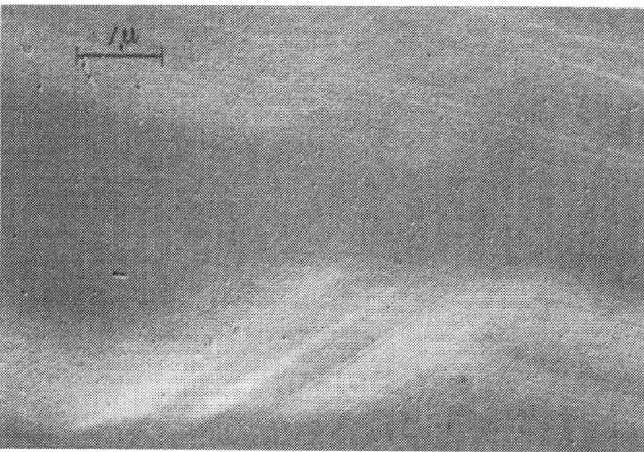

b

Fig. 111 a u. b. Quergleitung in Gleitbändern. Aluminium, Verformung bei Raumtemperatur. Elektronenmikroskopische Bilder, ×10000. Die Fig. 111 bis 113 wurden dankenswerterweise von Dr. H. WILSDORF zur Verfügung gestellt und stammen aus dem National Physical Laboratory, Pretoria, Südafrikanische Union.

Nach den Angaben der obenerwähnten Autoren wurde Quergleitung im Zusammenhang mit Gleitbändern bei Aluminium weniger häufig gefunden als bei den oben besprochenen Versuchen an Kupfer. NOGGLE und KOEHLER[3] geben z. B. an, überhaupt keine Quergleitung beobachtet zu haben, während WILSDORF und KUHLMANN-WILSDORF[4] sie nur auf einigen wenigen Proben festgestellt haben. Wir möchten diese Unterschiede jedoch nicht auf die Verschiedenheit der untersuchten Metalle, sondern auf Unterschiede in der Beobachtungsmethode zurückführen. Die Quergleitlinien sind nämlich im allgemeinen schwächer als die Hauptgleitlinien, so daß die Bedampfungsrichtung auf den Abdrücken günstig gewählt werden muß, um sie sichtbar zu machen[5,6]. Diese Bedingung war bei den Aluminium-Untersuchungen sicherlich nur in Ausnahmefällen eingehalten.

Zum Abschluß unserer Diskussion der Gleitbandbildung auf Aluminium-Kristallen sei auf die Arbeit von MÜLLER und LEIBFRIED[7] verwiesen, in der

[1] H. WILSDORF u. D. KUHLMANN-WILSDORF: Z. angew. Phys. **4**, 361, 409, 418 (1952).

[2] Die Quergleitebene ist jene sekundäre {111}-Gleitebene, die die Gleitrichtung des primären Gleitsystems enthält.

[3] T. S. NOGGLE u. J. S. KOEHLER: J. Appl. Phys. **28**, 53 (1957).

[4] H. WILSDORF u. D. KUHLMANN-WILSDORF: Z. angew. Phys. **4**, 409 (1952).

[5] A. SEEGER, J. DIEHL, H. REBSTOCK u. S. MADER: Phil. Mag. **2**, 323 (1957).

[6] S. MADER: Z. Physik **149**, 73 (1957).

[7] H. MÜLLER u. G. LEIBFRIED: Z. Physik **142**, 87 (1955).

(bei Raumtemperatur und 90° K) die Abhängigkeit der Gleitbanderscheinungen von der Verformungsgeschwindigkeit licht- und elektronenmikroskopisch untersucht wird. Es werden für eine Anzahl von Aluminiumeinkristallen, die mit sehr verschiedener Geschwindigkeit etwa 12% gedehnt worden waren, ausführliche Angaben über die Dichte, Länge und Breite der Gleitbänder, über die Häufigkeitsverteilung der Gleitbandabstände sowie über Störungen des regelmäßigen Gleitbandbildes gemacht.

36. Die Oberflächenerscheinungen auf kubisch-flächenzentrierten Legierungen. Die am ausführlichsten elektronenmikroskopisch untersuchte kubisch-flächenzentrierte Legierung ist α-Messing. KUHLMANN-WILSDORF und WILSDORF[1] haben gefunden, daß nach Verformung bei Raumtemperatur bei 70/30-Messing keine Gleitbänder auftreten. Dies ist insofern nicht überraschend, als nach Ziff. 23 unter diesen Bedingungen der Bereich III der Verfestigungskurve nicht erreicht wird. Man beobachtet zwar, daß bei hinreichend kleiner Korngröße und geeigneter Wärmebehandlung verhältnismäßig schwache Gleitlinien mit größenordnungsmäßig 200 bis 500 Å Abstand auf treten, die sich in Ausnahmefällen bis auf etwa 120 Å nahekommen können, jedoch sind bei größeren Korndurchmessern wesentlich stärkere Linien mit größeren Abständen voneinander vorherrschend (vgl. Fig. 112). Es wird von Linien bis zu 10000 Å Stufenhöhe berichtet.

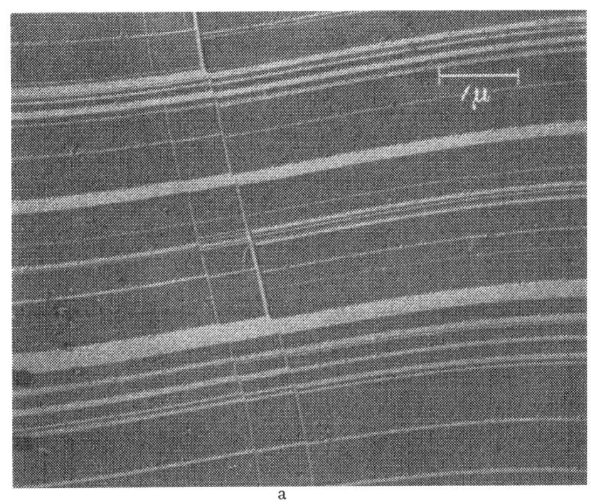

a

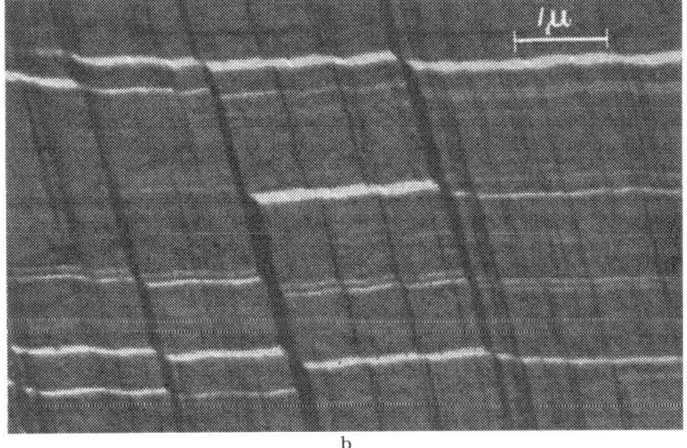

b

Fig. 112 a u. b. Elektronenmikroskopische Aufnahmen bei Raumtemperatur verformter α-Messingkristalle, ×10000. Auf beiden Bildern sind Gleitlinien sowohl des primären als auch eines sekundären Gleitsystems (Quergleitsystem) zu sehen.

Das Gleitlinienbild auf α-Messing unterscheidet sich von demjenigen auf Kupfer im wesentlichen dadurch, daß neben schwächeren Linien auch sehr starke Linien auftreten, wie sie bei reinen Metallen bis jetzt noch nie gefunden worden sind. Es scheint hier ein typischer Legierungseinfluß vorzuliegen. Dies geht aus Beobachtungen an Ni—Fe-Legierungen[2] (den sogenannten Permalloy-Legierungen) hervor, wo im Bereich von 100% Ni bis 95% Ni die für kubisch-flächenzentrierte Metalle typische Feingleitung auftritt. Der mittlere Abstand zwischen den Gleitlinien nimmt dabei mit wachsendem Fe-Gehalt zu. Wird die

[1] D. KUHLMANN-WILSDORF u. H. WILSDORF: Acta met. **1**, 394 (1953).
[2] T. NAGASHIMA u. T. YAMAMOTO: Acta met. **4**, 94 (1956).

Fe-Konzentration weiter gesteigert, so tritt ein ähnliches Gleitlinienbild auf wie bei Messing (Fig. 112): Starke Gleitlinien, die manchmal mehr als 1 μ voneinander entfernt sind, manchmal aber auch Gruppen mit nur 500 Å bis 100 Å Abstand zwischen den einzelnen, in diesem Fall meist etwas schwächeren, Linien bilden.

Sehr oft findet man auf α-Messing (und Ni—Fe-Legierungen) Gleitung im Quersystem[1] (z.B. in Fig. 112). Sehr auffallend ist, wie lang die Quergleitlinien im allgemeinen im Vergleich zu denjenigen bei Aluminium und auch bei Kupfer sind. Oft ist die Quergleitung so ausgeprägt, daß man auf Grund des visuellen Eindrucks nicht mehr sagen kann, welches System das primäre und welches das sekundäre Gleitsystem ist (Fig. 112b). Obwohl gelegentlich auch kürzere Quergleitlinien beobachtet werden, z.B. in Fig. 113, in der außerdem noch eine Gleitlinie eines dritten Gleitsystems zu sehen ist, hat man doch den Eindruck, daß der Charakter der Quergleitung bei α-Messing von demjenigen der Quergleitung bei den reinen kubisch-flächenzentrierten Metallen ganz verschieden ist[2]. Bei diesen tritt sie (vgl. Ziff. 35) so gut wie ausschließlich in der Verbindung mit Gleitbändern auf[3]. Man sollte eigentlich diese zwei Erscheinungsformen der Gleitung im Quersystem mit zwei verschiedenen Namen benennen.— Auf einigen der Messing-Aufnahmen von KUHLMANN-WILSDORF und WILSDORF[4] finden sich in einer Schar paralleler Gleitlinien, die zur Hauptgleitebene gehören, sowohl helle als dunkle Gleitlinien. Da natürlich die Richtung, aus der die Bedampfung der Abdrücke erfolgt war, bei allen Linien dieselbe war, hat man daraus zu folgern, daß die Gleitrichtung bei den beiden Arten von

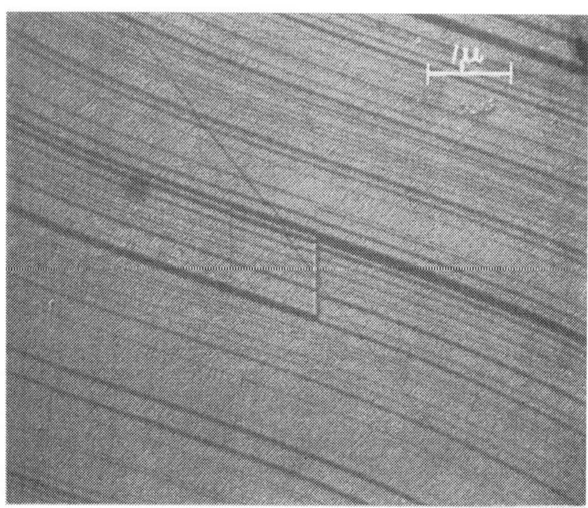

Fig. 113. Gleitlinien auf α-Messing nach Verformung bei Raumtemperatur. Man erkennt Gleitlinien dreier verschiedener Gleitsysteme. Elektronenmikroskopisches Bild, ×10000.

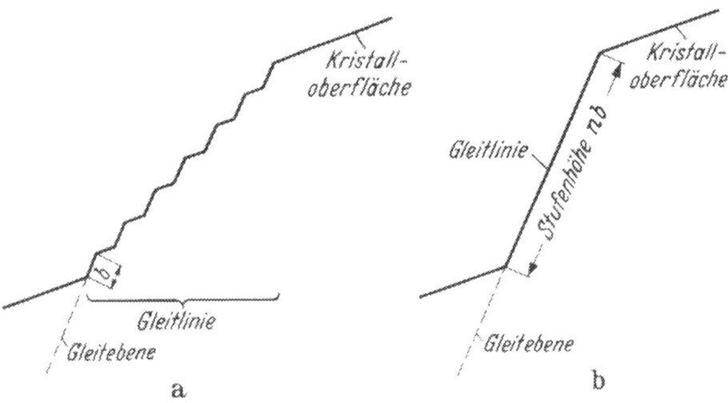

Fig. 114 a u. b. Die zwei Möglichkeiten des Aufbaus einer Gleitlinie. a Treppenförmiger Aufbau aus n einzelnen Schritten, jeweils mit der Stärke b einer einzelnen Versetzung als Stufenhöhe. b Einzelne Linie mit der Stufenhöhe nb.

[1] Auf lichtmikroskopischen Aufnahmen von α-Messing ist die Quergleitung zuerst entdeckt worden [R. MADDIN, C. H. MATHEWSON u. W. R. HIBBARD: Trans. Amer. Inst. Min. Metallurg. Engrs. **175**, 355 (1948); **185**, 527 (1949)].

[2] R. MADDIN: Bull. Inst. Met. **1**, 105 (1952). — A. SEEGER [*35*], S. 90.

[3] Als Ausnahme von dieser Regel sei erwähnt, daß man in den „Striemen" auf Kupferkristallen häufig Gleitung im Quersystem beobachtet, die der α-Messing-Quergleitung sehr ähnelt.

[4] D. KUHLMANN-WILSDORF u. H. WILSDORF: Acta met. **1**, 394 (1953).

Linien verschieden war, also die eine Art von Linien einem sekundären Gleitsystem mit primärer Gleitebene zugehört. KUHLMANN-WILSDORF und WILSDORF schließen aus ihren Beobachtungen, daß Gleitung auf sekundären Systemen mit primärer Gleitebene bei α-Messing gar nicht sehr selten auftritt.

Wegen der großen Stufenhöhen der Gleitlinien eignet sich α-Messing besonders gut zu einer Untersuchung der Frage, ob die einzelnen Gleitlinien von einer einzelnen Stufe nach Art einer Treppe (Fig. 114a) gebildet werden oder aus einer Vielzahl nebeneinanderliegender atomarer Stufen aufgebaut sind (Fig. 114b). Die Beantwortung dieser Frage ist nicht nur für die Erforschung des Gleitmechanismus im allgemeinen wichtig, sondern auch Voraussetzung für eine der Methoden zur Ermittlung der Anzahl der in einer Gleitlinie an der Kristalloberfläche ausgetretenen Versetzungen. Wenn man im Elektronenmikroskop die Breite der Projektion der Gleitlinie auf die Kristalloberfläche mißt, so berechnet man für die genannte Anzahl unter der Annahme „inhomogener" Gleitung (Fig. 114b) größere Werte als unter der Annahme „homogener" Gleitung (Fig. 114a).

Zunächst hatten SUZUKI und FUJITA[1] aus der Verzerrung von Ätzgrübchen geschlossen, daß die Gleitung bei α-Messing sehr häufig homogen erfolge. WILSDORF und FOURIE[2] konnten jedoch mit fünf verschiedenen Methoden, darunter einigen sehr direkten, dartun, daß bei den stärkeren Gleitlinien von α-Messing (bei denen sich die Messungen gut durchführen ließen) praktisch immer scharfe Stufen vorhanden sind, die Gleitung also inhomogen erfolgt.

Das Fehlen homogener Gleitung bei Messing mag mit der *Nahordnung* der Legierung zusammenhängen. Die Bildung einer einzelnen großen Stufe kann nämlich mit geringerem Energieaufwand als die Bildung vieler kleiner nebeneinanderliegender Stufen erfolgen, da im ersten Fall die Nahordnung durch die Bewegung von Versetzungen nur längs einer einzelnen Ebene, im zweiten Fall aber in einer ganzen Schicht zerstört werden muß. Deshalb wären Untersuchungen an reinen Metallen, bei denen derartige Legierungseffekte natürlich ausgeschlossen sind, sehr wertvoll. Hier gibt es aber bis jetzt nur eine einzige Untersuchung[3] an Aluminium, die (mit verhältnismäßig indirekten Methoden) zu dem Schluß kommt, daß bei diesem Metall die Gleitung in den Gleitlinien der Gleitbänder homogen erfolgen kann.

Neben den vorstehend referierten Gleitlinienuntersuchungen gibt es noch einige weitere Arbeiten, aus denen man — allerdings nur in indirekter Weise — Informationen über die Homogenität der Gleitung entnehmen kann. JAN[4] hat AlAg- und AlZn-Legierungen verformt, in denen sich nach dem Abschrecken beim Anlassen kugelförmige, Ag- bzw. Zn-reiche Kalthärtungszonen gebildet hatten. Größe und Gestalt dieser Zonen vor und nach plastischer Verformung konnte durch Kleinwinkelstreuung näherungsweise bestimmt werden. Die beobachteten Effekte der Kaltverformung waren dem Vorzeichen nach *nicht* im Einklang mit der Vorstellung, daß die Gleitung nur auf einzelne Ebenen konzentriert war und dementsprechend ein Teil der Zonen bei der Verformung entzweigeschnitten wurde, während der Rest unverändert blieb. Sie ließen sich dagegen durch die Annahme deuten, daß die Gleitung innerhalb einer Gleitlinie in dem oben diskutierten Sinn homogen war und daß die von Gleitlinien getroffenen Zonen homogen geschert worden sind. — Ähnliche Experimente wurden neuerdings von KELLY und Mitarbeitern[5] an AlAg-Einkristallen ausgeführt, wobei ebenfalls auf eine homogene Scherung der silberreichen Zonen geschlossen wurde. Der Betrag der Scherung war allerdings geringer als auf Grund einer makroskopisch homogenen Verformung errechnet worden war. Dies wird als Ausdruck der Tendenz der Gleitlinien, die Zonen zu vermeiden, gedeutet.

[1] H. SUZUKI u. F. E. FUJITA: J. Phys. Soc. Japan **9**, 428 (1954).

[2] H. WILSDORF u. J. T. FOURIE: Acta met. **4**, 271 (1956).

[3] M. W. JAKUTOWITSCH, E. S. JAKOWLEWA, R. M. LERINMAN u. N. N. BUINOW: Isv. Akad. Nauk, Ser. Fiz. **15**, 383 (1951). Der die oben behandelte Frage betreffende Inhalt dieser Arbeit ist bei A. F. BROWN [*28*] ausführlich referiert.

[4] J. P. JAN: J. Appl. Phys. **26**, 1291 (1955).

[5] A. KELLY: Diskussionstagung Aachen 1958.

LIVINGSTON und BECKER[1] haben den Einfluß von plastischer Verformung auf die Magnetisierungskurve (insbesondere die Sättigungsmagnetisierung, die Anfangssuszeptibilität und das Auftreten einer Koerzitivkraft) von Kupfer mit Cobalt-Ausscheidungen untersucht. Sie schreiben die durch die plastische Verformung hervorgerufene magnetische Anisotropie Gestaltsänderungen der ursprünglich etwa kugelförmigen Ausscheidungen zu. Daraus ziehen sie dieselben Schlüsse über den Verformungsmechanismus wie JAN. Ähnliche Ergebnisse wurden von HAHN und KNELLER[2] durch magnetische Untersuchungen an Ni_3Mn-Legierungen erhalten. — Man kann also zusammenfassend sagen, daß die „indirekten Untersuchungen" an Legierungen mit Ausscheidungen bzw. Kalthärtungszonen für die homogene Verteilung der Gleitung innerhalb einer Gleitlinie sprechen.

Über den Einfluß von *Fernordnung* auf die Gleitlinienerscheinungen liegt nur eine einzelne Untersuchung vor[3], und zwar an Cu_3Au. Es wurde gefunden, daß das Gleitlinienbild abgeschreckter ungeordneter Legierungen etwa demjenigen von α-Messing entsprach mit dem Unterschied, daß die Stufenhöhen der einzelnen Gleitlinien geringer als bei α-Messing waren. Ferngeordnete Legierungen verhielten sich dagegen wie reines Kupfer und zeigten Feingleitung. Die Oberflächenbeobachtungen bestätigten damit den in Ziff. 23 gezogenen Schluß, daß die Verhältnisse bei geordneten Cu_3Au-Legierungen denjenigen bei reinen Metallen ziemlich nahe kommen.

Von THOMAS und NUTTING[4] wurden bei Raumtemperaturen verformte Vielkristalle verschiedener Aluminiumlegierungen (**Al**Mg, **Al**Ag, **Al**Cu) elektronenmikroskopisch untersucht. Auf Reinaluminium fanden diese Autoren (ebenso wie HEIDENREICH und SHOCKLEY[5] und BROWN[6]) die Elementarstruktur bzw. die Feingleitung nicht. Dies ist wohl darauf zurückzuführen, daß (wie in den genannten Arbeiten[5,6]) Oxydabdrücke verwendet wurden. Anscheinend gehen dabei durch die anodische Oxydation der Proben die niedrigen Stufen der Feingleitung verloren. Aus diesem Grunde kann man der Arbeit von THOMAS und NUTTING systematische Angaben nur über *Gleitbänder*, nicht aber über die Feingleitung (die auf manchen Aufnahmen schwach angedeutet ist) entnehmen.

Einige Angaben über die neben Gleitbändern auftretende *Feingleitung* von wasserabgeschreckten **Al**Cu-Legierungen machen WILSDORF und KUHLMANN-WILSDORF[7]. Sie finden, daß die Gleitlinien dichter sind als diejenigen der Elementarstruktur auf reinem Aluminium.

Fast keine Unterschiede gegenüber der Gleitbandbildung von reinem Aluminium wurden bei **Al**Ag-Legierungen gefunden[2]. Die Zahl der Lamellen pro Band betrug bei großen Dehnungen 20 bis 30 und war bei den silberreichen Legierungen (5 Gew.-%) für eine gegebene Dehnung eher größer als bei reinem Aluminium. Gleitbandabstand, Lamellendicke und Stufenhöhe pro Gleitlinie tendierten zu kleineren Werten als beim reinen Metall.

Wesentlich deutlichere Effekte ergab die Zulegierung von Magnesium zu Aluminium. Bei gegebener Dehnung nimmt die Zahl der Lamellen pro Band mit zunehmendem Magnesiumgehalt rasch ab. Gleichzeitig wächst die Stärke der einzelnen Lamellen an, so daß sich bei 7% Mg überhaupt nur noch einzelne starke Linien mit über 1000 Å Stufenhöhe ausbilden.

In *übersättigten* Lösungen von 4 Gew.-% Cu in Al wurden ebenfalls keine Gleitbänder, sondern nur einzelne starke Linien gefunden. Dagegen treten bei abgeschreckten Legierungen mit 1,2 Gew.-% Cu noch Gleitbänder auf[7].

[1] J.D. LIVINGSTON u. J.J. BECKER: Veröffentlichung demnächst.
[2] R. HAHN u. E. KNELLER: Z. Metallkde. **49** (1958) (im Druck).
[3] T. TAOKA u. S. SAKATA: Acta met. **5**, 61 (1957).
[4] G. THOMAS u. J. NUTTING: J. Inst. Met. **85**, 1 (1956).
[5] R. D. HEIDENREICH u. W. SHOCKLEY: [*29*], S. 57.
[6] A. F. BROWN: Metallurgical Applications of the Electron Microscope (Institute of Metals Monograph and Report Series No. 8), London 1950, S. 103.
[7] H. WILSDORF u. D. KUHLMANN-WILSDORF: [*31*], S. 175.

KODA und TAKEYAMA[1] haben eine *schwach überalterte* polykristalline Aluminium-Legierung mit 4 Gewichtsprozent Cu elektronenmikroskopisch untersucht, die bei Raumtemperatur etwa 1% gedehnt worden war. Sie finden Gleitbänder, die in kurze Stücke von 2 bis 3 μ Länge unterteilt sind. Die Zahl der Gleitlinien pro Band variiert zwischen 6 und 18, die Abgleitung pro Band zwischen 800 und 2700 Å und diejenige pro Gleitlinie zwischen 100 und 150 Å. Die Lamellenbreiten zwischen den einzelnen Linien eines Bandes werden zwischen 80 und 120 Å, die Breiten der Bänder selbst zwischen 400 und 1500 Å gefunden. Ferner wurde beobachtet, daß die auf {100}-Ebenen liegenden ϑ'-Ausscheidungen während der Verformung verbogen wurden, woraus geschlossen wurde, daß die Ausscheidungen bei der plastischen Verformung von den Versetzungen durchschnitten worden sind.

37. Die Oberflächenerscheinungen auf hexagonalen Metallen. Betrachtet man die Oberfläche eines verformten Zink- oder Cadmiumkristalls mit bloßem Auge, so

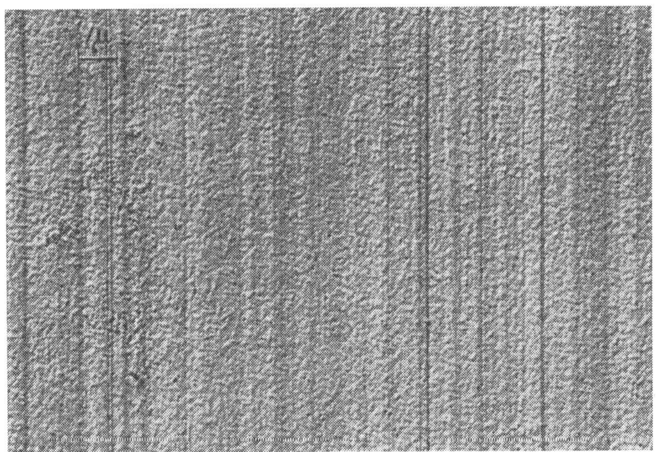

Fig. 115. Elektronenmikroskopisches Bild (×5000) eines bei Raumtemperatur verformten Zink-Einkristalls. Die Fig. 115 bis 117 wurden mit Hilfe von SiO-Abdrücken hergestellt.

sieht man sehr lange und kräftige Gleitspuren. Benützt man ein Lichtmikroskop, so vergrößert sich die Dichte der sichtbaren Linien, und zwar um so mehr, je größer die verwendete Vergrößerung ist. Die neu hinzukommenden Linien werden mit wachsender Vergrößerung immer feiner, woraus zu schließen ist, daß die im Lichtmikroskop erkennbaren Gruppen elementarer Gleitlinien sehr verschiedene Stärke und Zusammensetzung haben. Dies bestätigt die elektronenmikroskopische Aufnahme Fig. 115 (vgl. auch die Cadmium-Aufnahmen bei BROWN[2], insbesondere Fig. 17, und die Zn-Aufnahme bei WILSDORF[3]), auf der man neben sehr ausgeprägten lokalen Anhäufungen von Gleitlinien auch viele feine Einzellinien sowie zwischen diesen beiden Extrema liegende Erscheinungen findet.

Um eine Trennung der verschiedenen Oberflächenerscheinungen durchzuführen, hat H. TRÄUBLE[4] neuerdings die in den Ziff. 33 bis 35 beschriebene

---

[1] SH. KODA u. T. TAKEYAMA: J. Phys. Soc. Japan **10**, 822 (1955).
[2] A. F. BROWN: [*28*].
[3] H. WILSDORF: Z. Metallkde. **45**, 14 (1954).
[4] H. TRÄUBLE: Diplomarbeit Stuttgart 1958. — Diskussionstagung Aachen 1958 [s. Z. Metallkde. **49**, 210 (1958)]. — Herr TRÄUBLE hat dankenswerterweise die Fig. 115 bis 117 zur Verfügung gestellt.

Methode des Abpolierens und der kleinen Zusatzverformungen auf Zink-Einkristalle angewandt, die bei verschiedenen Temperaturen verformt worden waren. Fig. 116a zeigt den Beginn der Gleitung bei *Raumtemperatur*. Ganz im Gegensatz zu den Verhältnissen im Bereich I der Verfestigungskurve der kubisch-flächenzentrierten Metalle ist hier die Gleitung auf wenige isolierte Gleitlinien

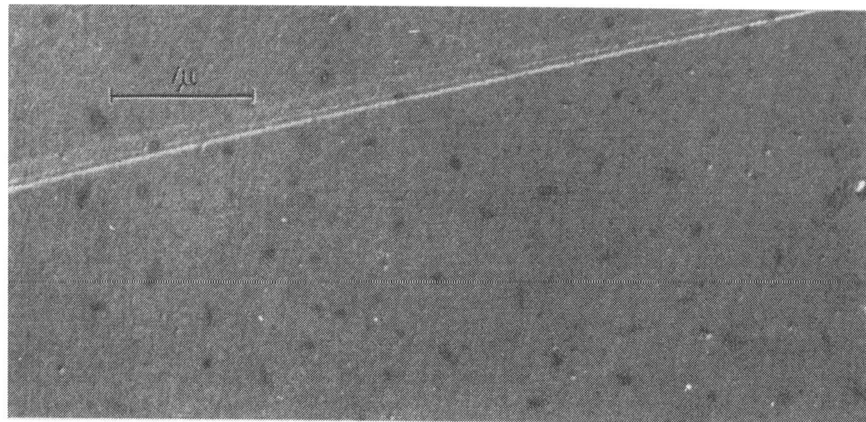

Fig. 116a. Oberfläche eines Zinkkristalls (bei Zimmertemperatur verformt), Abgleitung $a = 0{,}02$. $\times 20000$. Das Bild ist typisch für den Beginn der Gleitung bei Zimmertemperatur.

oder Gleitliniengruppen beschränkt. Fig. 116b zeigt eine weitere Erscheinung, die man bei kubisch-flächenzentrierten Metallen nicht findet, nämlich das „Auffächern" einer Gleitliniengruppe. Dieses, nur auf der Seitenfläche, nicht aber

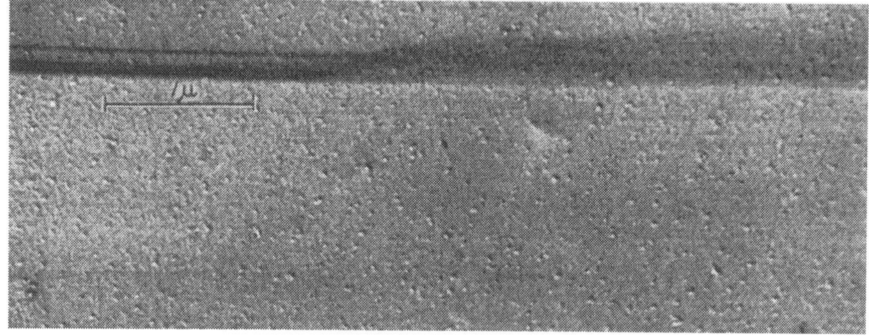

Fig. 116b. „Auffächern" der Gleitlinien auf einem Zinkkristall. Bei Zimmertemperatur bis $a = 0{,}9$ verformt, dann abpoliert. Zusatzverformung $\Delta a = 0{,}05$. $\times 20000$.

auf der Stirnfläche auftretende Auffächern wird bei Raumtemperatur um so häufiger gefunden, je größer die Abgleitung bzw. die Schubspannung ist. Verformt man bei der Temperatur der flüssigen Luft, so tritt es *nicht* auf.

Fig. 117 gibt zwei um etwa 40 μ in Richtung senkrecht zu den Gleitlinien auseinanderliegende Ausschnitte aus dem Oberflächenbild eines Zinkkristalls wieder, und zwar nach einer Abgleitung $a = 0{,}08$ (bei 60° C, keine Vorverformung). In Fig. 117a sieht man eine verhältnismäßig kleine Gruppe von Gleitlinien, die auf beiden Seiten von einem gleitlinienfreien Bereich begrenzt werden. Fig. 117b stellt dagegen einen Ausschnitt aus einer rund zehnmal breiteren Gruppe dar. Hätte man die Zusatzabgleitung etwas größer gewählt, so wäre diese Gruppe seitlich noch weiter gewachsen und hätte den jetzt teilweise gleitlinienfreien Zwischenraum zwischen den Aufnahmen von Fig. 117a und Fig. 117b vollständig überdeckt. Auf diese Weise kommt dann das Fig. 115 entsprechende Bild zustande, das für große Abgleitungen bzw. Zusatzabgleitungen typisch ist.

Die Oberflächenerscheinungen nach *Verformung bei der Temperatur der flüssigen Luft* unterscheiden sich von denjenigen nach Raumtemperaturverformung außer durch das Fehlen der Auffächerungen vor allem durch eine viel gleich-

Fig. 117a. Zinkkristall, bei 60° C ohne Vorabgleitung bis $a = 0{,}08$ verformt. × 5000. Dieselben Erscheinungen treten auch nach Raumtemperaturverformung auf.

mäßigere Verteilung der Gleitung, und zwar auch schon bei sehr kleinen Abgleitungen. Nach Verformungen bei höherer als Zimmertemperatur sind dagegen die Gleitlinien noch stärker gebündelt und die Auffächerungen häufiger als bei Raumtemperaturverformung.

Hinsichtlich der *Länge der Gleitlinien* bestehen wesentliche Unterschiede zwischen der Verformung bei der Temperatur der flüssigen Luft und derjenigen bei Zimmertemperatur. Im erstgenannten Fall sind die Gleitlinien so lang, daß auch bei den höchsten erreichten Abgleitungen (etwa 0,25) keine endenden Gleitlinien beobachtet werden. Dies bedeutet, daß die Gleitlinien unter diesen Bedingungen mindestens 600 μ lang sind. Nach Raumtemperaturverformung sind die Gleitlinien wesentlich kürzer; die Länge der aktiven Gleitlinien nimmt mit wachsender Abgleitung stark ab.

Fig. 117b. Gleicher Kristall und gleiche Vorbehandlung wie Fig. 117a. Ausschnitt aus einem breiteren mit Gleitlinien bedeckten Gebiet.

c) Ergänzungen.

38. Mikrokinematographische Untersuchungen. Die in den Abschnitten a und b besprochenen Arbeiten untersuchten den Zustand der Kristalloberfläche *nach* der Verformung. Aus derartigen Beobachtungen kann natürlich nur mit Hilfe theoretischer Überlegungen und damit indirekt auf den *Ablauf* der Vorgänge während der Verformung geschlossen werden. Es gibt jedoch eine Reihe von Untersuchungen, bei denen kinematographisch die Entstehung des Oberflächenbildes verfolgt wurde. Da diese Untersuchungen bis jetzt an die Verwendung des Lichtmikroskops gebunden sind, ist es im allgemeinen schwierig, den

Zusammenhang mit den elektronenmikroskopischen Beobachtungen, über die in Abschnitt b berichtet wurde, herzustellen.

CHEN und POND[1] haben auf Aluminiumkristallen, die bei Raumtemperatur im Zugversuch gedehnt wurden, die Bildung von Gleitbändern mit 32 Bildern pro Sekunde gefilmt. Auf der Stirnfläche der Kristalle konnte dabei das seitliche Wachstum der Gleitlinien beobachtet werden. Die sich dabei bewegenden Versetzungen sind Schraubenversetzungen; die höchsten beobachteten Geschwindigkeiten lagen in der Größenordnung 1 cm/sec. Diese Geschwindigkeit, die drei bis vier Zehnerpotenzen unter der Schallgeschwindigkeit liegt, also sehr klein ist, ist natürlich nicht die von den Versetzungen erreichte Höchstgeschwindigkeit, sondern nur ein Mittelwert. Auf der Seitenfläche konnte die Ausbreitung der Gleitlinien nicht aufgelöst werden. Die einfachste Deutung hierfür ist, daß unter den Bedingungen des Versuches die Stufenversetzungen sich im Mittel wesentlich schneller als die Schraubenversetzungen bewegen.

Entsprechende Versuche mit stufenweiser Belastung, also im Kriechversuch, wurden von BECKER und HAASEN[2] sowie neuerdings von HAASEN und SIEMS[3] an Aluminiumkristallen durchgeführt. Neben der seitlichen Ausbreitung der Gleitlinien wurde bei diesen Arbeiten vor allem auch das Tiefenwachstum der Gleitbänder experimentell untersucht und mit theoretischen Überlegungen in Verbindung gebracht. Dabei wurde gefunden, daß die Gleitbänder auf der Seitenfläche über eine längere Zeit hinweg in der Tiefe anwachsen als diejenigen auf der Stirnfläche. Dies weist in qualitativer Übereinstimmung mit den Beobachtungen über das Längenwachstum darauf hin, daß die an der Stirnfläche austretenden Versetzungen, also die Stufenversetzungen, sich schneller als die Schraubenversetzungen bewegen.

HAASEN und SIEMS[3] untersuchten auch Zinkkristalle, die bei Raumtemperatur stufenweise belastet wurden. Die Interpretation der Ergebnisse ist hier schwieriger, da die lichtoptisch sichtbaren Gleitspuren bei Zink sehr lang sind und im Gegensatz zu den Verhältnissen bei Aluminium praktisch nie im Gesichtsfeld enden. Aus diesem Grunde konnte das seitliche Wachstum der Linien nicht verfolgt werden. Die Interpretation des Tiefenwachstums einer lichtoptisch sichtbaren Linie, das sich über eine längere Zeit als beim Aluminium hinzieht, bereitet Schwierigkeiten, da ja beim Zink keine eigentlichen Gleitbänder auftreten und der optische Eindruck von der gegenseitigen Anordnung vieler individueller Linien bestimmt wird. Immerhin können HAASEN und SIEMS[3] schließen, daß die der Versetzungsbewegung entgegenwirkenden Reibungskräfte bei Zink geringer sind als bei Aluminium.

Zum Abschluß sei noch eine Untersuchung erwähnt[4], bei der das Tiefenwachstum der Gleitstufen auf Aluminium bei stufenweiser Belastung mit Hilfe von Tolansky-Interferenzen gemessen wurde. Damit konnte zwar die zeitliche Veränderung der Stufenhöhe von Gleitbändern gut verfolgt werden, doch ist die seitliche Auflösung des Verfahrens doch auch nur diejenige des Lichtmikroskops. Eine kurze Zusammenstellung der wichtigsten Ergebnisse der Arbeit findet man bei A. F. BROWN [*28*].

39. Elektronenbeugung, Kikuchi-Linien. In der ersten Arbeit über die elektronenmikroskopische Untersuchung der Gleitbänder haben HEIDENREICH und

[1] N. K. CHEN u. R. B. POND: Trans. Amer. Inst. Min. Metallurg. Engrs. **194**, 1085 (1952).

[2] R. BECKER u. P. HAASEN: Acta met. **1**, 325 (1953).

[3] P. HAASEN u. R. SIEMS: Z. Metallkde. **48**, 315 (1957).

[4] S. TOLANSKY u. J. HOLDEN: Nature, Lond. **164**, 754 (1949). — J. HOLDEN: M. Sc. Thesis, University of Manchester 1948.

SHOCKLEY[1] auch über Elektronenbeugungsversuche, insbesondere über die Auslöschung von Kikuchi-Linien durch plastische Verformung, berichtet. Ausführlichere Elektronenbeugungsversuche an verformten Aluminiumkristallen haben in neuerer Zeit FUJITA, WATANABE, YAMAMOTO und OGAWA[2] sowie ROROS[3] veröffentlicht. Die erstgenannten Autoren fanden, daß die Laue-Punkte mit wachsender Verformung schwächer wurden und sich aufspalteten. Dieser Effekt wurde der Wirkung von Deformationsbändern (Knickbändern) zugeschrieben, da er nur auftrat, wenn der einfallende Strahl auf ein Deformationsband fiel. Damit ist im Einklang, daß die Aufspaltung der Laue-Punkte einer Drehung um die $\langle 211 \rangle$-Achse senkrecht zur Gleitrichtung entsprach. Es konnte weiterhin gezeigt werden, daß auch die Auslöschung der Kikuchi-Linien und Kikuchi-Bänder bei kleinen und mittleren Verformungen zu einem großen Teil von den Deformationsbändern herrührt. Bei starken Verformungen werden die Kikuchi-Linien und -Bänder jedoch mit wachsender Verformung auch dann schwächer, wenn durch den einfallenden Strahl keine Deformationsbänder erfaßt werden und die Laue-Punkte dementsprechend scharf sind. Sie gehen dann allmählich in den stärker werdenden allgemeinen Hintergrund über.

ROROS[3] untersuchte unter anderen den schon von HEIDENREICH und SHOCKLEY betrachteten Einfluß von Wechselbelastungen kleiner Amplitude auf die Kikuchi-Linien sowie die Auswirkungen von Erholungsglühungen bei 450° C. Er fand, daß in Kristallen, die bei 450° C polygonisierten, die durch die Verformung ausgelöschten Kikuchi-Linien zwar wieder sichtbar wurden, aber doch wesentlich schwächer als im unverformten Kristall waren. Dagegen waren die Kikuchi-Linien bei jenen Kristallen, die bei 450° C rekristallisierten, schärfer als bei den unverformten (aus der Schmelze gewachsenen) Kristallen.

In beiden eben besprochenen Untersuchungen wurde gefunden, daß die Kikuchi-Linien verformter Kristalle wesentlich deutlicher wurden, wenn eine größenordnungsmäßig 50 μ dicke Oberflächenschicht durch elektrolytisches Polieren entfernt wurde. Die Autoren schließen daraus, daß eine Oberflächenschicht dieser Dicke stärker als das Kristallinnere verformt worden ist. Da es jedoch auch noch mit dem Poliervorgang zusammenhängende Erklärungsmöglichkeiten gibt, erscheint die weitere Untersuchung der Vorgänge in der Oberflächenschicht erwünscht.

39a. Die direkte Durchstrahlung dünner Proben im Elektronenmikroskop. HIRSCH, HORNE und WHELAN[4] haben neuerdings sehr dünne Aluminiumfolien im Elektronenmikroskop in *Durchstrahlung* untersucht. Es werden dabei dunkle Linien beobachtet, die auf Grund von verschiedenen experimentellen Befunden Versetzungslinien zugeordnet werden. Erwärmt sich das Präparat infolge der Aufheizung durch das Elektronenbombardement, so bewegt sich ein Teil der Versetzungslinien, wobei in einigen Fällen die Gleitebene als $\{111\}$-Ebene identifiziert werden konnte. Sehr häufig kommt es vor, daß eine Versetzungslinie, die wohl Schraubencharakter besitzt, ihre Gleitebene verläßt, auf einer anderen Ebene weitergleitet und dann wieder auf eine zur ursprünglichen Gleitebene parallele Ebene zurückkehrt. Man hat also eine „doppelte Quergleitung“ vorliegen. Auf diesen Prozeß werden wir in Ziff. 55 zurückkommen.

Es ist gelungen, mit dieser Methode sich bewegende Versetzungen auch in einer Reihe anderer Metalle (sowie in Graphit[5]) sichtbar zu machen. Besonders

---

[1] R. D. HEIDENREICH u. W. SHOCKLEY: [*29*], S. 57.

[2] F. E. FUJITA, D. WATANABE, M. YAMAMOTO u. S. OGAWA: J. Phys. Soc. Japan **11**, 502 (1956).

[3] J. K. ROROS: Z. Metallkde. **48**, 281 (1957).

[4] P. B. HIRSCH, R. W. HORNE u. M. J. WHELAN: Phil. Mag. **1**, 677 (1956).

[5] A. GRENALL nach privater Mitteilung von J. BRINKMAN.

gute Resultate wurden mit (kubisch-flächenzentriertem) rostfreiem Stahl[1] erzielt. Dieser besitzt eine niedrige Stapelfehlerenergie, so daß die in {111}-Ebenen liegenden Versetzungen in starkem Maße in Halbversetzungen aufgespalten sind. In dieser bei Aluminium fehlenden starken Aufspaltung liegt sicherlich das wesentlich andersartige Verhalten der Versetzungen in rostfreiem Stahl begründet, die z.B. — in Übereinstimmung mit den theoretischen Erwartungen — keine Quergleitung zeigen.

Am Beispiel des rostfreien Stahls konnte auch das Zustandekommen des Kontrastes geklärt und (bei den Stapelfehlern) ein Vergleich zwischen Experiment und Theorie durchgeführt werden[2]. Ein Stapelfehler im kubisch-flächenzentrierten Gitter ruft einen Phasenunterschied von $2\pi/3$ in den Wellen hervor, die nach v. LAUE und BRAGG von den Kristallteilen vor und hinter dem Stapelfehler gebeugt werden. Dies gibt in guter Übereinstimmung von Experiment und Theorie zu einer Interferenzstreifung Anlaß. — In entsprechender Weise ist der durch die Versetzungslinien hervorgerufene Kontrast durch die Änderung der Bedingungen für die Bragg-Reflexion durch das Verzerrungsfeld der Versetzungen bzw. die dieses begleitenden Gitterdrehungen bedingt.

Es kann als sicher gelten, daß die vorstehend geschilderten Untersuchungsmethoden in Zukunft bei der Erforschung der Kristallplastizität eine wichtige Rolle spielen werden, insbesondere nachdem es gelungen ist, damit Versetzungen auch während eines Zugversuchs im Elektronenmikroskop zu beobachten[3].

40. Der Einfluß der Oberflächenbeschaffenheit auf die mechanischen Eigenschaften. Es gibt eine große Zahl von experimentellen Untersuchungen, die sich direkt oder indirekt mit dem Einfluß der Kristalloberfläche auf die plastischen Eigenschaften von Kristallen befassen. Dazu gehören z.B. der in Ziff. 16 besprochene Joffé-Effekt und die in Ziff. 52 im einzelnen zu erörternde Abhängigkeit der Verfestigung kubisch-flächenzentrierter Metalle vom Durchmesser der untersuchten Kristalle. Ferner gehören hierher die Beeinflussung der plastischen Eigenschaften durch eine Bestrahlung mit Elektronen (oder anderen nicht zu energiereichen geladenen Teilchen), die ja meist nur eine Oberflächenschicht der Kristalle erfaßt, sowie die Abhängigkeit der kritischen Schubspannung von den Kristalldimensionen und der Beschaffenheit der Kristalloberfläche, die Wirkung von Oxydschichten oder Platierungen und die Effekte, die von oberflächenaktiven Substanzen, die während der Verformung auf die Kristalle einwirken, hervorgerufen werden.

Es würde zu weit führen, alle diesbezüglichen Arbeiten hier besprechen zu wollen. Wir verweisen auf verschiedene Zusammenfassungen, in denen die Literatur zu diesen Fragen besprochen wird[4,5]. Es sei lediglich auf die Diskussion bei HAASEN und LEIBFRIED[4] besonders hingewiesen, wo ausgeführt wird, daß die Wirkungen von Oxydhäuten (die den Versetzungsaustritt aus dem Kristall erschweren) von den Wirkungen oberflächenaktiver Substanzen (Rehbinder-Effekt: Erniedrigung der Oberflächenspannung gegen die Umgebung) prinzipiell verschieden sind.

D. Theorie der Kristallplastizität[6].

I. Die Grundlagen.

41. Überblick. In Ziff. 6 war ausgeführt worden, daß die Grundtatsache der Kristallplastizität, die leichte plastische Verformbarkeit vieler Kristalle, nur durch

[1] M. J. WHELAN, P.B. HIRSCH, R.W. HORNE u. W. BOLLMANN: Proc. Roy. Soc. Lond., Ser. A **240**, 524 (1957).

[2] M. J. WHELAN u. P.B. HIRSCH: Phil. Mag. **2**, 1121, 1303 (1957).

[3] H.G.F. WILSDORF: J. Appl. Phys. **28**, 1374 (1957).

[4] P. HAASEN u. G. LEIBFRIED: [*24*].

[5] E. N. DA C. ANDRADE: Properties of Metallic Surfaces (Institute of Metals Monograph and Report Series No. 13), London 1953, S. 133. — Ferner liegen (nicht im Druck erschienene) Berichte von H. SCHOLL (2. Diskussionstagung über Metallplastizität, Essen 1953) und J. GLEN (A.E.R.E.Report) vor.

[6] In diesem Abschnitt wird von den Eigenschaften der Versetzungen und anderer Gitterfehlstellen ausführlich Gebrauch gemacht. Der Leser wird dieserhalb nochmals auf den Beitrag „Theorie der Gitterfehlstellen“ in Teil 1 dieses Bandes verwiesen.

die Einführung von Gitterfehlern, insbesondere von Versetzungen, gedeutet werden kann. Es war weiterhin dargelegt worden, daß zur Erklärung der experimentellen Ergebnisse die Anwesenheit von Versetzungslinien in unverformten Kristallen makroskopischer Abmessungen notwendig ist. Die Aufgabe der Theorie der Kristallplastizität ist es, die plastischen Eigenschaften durch die Anordnung und Bewegung der Versetzungen und anderer Gitterfehler zu deuten.

Der erste Schritt zu einer vollständigen Theorie wäre die Ableitung der *Zahl* und *Anordnung* der in einem unverformten Kristall vorhandenen *Versetzungslinien* auf Grund der Vorgänge beim Kristallwachstum. Leider sind nicht nur die theoretischen, sondern auch die empirisch gewonnenen Kenntnisse hierüber verhältnismäßig gering. Wir werden darauf in Ziff. 42 kurz eingehen.

Den nächsten Schritt bildet die Berechnung der *kritischen Schubspannung* τ_0, wenn die Versetzungsanordnung des unverformten Kristalls bekannt ist. In den Ausdruck für die Schubspannung, unter der sich ein Kristall zuerst ausgiebig plastisch verformt, gehen die Versetzungsdichte und -Anordnung, die Konzentration und Verteilung von Fremdatomen usw. durch geeignet gewählte Parameter ein, außerdem natürlich die Temperatur und die Verformungsgeschwindigkeit. Mit der Lösung dieses Problems ist im allgemeinen auch die Frage nach der Spannung beantwortet, unter der sich ein Kristall mit irgendeiner, z.B. durch Vorverformung entstandenen, Versetzungsanordnung plastisch verformt. Diese Spannung nennt man die *Fließspannung* τ des betreffenden Kristallzustands. Vom theoretischen Standpunkt aus stellt also die Behandlung der Fließspannung und der kritischen Schubspannung (= Fließspannung des unverformten Kristalls) dieselbe Aufgabe dar. Wir werden deshalb in Abschnitt II kritische Schubspannung und Fließspannung gemeinsam behandeln.

Ist man in der Lage, die Fließspannung für eine gegebene Versetzungsanordnung anzugeben, so ist der nächste Schritt, die Änderung der Versetzungsanordnung mit zunehmender Verformung (die im einfachsten Falle durch die Abgleitung a charakterisiert wird), zu ermitteln. Man kennt dann auch die Fließspannung $\tau(a)$ als Funktion der Abgleitung a (sowie weiterer Parameter wie absolute Temperatur T und Abgleitungsgeschwindigkeit $\dot{a}$) und damit die Gleichung der Verfestigungskurve. Im Prinzip genügt es dabei, die Fließspannungsänderung bei einer infinitesimalen Änderung der Abgleitung, also den *Verfestigungsanstieg* oder Verfestigungskoeffizienten

$$\vartheta = d\tau/da, \tag{41.1}$$

zu berechnen, da man ja daraus durch Integration die Gleichung der Verfestigungskurve ableiten kann. Es ist in der Tat bequemer, die Diskussion, wie wir es in Abschnitt III tun werden, an den *Verfestigungskoeffizienten* ϑ und nicht an die *Verfestigung*

$$\tau_v = \tau - \tau_0 \tag{41.2}$$

anzuknüpfen.

Hat man das bisher skizzierte Programm durchgeführt, so kennt man die Vorgänge während der plastischen Verformung und die dabei entstehende Verteilung von Versetzungen und anderen, bei der Versetzungsbewegung gebildeten Gitterfehlstellen wie Leerstellen und Zwischengitteratomen. Man kann daraus im Prinzip die durch die Verformung bewirkte Änderung der Kristalleigenschaften, etwa des elektrischen Widerstands, der Kristalldichte, der inneren Energie oder des röntgenographischen Verhaltens ermitteln. Da jedoch die Erforschung der sich während der Verformung und Verfestigung abspielenden Vorgänge im allgemeinen recht kompliziert ist, zieht man die Veränderung der oben erwähnten

Kristalleigenschaften oft zur Aufklärung des Verformungsmechanismus mit heran. Auch wir werden gelegentlich diesem Vorgehen folgen.

Im vorliegenden Abschnitt D schließen wir Legierungen aus unseren Betrachtungen aus. Wir werden sie in Abschnitt E (S. 167) gesondert behandeln. Ebenso werden wir auch dem Kriechen einen eigenen Abschnitt F widmen (S. 193).

42. Die Grundstruktur des unverformten Kristalls. Einer der schwächsten Punkte in der heutigen Theorie der Kristallplastizität ist, wie schon erwähnt, unsere mangelnde Kenntnis der Struktur des unverformten Kristalls, der sogenannten Grundstruktur[1]. Unter der Grundstruktur versteht man die Versetzungsanordnung in einem Kristall vor Beginn der Verformung. Durch diese Anordnung wird nicht nur die Schubspannung, bei der eine ausgiebige plastische Verformung im Kristall stattfinden kann, sondern weitgehend auch die Anordnung und die Zahl der bei der Verformung erzeugten Versetzungen und damit auch die Verfestigung des Kristalls bestimmt.

Die allgemeinen Vorstellungen über die Grundstruktur eines ausgeglühten Kristalls, über die im Abschnitt E des Artikels „Theorie der Gitterfehlstellen" berichtet wurde, stammen von F. C. FRANK und N. F. MOTT[2]. Es ist bis jetzt noch nicht möglich gewesen, quantitative Angaben über die Grundstruktur aus den Bedingungen abzuleiten, die beim Kristallwachstum (aus der Schmelze[3], Lösung oder Dampfphase oder durch Rekristallisation) geherrscht haben. Wir sind deshalb auf indirekte Schlüsse, vor allem auf die aus Verformungsversuchen gezogenen, angewiesen[4].

Wie SEEGER[5] gezeigt hat, kann man die *Versetzungsdichte* in einem Kristall durch Kriechversuche bei tiefen Temperaturen ermitteln. In den untersuchten Fällen ergab sich der mittlere Versetzungsabstand in ausgeglühten Einkristallen zu etwa 10^{-4} cm bis 10^{-3} cm (vgl. hierzu Ziff. 69).

Über die *Anordnung der Versetzungen* in dem Versetzungsnetzwerk, das nach FRANK und MOTT in einem unverformten Kristall vorhanden ist, kann man einige Angaben machen. Wie im Artikel „Theorie der Gitterfehlstellen" (Ziff. 37) gezeigt wurde, können in der hexagonalen Kugelpackung $\mathfrak{c}$- und $\mathfrak{a}$-Versetzungen keine stabile Knoten miteinander bilden. Man hat also in diesen Kristallen zwei ineinander verschlungene, aber nicht miteinander zusammenhängende Netzwerke von Versetzungen. Da die $\mathfrak{a}$-Versetzungen bei den Metallen mit stark übernormalem Achsenverhältnis (Cd, Zn) bevorzugt in der Basisebene liegen, dürfte das Netzwerk der $\mathfrak{a}$-Versetzungen in der Basisebene sehr leicht verschiebbar sein[6].

Bei kubisch-flächenzentrierten Metallen hat man dagegen ein einziges, in sich zusammenhängendes Netzwerk von Versetzungslinien zu erwarten, das praktisch alle im Kristall vorhandenen Versetzungslinien mit $\mathfrak{b} = \frac{1}{2}\langle 110\rangle$ umfaßt. Eine

---

[1] Siehe das Kapitel „Theorie der Gitterfehlstellen" in Teil 1 dieses Bandes (Ziff. 92) sowie P. HAASEN u. G. LEIBFRIED [*24*].

[2] N. F. MOTT: Proc. Phys. Soc. B **64**, 729 (1951).

[3] Einen ersten Ansatz zur rechnerischen Behandlung gewisser Züge der Grundstruktur beim Kristallwachstum aus der Schmelze hat F. C. FRANK [*35*], S. 73 gegeben.

[4] Wegen der Ergebnisse röntgenographischer Untersuchungen vgl. man P. B. HIRSCH: Progr. Met. Phys. **6**, 236 (1956). Ferner gewinnen in neuerer Zeit Ätzverfahren, die die Austrittspunkte von Versetzungen auf der Kristalloberfläche sichtbar machen, sowie (bei im Sichtbaren bzw. Infraroten durchsichtigen Kristallen) Methoden des Dekorierens der Versetzungen mit Verunreinigungen immer mehr an Bedeutung. (Siehe hierzu mehrere Arbeiten in [*34*] und [*36*] sowie — hinsichtlich Si und Ge — die in [*38*] referierten Untersuchungen.) Mit zunehmender Ausgestaltung der theoretischen und experimentellen Grundlagen dürften in Zukunft auch Messungen des Beitrags von Versetzungen zur inneren Reibung für die Bestimmung der Anordnung und Dichte der Versetzungen wichtig werden.

[5] A. SEEGER: Z. Naturforsch. **9**a, 758 (1954), insbes. Abschn. 5.

[6] A. SEEGER: Z. Naturforsch. **9**a, 856 (1954).

wesentliche Frage ist nun, ob bei diesem Netzwerk (gewissermaßen wie bei einer Seifenschaum-Struktur) die Versetzungslinien immer die räumlich nächstgelegenen Knoten miteinander verbinden oder ob eine Versetzungslinie häufig zwei verhältnismäßig weit auseinanderliegende Knoten verbindet. Bezeichnet man[1] den mittleren Abstand der Versetzungslinien als *Maschenweite* l_0 und die mittlere Länge der Versetzungslinien zwischen zwei Knoten als *Maschenlänge*, so handelt es sich also um die Frage des Verhältnisses von Maschenlänge zu Maschenweite. Auf Grund unserer noch sehr spärlichen Kenntnisse über die Entstehung des Versetzungsnetzwerks kann man diese Frage nicht beantworten. Dagegen gibt es eine empirische Möglichkeit, zu unterscheiden, ob dieses Verhältnis etwa den Wert 1 hat, wie meist ohne weitere Diskussion angenommen wird, oder ob die Maschenlänge wesentlich größer als die Maschenweite ist. Im ersten Falle würde bei unbeweglichen Knoten die kritische Schubspannung durch die Länge der Versetzungsquellen[2] bzw., was in diesem Falle das gleiche wäre, die Maschenlänge bestimmt sein. Andere Mechanismen, die die zur Versetzungsbewegung notwendige Schubspannung, also die Fließspannung des Kristalls erhöhen, würden erst dann in Erscheinung treten, wenn die zu ihrer Überwindung notwendige Schubspannung gleich der kritischen Spannung der Frank-Read-Quellen ist. Ist dagegen die Maschenlänge hinreichend groß, so können die Frank-Read-Quellen selbst unter sehr kleinen Schubspannungen betätigt werden. Das hauptsächlichste Hindernis für die Versetzungsbewegung ist in diesem Falle das innere Spannungsfeld der Versetzungslinien im Netzwerk. Zu diesem treten die übrigen Mechanismen, wie z. B. die Sprungbildung in Versetzungen u. a. m., additiv hinzu. Eine große Zahl experimenteller Beobachtungen weist darauf hin, daß die zweitgenannte Möglichkeit zutrifft. Wir haben also in allen daraufhin genauer untersuchten Fällen eine so große Maschenlänge anzunehmen, daß die kritische Schubspannung *nicht* durch die Länge der Frank-Read-Quellen bestimmt wird[3]. Dies schließt natürlich nicht die Möglichkeit aus, daß in Zukunft auch Fälle bekannt werden, in denen die kritische Schubspannung des Kristalls tatsächlich im wesentlichen durch jene der Frank-Read-Quellen gegeben ist.

II. Kritische Schubspannung und Fließspannung.

43. Allgemeine Theorie. Den Ausführungen von Ziff. 42 entsprechend, gehen wir davon aus, daß im Kristall eine große Zahl[4] von *sehr langen* Versetzungsquellen vorhanden ist und deshalb die Versetzungserzeugung sehr leicht erfolgen kann. Die Richtigkeit dieser Voraussetzung wird an der Übereinstimmung mit experimentellen Ergebnissen, die sich damit erzielen läßt, zu prüfen sein. Die Diskussion dieser Ziffer gilt nicht nur für die kritische Schubspannung (als Fließspannung des unverformten Kristalls), sondern auch für die Fließspannung eines vorverformten Kristalls.

Das Versetzungsnetzwerk ruft ein inneres Spannungsfeld im Kristall hervor, das räumlichen Schwankungen mit einer Periode von der Größenordnung der Maschenweite unterliegt. Ausgiebige plastische Verformung kann nur dann erfolgen, wenn die äußere Spannung ausreicht, um die Versetzungen durch dieses

---

[1] A. SEEGER: Z. Naturforsch. 9a, 758 (1954).

[2] Siehe den Artikel „Theorie der Gitterfehlstellen" in Teil 1 dieses Bandes, Ziff. 40 und 60.

[3] Wegen Einzelheiten siehe A. SEEGER: Z. Naturforsch. 9a, 758, 870 (1954).

[4] Aus dem Gleitlinienbild im Bereich I der Verfestigungskurve von Kupfer-Einkristallen kann man schließen, daß zu Beginn der Verformung 10^7 bis 10^8 hinreichend lange Versetzungsquellen pro cm^3 betätigt worden sind. Diese Zahl liegt so weit unter der meistens zugrunde gelegten Größenordnung von 10^{11} Quellen/cm^3, daß der oben gemachten Annahme keine Bedenken entgegenstehen (vgl. Ziff. 52).

Spannungsfeld über größere Entfernungen hinweg zu bewegen. Wir nennen den auf diese Weise zustande kommenden Beitrag zur kritischen Schubspannung τ_G. Mit dem Index G wollen wir andeuten, daß wegen der großen Wellenlänge dieses Spannungsfeldes thermische Aktivierung bei dessen Überwindung keine Rolle spielt und eine Temperaturabhängigkeit von τ_G nur indirekt über die Temperaturabhängigkeit der elastischen Konstanten, z.B. des Schubmoduls G, zustande kommt. Die Berechnung von τ_G ist natürlich schwierig, da sie die Kenntnis der Versetzungsanordnung voraussetzt. Außerdem wirkt eine sich durch den Kristall hindurchbewegende Versetzung durch ihr Spannungsfeld auf die Versetzungen in ihrer Umgebung ein und verschiebt diese etwas. Immerhin kann man an Hand einfacher Modelle einen Einblick in die Größenordnung von τ_G erhalten. Will man z.B. eine Stufenversetzung (gleichgültig welchen Vorzeichens) zwischen zwei gleichnamigen Stufenversetzungen hindurchbewegen, die wie in Fig. 118 im Abstand l_0 voneinander angeordnet sind, so muß mindestens die Schubspannung

$$\tau = \tau_G = \frac{G}{2\pi(1-\nu)} \frac{b}{l_0} \tag{43.1}$$

(ν = Poissonsche Konstante) auf die zu bewegende Versetzung wirken. Bei der Anwendung dieses Modells auf wirkliche Kristalle wird man l_0 etwa gleich dem mittleren Versetzungsabstand zu wählen haben.

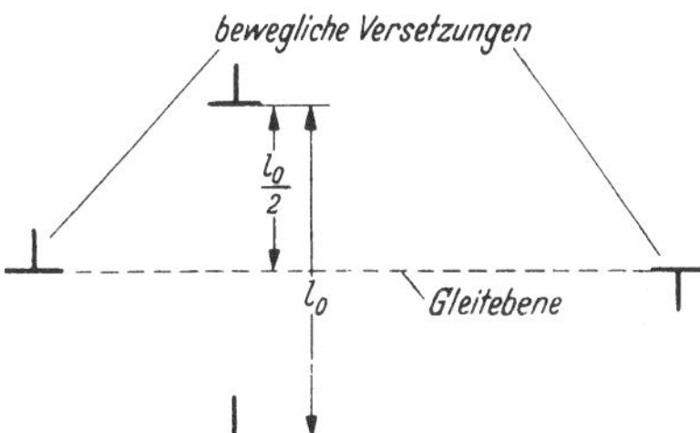

Fig. 118. Zur Begründung der Gl. (43.1). Eine Stufenversetzung wird zwischen zwei Stufenversetzungen gleichen oder entgegengesetzten Vorzeichens hindurchbewegt.

Die Ableitung einer analogen Formel für Schraubenversetzungen ist schwieriger, da Schraubenversetzungen gleichen Vorzeichens keine stabilen Anordnungen bilden. Für die Schubspannung, die benötigt wird, um an einer Schraubenversetzung eine zweite im Abstand $l_0/2$ vorbeizubewegen, gilt

$$\tau = \tau_G = \frac{G}{2\pi} \frac{b}{l_0}, \tag{43.2}$$

so daß man auf dieselbe Größenordnung wie bei Gl. (43.1) kommt.

Als Mechanismen, die ebenfalls einen Beitrag zur kritischen Schubspannung geben, jedoch im allgemeinen von der Temperatur abhängen, sind bei reinen Kristallen das *Durchschneiden von Versetzungslinien*[1], das häufig mit Sprungbildung verbunden ist (s. Artikel: „Theorie der Gitterfehlstellen", Ziff. 42), und die *Erzeugung atomarer Fehlstellen durch bewegte Versetzungen* (ebenda, Ziff. 44) zu nennen. Die genaue Diskussion der Bedingungen, unter denen die verschiedenen Prozesse auftreten und zur gemessenen kritischen Schubspannung beitragen, ist sehr verwickelt, so daß wegen einer ausführlichen Darstellung auf die Originalarbeiten verwiesen werden muß[2]. Wir können hier nur die Grundgedanken schildern.

Wir diskutieren zuerst die *Sprungbildung beim Überkreuzen von Versetzungslinien*. Wie Cottrell[3] und Mott[4] gezeigt haben, wird die Aktivierungsenergie U_0 für diesen Vorgang durch eine Schubspannung τ, die auf die schneidende

[1] Die eine bestimmte Gleitebene durchstoßenden Versetzungslinien, die als Hindernisse für gleitende Versetzungen wirken, werden nach A. H. Cottrell als *Versetzungs-Wald* (engl.: „dislocation forest") bezeichnet.

[2] A. Seeger: [*31*], S. 328. — Phil. Mag. **46**, 1194 (1955).

[3] A. H. Cottrell: L'Etat Solide (Bericht vom 9. Solvay-Kongreß für Physik). Brüssel: R. Stoops 1952, S. 421.

[4] N. F. Mott: Phil. Mag. **44**, 742 (1953).

Versetzungslinie wirkt, linear erniedrigt. Dies folgt daraus, daß die äußere Schubspannung beim Überkreuzen Arbeit leistet und damit hilft, einen Teil der benötigten Energie aufzubringen. Es gilt (Fig. 119) für den thermisch aufzubringenden Anteil der gesamten für das Durchkreuzen benötigten Energie

$$Q = U_0 - l_0' d' b \tau. \tag{43.3}$$

$b\tau$ gibt gerade die pro Längeneinheit an der schneidenden Versetzung angreifende Kraft an; aus einer Energiebilanz folgt Gl. (43.3) · d' heißt die Aktivierungslänge und stellt ein Maß für die Wegstrecke dar, längs der beim Durchschneiden die Schubspannung τ Arbeit leistet. Für nicht in Halbversetzungen aufgespaltene Versetzungslinien wird meist $d' = b$ gesetzt. Ist die durchschnittene Versetzung in Halbversetzungen aufgespalten, so wird d' von der Größenordnung des „Versetzungsdurchmessers"

$$d = b + 2\eta_0 \tag{43.4}$$

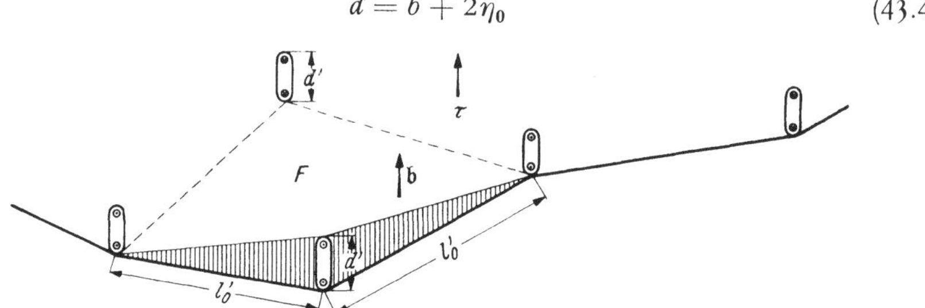

Fig. 119. Zur Ableitung der Gl. (43.3) über die Erniedrigung der Aktivierungsenergie beim Durchschneiden des Versetzungswaldes infolge der Wirkung einer äußeren Schubspannung τ (schematisch). In Fig. 119 sind die zu durchschneidenden Versetzungen als aufgespaltene Versetzungen gezeichnet, die Ausbauchung der Versetzungslinien ist vernachlässigt. Die Erniedrigung der Aktivierungsenergie ergibt sich aus der beim Überstreichen der schraffiert gezeichneten Fläche geleisteten Arbeit. F ist die insgesamt pro Aktivierung überstrichene Fläche.

sein[1], wobei $2\eta_0$ die Stärke der Aufspaltung angibt (vgl. Artikel: Theorie der Gitterfehlstellen, Ziff. 73).

Die mittlere Wartezeit, die bis zu einer für das Durchschneiden der Versetzungslinien ausreichenden thermischen Aktivierung vergeht, ist durch

$$t_0 = \frac{1}{\nu_0} \exp\left(\frac{U_0 - v(\tau - \tau_G)}{kT}\right) \tag{43.5}$$

gegeben. Hier ist für das „Aktivierungsvolumen" die Abkürzung

$$v = b\, d'\, l_0' \tag{43.6}$$

eingeführt worden. ν_0 ist von der Größenordnung der Debye-Frequenz. Als wirksame Schubspannung, die die thermische Energie bei der Überwindung des Hindernisses unterstützt, hat man die Differenz zwischen der angelegten Schubspannung und den von den übrigen Versetzungen im Kristall herrührenden, die Versetzungsbewegung hindernden Spannungen τ_G anzusetzen. Bei sehr kleinen Abgleitungen, also für die Berechnung der kritischen Schubspannung, handelt es sich bei τ_G um das Spannungsfeld der Grundstruktur, während bei höheren Abgleitungen τ_G vor allem durch das zuerst von G. I. TAYLOR[2] diskutierte verfestigende Spannungsfeld der bei der Verformung entstandenen (bzw. sich bewegenden) Versetzungen gegeben ist.

Hat man pro Volumeneinheit insgesamt N Versetzungsstücke, die an Hindernissen von der in Fig. 119 dargestellten Art aufgehalten sind, und bedeutet F

[1] A. SEEGER: [31], S. 328. — Z. Naturforsch. **9a**, 758 (1954).

[2] G. I. TAYLOR: Proc. Roy. Soc. Lond., Ser. A **145**, 362 (1934).

die pro Aktivierung von einem solchen Versetzungsstück überstrichene Fläche, so ergibt sich für die Gleitgeschwindigkeit

$$\dot{a} = N F b \nu_0 \exp\left(-\frac{U_0 - v(\tau - \tau_G)}{kT}\right). \tag{43.7}$$

Bei der dynamischen Versuchsführung (Ziff. 12) ist die Gleitgeschwindigkeit $\dot{a}$ vorgeschrieben, wohingegen τ die sich während des Versuchs einstellende Größe ist. Löst man Gl. (43.7) nach τ auf, so erhält man[1]

$$\tau = \tau_G + \frac{U_0 - kT\log(N F b \nu_0/\dot{a})}{v}. \tag{43.8}$$

Gl. (43.8) gilt natürlich nur so lange, als $\tau \geqq \tau_G$ ist. Dies bedeutet, daß Gl. (43.8) für Temperaturen T, die größer als

$$T_0 = \frac{U_0}{k\log(N F b \nu_0/\dot{a})} \tag{43.9}$$

sind, durch

$$\tau = \tau_G \tag{43.10}$$

zu ersetzen ist.

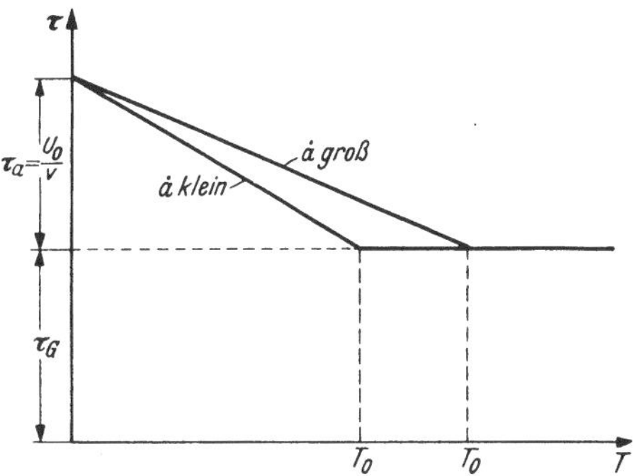

Fig. 120. Temperaturabhängigkeit und Geschwindigkeitsabhängigkeit der Fließspannung nach Gl. (43.8) bis (43.10). Die (in den meisten Fällen sehr geringe) Temperaturabhängigkeit des Schubmoduls ist vernachlässigt.

Der nach den Gln. (43.8) bis (43.10) zu erwartende Verlauf der kritischen Schubspannung und der Fließspannung ist in Fig. 120 dargestellt. Mit wachsender Verformungsgeschwindigkeit verschiebt sich die „kritische Temperatur" $T_0 = T_0(\dot{a})$ zu höheren Temperaturen. Die Spannung am absoluten Nullpunkt ist unabhängig von $\dot{a}$ durch die Summe aus τ_G und der „Aktivierungsspannung"

$$\tau_a = U_0/v \tag{43.11}$$

gegeben. In der Literatur wird derjenige Anteil der Fließspannung, der von den „Schneidprozessen" (einschließlich der thermischen Erzeugung von Leerstellen) herrührt, oft als

$$\tau_S \equiv \tau - \tau_G \tag{43.12}$$

bezeichnet. τ_S kann dadurch (zumindest prinzipiell) von τ_G unterschieden werden, daß es von der Verformungsgeschwindigkeit abhängt, während τ_G geschwindigkeitsunabhängig ist.

44. Kritische Schubspannung und Fließspannung der Metalle mit großer Stapelfehlerenergie. Die in Ziff. 43 entwickelte Theorie der kritischen Schubspannung enthält die Parameter l_0 und l_0', die die Versetzungsdichte und die Versetzungsanordnung charakterisieren.

Da diese Parameter von Kristall zu Kristall verschieden sind und nicht auf unabhängige Weise genau gemessen werden können, ist eine Prüfung der Theorie hinsichtlich der absoluten Größe der von ihr vorausgesagten kritischen Schubspannung schwierig. Immerhin kann man sagen, daß die bei reinen und sorgfältig hergestellten Kristallen beobachteten kritischen Schubspannungen zu l_0- und l_0'-Werten in der Größenordnung 10^{-3} bis 10^{-4} cm, also Versetzungsdichten von 10^6 bis 10^8 Versetzungen/cm², führen. Auf diese Größenordnungen wird man auch durch andere Untersuchungen geführt.

[1] A. SEEGER: Phil. Mag. **45**, 771 (1954).

Interessanter ist der Vergleich der *Temperatur-* und *Geschwindigkeitsabhängigkeit* mit den Experimenten. Geeignete Experimente liegen vor allem an kubisch-flächenzentrierten und hexagonalen Metallen vor. Wie sich zeigen wird, bedarf die in Ziff. 43 gegebene einfache Theorie zur Anwendung auf jene kubisch-flächenzentrierten Metalle, die verhältnismäßig stark aufgespaltene Versetzungen, also eine niedrige Stapelfehlerenergie, haben, einer in Ziff. 45 zu gebenden Erweiterung. Im vorliegenden Abschnitt behandeln wir nur Metalle, bei denen diese Aufspaltung nicht vorhanden oder zumindest nicht sehr wesentlich ist, also (mit Ausnahme des trigonalen Bi) Metalle hoher Stapelfehlerenergie.

In Fig. 31 war bereits die Temperatur-Abhängigkeit der kritischen Schubspannung von Bi- und Mg-Kristallen dargestellt worden. Wie man sieht, findet

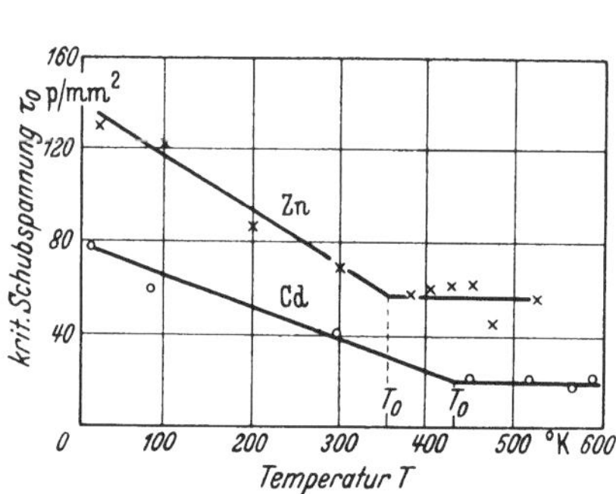

Fig. 121. Die Temperaturabhängigkeit der kritischen Schubspannung von Zink-Einkristallen nach W. FAHRENHORST und E. SCHMID [Z. Physik **64**, 845 (1930)] und von Cadmiumkristallen nach W. BOAS und E. SCHMID [Z. Physik **57**, 575 (1929)].

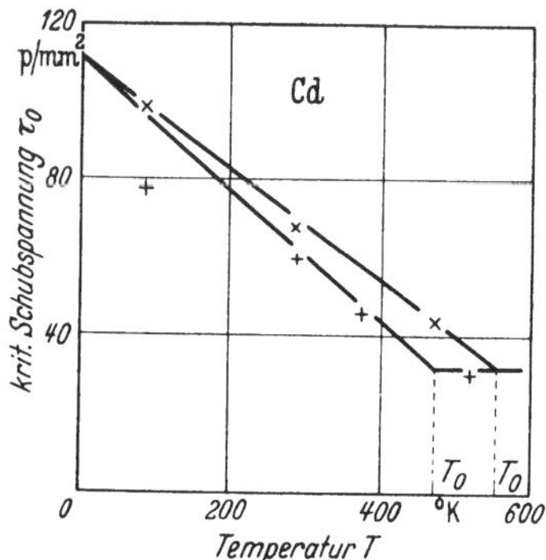

Fig. 122. Temperatur- und Geschwindigkeitsabhängigkeit der kritischen Schubspannung von Cadmium-Einkristallen nach W. BOAS und E. SCHMID [Z. Physik **61**, 767 (1930)]. Die mit × bezeichneten Punkte wurden bei etwa 100mal größerer Verformungsgeschwindigkeit als die mit + bezeichneten Meßwerte gewonnen.

man gute Übereinstimmung mit dem in Fig. 120 wiedergegebenen Verlauf. Auch die Messungen an Zink- und Cadmium-Kristallen (Fig. 121) sind in Übereinstimmung mit der Theorie, insbesondere auch hinsichtlich der Abhängigkeit der kritischen Schubspannung von der Verformungsgeschwindigkeit (Fig. 122).

Wegen der detaillierten Auswertung der eben erwähnten experimentellen Daten sehe man die Arbeit von SEEGER[1]. Da in allen genannten Fällen die von den Versetzungen des betätigten Gleitsystems durchschnittenen Versetzungslinien, die ja nicht in einer dichtest gepackten Ebene liegen können, nicht in Halbversetzungen aufgespalten sind, kann man näherungsweise

$$d' = b \tag{44.1}$$

setzen. Die aus den Meßwerten zu entnehmenden Aktivierungsenergien U_0 sind in Tabelle 5 eingetragen. Außer im Falle von Cd, bei dem U_0 direkt aus der Geschwindigkeitsabhängigkeit von T_0 ermittelt werden konnte, mußten für $\log (N F b\, \nu_0/\dot{a})$ plausible Zahlenwerte eingesetzt werden. Ein plausibler Wert für NFb ist 10^{-3} bis 10^{-2}. Man erhält ihn, wenn man $N = 10^{12}\ \mathrm{cm}^{-3}$ und $F = l_0'^2 = 10^{-7}\ \mathrm{cm}^2$ setzt. Im Falle von Cd ergibt sich damit eine gute Übereinstimmung zwischen dem nach Gl. (43.9) und dem aus der Geschwindigkeitsabhängigkeit von T_0 bestimmten Wert von U_0 (der ja von NFb unabhängig ist). Die Übereinstimmung der in „Theorie der Gitterfehlstellen" in Teil 1 dieses Bandes (Ziff. 74)

[1] A. SEEGER: Z. Naturforsch. 9a, 870 (1954).

mitgeteilten theoretischen Werte für die zur Bildung von Durchschneidungssprüngen in Stufenversetzungen in Zn und Cd benötigten Energien U_0 mit den in Tabelle 5 angegebenen experimentellen Werten ist ebenfalls gut.

Der Prozeß, um den es sich bei den vorstehenden Erörterungen handelt, ist, wie in Fig. 119 angedeutet, die Sprungbildung in Versetzungslinien mit überwiegendem Stufencharakter beim Durchschneiden eines Versetzungs-Waldes mit überwiegendem Schraubencharakter. Bei den hexagonalen Metallen werden die durchschnittenen Versetzungen durch die sogenannten $\boldsymbol{c}$-Versetzungen gebildet. Da $\boldsymbol{c}$-Versetzungen energetisch ungünstiger als $\boldsymbol{a}$-Versetzungen sind und deshalb etwas seltener auftreten sollten, ist es sehr befriedigend, daß sich l_0' bei den oben aufgeführten Versuchen an Zn und Cd verhältnismäßig groß, nämlich etwa gleich $3 \cdot 10^{-4}$ cm ergibt.

Die Erörterungen dieser Ziffer lassen sich auch auf Aluminium anwenden, das ja (ebenso wie Blei) ein kubisch-flächenzentriertes Metall großer Stapelfehlerenergie ist. Nach der Theorie[1] liegt die Aktivierungsenergie U_0 für das Durchschneiden des

Tabelle 5. *Aktivierungsenergien U_0 für die Bildung von Durchschneidungssprüngen in Stufenversetzungen.*

Metall	Cd	Zn	Mg	Bi
U_0 [eV]	$1{,}1_7$	$0{,}9_3$	0,8	1,2

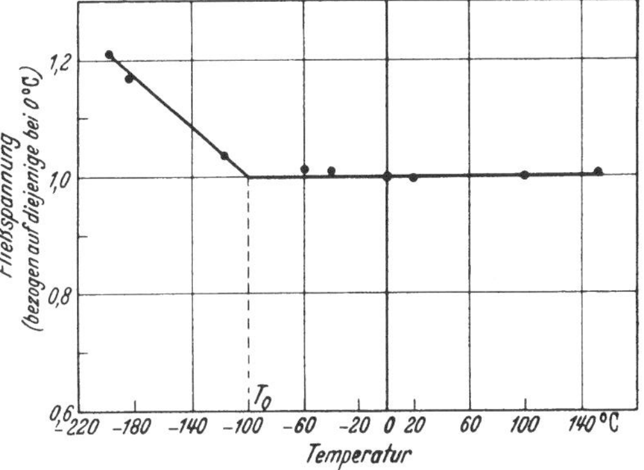

Fig. 123. Temperaturabhängigkeit der Fließspannung von Aluminium-Einkristallen nach COTTRELL und STOKES. Wegen der an den Meßwerten angebrachten Korrekturen zur Berücksichtigung der Temperaturabhängigkeit der elastischen Konstanten siehe Text.

Versetzungswaldes bei Aluminium zwischen 0,45 und 0,5 eV. Die Temperatur T_0 sollte demnach in das Temperaturintervall von 150 bis 200° K fallen. Es ist zwar sicher, daß die *kritische Schubspannung* bei der Temperatur der flüssigen Luft höher ist als bei Raumtemperatur[2], doch ist leider der Verlauf von τ_0 im Zwischengebiet nicht genugend genau bekannt, um einen quantitativen Vergleich mit der Theorie zu erlauben.

Dagegen liegen ausführliche Untersuchungen über die Temperaturabhängigkeit der *Fließspannung* von Aluminium-Kristallen nach verschieden starken Vorverformungen vor[3]. Es wurde dabei die Änderung der Fließspannung gemessen, wenn die Dehnung der Kristalle unterbrochen und danach bei einer tieferen Temperatur fortgesetzt wurde. Es ergab sich, daß für Abgleitungen von mehr als etwa 0,25 das Verhältnis der Fließspannungsänderung zur Fließspannung abgleitungsunabhängig war. In Fig. 123 ist die Temperaturabhängigkeit der Fließspannung im Bereich $a \gtrsim 0{,}25$ (bezogen auf die Fließspannung bei 0° C) aufgetragen. Man sieht, daß man in der Tat den theoretisch vorausgesagten Verlauf mit $T_0 = -100°$ C erhält, was (bei einer Abgleitungsgeschwindigkeit $\dot{a} = 5 \cdot 10^{-5}\,\text{sec}^{-1}$) $U_0 = 0{,}48$ eV entspricht.

Zu Fig. 123 ist noch folgendes zu bemerken: Um die oben besprochene indirekte Temperaturabhängigkeit von τ_G zu berücksichtigen, wurden die Fließspannungen bei jeder Tem-

[1] A. SEEGER: [*35*], S. 90; [*31*], S. 391.

[2] M. HEINZELMANN: Diplomarbeit, Stuttgart 1949. — D. W. PAXTON u. A. H. COTTRELL: Acta met. **2**, 3 (1954). — W. STAUBWASSER: Diss. Göttingen 1954. Siehe hierzu auch A. SEEGER: Z. Naturforsch. **9**a, 870 (1954).

[3] A. H. COTTRELL u. R. J. STOKES: Proc. Roy. Soc. Lond., Ser. A **233**, 17 (1955).

peratur mit der Konstanten

$$K_2 = (s_{44} s_{55} - 4 s_{36}^2)^{\frac{1}{2}} \tag{44.2}$$

multipliziert, die nach SEEGER und SCHÖCK[1] in den Ausdruck für das Spannungsfeld einer Schraubenversetzung eingeht. Die s_{ik} sind die auf ein Cartesisches Koordinatensystem mit Gleitebennormale und Gleitrichtung als Achsen bezogenen elastischen Koeffizienten. Sie wurden aus den Meßwerten von SUTTON[2] berechnet. Diese Korrektur bezieht sich zunächst nur auf den τ_G-Anteil der kritischen Schubspannung, der ja nur oberhalb von T_0 allein in Erscheinung tritt. Die Aktivierungsenergie U_0 dürfte jedoch eine ähnliche Temperaturabhängigkeit wie die elastischen Konstanten aufweisen, so daß es erlaubt schien, die oben beschriebene Korrektur auf die gesamte Fließspannung anzuwenden. Wegen weiterer Einzelheiten zur Bestimmung der Temperaturabhängigkeit der Fließspannung durch Temperaturwechselversuche s. Ziff. 58.

Man erkennt in Fig. 123, daß in dem Temperaturbereich oberhalb von T_0 kleine Abweichungen vom theoretischen Verlauf auftreten, die zum Teil damit zusammenhängen dürften, daß U_0 noch etwas von der Art der schneidenden und durchschnittenen Versetzungen abhängt[3], zum Teil wohl aber auch durch Abweichungen von Gl. (43.3) bedingt sind. Auf eine derartige Abweichung hat FRIEDEL[4] aufmerksam gemacht: Der mittlere Abstand l_0' zweier Versetzungen des Versetzungswaldes, an denen eine Versetzung hängengeblieben ist, hängt wegen der Ausbauchung der Versetzungslinien zwischen den „Bäumen" des Waldes etwas von der wirksamen Spannung ab. Ferner variiert auch der Versetzungsdurchmesser d etwas mit der Spannung, da ja mit steigender Spannung die Versetzungen des Hauptgleitsystems die Waldversetzungen etwas zusammenpressen. MOTT[5] hat z.B. darauf hingewiesen, daß im Grenzfall sehr tiefer Temperaturen, also kleiner Werte von Q, aus dem eben genannten Grunde

$$Q \sim [\tau(0) - \tau]^{\frac{3}{2}} \tag{44.3}$$

ist, wobei $\tau(0)$ die Fließspannung am absoluten Nullpunkt ist. Da jedoch im Anwendbarkeitsbereich von Gl. (44.3) sich noch nicht ausführlich erforschte quantenmechanische Effekte (Tunnel-Effekt[5–7]) bemerkbar machen sollten, kann man über das Verhalten der Fließspannung bei ganz tiefen Temperaturen heute noch keine zuverlässigen theoretischen Voraussagen machen. Da der genaue Verlauf von Q als Funktion von τ nur auf Grund von Detailrechnungen an bestimmten Modellen zu ermitteln ist und derartige Rechnungen bis jetzt noch nicht vorliegen, ist es wohl am besten, der Auswertung von Experimenten, wie wir es getan haben, die Gl. (43.8) zugrunde zu legen. Wie wir gesehen haben, ist die Übereinstimmung zwischen den Experimenten und der einfachen Theorie recht gut.

Bevor wir uns in Ziff. 45 den Metallen mit niedriger Stapelfehlerenergie zuwenden, rekapitulieren wir die Grundgedanken der in der vorliegenden Ziffer entwickelten Theorie der Fließspannung. Sie geht davon aus, daß bei der Messung der Fließspannung im Polanyischen Apparat eine bestimmte Verformungsgeschwindigkeit vorgegeben ist. Die äußere Spannung stellt sich so ein, daß eine ausreichend große Anzahl von Versetzungen hinreichend schnell eine genügend große Fläche überstreicht. Die von der äußeren Spannung auf die Versetzungen ausgeübte Kraft wird zur Überwindung zweier verschiedener Arten von Hinder-

---

[1] A. SEEGER u. G. SCHÖCK: Acta met. **1**, 519 (1953).
[2] P. M. SUTTON: Phys. Rev. **91**, 816 (1953).
[3] A. SEEGER: [*35*], S. 90.
[4] J. FRIEDEL: [*26*], Kap. 11.
[5] N. F. MOTT: Phil. Mag. **1**, 568 (1956).
[6] G. LEIBFRIED: [*35*], S. 25.
[7] J. GLEN: Phil. Mag. **1**, 400 (1956).

nissen für die Versetzungsbewegung benötigt. Dies sind 1. die weitreichenden Spannungsfelder der anderen im Kristall vorhandenen Versetzungen, dem Anteil τ_G entsprechend; 2. die lokalisierten Hindernisse, die der Versetzungsbewegung in Form des Versetzungswaldes entgegenstehen, dem Spannungsanteil τ_S entsprechend. Während wir keinen Grund zu der Annahme haben, daß τ_G stark vom Versetzungscharakter abhängt, also für Stufen- und Schraubenversetzungen wesentlich verschieden ist, wissen wir sicher, daß τ_S für Stufen- und Schraubenversetzungen von sehr verschiedener Größe sein kann. Die durch die Versuchsführung vorgegebene Abgleitungsgeschwindigkeit wird durch jene Versetzungen aufrechterhalten, die sich unter der geringsten Spannung oder — bei vorgegebener Spannung — mit der größten mittleren Geschwindigkeit durch den Kristall hindurchbewegen. In der vorstehenden Diskussion haben wir die unten näher zu begründende Annahme gemacht, daß dies die Stufenversetzungen sind. Dies bedeutet, daß ein aus einer Frank-Read-Quelle entstandener Versetzungsring sich in der Weise über die Gleitebene ausbreitet, daß die Stufenversetzungsanteile rascher als die Schraubenversetzungsanteile laufen, der Ring also während seiner Bewegung in Richtung des Burgers-Vektors verlängert ist (vgl. Fig. 124).

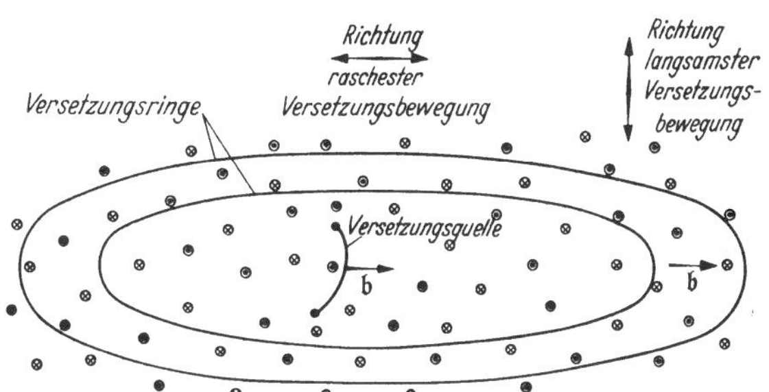

Fig. 124. Verlängerung der Versetzungsringe in Richtung des Burgers-Vektors *während* der Versetzungsbewegung, wenn die Stufenversetzungen rascher laufen als die Schraubenversetzungen. Der zu durchschneidende Versetzungswald ist schematisch durch Schraubenversetzungen beider Vorzeichen dargestellt.

Diese Vorstellung wird tatsächlich bestätigt durch die in Ziff. 38 besprochenen mikrokinematographischen Untersuchungen, wonach bei Aluminium die Stufenversetzungen im Mittel wesentlich schneller laufen als die Schraubenversetzungen. Es muß jedoch betont werden, daß wir uns hier nur mit der *Bewegung* der Versetzungsringe befaßt haben. Die *Form*, in der die Ringe schließlich zur Ruhe kommen und im Kristall liegenbleiben, hängt in erster Linie von der Anordnung jener Hindernisse ab, die unter der jeweils angelegten Spannung nicht überwunden werden können. Der Versetzungswald gehört hierzu im allgemeinen nicht, da sich gegebenenfalls eine Aufstauung von Ringen bildet und durch Spannungsvervielfachung[1] die Kraft auf die erste Versetzung des Rings so groß wird, daß sie sich durch den Wald hindurchbewegen kann.

Die oben erwähnte langsamere Bewegung der Schraubenversetzungen ist dadurch bedingt, daß die beim Durchschneiden des Versetzungswaldes in den Versetzungen entstandenen Sprünge Leerstellen oder Zwischengitteratome erzeugen müssen, wenn sie sich in der Fortschreitrichtung der Versetzungen bewegen[2]. Die Aktivierungsenergie für die Bildung von Leerstellen und erst recht von Zwischengitteratomen ist bei Aluminium größer als diejenige für das Durchschneiden der Stufenversetzungen durch den Versetzungswald. Erstere dürfte zwischen 0,5 und 1 eV liegen, während letztere etwas weniger als 0,5 eV beträgt. Mit einigen (in Ziff. 45 im wesentlichen enthaltenen) Zusatzüberlegungen kann

[1] A. H. Cottrell: [22]. Siehe auch „Theorie der Gitterfehlstellen" in Teil 1 dieses Bandes, insbes. Ziff. 58.

[2] Siehe hierzu F. Seitz: Adv. Physics **1**, 43 (1952). — A. Seeger: Phil. Mag. **46**, 1194 (1955), sowie Ziff. 44 in „Theorie der Gitterfehlstellen".

man daraus schließen, daß die Bewegung der Stufenversetzungen in diesem Fall leichter erfolgt als diejenige der Schraubenversetzungen[1].

45. Kritische Schubspannung und Fließspannung der Metalle mit niedriger Stapelfehlerenergie. Die Diskussion am Ende von Ziff. 44 gilt nicht für die Gruppe der Metalle mit niedriger Stapelfehlerenergie, von der uns besonders Cu, Ag, Au und Ni interessieren. Die Versetzungen dieser Metalle enthalten 5 bis 15 Atomabstände breite Stapelfehlerbänder. Wenn sich zwei Versetzungen durchschneiden, so müssen diese Stapelfehlerbänder an den Durchschneidungsstellen ganz oder teilweise eingeschnürt werden[2]. Dies gibt einen Beitrag zur Energie der Sprungbildung, welcher wesentlich größer ist als die zur Schaffung des eigentlichen Sprungs aufzuwendende Energie. Man kann daraus folgern, daß die für die Sprungbildung benötigte Energie diejenige der Leerstellenbildung übertrifft, und daß die Energie der Sprungbildung in Schraubenversetzungen geringer als diejenige in Stufenversetzungen ist, weil das Stapelfehlerband in einer Schraubenversetzung weniger als halb so breit wie in einer Stufenversetzung ist.

Das Fazit des Vorstehenden ist, daß man bei den Metallen niedriger Stapelfehlerenergie nicht mehr von vornherein sagen kann, ob sich bei einer bestimmten Temperatur die Stufenversetzungen oder die Schraubenversetzungen schneller bewegen und damit τ_S bestimmen. Bei der Erörterung der dadurch sich ergebenden Verhältnisse ist es zweckmäßig[3], für *jeden* der in Frage kommenden Prozesse ein $\tau - T$ Diagramm nach Art der Fig. 120 zu benützen und den jeweiligen Einfluß der einzelnen Prozesse graphisch zu diskutieren.

Nimmt man der Einfachheit halber an, daß τ_G für alle zu berücksichtigenden thermisch aktivierten Prozesse gleich ist, so wird jeder von ihnen durch zwei weitere Größen gekennzeichnet: Durch die Aktivierungsspannung $\tau_a^{(i)}$ und die Temperatur $T_0^{(i)}$, bzw. die Aktivierungsenergie $U_0^{(i)}$ [4]. Dabei möge der hochgestellte Index i die verschiedenen Prozesse unterscheiden. Die Aktivierungsspannung für den i-ten Prozeß ist durch

$$\tau_a^{(i)} = \frac{U^{(i)}}{v^{(i)}} \tag{45.1}$$

gegeben. Sie wird also außer durch die Aktivierungsenergie $U_0^{(i)}$ auch noch durch das Aktivierungsvolumen $v^{(i)}$ des betreffenden Vorganges bestimmt. Betrachtet man die Sprungbildung in Versetzungslinien, so ist v für Stufen- und

---

[1] Bei den hexagonalen Metallen Mg, Zn und Cd sind die Verhältnisse weniger leicht übersehbar, da hier die Aktivierungsenergie für die Bildung einer Leerstelle wohl etwas kleiner als bei Al sein dürfte. (Die Aktivierungsenergien der Selbstdiffusion sind bei diesen Metallen kleiner als bei Aluminium). Man hat jedoch zu beachten, daß ein Durchschneidungs-Sprung in einer in der hexagonalen Basisebene liegenden Versetzungslinie rund die doppelte Länge eines „elementaren" Sprungs besitzt und bei nicht-konservativer Bewegung immer zwei nebeneinanderliegende Leerstellen oder Zwischengitteratome erzeugt. Aus diesem Grunde sollte mindestens bei tiefen Temperaturen, bei denen eine thermische Dissoziation der „Doppel-Sprünge" unwahrscheinlich ist, die Aktivierungsenergie für die Bewegung der Schraubenversetzungen mit Sprüngen so groß sein, daß sich die Stufenversetzungen leichter als die Schraubenversetzungen bewegen. — Siehe hierzu A. SEEGER: [*31*], S. 391.

[2] Siehe hierzu „Theorie der Gitterfehlstellen" in Teil 1 dieses Bandes, insbes. Ziff. 74.

[3] A. SEEGER: Phil. Mag. **46**, 1194 (1955).

[4] Der Zahlenwert des logarithmischen Faktors, der nach Gl. (43.9) $k\,T_0^{(i)}$ mit $U_0^{(i)}$ verknüpft, ist für die Sprungbildung in Stufen- und Schraubenversetzungen etwa gleich und durch die auf S. 116 durchgeführte Abschätzung von NFb sowie die Frequenz ν_0 und die Gleitgeschwindigkeit $\dot{a}$ bestimmt. Dagegen ist er für die Bildung von Gitterlücken etwa um $\log \frac{l_0'}{b} = \log 10^4 \approx 9$ kleiner, da die pro Aktivierung von der Versetzungslinie überstrichene Fläche kleiner ist.

Schraubenversetzungen gleich groß[1]. Einen etwas anderen Wert hat das Aktivierungsvolumen bei der Bildung von Leerstellen (oder Zwischengitteratomen) durch Sprünge in Schraubenversetzungen. Die Aktivierungslänge d' ist hier immer etwas kleiner als die Versetzungsstärke b, während sie ja bei Durchschneiden aufgespaltener Versetzungslinien nach Gl. (43.4) das Zehnfache von b (oder noch mehr) betragen kann. In Gl. (43.6) tritt an die Stelle von l'_0, dem Abstand der geschnittenen Versetzungslinien, der Abstand l_s benachbarter Sprünge in der Schraubenversetzung. Da die Sprünge sich ziemlich leicht entlang der Versetzung bewegen und beim Aufeinandertreffen sich unter Umständen annihilieren können (Theorie der Gitterfehlstellen, Ziff. 44), wird sich eine durch die Temperatur, die Verformungsgeschwindigkeit, vor allem aber durch die Versetzungsanordnung im Kristall bestimmte Verteilung einstellen. Die Sprünge können als kurze Versetzungsstücke aufgefaßt werden und unterliegen damit auch den Wirkungen der Spannungsfelder der Versetzungen. Es handelt sich dabei wegen der Verschiedenheit der Gleitebene um eine andere Komponente des Spannungstensors als bei τ_G. Diese Spannungsfelder suchen die Sprünge in den „Tälern" des im Kristall vorhandenen „Potentialgebirges" festzuhalten. Da die Sprünge, welche Leerstellen erzeugen, sich mit denjenigen, welche Zwischengitteratome erzeugen, zu annihilieren suchen, kann man annehmen, daß in jedem Tal nur Sprünge *eines* Vorzeichens vorhanden sind. Der Abstand l_s zwischen den Sprüngen in benachbarten Tälern ist somit von der Größenordnung der Wellenlänge der inneren Spannungen im Kristall. Er sollte also mit wachsender Verformung abnehmen.

Wegen der Verschiedenheit der $v^{(i)}$ für die verschiedenen Prozesse braucht zur größeren Aktivierungsenergie $U_0^{(i)}$ keineswegs auch die größere Aktivierungs-Spannung $\tau_a^{(i)}$ zu gehören. Im Falle von Kupfer erwartet man z.B. die größte Aktivierungsenergie für das Schneiden des Versetzungswaldes durch Stufenversetzungen ($U_0 \approx 7$ eV als zweifache Einschnürungsenergie in Stufenversetzungen[2]), eine mittlere Aktivierungsenergie von 4 bis 5 eV für das Schneiden von Stufenversetzungen durch Schraubenversetzungen (Summe aus Einschnürungsenergie in Stufen- und Schraubenversetzungen) und eine ziemlich kleine Aktivierungsenergie von rund 0,9 eV für die Erzeugung einzelner Gitterlücken. Wegen der Kleinheit des zugehörigen Aktivierungsvolumens muß man jedoch annehmen, daß die Aktivierungsspannung τ_a für den an letzter Stelle genannten

[1] Dies rührt davon her, daß v neben der Versetzungsstärke b nur noch den Abstand l'_0 und die Ausdehnung d' der durchschnittenen Versetzungen enthält, die natürlich bei gegebener Gleitebene immer dieselben sind. Der Charakter der schneidenden Versetzungen geht (außer über U_0) in unsere Betrachtung gar nicht ein. Dies ist eine Näherung, die nur zutrifft, wenn die auf die geschnittene Versetzung wirkende Komponente der äußeren Spannung nicht zu groß ist. Andernfalls darf man bei der Energiebilanz, die zur Ableitung der Gl. (43.3) führte, die von der geschnittenen Versetzung während des Schneidprozesses geleistete Arbeit nicht mehr vernachlässigen. Da die von der angelegten Spannung auf den Versetzungswald ausgeübte Kraft von der Kristallorientierung abhängt, macht dieser Effekt die bei manchen Metallen beobachtete Orientierungsabhängigkeit der kritischen Schubspannung (vgl. Ziff. 14) verständlich.

[2] Die Energiebilanz für das Durchschneiden des Versetzungswaldes sieht bei Kupfer auf Grund der in „Theorie der Gitterfehlstellen", Ziff. 74 mitgeteilten theoretischen Resultate folgendermaßen aus: Einschnürungen in den durchschnittenen Versetzungen 3,5 bis 4 eV (hier sind die Versetzungen mit der stärksten Aufspaltung, also die Stufenversetzungen, für die tatsächlich zu beobachtenden Energien maßgebend). Je nachdem, ob die gleitende Versetzung eine Schraubenversetzung oder eine Stufenversetzung ist, kommt hierzu noch ein Betrag von 0,8 bis 0,9 eV bzw. von 3,5 bis 4,0 eV für die Bildung einer Einschnürung in der gleitenden Versetzung. Insgesamt erhält man also Aktivierungsenergien von 4,3 bis 4,9 eV bzw. von 7,0 bis 8,0 eV für die Bewegung von Schrauben- bzw. Stufenversetzungen durch den Versetzungswald.

Vorgang am größten ist, so daß sich die zu den verschiedenen Prozessen gehörenden $\tau - T$-Diagramme überkreuzen.

Dies ist in Fig. 125 dargestellt, wo $i = 1, 2, 3$ den drei Prozessen in der im Anschluß an Gl. (45.1) diskutierten Reihenfolge zugeordnet ist. Die Größenverhältnisse entsprechen etwa den bei den Edelmetallen zu erwartenden, wobei der Einfachheit halber die Temperaturabhängigkeit des Schubmoduls vernachlässigt ist. Experimentell zu beobachten ist nur der ausgezogene Teil der Kurve. Dies hat folgenden Grund: Die Prozesse 2 und 3 sind „voneinander abhängig"[1], da die Bewegung der Sprünge in Schraubenversetzungen nur stattfinden kann, wenn sie vorher beim Durchschneiden des Versetzungswaldes gebildet worden sind. Die für die Bewegung der Schraubenversetzung mit einer gewissen mittleren Geschwindigkeit erforderliche Schubspannung wird durch denjenigen Prozeß bestimmt, der bei gegebener Temperatur die größere Spannung benötigt. Im Gegensatz dazu sind die Bewegungen der Stufen- und Schraubenversetzungen „unabhängig" voneinander. Dies hat zur Folge, daß jener Teil der Versetzungsringe sich am schnellsten bewegt und damit für die Einhaltung der vorgegebenen Abgleitungsgeschwindigkeit $\dot{a}$ sorgt, der hierzu die kleinste Schubspannung benötigt.

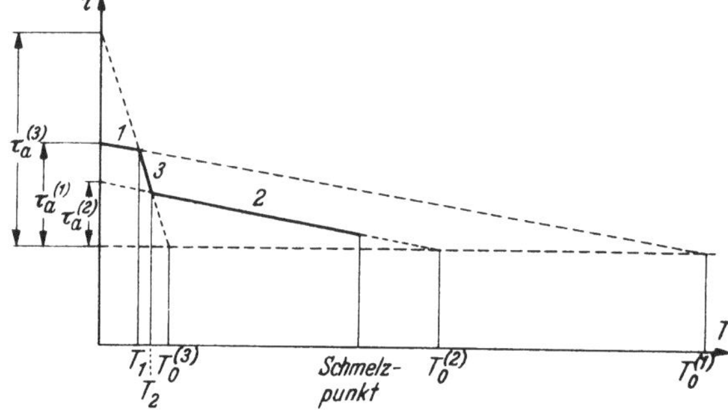

Fig. 125. Halbschematische Darstellung der Temperaturabhängigkeit der Fließspannung von Metallen niedriger Stapelfehlerenergie.

Bei den Edelmetallen liegt die Temperatur $T_0^{(3)}$ in der Größenordnung 200 bis 300° K, die Temperatur $T_0^{(2)}$ in der Größenordnung 1500° K, also über dem Schmelzpunkt und die Temperatur $T_0^{(1)}$ etwa bei 3000° K. Die Temperaturvariation der Zweige 1 und 2 der $\tau - T$-Kurve (Fig. 125) ist deshalb außerordentlich gering und von derselben Größenordnung wie diejenige der elastischen Konstanten[2]. Sie ist deshalb nicht leicht von dieser zu trennen. Erschwerend kommt noch hinzu, daß die Aktivierungsenergien $U_0^{(1)}$ und $U_0^{(2)}$ bei aufgespaltenen Versetzungen, mit denen wir es hier zu tun haben, im wesentlichen durch die temperaturabhängigen elastischen Eigenschaften und Stapelfehlerenergien der Edelmetalle bestimmt sind und deshalb selbst von der Temperatur etwas abhängen.

Eine allmähliche Abnahme der Fließspannung mit wachsender Temperatur haben an reinem polykristallinem Kupfer CARREKER und HIBBARD[3] gefunden. Die Stärke der Temperaturvariation entspricht etwa den theoretischen Erwartungen. Allerdings ist die Auflösung ihrer Messungen nicht genügend groß, um einwandfrei den Temperaturbereich erkennen zu lassen, in dem die Fließspannung infolge des Prozesses 2 sich mit der Temperatur rasch ändert. Ein Bereich raschen Abfalls der Fließspannungen mit wachsender Temperatur ist von ADAMS und COTTRELL[4] bei Messungen an vorverformten Kupfer-Einkristallen beobachtet worden. Ganz ähnlich wie bei den in Ziff. 44 erwähnten Fließspannungsmessungen

---

[1] A. SEEGER: [*31*], S. 328.

[2] Wegen der Temperaturabhängigkeit des Elastizitätsmoduls von polykristallinem Cu siehe W. KÖSTER [Z. Metallkde. **39**, 1 (1948)]. Wegen derjenigen der Einkristallkonstanten siehe W. C. OVERTON u. J. GAFFNEY [Phys. Rev. **98**, 969 (1955)].

[3] R. P. CARREKER jr. u. W. R. HIBBARD: Acta met. **1**, 654 (1953).

[4] M. A. ADAMS u. A. H. COTTRELL: Phil. Mag. **46**, 1187 (1955).

von COTTRELL und STOKES wurde gefunden, daß für Abgleitungen größer als etwa 0,25 die relative Fließspannungsänderung bei Temperaturwechseln abgleitungsunabhängig ist. Die so ermittelte Abhängigkeit der Fließspannung (bezogen auf die Fließspannung bei 90° K) ist in Fig. 126 wiedergegeben. Man erkennt, daß zwischen einem Tieftemperaturbereich und einem Hochtemperaturbereich mit langsamer Variation der Fließspannung ein Bereich eingeschoben ist, in dem die Fließspannung mit wachsender Temperatur rasch abnimmt. Nach dem oben Gesagten haben wir den τ_S-Anteil im Tieftemperaturbereich dem Durchschneiden des Versetzungswaldes durch die Stufenversetzungen der sich ausbreitenden Versetzungsringe zuzuschreiben.

Wie man sieht, ist in dem Temperaturbereich von 180 bis 250° K, in dem die Erzeugung von Leerstellen die Fließspannung bestimmt, Gl. (43.8) gut erfüllt. Dies entspricht den theoretischen Erwartungen, wonach Gl. (43.3) mit konstanten Werten von l_0' ($l_0' = l_s$) und d' ($\approx 3\,b/4$) auf die Leerstellenerzeugung anwendbar ist.

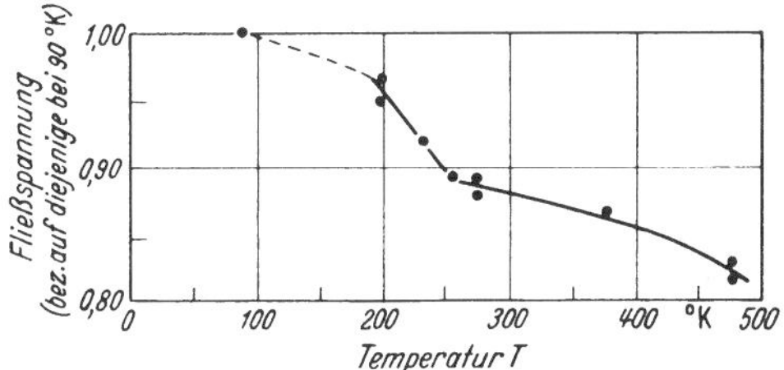

Fig. 126. Temperaturabhängigkeit der Fließspannung von vorverformten Kupfer-Einkristallen (bezogen auf die Fließspannung bei 90° K) nach ADAMS und COTTRELL. Die angegebenen Werte sind Meßwerte, also nicht hinsichtlich der Temperaturabhängigkeit der elastischen Konstanten korrigiert. Vgl. auch Ziff. 58.

Aus verschiedenen Gründen ist die Auswertung der Messungen außerhalb des eben genannten Intervalls wesentlich schwieriger. Dies liegt einmal an dem schon oben erwähnten Umstand, daß in den betreffenden Temperaturbereichen die Temperaturvariationen von τ_S und von G von vergleichbarer Größenordnung sind, und zum anderen daran, daß die Funktion $Q(\tau)$ wohl in gewissem Maße die in Ziff. 44 besprochenen Abweichungen vom linearen Verlauf nach Gl. (43.3) zeigt.

Beim Vergleich zwischen Experiment und Theorie, der sich hauptsächlich auf die Temperatur $T_0^{(3)}$ bezieht, wurde deshalb Gl. (43.3) mit konstanten Werten von l_0', d' und U_0 für alle in Frage kommenden Prozesse als gültig angenommen. Für U_0 wurden die oben angeführten Zahlenwerte der Durchschneidungsenergien sowie der Wert $U_0 = 0{,}86$ eV für die Aktivierungsenergie der Leerstellenbildung in Kupfer benützt. Die Theorie ergibt $T_0^{(3)} = 364°$ K, während man mit dem eben erwähnten Vorgehen aus den Experimenten von ADAMS und COTTRELL $T_0^{(3)} = 350°$ K erhält. In Anbetracht der bei der numerischen Auswertung hereinkommenden Unsicherheiten ist diese Übereinstimmung recht gut.

Über andere Metalle als Kupfer liegen keine Messungen vor, welche hinreichend umfangreich sind, um eine Prüfung der Theorie zu gestatten[1]. Immerhin scheinen die bis jetzt über Gold und Nickel bekannten sich in das oben gegebene Bild einzufügen. Die von der Theorie für diese (und einige andere) Metalle vorausgesagten $T_0^{(3)}$ sind von SEEGER[2] angegeben worden; sie sind in manchen Fällen etwas unsicher, weil die Energien der Leerstellenbildung nicht genau bekannt sind.

Es soll nun der Mechanismus der thermischen Erzeugung einer Leerstelle durch einen Sprung in einer Versetzungslinie etwas näher diskutiert werden. Die Leerstelle rekombiniert nur dann nicht sofort mit dem Sprung, wenn sie entweder genügend schnell wegdiffundieren kann[3] oder wenn sich der Sprung von ihr wegbewegt[2]. Im ersten Fall muß mindestens die Energie der Leerstellenwanderung

---

[1] Siehe jedoch neuerdings P. HAASEN: Phil. Mag. **3**, 384 (1958).
[2] A. SEEGER: Phil. Mag. **46**, 1194 (1955).
[3] N. F. MOTT: Nature, Lond. **175**, 365 (1955).

thermisch (d.h. nicht durch die äußere Schubspannung) aufgebracht werden. Da dies nur bei hinreichend hohen Temperaturen möglich ist, kann dieser Prozeß für die oben besprochenen Erscheinungen keine Rolle spielen. Der andere Mechanismus kann dagegen bei jeder Temperatur wirken. Es ist dazu erforderlich, daß die Bewegung des Sprungs entlang der Versetzungslinie (sogenannte konservative Bewegung) hinreichend schnell erfolgt, damit sich der Sprung aus dem Anziehungsbereich der von ihm während eines eingeschobenen nichtkonservativen Schrittes erzeugten Leerstelle entfernen kann, bevor sich Leerstelle und Sprung wieder vereinigen[1].

Wir haben bis jetzt nur jene Sprünge betrachtet, die bei ihrer Vorwärtsbewegung Leerstellen erzeugen. Daneben gibt es etwa gleichviel Sprünge, welche bei ihrer nichtkonservativen Bewegung Zwischengitteratome erzeugen. Wegen der verhältnismäßig großen Bildungsenergie von Zwischengitteratomen dürfte aber dabei die thermische Energie nur eine untergeordnete Rolle spielen. Wir erwarten vielmehr, daß diese Sprünge ihre konservative Bewegung entlang der Versetzungslinien so lange fortsetzen, bis sich die Versetzungen zwischen ihnen wie in einer Frank-Read-Quelle ausbauchen können oder die Spannungskonzentration groß genug für eine athermische Erzeugung der Zwischengitteratome ist.

Zum Abschluß gehen wir noch einmal auf den Zusammenhang zwischen der *Fließspannung nach Vorverformung* und der *kritischen Schubspannung* ein. Man kann heute sicher sagen, daß die Verfestigung eines Metalls dadurch zustande kommt, daß sich eine mit der Abgleitung immer größer werdende Versetzungszahl im Kristallinnern ansammelt. Unabhängig davon, welcher Mechanismus die kritische Schubspannung bestimmt, müssen bei einer genügend großen Verfestigung diese Versetzungen für die Fließspannung maßgebend werden, und zwar im wesentlichen in der Weise, wie dies in Ziff. 43 bis 45 besprochen worden ist. Würden nun für die kritische Schubspannung der Metalle andere Gesetzmäßigkeiten gelten, z.B. die Peierls-Spannung oder Verunreinigungen eine wesentliche Rolle spielen, so müßte eine andere Theorie für die Temperatur- und Geschwindigkeitsabhängigkeit der kritischen Schubspannung gelten. Bei einer bestimmten Verfestigung müßte diese Abhängigkeit in die durch τ_S und τ_G gegebene übergehen. Bis heute ist bei kubisch-flächenzentrierten und bei hexagonalen Metallen mit Basisgleitung kein Anzeichen für einen derartigen Übergang aufgefunden worden. Wir müssen daraus schließen, daß in all diesen Metallen auch die kritische Schubspannung durch die Spannungsfelder der Versetzungen und den Versetzungswald und nicht etwa durch die kritische Länge von Frank-Read-Quellen, die Peierls-Spannung oder durch Verunreinigungen bestimmt ist.

46. Sonstige Kristalle. Während über die kritische Schubspannung von Nichtmetallen (insbesondere deren Temperaturabhängigkeit) eine Reihe von Messungen vorliegen (vgl. Ziff. 16), ist gar nichts über die Temperaturabhängigkeit ihrer Fließspannung nach Vorverformung bekannt. Man kann deshalb die am Ende von Ziff. 45 erwähnte Schlußweise nicht dazu benützen, um herauszufinden, bei welchen Kristallen „Besonderheiten" wie Verunreinigungen, Peierls-Spannung usw. wesentlich zur kritischen Schubspannung beitragen. Man ist bis jetzt auf eine Analyse der kritischen Schubspannung bzw. der beim Fließbeginn eventuell auftretenden Inkubationszeiten angewiesen.

Bei NaCl, dessen kritische Schubspannung als Funktion der Temperatur in Fig. 44 angegeben ist, reichen sicherlich die in den vorangehenden Ziffern besprochenen Vorgänge zur Erklärung nicht aus. Dafür spricht vor allem, daß — wie in Ziff. 16 erwähnt — im Temperaturverlauf der kritischen Schubspannung τ_0

[1] Siehe Fußnote 2, S. 123.

Maxima und Minima beobachtet werden. In den dort besprochenen Ergebnissen von NEWEY treten z.B. Maxima von τ_0 bei 580 und 710° K auf, bei den Ekstein-schen Messungen sind Maxima bei 380 und 590° K angedeutet. Diese Extrema sind eine Besonderheit von Ionenkristallen und als solche von ESHELBY, NEWEY, PRATT und LIDIARD[1] in der folgenden Weise gedeutet worden: Obwohl im Steinsalz Leerstellen im Na^+-Gitter eine kleinere Bildungsenergie als Leerstellen im Cl^--Gitter besitzen, müssen wegen der Bedingung der elektrischen Neutralität im Innern eines idealen Kristalls im thermischen Gleichgewicht beide Arten von Gitterlücken in gleicher Konzentration in der Schottky-Fehlordnung vorhanden sein. In der Nähe von Stellen, an denen Gitterlücken entstehen können (Kristalloberfläche, Sprünge in Versetzungslinien), sind diese idealen Verhältnisse gestört. Die freie Energie ist in solchen Fällen am niedrigsten, wenn in der Umgebung der Leerstellen-Quellen ein Überschuß derjenigen Gitterlückenart vorhanden ist, die die kleinere Bildungsenergie besitzt. Im Falle von NaCl hat man z.B. in der Umgebung von Versetzungen einen Überschuß von Na^+-Lücken, also eine negative Aufladung, die aus Gründen der elektrischen Neutralität von einer entgegengesetzt gleichen positiven Aufladung der Versetzungslinie begleitet wird. Die Aufladung der Versetzungen kommt im wesentlichen dadurch zustande, daß mehr positiv geladene als negative geladenen Sprünge (s. Theorie der Gitterfehlstellen, Ziff. 42) vorhanden sind. Soll die plastische Verformung eines Kristalls bei Temperaturen erfolgen, bei denen die Na^+-Leerstellenwolke nicht genügend beweglich ist, um den Versetzungen folgen zu können, so müssen die positiv geladenen Versetzungen durch die äußere Schubspannung von der negativ geladenen Ladungswolke losgerissen werden. Dies ergibt einen stark temperaturabhängigen Beitrag zu τ_0, der denjenigen von τ_S und τ_G wesentlich übersteigen kann. Eine experimentelle Bestätigung dieser Vorstellungen ist in den Ergebnissen von FISCHBACH und NOWICK[2,3] zu erblicken. Diese Autoren[3] haben nachgewiesen, daß mit der inhomogenen plastischen Verformung von Steinsalz ein Ladungstransport verbunden ist, der sich durch die Bewegung von positiv geladenen Versetzungen deuten läßt[4].

Zur Erklärung der Maxima und Minima der τ_0-T-Kurve betrachten ESHELBY, NEWEY, PRATT und LIDIARD zusätzlich die im Steinsalz immer in gewissem Maße vorhandenen zweiwertigen metallischen Verunreinigungen wie Cd^{++}. Sofern diese genügend beweglich sind, können sie ebenfalls eine Ladungswolke um die Versetzungen herum bilden. Da sie das entgegengesetzte Ladungsvorzeichen wie die Na^+-Lücken tragen, kompensieren sie deren Effekt. Die Konzentration der zweiwertigen Ionen ist im Gegensatz zu derjenigen der Na^+-Lücken temperaturunabhängig, so daß es eine Art isoelektrische Temperatur gibt, bei der der hier besprochene Effekt infolge der erwähnten Kompensation gerade verschwindet. Bei dieser Temperatur tragen nur noch τ_G (das bei genügend hohen Temperaturen allein auftritt) und τ_S zur kritischen Schubspannung τ_0 bei. Man versteht auf diese Weise, wie Extrema der τ_0-T-Kurve zustande kommen können. Für genauere Diskussionen hat man als komplizierende Einflüsse zu beachten, daß

[1] J.D. ESHELBY, C.W.A. NEWEY, P.L. PRATT u. A.B. LIDIARD: Phil. Mag. **3**, 75 (1958).

[2] D.B. FISCHBACH u. A.S. NOWICK: Phys. Rev. **98**, 1543 (1955).

[3] D.B. FISCHBACH u. A.S. NOWICK: Erscheint demnächst.

[4] Bei homogener Verformung ist der Effekt Null, da sich gleich viele Versetzungen gleicher elektrischer Ladung, aber entgegengesetzten mechanischen Vorzeichens in entgegengesetzten Richtungen bewegen. — Der von FISCHBACH und NOWICK[3] diskutierte Mechanismus ist insofern etwas von demjenigen von ESHELBY, NEWEY, PRATT und LIDIARD verschieden, als Versetzungen betrachtet werden, die während ihrer *Bewegung* überwiegend Leerstellen negativer Ladung erzeugen und auf diese Weise einen Überschuß an positiv geladenen Sprüngen bekommen.

sich bei genügend tiefen Temperaturen die zweiwertigen Verunreinigungen an den Versetzungslinien ausscheiden können und daß die Bildung der in den geladenen Versetzungen auftretenden Sprünge ebenfalls einen Energieaufwand erfordert.

Beim Germanium hat man ebenfalls andere Prozesse als bei Metallen zu betrachten. Die außerordentlich starke Temperaturabhängigkeit der kritischen Schubspannung, die ja dazu führt, daß Germanium unterhalb von etwa 450° C nicht mehr plastisch verformt werden kann, legt die Mitwirkung der Peierls-Spannung oder die Verankerung der Versetzungslinien durch Verunreinigungen als mögliche Prozesse nahe. Zwischen beiden Möglichkeiten kann, wie VAN BUEREN[1] betont hat, auf Grund der *Spannungsabhängigkeit der* in Ziff. 16 besprochenen *Inkubationszeit* t_0 unterschieden werden. Man erwartet in beiden Fällen eine *Temperaturabhängigkeit* von t_0, die näherungsweise durch einen Boltzmann-Faktor mit einer Aktivierungsenergie Q beschrieben werden kann [Gl. (16.1)]. Der Unterschied in der *Spannungsabhängigkeit* kommt dadurch zustande, daß bei der Behinderung der Versetzungsbewegung durch eine große Peierls-Spannung die Versetzung sich gelegentlich auch entgegen der Wirkung der äußeren Spannung nach „rückwärts" um eine Potentialmulde bewegt. Die mittlere Geschwindigkeit der Versetzung ergibt sich als Differenz der „Vorwärts-" und „Rückwärts"- Geschwindigkeiten bei Vernachlässigung höherer Potenzen der angelegten Spannung zu

$$v = v_0 \left(e^{-\frac{(Q - q\tau)}{kT}} - e^{-\frac{(Q + q\tau)}{kT}} \right) = v_0 \frac{2q\tau}{kT} e^{-\frac{Q}{kT}}. \tag{46.1}$$

Die Zeit t_0, die vergeht, bis eine merkliche Abgleitung entsteht, wäre in diesem Falle also umgekehrt proportional zur Spannung τ. — Wird dagegen die Inkubationszeit durch das Losreißen der Versetzungen von Verunreinigungen unter der kombinierten Wirkung von thermischen Schwankungen und äußerer Spannung bestimmt, so braucht man die „Rückwärtsschwankungen" nicht zu betrachten. Da in diesem Falle die Aktivierungsenergie nach einem Potenzgesetz von der angelegten Spannung abhängt, sollte t_0 im wesentlichen exponentiell mit der Spannung variieren. Wie Gl. (16.2) und (16.3) zeigen, wurde dies bei den Messungen von TREUTING sowie VAN BUEREN und Mitarbeitern tatsächlich gefunden. Wir schließen daraus, daß die Streckgrenze und die Inkubationszeit von Ge *nicht* von der Peierls-Spannung, sondern von Verunreinigungen herrühren. Dies ist im Einklang mit dem in Ziff. 16 mitgeteilten Fehlen einer Inkubationszeit bei Kristallen, die unter Argon gezüchtet worden waren.

III. Die Verfestigung.

a) Allgemeiner Teil.

47. Überblick und qualitative Theorie der Verfestigung. In Ziff. 41 hatten wir als Aufgabe der Theorie der Verfestigung die Deutung bzw. Berechnung der Zunahme der Fließspannung mit wachsender Abgleitung genannt. Wir haben in Ziff. 3 erwähnt, daß — entgegen gewissen älteren Anschauungen — die Kristallstruktur bei der plastischen Verformung nicht *zerstört* wird, daß aber doch röntgenographisch nachweisbare Störungen des Kristallgitters entstehen. Im vorangehenden Abschnitt II war gezeigt worden, wie die kritische Schubspannung durch die Bewegung und die Bewegungshinderung der im Kristall vorhandenen Versetzungen zustande kommt. Daran anknüpfend kann man die Verfestigung als eine mit *zunehmender Verformung anwachsende Behinderung der Versetzungsbewegung* bezeichnen, und zwar gerade durch die während der Verformung

[1] H. G. VAN BUEREN: Private Mitteilung.

entstehenden oder sich bewegenden Gitterfehler. Es herrscht heute fast allgemeine Übereinstimmung darüber, daß bei den Metallen diese Bewegungshinderung hauptsächlich durch die Versetzungslinien selbst geschaffen wird. Gelegentlich wurden allerdings auch abweichende Auffassungen diskutiert, z.B. diejenige, daß die Verfestigung eng mit den während der Versetzungsbewegung erzeugten Leerstellen und Zwischengitteratomen zusammenhänge[1]. Diese Auffassung kann durch zahlreiche Erholungsversuche als widerlegt angesehen werden. Es wurde nämlich bei allen untersuchten Metallen gefunden, daß sich die Härte bzw. die Fließspannung nicht änderte, wenn bei der Erholungstemperatur zwar die Leerstellen oder Zwischengitteratome beweglich waren und sich somit ins thermische Gleichgewicht setzen konnten, die Versetzungsanordnung dagegen im wesentlichen unverändert blieb.

Für die Erschwerung der Versetzungsbewegung infolge der Schaffung oder Bewegung von Versetzungen sind eine Reihe von Mechanismen vorgeschlagen worden[2].

Der älteste Vorschlag stammt von G. I. Taylor[3], der die Verfestigung als eine Erschwerung der Versetzungswanderung durch die Spannungsfelder der mit wachsender Abgleitung immer zahlreicher werdenden Versetzungen deutete. Dieser Gedanke wurde später von einer ganzen Reihe von anderen Autoren, z.B. N. F. Mott[4], Kuhlmann-Wilsdorf, van der Merwe und Wilsdorf[5], Seeger[6] benützt.

Eine zweite oft verwendete Vorstellung über die Ursache der Verfestigung ist die „Erschöpfungshypothese". In ihrer einfachsten Form besagt sie, daß mit zunehmender Abgleitung die Zahl der für die Verformung zur Verfügung stehenden Versetzungen abnimmt. Eine derartige allmähliche „Erschöpfung" würde z.B. eintreten, wenn die Versetzungen ursprünglich nicht als räumliches Grundstruktur-Netzwerk, sondern als einzelne, nicht zusammenhängende Linien im Kristall vorhanden wären[7]. Dann würden nämlich diese Linien beim Anlegen einer Schubspannung an die Kristalloberfläche wandern, der Kristall schon nach einer kleinen Abgleitung von Versetzungen frei und die Fließspannung deswegen gleich der theoretischen Schubfestigkeit (Ziff. 4) sein. Beim Verschwinden der letzten wanderungsfähigen Versetzungen aus dem Kristallinnern würde nach dem eben skizzierten Modell ein starker Verfestigungsanstieg auftreten.

Eine verfeinerte Form dieser Erschöpfungshypothese geht davon aus, daß zwar im Prinzip eine unbegrenzte Zahl von Versetzungen aus Versetzungsquellen entstehen kann, daß jedoch die tatsächlich zu beobachtende Fließspannung durch jene Quellen bestimmt wird, die am leichtesten Versetzungen abgeben können. Beim Beginn des Gleitens sind dies im allgemeinen die „längsten Quellen" (vgl. Artikel „Theorie der Gitterfehlstellen", Ziff. 40 und 60). Die Verfestigung entsteht in diesem Bilde dadurch, daß die betätigten Quellen „blockiert" werden und daß mit zunehmender Abgleitung immer mehr Quellen mit einer höheren „kritischen Spannung" ansprechen müssen. Diese Auffassung wurde von sehr

---

[1] F. Seitz: Adv. Physics **1**, 43 (1952).

[2] Zu der historischen Entwicklung der Theorie der Verfestigung siehe auch P. Haasen u. G. Leibfried [*24*] sowie The Scientific Papers of Sir Geoffrey Ingram Taylor, herausgeg. von G.K. Batchelor, Bd. I. Cambridge 1958.

[3] G. I. Taylor: Proc. Roy. Soc. Lond., Ser. A **145**, 362 (1934).

[4] N. F. Mott: Phil. Mag. **43**, 1151 (1952).

[5] D. Kuhlmann-Wilsdorf, J. H. van der Merwe u. H. Wilsdorf: Phil. Mag. **43**, 632 (1952).

[6] A. Seeger: Z. Naturforsch. **9**a, 756 (1954).

[7] E. Orowan: [*21*].

vielen Autoren, z.B. MOTT[1], FISHER, HART und PRY[2], KOEHLER[3], LEIBFRIED und HAASEN[4], VAN BUEREN[5], vertreten. Als Ursache für die Behinderung der Quellen wurden meist die zurückwirkenden Spannungsfelder der von der Quelle erzeugten Versetzungsringe, gelegentlich auch die von bewegten Versetzungen in ihrer Bahn zurückgelassenen Gitterfehler[6] (Leerstellen und Zwischengitteratome sowie Gruppen von solchen), angenommen.

Welche der beiden eben skizzierten Möglichkeiten, die man kurz als Taylor-Verfestigung und als Erschöpfungsverfestigung bezeichnen kann, tatsächlich zutrifft, läßt sich für kleine Abgleitungen mit Hilfe der Kenntnisse über die kritische Schubspannung beurteilen. Wird der temperaturunabhängige Anteil der kritischen Schubspannung durch das Spannungsfeld des Versetzungsnetzwerks hervorgerufen, so wird bereits bei kleinsten (und erst recht bei großen) Abgleitungen Taylor-Verfestigung auftreten. Bei Kristallen hingegen, bei denen die kritische Schubspannung durch die kritische Spannung der längsten Frank-Read-Quellen bestimmt ist, hätte man bei kleinen Abgleitungen Erschöpfungsverfestigung zu erwarten. Die in den Abschnitten I und II angeführten Argumente[7] sowie die Gesamtheit der Verfestigungserscheinungen sprechen bei den in dichtesten Kugelpackungen kristallisierenden Elementen (über die allein umfassende experimentelle Daten über die Verfestigung vorliegen) eindeutig für die Taylor-Verfestigung und gegen die Erschöpfungs-Hypothese.

Wir werden deshalb die Diskussion der Verfestigung ganz darauf aufbauen, daß der Hauptanteil der Verfestigung von den im Kristallinnern während der Verformung steckengebliebenen Versetzungen herrührt. Daneben gibt es selbstverständlich noch einen Beitrag des Versetzungswaldes, und zwar dann, wenn sich die Dichte oder auch die Verteilung der Waldversetzungen während der Verformung ändert. Wir werden jedoch sehen, daß der Beitrag des Versetzungswaldes, obwohl für gewisse feinere Details sehr wesentlich, auf die Größe des Verfestigungskoeffizienten $\vartheta = d\tau/da$ nur einen geringen Einfluß hat. Für die folgenden qualitativen Überlegungen können wir uns auf die verfestigende Wirkung der weitreichenden Spannungsfelder derjenigen Versetzungen beschränken, die dem hauptsächlich betätigten sogenannten primären Gleitsystem angehören[8].

Bewegen sich im Kristall N' Versetzungen pro Flächeneinheit im primären Gleitsystem, die alle die Stärke b besitzen und die Strecke L zurücklegen, so ist die Abgleitung[9]

$$a = b N' L. \tag{47.1}$$

Sind diese Versetzungen aus Frank-Read-Quellen neu entstanden, so rufen sie eine Verfestigung hervor, die nur von der Dichte N', nicht aber vom „Laufweg" L der Versetzungen abhängt. Man kann sich N' eliminiert denken und erhält

---

[1] N. F. MOTT: Phil. Mag. **43**, 1151 (1952); **44**, 742 (1953).

[2] J. C. FISHER, E. W. HART u. R. H. PRY: Phys. Rev. **87**, 958 (1952).

[3] J. S. KOEHLER: Phys. Rev. **86**, 52 (1952).

[4] G. LEIBFRIED u. P. HAASEN: Z. Physik **137**, 67 (1954).

[5] H. G. VAN BUEREN: Acta met. **3**, 519 (1955).

[6] Siehe insbesondere F. SEITZ [Adv. Physics **1**, 43 (1952)] und H. G. VAN BUEREN [Acta met. **1**, 464 (1953)].

[7] Wegen weiterer, hier nicht im Einzelnen besprochenen Einwände gegen die Hypothese, daß die Länge der Frank-Read-Quellen für die kritische Schubspannung maßgebend ist, s. A. SEEGER: Z. Naturforsch. **9**a, 756 (1954).

[8] Wir nennen dasjenige Gleitsystem, das zu Beginn der Verformung hauptsächlich betätigt wird (und in dem bei Gültigkeit des Schmidschen Schubspannungsgesetzes die größte Schubspannung wirkt) das primäre Gleitsystem. Alle anderen Gleitsysteme heißen sekundäre Systeme. Die Gleitebene des primären Systems nennen wir primäre Gleitebene, die übrigen Gleitebenen sekundäre Gleitebenen. (Vgl. auch Ziff. 23.)

[9] Siehe den Beitrag „Theorie der Gitterfehlstellen" in Teil 1 dieses Bandes, Ziff. 34.

damit eine Beziehung zwischen τ_v und a, also die Gleichung der Verfestigungskurve. Sie enthält den Versetzungslaufweg noch als Parameter. Der Abgleitungszuwachs ist bei gegebenem Spannungszuwachs um so größer und damit der Verfestigungskoeffizient $\vartheta = d\tau/da$ um so kleiner, je größer der Versetzungslaufweg ist. Man sieht, daß die Strecke L, die von den Versetzungen zurückgelegt wird, bevor sie im Kristall steckenbleiben und durch ihr Spannungsfeld als Hindernis für die Bewegung der übrigen Versetzungen wirken, eine für die Theorie der Verfestigung sehr wesentliche Größe ist. Es ist deshalb wertvoll, daß man sie durch Messung der Länge der von den Versetzungen auf der Kristalloberfläche erzeugten Gleitlinien in günstigen Fällen experimentell ermitteln kann. Solche Messungen liegen bis jetzt vor allem an kubisch-flächenzentrierten Metallen vor, worauf wir in Abschnitt b ausführlich eingehen werden (S. 140).

Eine allgemeingültige Folgerung, die man aus den vorstehenden Überlegungen ziehen kann, ist, daß die Abgleitung (da sie den Versetzungslaufweg enthält) im Gegensatz zur Fließspannung im allgemeinen kein Maß für den *verformten Zustand* des Kristalls darstellt. Es ist deshalb zweckmäßig, die während der Verformung auftretenden Eigenschaftsänderungen, wie Änderungen des elektrischen Widerstands, der Thermokraft, der Kristalldichte, der Röntgeninterferenzen, nicht gegen die Verformung, sondern gegen die Spannung aufzutragen. Da die Dehnung jedoch viel bequemer als die Spannung zu messen ist, ist die Mehrzahl der hierüber in der Literatur gemachten Angaben auf die Dehnung bzw. die Abgleitung bezogen.

Wir schließen diese allgemeinen Erörterungen mit einigen Bemerkungen über den Einfluß der Temperatur auf die Verfestigung ab. Es ist eine sehr alte Erfahrung in der Metallbearbeitung, daß man die durch Kaltverformung in Metallen hervorgerufenen Eigenschaftsänderungen ganz oder teilweise durch *Anlassen bei höheren Temperaturen*, also durch *Wärmebehandlung*, rückgängig machen kann (vgl. auch Ziff. 67). Dies kann dadurch geschehen, daß eine Bildung ganz neuer Körner, also Rekristallisation, stattfindet. Die Wiederherstellung der ursprünglichen Kristalleigenschaften kann aber auch ohne Gefügeneubildung und ohne im Lichtmikroskop sichtbare Spuren als *Erholung* ablaufen, und zwar schon bei verhältnismäßig tiefen Temperaturen. Die durch Verformung bei tiefen Temperaturen entstandene Änderung des elektrischen Widerstands erholt sich bei Kupfer schon bei Temperaturen, die weit unterhalb der Rekristallisationstemperatur liegen[1]. Die Erholung ist in diesem Falle durch das bereits oben erwähnte Ausheilen der während der Verformung entstandenen Zwischengitteratome und Gitterlücken verursacht. Eine mechanische Erholung (auch Entfestigung genannt), d.h. ein Rückgang der Fließspannung, findet bei Kupfer unterhalb der Rekristallisationstemperatur nicht in nennenswertem Maße statt (siehe hierzu die Ausführungen über die Rekristallisation in Ziff. 67γ). Dagegen beobachtet man eine mechanische Erholung unterhalb der Rekristallisationstemperatur bei Zink und Cadmium (bei etwa $-30°$ C beginnend) und bei Aluminium (etwa bei $+100°$ C beginnend).

Polanyi und Schmid[2] haben darauf aufmerksam gemacht, daß eine derartige mechanische Erholung einen Einfluß auf die Verfestigungskurve haben muß. Wird ein Kristall nämlich bei der Erholungstemperatur verformt, so spielt sich der Erholungsvorgang auch schon während der Verformung ab. Der Verfestigungszuwachs wird dadurch kleiner als er ohne Erholung wäre. Man beobachtet also einen kleineren Verfestigungskoeffizienten als bei tiefen Temperaturen. Bei

---

[1] Siehe „Theorie der Gitterfehlstellen" in Teil 1 dieses Bandes, insbesondere Abschnitt B III.

[2] M. Polanyi u. E. Schmid: Naturwiss. **17**, 301 (1929).

gegebener Temperatur ist die entfestigende Wirkung der Erholung um so größer, je kleiner die Verformungsgeschwindigkeit und je größer damit die Zeit ist, während der die Erholung wirksam ist. Deshalb nimmt der Verfestigungskoeffizient im Erholungsbereich mit abnehmender Verformungsgeschwindigkeit ab.

Um uns einfach ausdrücken zu können, nennen wir die sich nach der Verformung, also im entlasteten Zustand, abspielende Erholung *statische Erholung*, während wir die während der Verformung ablaufenden Erholungsvorgänge als *dynamische Erholung* bezeichnen. Man kann also den oben geschilderten Polanyi-Schmidschen Gedanken so ausdrücken, daß bei einer Temperatur, bei der die statische Erholung mit nennenswerter Geschwindigkeit abläuft, auch eine dynamische Erholung vorhanden sein muß, die den Verfestigungskoeffizienten herabsetzt. Wir werden in Abschnitt b sehen, daß es bei den kubisch-flächenzentrierten Metallen darüber hinaus eine spezifisch dynamische Erholung gibt, die nur *während* der Verformung, nicht aber im entlasteten Zustand auftritt, also von einem anderen Mechanismus als die statische Erholung herrühren muß.

48. Die Stabilität des verformten Zustandes: Der Bauschinger-Effekt[1]. Die Ausführungen von Ziff. 47 bezogen sich auf die Verfestigung des primären Gleitsystems bei einsinniger Verformung. Zu einer vollständigen Beschreibung der Verfestigungserscheinungen gehört jedoch auch die Erfassung der Verhältnisse bei der Umkehr der Beanspruchungsrichtung, wie sie z. B. bei Wechselverformung auftritt. Sie hängt eng zusammen mit dem Problem der Stabilität des verformten Zustandes. Unsere bisherigen Erörterungen bedürfen ferner noch der Ergänzung hinsichtlich der Verfestigung der nicht oder wenig betätigten Gleitsysteme, der sogenannten latenten Gleitsysteme. Man bezeichnet die Verfestigung dieser Systeme, die im wesentlichen eine Folgeerscheinung der Gleitung im primären Gleitsystem ist, als *latente Verfestigung* (vgl. Ziff. 23).

Über die beiden Fragenkomplexe der *Stabilität des verformten Zustandes* gegen Umkehr der Verformungsrichtung und der *latenten Verfestigung* werden wir in der vorliegenden und in der folgenden Ziffer einiges ausführen, bevor wir uns in Ziff. 50 der Erörterung der Verfestigung bei speziellen Kristallen, nämlich den dichtest-gepackten Metallen, zuwenden.

Entlastet man einen plastisch verformten Kristall, so bildet sich der *elastische* Anteil der Verformung in unmeßbar kurzer Zeit zurück (von der elastischen Nachwirkung abgesehen), während der plastische Anteil auf etwa 1% genau erhalten bleibt. Dieser empirische Befund berechtigt ja gerade, die plastische Verformung zu den „bleibenden" Verformungen zu rechnen. Setzt man nach dem Entlasten den Versuch in entgegengesetzter Richtung fort, so tritt im allgemeinen sehr rasch eine merkliche plastische Verformung in „Rückwärtsrichtung" auf, und zwar bei Spannungen, die ihrem Betrage nach oft unterhalb der ursprünglichen kritischen Schubspannung und in jedem Falle unterhalb der höchsten in Vorwärtsrichtung erreichten Schubspannung liegen (vgl. Fig. 127 und 128). Dieses nach plastischer Verformung auftretende „Weicherwerden" für Verformung in umgekehrter Richtung wurde an Vielkristallen zuerst von BAUSCHINGER[2] beobachtet und wird meist als „Bauschinger-Effekt" bezeichnet. Der Effekt besitzt allerdings bei Vielkristallen eine kompliziertere Natur als bei Einkristallen, da zu dem Bauschinger-Effekt der Einzelkristallite, wie er z.B. in Fig. 127 und 128 dargestellt ist, noch ein spezifischer Vielkristall-Effekt hinzutritt, der von der ungleichmäßigen Verspannung der einzelnen Kristallkörner herrührt.

---

[1] Siehe hierzu auch G. LEIBFRIED u. P. HAASEN: Z. Physik **137**, 67 (1954).

[2] J. BAUSCHINGER: Mitt. mech.-techn. Lab. kgl. techn. Hochschule München **13**, 1 (1886).

Wegen der experimentellen Schwierigkeiten, die mit Zug-Druck-Versuchen an schlanken Kristallen verbunden sind (Knickgefahr!), liegen bis jetzt leider noch keine sehr ausführlichen Versuchsreihen vor[1]. Dies ist zu bedauern, da der Bauschinger-Effekt an Einkristallen einen Einblick in die Stabilität des verformten Zustandes gibt. Wäre nämlich der verfestigte Zustand lediglich dadurch charakterisiert, daß Gruppen von Versetzungen eines Vorzeichens durch die äußere Schubspannung τ an Hindernisse angepreßt sind (Fig. 129), so müßten die Versetzungen in dieser Gruppe beim Entlasten unter der Wirkung der zwischen ihnen herrschenden abstoßenden Kräfte zurücklaufen. Es würde ein „Zurückgleiten" des Kristalls auftreten und die plastische Verformung wäre nicht „bleibend", sondern, phänomenologisch betrachtet, nur eine anomale Erniedrigung des Schubmoduls.

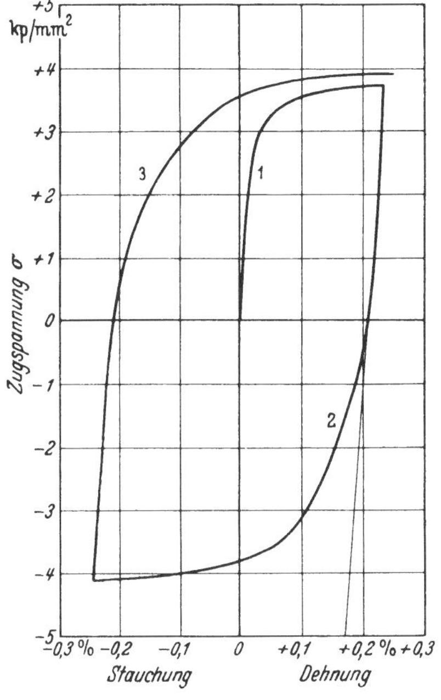

Fig. 127. Wechselverformung eines Messing-Einkristalls bei Raumtemperatur nach G. SACHS und H. SHOJI [Z. Physik 45, 776 (1927)]. *1* Dehnung eines jungfräulichen Kristalls; *2* anschließende Stauchung; *3* anschließende Dehnung.

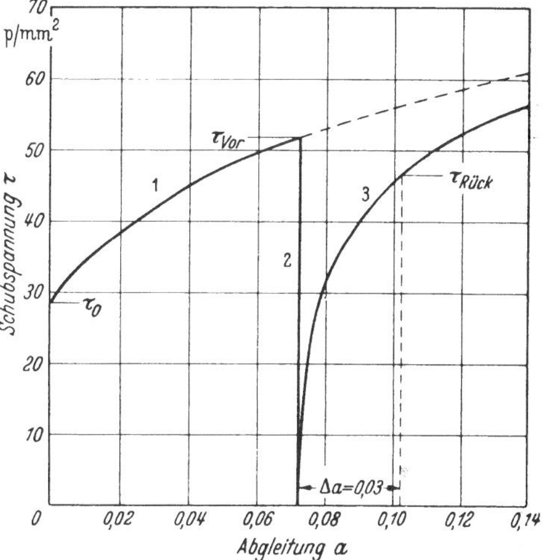

Fig. 128. Wechsel-Schubverformung eines Zink-Einkristalls bei −196° C nach E. H. EDWARDS und J. WASHBURN [Trans. Amer. Inst. Min. Met. Engrs. 200, 1239 (1954)]. *1* Verfestigungskurve in Vorwärtsrichtung; *2* Entlasten; *3* Verfestigungskurve bei anschließender Rückwärtsverformung.

Die vorstehenden Ausführungen zeigen, daß der verformte Zustand „stabilisiert" ist. Diese Stabilisierung kann auf mehrere verschiedene Arten zustande kommen:

α) Die während der Verformung gebildeten Versetzungsanordnungen sind selbst stabil und verändern sich beim Entlasten nicht merklich. Hierher gehört vor allem die „Dipol-Bildung", bei der sich ungleichnamige Versetzungen, wie in Fig. 130 dargestellt, gegenseitig an ihrem Platz festhalten. Auch gleichnamige Versetzungen können stabile Anordnungen bilden, wie dies z.B. Fig. 131 zeigt. Bei diesen Beispielen besteht die Stabilität nur, wenn der Ablauf gewisser

[1] Siehe jedoch aus neuester Zeit die Versuche an Aluminiumeinkristallen von S. N. BUCKLEY und K. M. ENTWISLE [Acta met. 4, 352 (1956)] sowie die Wechselverformungsversuche von N. THOMPSON, C. K. COOGAN und J. G. RIDER [J. Inst. Met. 84, 73 (1955)], M. S. PATERSON [Acta met. 3, 491 (1955)] und H. SCHOLL [Z. Metallkde. 48, 258 (1957)]. Eine moderne zusammenfassende Darstellung über die Wechselverformung von Metallen findet sich bei N. THOMPSON u. N. J. WADSWORTH: Adv. Physics 7, 72 (1958).

Prozesse, nämlich des Kletterns und der Quergleitung, „gehemmt" ist. Bei den dichtest gepackten Metallen ist dies bei hinreichend tiefen Temperaturen der Fall.

β) Eine mit den unter α) genannten Mechanismen verwandte ist die folgende Art der Stabilisierung. Bilden sich die Hindernisse von der in Fig. 129 dargestellten Art, gegen die die Versetzungen in Gruppen aufgestaut werden, *während* der Verformung, so können die Hindernisse natürlich auch im Rücken der Versetzungsaufstauungen entstehen. Wird die äußere Spannung weggenommen, so vermögen sich zwar die Versetzungen in dem Gebiet zwischen den beiden Hindernissen neu zu verteilen und damit zu einem geringen Rückgleiten Anlaß

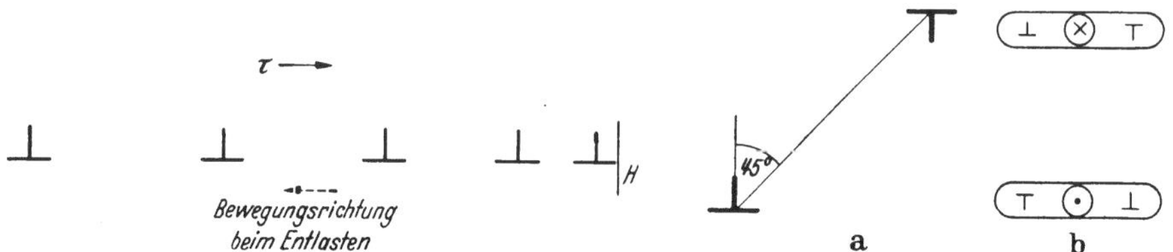

Fig. 129. Eine Gruppe von Stufenversetzungen wird von der äußeren Schubspannung τ an ein Hindernis H angepreßt. Beim Entlasten laufen die Versetzungen in der durch den gestrichelten Pfeil angedeuteten Richtung auseinander und bewirken damit ein „Zurückgleiten" des Kristalls.

Fig. 130 a u. b. Paare ungleichnamiger Versetzungen, deren gegenseitige Anordnung gegen Gleitbewegungen stabil ist (sog. Versetzungsdipole). a Stufenversetzungen; b in Halbversetzungen aufgespaltene Schraubenversetzungen.

zu geben, doch ist ihnen die Möglichkeit genommen, in ihre Versetzungsquelle zurückzulaufen und sich dabei mit Versetzungen entgegengesetzten Vorzeichens zu annihilieren. Insbesondere bleibt ihr Spannungsfeld und damit ihr Beitrag zur Fließspannung in voller Größe erhalten. Ein derartiger Mechanismus gibt im allgemeinen eine wirksamere Stabilisierung als einer der unter α) aufgeführten Art. Ein Beispiel (Stabilisierung durch Lomer-Cottrell-Versetzungen) werden wir in Abschnitt b kennen lernen (S. 148, Fußnote 3).

Fig. 131. Eine gegen Gleitbewegungen (nicht jedoch gegen Klettern) stabile Anordnungen gleichnamiger Stufenversetzungen.

γ) Eine gewisse Stabilisierung kann durch „Reibungskräfte" erfolgen, die ihrer Natur nach von der Bewegungsrichtung der Versetzung unabhängig sind und deshalb dem Gleiten in Rückwärtsrichtung denselben Widerstand entgegensetzen wie der Bewegung in Vorwärtsrichtung. Sie werden z. B. von Sprüngen in Versetzungslinien hervorgerufen. Sprünge in Stufenversetzungen wirken sich etwa wie eine Erhöhung der Peierls-Spannung aus. Enthält eine Schraubenversetzung Sprünge, so kann sie nur gleiten, wenn die Sprünge nichtkonservative Bewegungen ausführen und dabei Leerstellen oder Zwischengitteratome erzeugen. Da sich bei der Rückwärtsverformung das gesamte Versetzungsnetzwerk in einer etwas anderen Lage befindet als bei der Vorwärtsverformung und da sich die Sprünge in Schraubenversetzungen auch *entlang* der Versetzungslinien bewegen, verschwinden die bei der Vorwärtsbewegung der Versetzungen entstandenen Sprünge und Fehlstellen im allgemeinen *nicht* bei der Rückwärtsbewegung so daß sich tatsächlich eine stabilisierende Wirkung der Sprünge ergibt.

Aus der vorstehenden Diskussion geht hervor, daß für die Stabilität des verformten Zustandes die „Hemmung" gewisser Prozesse, die den verformten

Kristall seinem thermodynamischen Gleichgewichtszustand näher bringen würden, wesentlich ist. Diese Hemmung ist im allgemeinen nur bei hinreichend tiefen Temperaturen vorhanden. In der Tat „erholen" sich manche verformte Kristalle nach dem Entlasten beim Anlassen auf höhere Temperaturen. Für den dabei zu beobachtenden Abbau der Verfestigung ist wohl vor allem das Klettern von Stufenversetzungen geschwindigkeitsbestimmend. Da dieses im allgemeinen, z.B. beim Auflösen der in Fig. 130 und 131 angedeuteten Versetzungsanordnungen, weder die Vorwärtsbewegung noch die Rückwärtsbewegung der Versetzungen nennenswert begünstigt, läuft die Erholung meist ohne deutlich sichtbare Änderungen der Kristalldimensionen ab. Sehr sorgfältige Messungen haben jedoch nach kleinen Verformungen auch schon ein „Zurückkriechen" beim Entlasten ergeben[1].

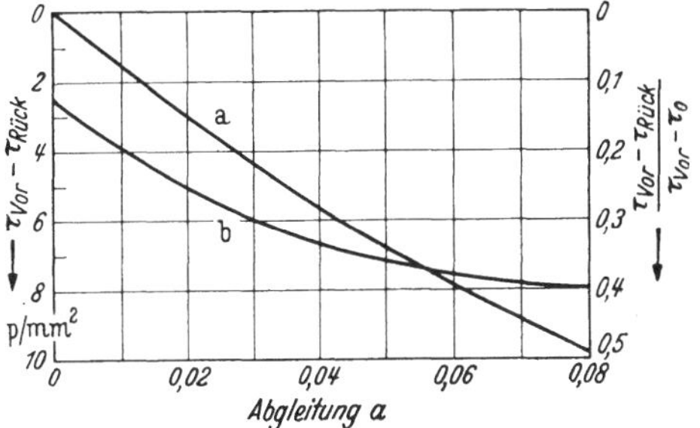

Fig. 132. Erniedrigung der Fließspannung in Rückwärtsrichtung $\tau_{Rück}$ (gemessen nach der Abgleitung 0,03 in Rückwärtsrichtung) gegenüber der Fließspannung in Vorwärtsrichtung τ_{Vor} (vgl. Fig. 128) für einen bei $-196°$ C verformten Zink-Einkristall (nach EDWARDS und WASHBURN). a Absolute Erniedrigung $\tau_{Vor} - \tau_{Rück}$ (linker Maßstab). b Relative Erniedrigung $\frac{\tau_{Vor} - \tau_{Rück}}{\tau_{Vor} - \tau_0}$ (τ_0 = kritische Schubspannung — rechter Maßstab).

Bei welcher Spannung merkliches Gleiten in Rückwärtsrichtung einsetzt, hängt davon ab, wie sich die jeweilige Fließspannung für Verformung in Vorwärtsrichtung aus den Beiträgen von Aufstauungen nach Art der Fig. 129 und von stabilen Hindernissen bzw. Reibungskräften zusammensetzt. Wäre nur der erstgenannte Anteil vorhanden, so würde schon bei einem geringen Absinken der wirkenden Schubspannung ein Zurückfließen einsetzen, während beim vollständigen Fehlen dieses Anteils überhaupt kein Bauschinger-Effekt auftreten würde. Die näheren Verhältnisse hängen natürlich von den Einzelheiten des Verformungsmechanismus ab und sind deshalb bei verschiedenen Stoffen verschieden. Im allgemeinen wird gefunden, daß das Zurückfließen schon beim Anlegen kleiner Spannungen in Rückwärtsrichtung einsetzt und daß auch nach großen Verformungen in Rückwärtsrichtung die Fließspannung unter dem Betrage bleibt, den sie bei gleichgroßer Vorwärtsverformung gehabt hätte. Die Differenz zwischen der Fließspannung in Vorwärts- und Rückwärtsrichtung ist ein Maß für den Abbau der Verfestigung, die (wohl in der Form einer Auflösung oder einer Kompensation aufgestauter Versetzungsgruppen infolge einer Betätigung der Versetzungsquellen in umgekehrtem Sinne) bei der Rückwärtsverformung stattfindet. Fig. 132 zeigt an Hand von Ergebnissen, die ebenso wie die in Fig. 128 dargestellten mit der in Ziff. 11 besprochenen Schubanordnung nach PARKER und WASHBURN gewonnen worden sind, daß die Erniedrigung der Verfestigung um so größer ist, je größer die Abgleitung bei der Umkehr der Verformungsrichtung ist. Sie ist jedoch, zumindest bei kleinen Verformungsgraden, *nicht* proportional zur Verfestigung.

Die vorstehenden Ausführungen bezogen sich auf die Stabilisierung gegen „Rückwärtsgleitung" beim Entlasten. Die Vermutung liegt nahe, daß während des Entlastens auch eine Stabilisierung gegen „Vorwärtsgleitung" stattfinden kann. In der Tat wurde von

[1] Zum Beispiel bei Raumtemperatur bei Cadmium-Kristallen, jedoch nicht bei Aluminium- oder Kupferkristallen (private Mitteilung von D. W. PARKIN, Bristol). Der Unterschied zwischen dem Verhalten dieser Metalle hängt wohl damit zusammen, daß sich Cadmium nach der Entlastung bei Raumtemperatur erholt, Kupfer und Aluminium dagegen nicht.

verschiedenen Autoren[1–10] beim Wiederbelasten in Vorwärtsrichtung ein sog. „Streckgrenzeneffekt" beobachtet. Dieser äußerte sich darin, daß die Fließspannung unmittelbar nach Wiederbeginn der plastischen Verformung höher war als die vor dem Entlasten erreichte Schubspannung und daß sie sich erst nach einer gewissen Abgleitung auf den Wert einstellte, der sich ohne Unterbrechung der Verformung ergeben hätte. Der Effekt ist neuerdings ausführlich von HAASEN und KELLY[9] an Nickel- und Aluminium-Einkristallen und von MAKIN[10] an Kupfer-Einkristallen untersucht worden, wobei gefunden wurde, daß bei unvollständiger Entlastung sich die „Streckgrenzenüberhöhung" proportional zur Spannungsreduktion ergab. In der neueren Literatur über den hier diskutierten Effekt scheint Übereinstimmung darüber zu herrschen, daß für sein Zustandekommen wohl die Bildung von Lomer-Cottrell-Versetzungen beim Entlasten eine wesentliche Rolle spielt.

49. Die latente Verfestigung. Die Diskussion des Bauschinger-Effekts in Ziff. 48 kann als Spezialfall eines allgemeineren Problems, nämlich desjenigen der latenten Verfestigung, aufgefaßt werden. Unter der latenten Verfestigung versteht man die Verfestigung, die in einem sogenannten latenten, also nicht wesentlich betätigten Gleitsystem beobachtet wird, wenn es durch plötzliche oder allmähliche Änderung der Beanspruchung des Kristalls ausgiebig betätigt wird. Die Umkehr der Beanspruchungs- bzw. Verformungsrichtung, von der beim Bauschinger-Effekt die Rede war, entspricht dem Übergang zu einem System, das zwar dieselbe Gleitebene, aber die negative Gleitrichtung des ursprünglichen Gleitsystems hat.

Wir schließen in diesem Abschnitt die Umkehr der Gleitrichtung aus unseren Betrachtungen aus und beschränken uns auf die latente Verfestigung im eigentlichen Sinne. Zu ihrer Untersuchung bieten sich vor allem zwei Möglichkeiten an. Man kann in einer Schubanordnung ein beliebiges kristallographisch mögliches Gleitsystem eines vorverformten Kristalls (notwendigenfalls nach Auseinandersägen des Kristalls) einspannen und auf seine latente Verfestigung hin untersuchen. Dieses Verfahren wurde von RÖHM und KOCHENDÖRFER[11] und in besonders einfacher Form bei hexagonalen Metallen von PARKER und WASHBURN[12] benützt. Die zweite Möglichkeit besteht darin, die beim Zugversuch auftretende Änderung der Kristallorientierung und damit der Beanspruchungsrichtung auszunützen und den beispielweise bei den kubisch-flächenzentrierten Metallen aus diesem Grunde auftretenden Wechsel des Hauptgleitsystems mit zunehmender Verformung näher zu untersuchen.

Mit der Methode von PARKER und WASHBURN wurde gefunden[13], daß in den Basisgleitsystemen, die aus dem ursprünglichen Gleitsystem durch Drehung der Gleitrichtung um 60° oder 120° hervorgehen, die latente Verfestigung bei Zink größer als die Verfestigung im ursprünglichen Hauptgleitsystem ist (Fig. 133 und 134). Bei der um 120° gedrehten Gleitrichtung findet sich noch eine Andeutung des Bauschinger-Effektes.

---

[1] H. LANGE u. K. LÜCKE: Z. Metallkde. **44**, 183 (1953).
[2] T.H. BLEWITT: Phys. Rev. **91**, 1115 (1953).
[3] R.J. STOKES u. A.H. COTTRELL: Acta met. **2**, 341 (1954).
[4] C.R. CUPP and B. CHALMERS: Acta met. **2**, 803 (1954).
[5] J. DIEHL: Diss. Stuttgart 1955.
[6] A. SOSIN u. J.S. KOEHLER: Phys. Rev. **101**, 972 (1956).
[7] H. REBSTOCK: Z. Metallkde. **48**, 206 (1957).
[8] T.S. NOGGLE u. J.S. KOEHLER: J. Appl. Phys. **28**, 53 (1957).
[9] P. HAASEN u. A. KELLY: Acta met. **5**. 192 (1957).
[10] M.J. MAKIN: Nature, Lond. **180**, 1476 (1957). — Phil. Mag. **3**, 287 (1958).
[11] R. RÖHM u. A. KOCHENDÖRFER: Z. Metallkde. **41**, 265 (1950).
[12] E. R. PARKER u. J. WASHBURN: In Modern Research Techniques in Physical Metallurgy (American Society of Metals), Cleveland 1953, S. 186.
[13] E. H. EDWARDS u. J. WASHBURN: Trans. Amer. Inst. Min. Metallurg. Engrs. **200**, 1239 (1954).

Die hohe latente Verfestigung kann nicht allein durch die Wirkung von Spannungsfeldern aufgestauter Versetzungen erklärt werden, da Versetzungen in ihrem eigenen Gleitsystem stets größere Schubspannungen hervorrufen als in jedem anderen Gleitsystem, weshalb die latente Verfestigung durch Spannungsfelder stets kleiner als die Verfestigung im betätigten Gleitsystem sein sollte. EDWARDS und WASHBURN[1] versuchen, die experimentellen Befunde damit zu erklären, daß die Versetzungen mit Burgers-Vektor $\frac{1}{3}[2\bar{1}\bar{1}0]$ im neuen Gleitsystem mit Versetzungen mit Burgers-Vektor $\frac{1}{3}[\bar{1}\bar{1}20]$ im ursprünglichen Gleitsystem so reagieren, daß sich nach der Reaktionsgleichung

$$\tfrac{1}{3}[2\bar{1}\bar{1}0] + \tfrac{1}{3}[\bar{1}\bar{1}20] \to \tfrac{1}{3}[1\bar{2}10]$$

Versetzungen bilden, die zwar keine unbeweglichen Hindernisse darstellen, auf die aber bei der angewendeten Beanspruchungsweise nur eine verhältnismäßig

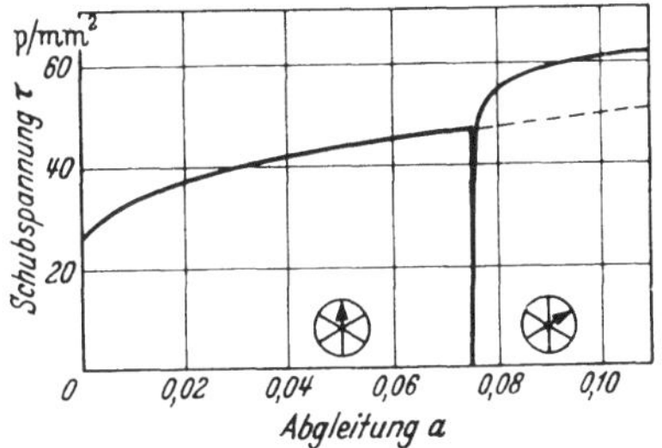

Fig. 133. Verfestigungskurve eines Zink-Einkristalls bei − 196° C mit Drehung der Gleitrichtung um 60° während der Verformung.

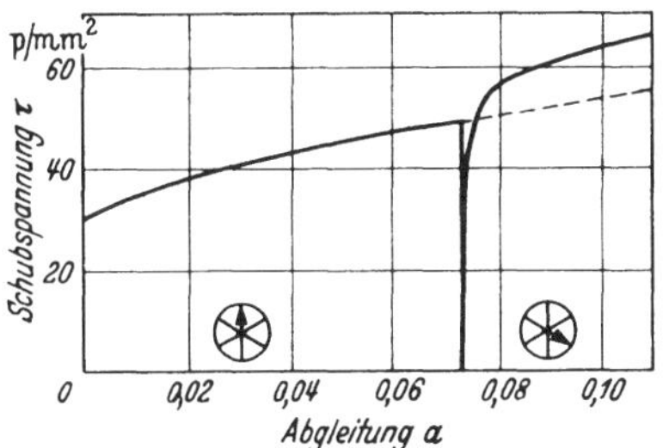

Fig. 134. Verfestigungskurve eines Zink-Einkristalls bei − 196° C mit Drehung der Gleitrichtung um 120° während der Verformung.

niedrige Schubspannung wirkt. Eine Schwäche dieser Erklärung ist es, daß die erhöhte Fließspannung schon nach sehr kleinen Abgleitungen im neuen Hauptgleitsystem beobachtet wird, bei denen die Zahl der Versetzungen im neuen System noch verhältnismäßig gering ist. Die Verfestigungsüberhöhung wächst, entgegen den Erwartungen auf Grund des obigen Bildes, wohl mit der Abgleitung im ursprünglichen System, nicht aber mit derjenigen im neuen Gleitsystem. Diese Beobachtungen werden jedoch auf Grund einer anderen Erklärungsmöglichkeit[2] verständlich: In der hexagonalen dichtesten Kugelpackung können **a**-Versetzungen, um deren Bewegung es sich bei der Basis-Gleitung handelt, kein stabiles Versetzungsnetzwerk mit unbeweglichen Versetzungsknoten bilden (siehe „Theorie der Gitterfehlstellen" in Teil 1 dieses Bandes, Ziff. 39). Bei einer plastischen Verformung verschieben sich daher im allgemeinen die Versetzungsknoten, und zwar in dem Sinne, daß die Gesamtlänge der Versetzungen des primären Gleitsystems wächst und jene der sekundären Gleitsysteme abnimmt. Dies kann zweierlei Wirkungen haben: Die Fließspannung in den sekundären Systemen wächst an, weil die Zahl N [Gl. (43.8)] der pro Volumeinheit zur Verfügung stehenden Versetzungslinien kleiner wird. Außerdem ist es natürlich denkbar, daß die Mehrzahl der Frank-Read-Quellen der sekundären Systeme sich so verkürzt hat, daß sie erst bei höheren Spannungen ansprechen können. Träfe das letztere zu, so würde ein Fall vorliegen, in dem die kritische Spannung einer Versetzungsquelle ausnahmsweise mit einem makroskopisch beobachtbaren Effekt

[1] Siehe Fußnote 13, S. 134.
[2] A. SEEGER: Z. Naturforsch. 9a, 856 (1954).

zusammenhängt und die Erschöpfungshypothese der Verfestigung (vgl. Ziff. 47) zutrifft.

Über die Ablösung des primären Gleitsystems durch das konjugierte Gleitsystem bzw. durch Doppelgleitung im primären und konjugierten Gleitsystem infolge der allmählichen Orientierungsänderung der Zugrichtung liegen bei kubisch-flächenzentrierten Metallen und Legierungen ausführliche Beobachtungen vor, die zum Teil in Ziff. 23 referiert sind. Wenn die latente Verfestigung des konjugierten Gleitsystems größer als die Verfestigung des primären Systems ist, so „überschießt" die Stabachse, und zwar um so mehr, je größer das Verhältnis von latenter zu eigentlicher Verfestigung ist. Aus den in Ziff. 23 genannten Versuchen entnimmt man, daß bei manchen Legierungen, z.B. zinkreichem α-Messing, dieses Verhältnis wesentlich größer als Eins ist, während sich bei den Edelmetallen Cu, Ag und Au die latente Verfestigung als nur wenig größer als die eigentliche Verfestigung erweist.

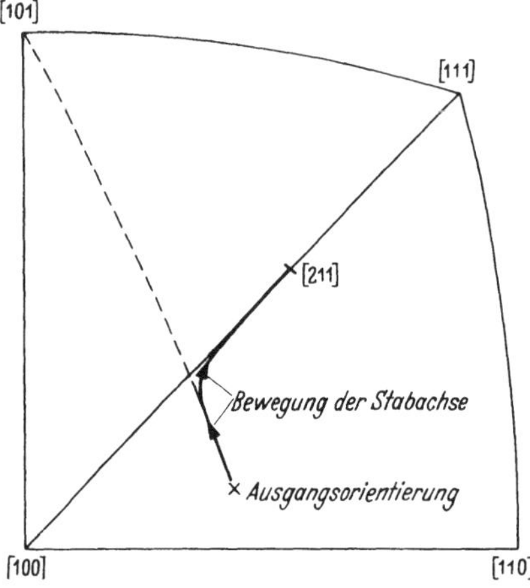

Fig. 135. Orientierungsänderung der Stabachse beim Zugversuch, wenn die latente Verfestigung des konjugierten Gleitsystems geringer als die Verfestigung des primären Gleitsystems ist. Der gestrichelte Großkreis gibt die Orientierungsänderung wieder, die bei idealer Einfachgleitung auftreten würde.

Ist die Verfestigung des konjugierten Gleitsystems kleiner als diejenige des primären Gleitsystems, so erreicht beim Zugversuch die Orientierung der Stabachse die Symmetrale nicht, sondern biegt vorher in Richtung auf den auf der Symmetralen gelegenen $\langle 211 \rangle$-Pol ab (vgl. Fig. 135). Da das Abbiegen *allmählich* erfolgt und die zunehmende Gleitung im konjugierten System dieses verfestigt, ist dieser Fall viel schwerer quantitativ zu erfassen als der oben genannte. Die wenigen an Aluminium vorliegenden Beobachtungen[1,2,3] über die Orientierungsänderung der Stabachse während des Zugversuchs weisen qualitativ darauf hin, daß bei diesem Metall die eben diskutierte Möglichkeit realisiert ist.

Vom theoretischen Standpunkt aus kann man mit den gleichen Argumenten wie bei der obigen Diskussion der Verhältnisse bei Zink-Einkristallen sagen, daß die Überhöhung der latenten Verfestigung bei den Edelmetallen *nicht* auf die Wirkung der weitreichenden Spannungsfelder von Versetzungen des primären Gleitsystems zurückzuführen ist. Eine Erklärungsmöglichkeit[4,5,6] bietet sich dadurch an, daß eine nennenswerte Abgleitung im konjugierten Gleitsystem nur dann auftreten kann, wenn die betreffenden Versetzungen den von den Versetzungen im primären Gleitsystem gebildeten Wald durchschneiden. Wie wir in Ziff. 45 gesehen haben, liegen die kritischen Temperaturen $T_0^{(1)}$ und $T_0^{(2)}$ bei den Edelmetallen so hoch, daß man immer einen τ_S-Beitrag erhält. Wegen der großen Dichte der Versetzungen im primären Gleitsystem ist dieser τ_S-Beitrag zur latenten Verfestigung des konjugierten Systems so groß, daß er den τ_G-Beitrag überwiegt. Er kann damit sehr wohl zu der beobachteten Überhöhung der la-

[1] G. I. TAYLOR u. C. F. ELAM: Proc. Roy. Soc. Lond., Ser. A **108**, 28 (1925).
[2] R. KARNOP u. G. SACHS: Z. Physik **41**, 116 (1927).
[3] B. JAOUL, I. BRICOT u. P. LACOMBE: Rev. Mét. **54**, 81 (1957).
[4] C. S. BARRETT [*8*], S. 370.
[5] G. R. PIERCY, R. W. CAHN u. A. H. COTTRELL: Acta met. **3**, 331 (1955).
[6] A. SEEGER: Z. Naturforsch. **11**a, 985 (1956).

tenten Verfestigung Anlaß geben[1]. Mit der vorstehenden Deutung ist das Verhalten der Aluminium-Kristalle im Einklang: Aus Ziff. 44 entnehmen wir, daß der Versetzungswald bei Raumtemperatur nichts oder nur wenig zur Fließspannung beiträgt. Die Verhältnisse sind also im wesentlichen durch die Spannungsfelder der Versetzungen (τ_G) bestimmt, so daß wir eine kleinere Verfestigung in einem latenten System als im betätigten System erwarten.

50. Die hexagonalen Metalle Zn, Cd und Mg[2]. Die Verfestigung von Zn, Cd und Mg, also hexagonalen Metallen, die sich unter normalen Bedingungen überwiegend durch Basisgleitung verformen, bildet ein besonders einfaches Anwendungsbeispiel für die in den vorangehenden Ziffern behandelten Grundgedanken der Theorie der Fließspannung und der Verfestigung. Wir beschränken uns zunächst auf jenen Temperaturbereich, in dem die in Ziff. 47 besprochene dynamische Erholung *nicht* auftritt. In der Theorie der Fließspannung kann man sich bei den genannten Metallen nach Ziff. 44 auf einen einzigen thermisch aktivierten Prozeß beschränken, so daß man die Fließspannung als Funktion der Abgleitung a mit den in Ziff. 43 eingeführten Bezeichnungen als

$$\tau(a) = \tau_G(a) + \frac{U_0 - kT \log(NFb\,\nu_0/\dot{a})}{v(a)} \tag{50.1}$$

schreiben kann. Dabei vernachlässigen wir die Abhängigkeit des Produktes NF von der Abgleitung a, da diese Größe als Argument eines Logarithmus vorkommt und ihre Variation ohne großen Einfluß auf $d\tau/da$ ist. Durch Differenzieren von Gl. (50.1) erhält man für den Verfestigungsanstieg

$$\vartheta = \frac{d\tau_G(a)}{da} - \frac{dv(a)}{da} \cdot \frac{U_0 - kT \log(NFb\,\nu_0/\dot{a})}{v^2(a)}. \tag{50.2}$$

Da in den hier diskutierten Metallen die Gleitung praktisch ganz auf die Basisebene beschränkt ist, ändert sich die Dichte des Versetzungswaldes während der Verformung nicht merklich. $v(a)$ ist also eine Konstante, so daß sich Gl. (50.2) auf die einfache Beziehung

$$\vartheta = \frac{d\tau_G(a)}{da} \tag{50.3}$$

reduziert. Nach der eingangs gemachten Voraussetzung ist $\frac{1}{G}\frac{d\tau_G}{da}$ temperatur- und geschwindigkeitsunabhängig. Man erwartet also bei Zink, Cadmium und Magnesium bei hinreichend tiefen Temperaturen (um dynamische Erholung auszuschließen) einen *temperatur-* und *geschwindigkeitsunabhängigen* relativen Verfestigungsanstieg ϑ/G.

---

[1] C. S. Barrett ([*8*], S. 371) hat darauf hingewiesen, daß nach vorstehender Erklärung die latente Verfestigung mit wachsender „Tendenz zur Stapelfehlerbildung", also abnehmender Stapelfehlerenergie, ansteigen müßte. Dies ist im Einklang mit den Unterschieden zwischen der latenten Verfestigung von Al einerseits und derjenigen von Cu, Ag, Au andererseits. Außerdem findet wohl auch das Überschießen der Kobalt-Nickel-Legierungseinkristalle (vgl. Ziff. 63) auf diese Weise eine Erklärung. Es ist ferner naheliegend, das besonders starke Überschießen von α-Messingkristallen (s. Ziff. 23) mit der im Vergleich zu Kupfer niedrigeren Stapelfehlerenergie und stärkeren Aufspaltung der Versetzungen bei α-Messing (s. hierzu Ziff. 63) in Verbindung zu bringen. Für eine solche Deutung spricht der Befund von G. R. Piercy, R. W. Cahn und A. H. Cottrell [Acta met. **3**, 331 (1955)], daß das Altern der Kristalle und die damit verbundene Diffusion der Legierungspartner während einer Unterbrechung der Verformung keinen merklichen Einfluß auf das spätere Überschießen besitzt. Ein gewisser Legierungseinfluß scheint dennoch vorhanden zu sein, da die Temperaturunabhängigkeit des Überschießens der α-Messing-Kristalle sich *nicht* als Wirkung des Versetzungswaldes allein verstehen läßt (Ziff. 63).

[2] Siehe hierzu A. Seeger: Z. Naturforsch. **9**a, 870 (1954); **11**a, 985 (1956) sowie [*37*], § 5.

Den Angaben über die Temperaturabhängigkeit der Verfestigungskurve hexagonaler Metalle in Ziff. 19 (insbesondere Fig. 49 und 50) entnimmt man, daß bei Cadmium und Magnesium der theoretisch abgeleitete Verlauf tatsächlich gefunden wird. Wie schon in Ziff. 19 ausgeführt, betrachten wir die Abweichungen bei Zinkkristallen (Fig. 51) als eine Anomalie, deren Ursache außerhalb des hier zugrunde gelegten theoretischen Bildes zu suchen ist.

Aus der Größe ϑ_0 des Verfestigungskoeffizienten bei tiefen Temperaturen kann man auf Grund der in Ziff. 47 mitgeteilten Überlegungen über den Zusammenhang zwischen Verfestigungskoeffizient und Versetzungslaufweg schließen, daß letzterer von der Größenordnung einiger Millimeter und daher vergleichbar mit dem Probendurchmesser sein muß[1]. Damit ist im Einklang, daß man lichtmikroskopisch (z.B. bei Zinkkristallen) den Eindruck hat, die Gleitlinien würden um den ganzen Kristall herumlaufen und daß H. TRÄUBLE[2] bei elektronenmikroskopischen Untersuchungen nach Tieftemperaturverformung keine endenden Gleitlinien beobachten konnte (vgl. Ziff. 37).

Von SEEGER [*37*] sind an einem stark vereinfachten zweidimensionalen Modell einige vorläufige Überlegungen über das Zustandekommen von ϑ_0 bei tiefen Temperaturen angestellt worden. Es seien pro Flächeneinheit N'' Stellen vorhanden, an denen Gruppen von n Versetzungen aufgestaut werden. Bezeichnet L den Versetzungslaufweg und dn die Änderung der Stärke der Gruppe, so ergibt sich

$$\frac{da}{dn} = b\,L\,N''. \tag{50.4}$$

Der entsprechende Differentialquotient von τ_G ist

$$\frac{d\tau_G}{dn} = \alpha\,b\,G\sqrt{N''}, \tag{50.5}$$

woraus sich der Verfestigungsanstieg zu

$$\vartheta_0 = \frac{d\tau_G}{da} = \alpha\,G\cdot\frac{1}{\sqrt{N''}}\cdot\frac{1}{L} \tag{50.6}$$

ergibt. Bei der Ableitung von Gl. (50.6) ist angenommen worden, daß die Zahl n der Versetzungen pro Gleitlinie linear mit der Abgleitung wächst, was in roher Näherung den Beobachtungen von TRÄUBLE entspricht[3]. Man bekommt größenordnungsmäßige Übereinstimmung mit den Beobachtungen von TRÄUBLE und mit den gemessenen Verfestigungskoeffizienten von etwa $\vartheta_0 = 10^{-4}$ G, wenn man $\alpha = \frac{1}{5}$, $N'' = 4\cdot 10^4\ \text{cm}^{-2}$ und $L = 10$ cm setzt. Diese Zahlenwerte für N'' und L sind durchaus plausibel[4].

Wie aus Ziff. 19 hervorgeht, sinkt bei höherer Temperatur bei allen drei hier besprochenen Metallen der Verfestigungskoeffizient ϑ unter den Tieftemperaturwert ϑ_0 ab (Fig. 136). Im Temperaturbereich starken Abfalls ist er auch sehr stark geschwindigkeitsabhängig, wie Fig. 48 am Beispiel des Cadmiums zeigt. POLANYI und SCHMID[5] haben diesen Abfall des Verfestigungskoeffizienten

---

[1] N. F. MOTT: Phil. Mag. **43**, 1151 (1952).

[2] H. TRÄUBLE: Diplomarbeit Stuttgart 1958.

[3] H. TRÄUBLE findet bei Kristallen, die bei 90° K bis zu $a = 0{,}07$, $a = 0{,}15$ und $a = 0{,}22$ verformt worden sind, als mittlere Zahl der Versetzungen pro Gleitlinien $n = 39$, $n = 50$ und $n = 90$.

[4] Wie in Ziff. 52 gezeigt wird, ist es für das Vorstehende unerheblich, daß sich L größer als der Kristalldurchmesser ergibt.

[5] M. POLANYI u. E. SCHMID: Naturwiss. **17**, 301 (1929). — Siehe auch E. SCHMID u. W. BOAS: [*1*], insbes. Ziff. 50.

mit dem Beginn der statischen Erholung in Verbindung gebracht, die in der Tat in dem betreffenden Temperaturintervall einsetzt. Für Zinkkristalle geht dies insbesondere aus den Erholungsmessungen von DROUARD, WASHBURN und PARKER[1] hervor, die den Beginn der statischen Erholung nach Schubverformungen etwa zwischen $-40°$ C und $-30°$ C beobachtet haben. Wie SEEGER[2] durch einen Vergleich der Geschwindigkeitsabhängigkeit des Verfestigungskoeffizienten mit Daten über die Erholungsgeschwindigkeit zeigen konnte, ist letztere bei Raumtemperatur gerade von der richtigen Größenordnung, um die Variation des Verfestigungsanstiegs zu erklären. Man kann es somit als gesichert ansehen, daß in diesem Falle (das gleiche dürfte wohl für Cd und Mg gelten) die Prozesse der statischen und der dynamischen Erholung im wesentlichen dieselben sind. Geschwindigkeitsbestimmend ist dabei wohl das Klettern der Stufenversetzungen[2,3], das sich auch im Gleitlinienbild (durch das sog. Auffächern der Gleitlinien, Fig. 116b) bemerkbar macht.

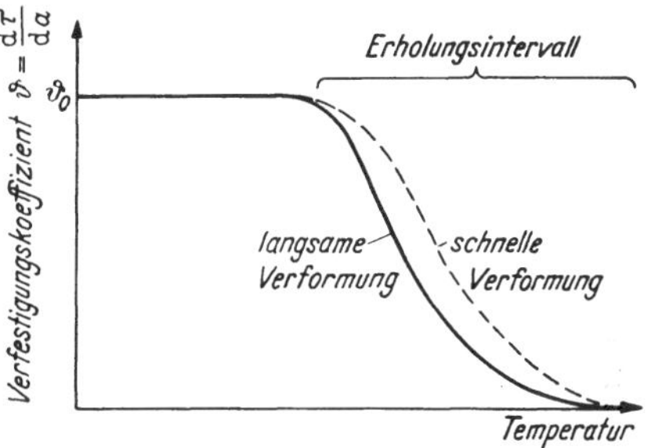

Fig. 136. Schematische Darstellung der Temperaturabhängigkeit und Geschwindigkeitsabhängigkeit des Verfestigungskoeffizienten $\vartheta = d\tau/da$ der hexagonalen Metalle mit Basisgleitung.

Bei sehr hohen Temperaturen verformen sich die hexagonalen Kristalle praktisch mit einem Verfestigungskoeffizienten Null. Die Erholungsgeschwindigkeit ist hier so groß, daß die Verfestigung momentan wieder abgebaut wird.

b) Spezieller Teil: Kubisch-flächenzentrierte Metalle.

51. Überblick. Die Theorie der Verfestigung kubisch-flächenzentrierter Metalle stellt heute den Mittelpunkt der Theorie der Kristallplastizität dar, da sie das ziemlich verwickelte empirische Bild der Verfestigung (Ziff. 21 und 22) und der Oberflächenerscheinungen (Ziff. 33, 34 und 35) fast vollständig erklärt. In keinem weiteren Teilgebiet ist das Verständnis der dem plastischen Verhalten zugrunde liegenden Prozesse ähnlich weit fortgeschritten.

Wir entwickeln die Theorie an Hand der in Ziff. 21 gegebenen Einteilung der Verfestigungskurve in drei ihrem Charakter nach wesentlich verschiedene Bereiche I, II und III. Im einzelnen behandeln wir in Ziff. 52 den Bereich I, in Ziff. 53 den Übergang von Bereich I zu Bereich II, in Ziff. 54 den Bereich II, in Ziff. 55 den Bereich III und in Ziff. 57 die mit dem Bereich III ursächlich zusammenhängende Erscheinung der Verformungsentfestigung, wobei wir soweit als möglich Oberflächenbeobachtungen mit heranziehen. Als spezielle Probleme werden wir in Ziff. 56 die quantitative Theorie des Beginns von Bereich III, in Ziff. 58 den Wechsel der Verformungstemperatur und in Ziff. 59 den Zusammenhang zwischen der Verfestigung und dem elektrischen Widerstand besprechen.

In theoretischer Hinsicht stützt sich die Diskussion vor allem auf die im Beitrag „Theorie der Gitterfehlstellen" ausführlich besprochene Besonderheit der in $\{111\}$-Ebenen verlaufenden Versetzungen, in Paare von Halbversetzungen aufzuspalten. Die Stärke dieser Aufspaltung und eine ganze Reihe damit zusammenhängender Versetzungseigenschaften sind durch die Stapelfehlerenergie des betreffenden Metalls bestimmt. In ähnlicher Weise wie bei der Theorie der

[1] R. DROUARD, J. WASHBURN u. E. R. PARKER: Trans. Amer. Inst. Min. Metallurg. Engrs. **197**, 1226 (1953).
[2] A. SEEGER: Z. Naturforsch. **11**a, 985 (1956).
[3] N. F. MOTT: Proc. Phys. Soc. Lond. B **64**, 729 (1954).

Fließspannung (Ziff. 44 und 45) ist die Größe der Stapelfehlerenergie (bzw. die Stärke der Aufspaltung) von entscheidender Bedeutung für die quantitativen Verhältnisse. Viele auffallende Unterschiede zwischen den Metallen hoher Stapelfehlerenergie (Aluminium, Blei) und den Metallen niedriger Stapelfehlerenergie (Kupfer, Silber, Gold, Nickel usw.), die auf andere Weise nicht gedeutet werden können, werden damit sofort verständlich.

52. Der Bereich I der Verfestigungskurve[1]. Betrachtet man die Verfestigungskurven von Kristallen mit einem Durchmesser mittlerer Größe ($\sim$4 mm), wie wir es in Ziff. 22 getan haben, so fällt beim Bereich I besonders die ungewöhnlich starke Orientierungsabhängigkeit des Verfestigungskoeffizienten ϑ_{I} auf. Bei Raumtemperatur werden bei geeignet orientierten Kupferkristallen (Orientierungen C 26 und C 14 in Fig. 60) (relative) Verfestigungskoeffizienten $\vartheta/G = 1{,}7 \cdot 10^{-4}$ beobachtet, was etwa den bei tiefen Temperaturen gemessenen ϑ_0/G-Werten sorgfältig hergestellter hexagonaler Einkristalle entspricht. Bei diesen Orientierungen besteht wenig Zweifel, daß der Verfestigungsmechanismus etwa demjenigen der hexagonalen Metalle entspricht, wie zuerst von MOTT[2] vorgeschlagen worden ist. In der Tat geht aus den elektronenmikroskopischen Beobachtungen hervor (Ziff. 33), daß die Gleitlinien und damit die Versetzungslaufwege für Kristalle der oben angegebenen Orientierungen von der Größenordnung des Kristalldurchmessers sind.

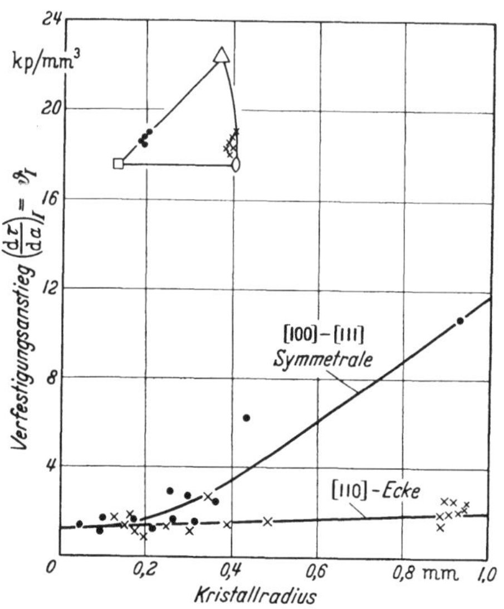

Fig. 137. Abhängigkeit des Verfestigungsanstiegs im Bereich I von Kupferkristallen (bei Raumtemperatur verformt) vom Kristallhalbmesser für zwei verschiedene Bereiche des Orientierungsdreiecks.

Bei anderen Kristallorientierungen als den eben betrachteten werden im Bereich I Verfestigungsanstiege beobachtet, welche unter Umständen mehr als das Zehnfache des oben genannten Wertes betragen und damit mit den Verfestigungskoeffizienten im Bereich II vergleichbar sind. Wie SUZUKI, IKEDA und TAKEUCHI[3] in einer ausführlichen Untersuchung des Einflusses des Probendurchmessers auf die Raumtemperatur-Verfestigungskurve von Kupfereinkristallen gezeigt haben, wird die Orientierungsabhängigkeit von ϑ_{I} mit abnehmendem Kristalldurchmesser geringer, um bei einem Durchmesser von etwa 0,4 mm zu verschwinden (vgl. Fig. 137). Der sich hierbei ergebende orientierungsunabhängige Verfestigungsanstieg ist etwa gleich dem oben besprochenen minimalen Anstieg im Orientierungsbereich C 26 und C 14, so daß sich für diesen *kein* Dickeneffekt ergibt.

Die experimentell beobachtete Abhängigkeit des Verfestigungskoeffizienten ϑ_{I} von der Kristallorientierung und dem Kristalldurchmesser läßt sich in folgender Weise zwanglos deuten [*37*]: Bei den Kristallorientierungen mit minimalem ϑ_{I} rührt die gesamte Verfestigung von der Grundverfestigung[4] her, die

[1] Siehe auch A. SEEGER: [*37*], insbes. § 6a.
[2] N. F. MOTT: Phil. Mag. **43**, 1151 (1952); **44**, 742 (1953).
[3] H. SUZUKI, S. IKEDA u. S. TAKEUCHI: J. Phys. Soc. Japan **11**, 382 (1956).
[4] A. SEEGER: Z. Naturforsch. **9**a, 758 (1954).

dadurch zustande kommt, daß die Versetzungen des primären Gleitsystems gelegentlich in den „Potentialmulden" der Grundstruktur (Ziff. 42) eingefangen werden. Die Einfangswahrscheinlichkeit ist ziemlich klein, so daß der Laufweg der Versetzungen sehr groß ist. Es ist durchaus denkbar, daß die Mehrzahl der Versetzungen den Kristall verläßt. (Wir werden unten zeigen, daß das Fehlen eines Dickeneffekts bei diesen Kristallen dieser Vorstellung nicht widerspricht.) Eine Bildung von Hindernissen während der Verformung (gedacht ist dabei vor allem an die unten näher zu diskutierenden, nicht gleitfähigen Lomer-Cottrell-Versetzungen) findet praktisch nicht statt.

Wir zeigen nunmehr an einem zweidimensionalen Modell, wie das Fehlen eines Dickeneffekts trotz des sehr großen Versetzungslaufwegs zu verstehen ist. Der Laufweg der Versetzungen in einem unbegrenzten Kristall sei L_∞, der durchschnittliche Durchmesser der Gleitebene sei L_p. Wenn die Mehrzahl der Versetzungen aus dem Kristall austritt, also $L_p \ll L_\infty$ ist, so ist die Abgleitung gegeben durch

$$a = b\,N'\,L_p, \tag{52.1}$$

wobei b die Versetzungsstärke und N' die Anzahl pro Flächeneinheit der am Gleitprozeß teilnehmenden Versetzungen ist. Für die Verfestigung ist jedoch nicht N', sondern die Zahl N'' der pro Flächeneinheit im Kristall festgehaltenen Versetzungen maßgebend, so daß man für die Verfestigung

$$\tau_v = \tau_v(N'') \tag{52.2}$$

schreiben kann. Andererseits gilt nach der oben gemachten Voraussetzung, daß während der Verformung keine Hindernisse neu gebildet werden,

$$N'' = N'\,L_p/L_\infty. \tag{52.3}$$

Aus den Gln. (52.1) und (52.3) folgt

$$a = b\,N''\,L_\infty. \tag{52.4}$$

Eliminiert man die Größe N'' aus den Gln. (52.2) und (52.4), so erhält man einen Ausdruck für die Gleichung der Verfestigungskurve

$$\tau_v = \tau_v\,(a;\,L_\infty), \tag{52.5}$$

welcher wohl noch L_∞, nicht aber L_p als Parameter enthält. Dies gilt, wie man aus der Ableitung ersieht, unabhängig vom Verfestigungsmechanismus, über den in Gl. (52.2) fast nichts vorausgesetzt wurde. Wir finden also das oben vorweggenommene Ergebnis bestätigt, daß die Grundverfestigung auch dann nicht zu einer Abhängigkeit der Verfestigung von der Kristalldicke Anlaß gibt, wenn die Versetzungen aus dem Kristall austreten können.

Aus dem vorstehenden Befund muß man die Folgerung ziehen, daß bei den Kristallorientierungen mit durchmesserabhängigem ϑ_{I} ein weiterer Verfestigungsmechanismus zur Grundverfestigung hinzutritt. Wir glauben, daß dieser zusätzliche Mechanismus die Bildung von Hindernissen für die Versetzungsbewegung in Gestalt bestimmter Lomer-Cottrell-Versetzungen[1] ist. Wie wir sogleich im einzelnen zeigen werden, läßt sich auf Grund dieser Vorstellung die Orientierungsabhängigkeit von ϑ_{I} gut deuten.

Lomer-Cottrell-Versetzungen sind eine spezielle Art nicht gleitfähiger Versetzungen, die im kubisch-flächenzentrierten Gitter durch Versetzungsreaktionen zwischen zwei Versetzungen, die bestimmten Paaren von Oktaedergleitsystemen angehören, gebildet werden können (siehe „Theorie der Gitterfehlstellen" in Teil 1 dieses Bandes, insbes. Ziff. 50). Sie bilden *dann* starke Hindernisse für die Gleitung, wenn sie in der primären Gleitebene gelegen sind. In dieser, die wir als $(11\bar{1})$-Ebene wählen, sind Lomer-Cottrell-Versetzungen mit drei verschiedenen kristallographischen Orientierungen möglich, und zwar erstrecken sie sich entweder längs der $[1\bar{1}0]$-, der $[101]$- oder der $[011]$-Richtung. Jede dieser drei

[1] Die Möglichkeit, daß Lomer-Cottrell-Versetzungen für die Orientierungsabhängigkeit des Verfestigungskoeffizienten im Bereich I der Verfestigungskurve verantwortlich sind, hat zuerst P. Haasen [Z. Physik **136**, 26 (1953)] an Hand der empirischen Ergebnisse über die Raumtemperaturverformung von Aluminiumkristallen diskutiert.

Orientierungen kann auf zwei verschiedene Arten (die aber zu den gleichen Lomer-Cottrell-Versetzungen führen) durch die Reaktionen von zwei Versetzungen gebildet werden, von denen eine die $(11\bar{1})$-Ebene als Gleitebene besitzt. Werden während der Verformung Lomer-Cottrell-Versetzungen einer einzigen der oben erwähnten Orientierungen gebildet, so wird der Versetzungslaufweg in einer Richtung nicht direkt beeinflußt, während er in der dazu senkrechten Richtung reduziert wird (Fig. 138). Dies genügt jedoch bereits, um auf Grund des in Ziff. 47 besprochenen Zusammenhangs zwischen Versetzungslaufweg und Verfestigung einen erhöhten Verfestigungskoeffizienten zu ergeben. Wir kommen zu dem Ergebnis, daß der Verfestigungsanstieg in Bereich I durch die Wahrscheinlichkeit bestimmt ist, mit welcher Lomer-Cottrell-Versetzungen *einer* bestimmten Orientierung gebildet werden.

Die Bildungswahrscheinlichkeit der Lomer-Cottrell-Versetzungen ist um so größer, je größer die Versetzungsdichten in den Gleitsystempaaren sind, welche

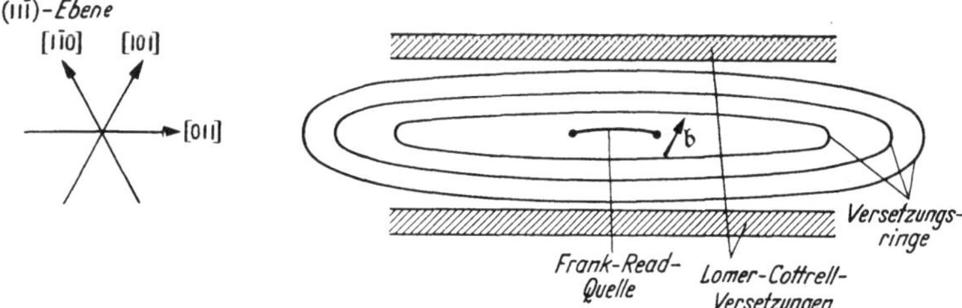

Fig. 138. Begrenzung des Versetzungslaufwegs in *einer* Richtung durch Lomer-Cottrell-Versetzungen.

bei der Bildung der betreffenden Versetzungsart zusammenwirken. Die Versetzungsdichte in einem bestimmten Gleitsystem ist um so größer, je größer die Schubspannung in dem betreffenden Gleitsystem ist. Die Größe der Schubspannung in den an der Bildung der Lomer-Cottrell-Versetzungen beteiligten Gleitsystemen kann man qualitativ an Hand der Fig. 139 beurteilen, die einer Arbeit von SEEGER, DIEHL, MADER und REBSTOCK[1] entnommen ist. (Für quantitative Überlegungen hat man noch Fig. 22a mit heranzuziehen.) Bei dieser ist das primäre Gleitsystem [101], $(11\bar{1})$, so daß der Bildpunkt der Stabachse in der stereographischen Projektion in dem senkrecht und waagrecht schraffierten Dreieck liegt. In jedem der sekundären Gleitsysteme ist die Schubspannung um so größer, je näher der Bildpunkt der Stabachse dem diesem Gleitsystem nach der Regel von Ziff. 9 zugeordneten Dreieck der stereographischen Projektion ist. In Fig. 139 enthalten zwei Dreiecke dann die gleiche Schraffur, wenn die Versetzungen der zugeordneten Gleitsysteme miteinander Lomer-Cottrell-Versetzungen in der $(11\bar{1})$-Ebene bilden können, wobei die *Richtung* der Schraffur der *Richtung der Lomer-Cottrell-Versetzungen*, wie in Fig. 139 angegeben, eindeutig zugeordnet ist.

Beachtet man, daß es zur Bildung einer merkbar in Erscheinung tretenden Dichte von Lomer-Cottrell-Versetzungen einer hinreichend großen Schubspannung in beiden an einer Versetzungsreaktion beteiligten Gleitsystemen bedarf, so kann man aus Fig. 139 entnehmen, daß die Bildung von Lomer-Cottrell-Versetzungen in [011]-Richtung durch Reaktionen zwischen dem konjugierten und dem primären Gleitsystem in besonders starkem Maße dann erfolgt, wenn die Stabachse in der Nähe der Symmetralen [100] bis [111] liegt. Ferner besteht eine große Wahrscheinlichkeit für die Bildung von Lomer-Cottrell-Versetzungen

[1] A. SEEGER, J. DIEHL, S. MADER u. H. REBSTOCK: Phil. Mag. **2**, 323 (1957).

in $[\bar{1}10]$-Richtung, wenn die Stabachse in der $[110]$-Richtung liegt oder in deren unmittelbarer Nähe. (Die betreffenden Lomer-Cottrell-Versetzungen können auf zwei verschiedene Weisen gebildet werden, nämlich durch Reaktionen entweder zwischen dem primären und einem sekundären Gleitsystem oder zwischen zwei anderen sekundären Gleitsystemen.)

Nach dem oben über den Zusammenhang zwischen dem Verfestigungskoeffizienten und der Bildung von Hindernissen der Lomer-Cottrellschen Art Gesagten erwartet man minimale ϑ_{I}-Werte für Orientierungen der Stabachse in dem in Fig. 140 schraffierten Bereich des Orientierungsdreiecks und zunehmende ϑ_{I} in Richtung der Pfeile. Ein Vergleich mit Fig. 61 d sowie Fig. 60 zeigt, daß dies tatsächlich dem experimentellen Befund bei Kristallen normalen Durchmessers entspricht.

Nachdem wir unsere Vorstellungen über den Verfestigungsmechanismus im Bereich I qualitativ durch die experimentellen Ergebnisse bestätigt gefunden haben, fügen wir noch einige numerische Angaben an. Aus dem oben erwähnten Befund, daß die Dickenabhängigkeit von ϑ_{I} bei Raumtemperatur verschwindet, wenn der Kristalldurchmesser kleiner als etwa 0,4 mm ist, kann man schließen, daß die durch die Lomer-Cottrell-Versetzungen begrenzten Laufwege der Versetzungen in der Größenordnung 1 mm liegen müssen. Ist L_p wesentlich kleiner als diese Länge, so gibt die Grundverfestigung den Hauptausschlag, so daß die Verfestigung nicht mehr dicken- und orientierungsabhängig ist. Da der mittlere Gleitebenenabstand im Bereich I gemäß Tabelle 4 zwischen 100 und 1000 Å liegt, genügt eine sehr kleine Dichte von Lomer-Cottrell-Versetzungen ($\sim 10^6/\mathrm{cm}^2$), um die Versetzungslaufwege auf größenordnungsmäßig 1 mm zu begrenzen. Diese Laufwege sind im Einklang mit den experimentellen Ergebnissen über die Länge der Gleitlinien (Tabelle 4). Unter der Annahme, daß jede der im Elektronenmikroskop sichtbaren Gleitlinien von einer Versetzungsquelle herrührt,

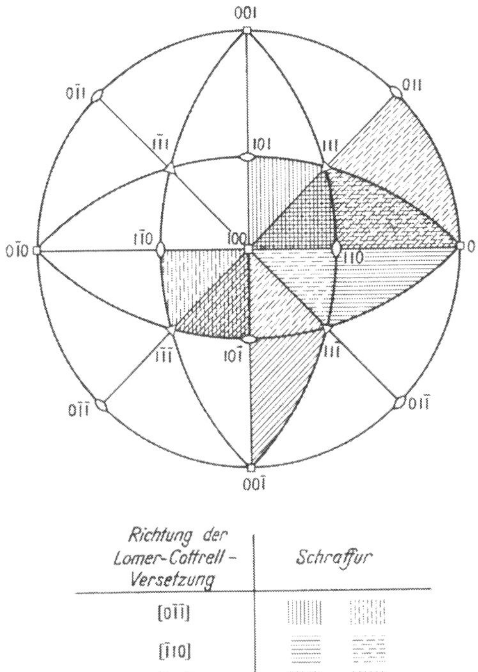

Fig. 139.

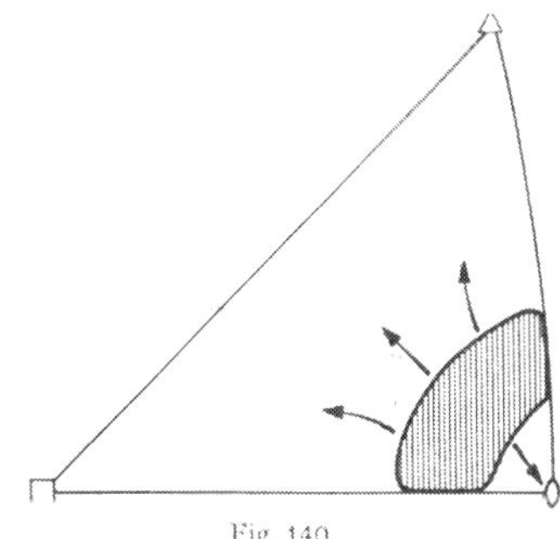

Fig. 140.

Fig. 139. Zur Bildung von Lomer-Cottrell-Versetzungen im kubisch-flächenzentrierten Gitter durch Reaktionen zwischen Versetzungen zweier Gleitsysteme.

Fig. 140. Qualitative Theorie der Orientierungsabhängigkeit des Verfestigungsanstiegs im Bereich I der Verfestigungskurve. ϑ_{I} sollte in dem schraffierten Bereich am kleinsten sein und in Richtung der Pfeile ansteigen.

hat MADER[1] die Zahl N betätigter Quellen pro Volumeneinheit zu höchstens etwa $7 \cdot 10^7\,\mathrm{cm}^{-3}$ abgeschätzt. Dies ist eine Zahl, die sich wesentlich besser in unserem Bild der Grundstruktur mit meist sehr langen Versetzungsquellen (Ziff. 42) einfügt als Abschätzungen früherer Autoren, die auf $N = 10^{11}\,\mathrm{cm}^{-3}$ führten.

Mit dem genannten Wert von N läßt sich auch der beobachtete Verfestigungsanstieg erklären. Gibt jede Quelle im Durchschnitt n Versetzungsringe ab und bezeichnet man die mittleren Laufwege der Stufen- und Schraubenversetzungen mit L_1 und L_2, so ist die Abgleitung gegeben durch

$$a = n\,b\,N\,L_1\,L_2. \tag{52.6}$$

Zur Abschätzung denken wir uns die Versetzungen in Gruppen mit der resultierenden Versetzungsstärke nb angeordnet; die Flächendichte dieser Gruppen ist z.B. bei den Schraubenversetzungen $N L_1$. Man kann also für die Verfestigung schreiben

$$\tau_v \approx \frac{n\,b\,G}{2\pi}\sqrt{N\,L_1}. \tag{52.7}$$

Dividiert man die Gln. (52.6) und (52.7) durcheinander, so erhält man für den Verfestigungsanstieg

$$\vartheta_I = \frac{d\tau_v}{da} \approx \frac{G}{2\pi}\,\frac{1}{\sqrt{N\,L_1}\,L_2}. \tag{52.8}$$

Um diejenigen Fälle zu erfassen, bei denen der Versetzungslaufweg im wesentlichen durch Lomer-Cottrell-Versetzungen begrenzt ist, setzen wir $L_1 \approx L_2 \approx 0{,}1\,\mathrm{cm}$ und erhalten aus Gl. (52.8)

$$\vartheta_I/G = 6 \cdot 10^{-4}, \tag{52.9}$$

was etwa dem experimentellen Befund entspricht. Man sieht, daß sich mit verhältnismäßig kleinen Änderungen des Versetzungslaufwegs merkliche Änderungen des Verfestigungsanstiegs ergeben können. Insbesondere hat man im Bereich der reinen Grundverfestigung den Laufweg L_∞ etwas größer als oben angenommen anzusetzen. Für die Zahl n der Versetzungsringe pro Quelle (und damit pro Gleitlinie) ergeben sich für das Ende des Bereichs I Werte in der Größenordnung 10; dies entspricht der Beobachtung von MADER, daß $n \approx 15$ ist (vgl. Tabelle 4).

Die vorstehende Diskussion sollte lediglich eine Abschätzung der Größenordnungen geben. Sie vernachlässigt viele Einzelheiten, z. B. die nach der Theorie zu erwartende starke Abhängigkeit des Versetzungslaufwegs vom Versetzungscharakter, die wachsende Dichte der Lomer-Cottrell-Versetzungen mit zunehmender Abgleitung und die damit verbundene Variation des Versetzungslaufwegs. In einer vollständigeren Theorie muß selbstverständlich diesen Erscheinungen Rechnung getragen werden.

53. Der Übergang vom Bereich I zum Bereich II der Verfestigungskurve. Nach dem in Ziff. 52 entwickelten Bild wird der Versetzungslaufweg im Bereich I in höchstens einer Richtung durch Lomer-Cottrell-Versetzungen begrenzt, da höchstens eine der dort besprochenen Arten dieser Versetzungen mit merklicher Wahrscheinlichkeit gebildet wird. Wir glauben, daß der Beginn des Bereichs II im wesentlichen dadurch bestimmt ist, daß zur ersten eine zweite Schar von Lomer-Cottrell-Versetzungen hinzutritt, so daß der Versetzungslaufweg in der primären Gleitebene nach allen Richtungen hin durch Lomer-Cottrell-Versetzungen begrenzt und damit entsprechend verkleinert wird.

[1] S. MADER: Z. Physik **149**, 73 (1957).

Damit dies eintritt, müssen sowohl jene Lomer-Cottrell-Versetzungen, die bevorzugt bei Kristallorientierungen in der Nähe der Symmetralen [100] — [111] gebildet werden, wie auch jene, die bei [110]-Orientierungen bevorzugt sind, in ausreichender Anzahl entstehen. Die dazu in den betreffenden sekundären Gleitsystemen notwendigen Schubspannungen werden am leichtesten erreicht, wenn sich die Stabachse in der Mitte des Orientierungsdreiecks befindet. In der Tat ist nach Fig. 61 in diesem Orientierungsbereich τ_{II}, ein Maß für die am Beginn von Bereich II im primären Gleitsystem herrschende Schubspannung, am kleinsten. Sie wächst, wie zu erwarten, gegen den Rand des Orientierungsdreiecks hin an.

Unser Bild erklärt nicht nur die Orientierungs-, sondern auch die Temperaturabhängigkeit von τ_{II} bzw. von a_{II} als Maß für die Ausdehnung des Bereichs I. Wie in Ziff. 21 erwähnt, nimmt τ_{II} bei den kubisch-flächenzentrierten Metallen mit abnehmender Temperatur zu. Da sich ϑ_I mit der Temperatur nur wenig verändert, nimmt auch a_{II} mit fallender Temperatur zu. Dies ist ein zunächst sehr überraschender Effekt, da ja jede Art von erholungsartigem Prozeß zu einer geringeren Verfestigung bei höheren Temperaturen, also zur umgekehrten Temperaturvariation, führen sollte. Die Beobachtungen können jedoch ganz zwanglos auf Grund der latenten Verfestigung der sekundären Gleitsysteme, welche an der Bildung der oben erwähnten beiden Orientierungen der Lomer-Cottrell-Versetzungen beteiligt sind, erklärt werden[1]. Da sich im Bereich I die Versetzungsdichte im primären Gleitsystem gegenüber der Grundstruktur vergrößert hat, haben die eben genannten sekundären Gleitsysteme eine latente Verfestigung erfahren, welche überwiegend von τ_S herrührt (vgl. Ziff. 49). Die Schubspannung, bei der eine hinreichend große Zahl von Versetzungen in den latenten Systemen entstehen kann, nimmt deshalb mit wachsender Temperatur ab. Dies bewirkt, daß der Beginn des Bereichs II bei um so kleineren Spannungen bzw. Abgleitungen auftritt, je höher die Temperatur ist, in Übereinstimmung mit den experimentellen Ergebnissen.

54. Der Bereich II der Verfestigungskurve. Vom Beginn des Bereichs II an ist nach dem in Ziff. 53 Ausgeführten der Versetzungslaufweg in der primären Gleitebene nach allen Seiten hin durch Lomer-Cottrell-Versetzungen begrenzt. Die Vorgänge, die sich im Bereich II im einzelnen abspielen, wurden von Seeger, Diehl, Mader und Rebstock[2] sowie Mader[3] genauer untersucht. Über die licht- und elektronenmikroskopischen Beobachtungen wurde in Ziff. 34 berichtet. Es ergab sich, daß die Gleitung als strukturierte Feingleitung erfolgt und daß dabei die Länge sowohl der lichtmikroskopisch erkennbaren Gleitliniengruppen als auch der einzelnen, im Elektronenmikroskop sichtbaren Gleitlinien nach dem Gesetz (34.1) mit wachsender Abgleitung abnimmt, wobei die Länge der einzelnen Linien etwa die Hälfte der im Lichtmikroskop (Dunkelfeldbeleuchtung) sichtbaren Linienlängen betrug. Von verschiedenen Autoren wurden lichtmikroskopisch und von Mader[3] elektronenmikroskopisch im Bereich II Spuren sekundärer Gleitsysteme beobachtet.

Durch Temperaturwechselversuche, die ja die Trennung des τ_S- und des τ_G-Anteils der Fließspannung erlauben, wurde festgestellt[2], daß der starke Verfestigungsanstieg (und auch die damit ursächlich zusammenhängende Reduktion des Versetzungslaufwegs) *nicht* von einer Verdichtung des Versetzungs*waldes* infolge der Gleitung in sekundären Gleitsystemen herrührt. Es wurde geschlossen, daß die Gleitung in sekundären Systemen „katalytisch“ auf den τ_G-Anteil der

[1] A. Seeger: Z. Naturforsch. **9**a, 870 (1954).
[2] A. Seeger, J. Diehl, S. Mader u. H. Rebstock: Phil. Mag. **2**, 323 (1957).
[3] S. Mader: Z. Physik **149**, 73 (1957).

Verfestigung wirkt, und zwar durch eine fortwährende Bildung von Lomer-Cottrell-Versetzungen während der Verformung. Da man im Bereich II sehr rasch zu hohen Spannungen kommt, dürften dabei alle in Ziff. 52 aufgeführten Orientierungen von Lomer-Cottrell-Versetzungen eine Rolle spielen,so daß die einzelnen abgeglittenen Gebiete hexagonartig durch Lomer-Cottrell-Versetzungen in $[1\bar{1}0]$-, $[101]$- oder $[011]$-Richtungen begrenzt sind (Fig. 141).

Diese Vorstellungen werden durch die Ergebnisse von Zugversuchen mit Zwischentorsion an Einkristallrohren bestätigt[1,2]. Da im Bereich II eine ganze Anzahl von Gleitsystemen zur Bildung der Lomer-Cottrell-Versetzungen beiträgt, darf man annehmen, daß eine Zwischentorsion ähnlich wirkt wie die Betätigung latenter Systeme während der Zugverformung. Wiederholte Zwischentorsionen (dem dauernden Mitgleiten sekundärer Gleitsysteme entsprechend) ergeben eine Vergrößerung des mittleren Verfestigungskoeffizienten und eine Verkleinerung der Konstanten Λ_2 in Gl. (34.1); eine einmalige Zwischentorsion (entsprechend einer einmaligen Bildung von Lomer-Cottrell-Versetzungen, etwa zu Beginn des Bereichs II wie von FRIEDEL[3] vorgeschlagen) ergibt nur einen Anstieg der Fließspannung ohne Änderung der Verfestigungskoeffizienten und eine Verkürzung der aktiven Gleitlinienlänge ohne Änderung des Anstiegs im $1/L - a$-Diagramm. Man kann also die Vergrößerung des Verfestigungsanstiegs beim Übergang von Bereich I zu Bereich II und die Abnahme der aktiven Gleitlinienlänge im Bereich II nur mit einem *dauernden* Mitgleiten und einer *dauernden* Bildung von Lomer-Cottrell-Versetzungen erklären. Diese Bildung von Hindernissen für die Gleitung im primären Gleitsystem ist natürlich für die Abnahme der aktiven Gleitlinienlänge und des Versetzungslaufwegs beim Durchlaufen des Bereichs II verantwortlich.

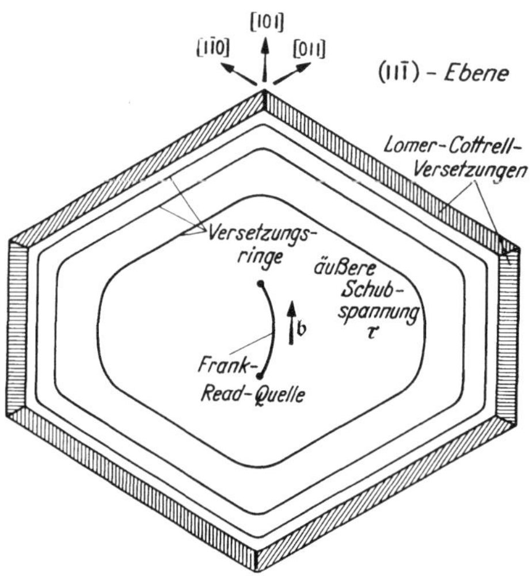

Fig. 141. Begrenzung des Versetzungslaufwegs im Bereich II durch hexagonförmige Anordnungen von Lomer-Cottrell-Versetzungen (schematisch).

Wir werden im folgenden, von dem experimentell gefundenen Gesetz Gl. (34.1) ausgehend, in vereinfachter Behandlungsweise die Gleichung der Verfestigungskurve im Bereich II ableiten. Eine genauere Behandlung, die der Tatsache Rechnung trägt, daß sich die Gleitung in einer Ebene und nicht nur in einer Richtung ausbreitet und die nicht von Anfang an die Gültigkeit der Beziehung Gl. (34.1) voraussetzt, findet sich bei SEEGER, DIEHL, MADER und REBSTOCK[4].

Da der Versetzungslaufweg von der Abgleitung abhängt, müssen wir den Zusammenhang zwischen Abgleitung und Versetzungsdichte differentiell in der Form

$$d a = L\, n\, b\, d N' \tag{54.1}$$

schreiben. Hierbei bedeutet $L = L(a)$ den Versetzungslaufweg bei einer bestimmten Abgleitung, dN' die Flächendichte der während des Abgleitungsinter-

[1] J. DIEHL u. H. REBSTOCK: Z. Naturforsch. **11**a, 169 (1956).
[2] H. REBSTOCK: Z. Metallkde. **48**, 206 (1957).
[3] J. FRIEDEL: Phil. Mag. **46**, 1169 (1955).
[4] A. SEEGER, J. DIEHL, S. MADER u. H. REBSTOCK: Phil. Mag. **2**, 323 (1957).

valls da sich betätigenden Versetzungsquellen, von denen jede n Versetzungsringe abgeben soll. Wir sind zu dem Ansatz Gl. (54.1) auf Grund der in Ziff. 34 mitgeteilten elektronenmikroskopischen Ergebnisse berechtigt, wonach die Zahl n der in einer Gleitlinie enthaltenen Versetzungen sich im Bereich II nicht mit der Abgleitung ändert und weitaus die meisten Gleitlinien sich nur einmal betätigen. Setzt man in Gl. (54.1) die empirische Beziehung (vgl. Ziff. 34)

$$L = \frac{\Lambda}{(a - a^*)} \tag{54.2}$$

ein, so ergibt sich durch Integration

$$\tfrac{1}{2}(a - a^*)^2 = \Lambda\, n\, N'\, b. \tag{54.3}$$

In Bereich II ergeben Temperaturwechsel-Experimente[1], daß $\tau_S \ll \tau_G$; wir können deshalb von den Gln. (43.1) und (43.2) Gebrauch machen und die Fließspannung in der Form

$$\tau = \alpha\, n\, G\, b \sqrt{N'} \tag{54.4}$$

schreiben, wobei für Schraubenversetzungen $\alpha \approx 1/2\pi$ ist. Die Gln. (54.3) und (54.4) ergeben nach Elimination von N' in der Tat eine lineare Verfestigungskurve mit dem Anstieg

$$\vartheta_{\mathrm{II}} = \alpha\, G \left(\frac{n\, b}{2\Lambda}\right)^{\frac{1}{2}}. \tag{54.5}$$

Bei der oben erwähnten ausführlicheren Behandlung[1] ergibt sich in Gl. (54.5) statt des Faktors $\frac{1}{2}$ der Faktor $\frac{1}{3}$, so daß der Verfestigungsanstieg

$$\vartheta_{\mathrm{II}} = \alpha\, G \left(\frac{n\, b}{3\Lambda}\right)^{\frac{1}{2}} \tag{54.6}$$

ist. Schreibt man Gl. (54.6) für Schraubenversetzungen an $\left(\Lambda = \Lambda_2 \text{ und } \alpha = \alpha_2 = \frac{1}{2\pi}\right)$:

$$\vartheta_{\mathrm{II}} = \frac{1}{2\pi}\, G \sqrt{\frac{n\, b}{3\Lambda_2}} \tag{54.7}$$

und führt die experimentellen Werte für einen C14-Kristall $\Lambda_2 = 4 \cdot 10^{-4}$ cm und $n = 20$ (s. Ziff. 34) ein, so erhält man

$$\vartheta_{\mathrm{II}} = 14{,}5 \text{ kp/mm}^2. \tag{54.8}$$

Der experimentelle Wert nach DIEHL (Fig. 60) ist

$$\vartheta_{\mathrm{II}} = 13{,}5 \text{ kp/mm}^2. \tag{54.9}$$

Die Übereinstimmung ist besser als man in Anbetracht der verwendeten Näherungsausdrücke, insbesondere über die Spannung als Funktion der Versetzungsdichte, hätte voraussetzen können. Eine ähnlich gute Übereinstimmung erhält man, wenn man Gl. (54.6) für Stufenversetzungen anschreibt. Man hat dann $\alpha = \alpha_1 = \alpha_2/(1 - \nu)$ und $\Lambda = \Lambda_1 = 2\Lambda_2 = 8 \cdot 10^{-4}$ cm zu setzen.

Bei der Besprechung der experimentellen Ergebnisse in Ziff. 21 bis 23 war darauf hingewiesen worden, daß $\vartheta_{\mathrm{II}}/G$ u.a. auch durch Zulegierungen kaum beeinflußt wird. Wir wollen nun zeigen, daß dies unter recht allgemeinen Voraussetzungen vom Standpunkt der Theorie aus zu erwarten ist und zwar deswegen, weil gemäß Gl. (54.6) $\vartheta_{\mathrm{II}}/G$ nur von der Kombination nb/Λ und nicht von n und Λ/b einzeln abhängt. Befindet sich eine Versetzungsquelle Q in der Mitte zwischen zwei Hindernissen im Abstand L (Fig. 142), so ist die Höchstzahl $n_{\max}$ der Versetzungsringe begrenzt, die sie unter der Wirkung einer Schubspannung τ abgeben kann. Von LEIBFRIED wurden mit Näherungsmethoden die beiden Fälle

[1] A. SEEGER, J. DIEHL, S. MADER u. H. REBSTOCK: Phil. Mag. 2, 323 (1957).

behandelt, daß sich die Quelle in der Mitte zwischen zwei geradlinigen Versetzungen[1] oder im Mittelpunkt eines kreisförmigen Hindernisses mit Radius R befindet[2]. Wir verwenden hier die für den zweitgenannten Fall abgeleiteten Formeln, wobei wir $2R$ gleich dem Laufweg L_2 der Schraubenversetzungen setzen und für die Spannungsberechnung das Spannungsfeld einer Schraubenversetzung zugrunde legen. Für die unter der Wirkung der Schubspannung τ größtmögliche Zahl von Versetzungen gilt dann

$$n_{\max} = \frac{4\tau R}{\pi b G}. \tag{54.10}$$

Benützt man die Beziehung $2R = L_2$ sowie die experimentell gefundene Variation von L_2 mit der Abgleitung, so erhält man

$$\frac{n_{\max} b}{\Lambda_2} = \frac{2}{\pi} \frac{\tau/G}{a - a^*}. \tag{54.11}$$

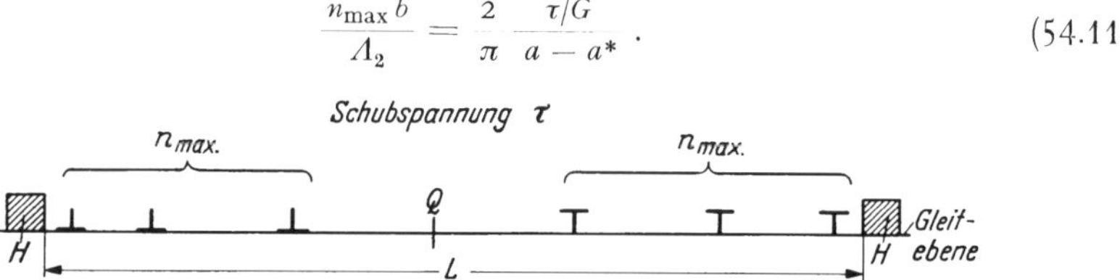

Fig. 142. Versetzungsquelle Q zwischen zwei Hindernissen (H) für die Versetzungsbewegung auf der Gleitebene, die den Abstand L voneinander haben.

Gl. (54.11) kann man auf zwei verschiedene Weisen weiterverwenden. Man kann $\tau/(a - a^*)$ gleich dem gemessenen Verfestigungskoeffizienten ϑ_{II} setzen und erhält damit eine obere Grenze für die Zahl n der Versetzungen in einer Gleitlinie. Auf diese Weise ergibt sich

$$n \leqq \frac{2\Lambda_2 \vartheta_{\mathrm{II}}}{\pi \cdot b \cdot G} = 38, \tag{54.12}$$

wobei sich die Zahlenangabe auf einen C14 Kupferkristall bei Raumtemperatur bezieht. In Wirklichkeit sollte man in Gl. (54.11) nicht die von außen angelegte Schubspannung τ, sondern einen kleineren Wert einsetzen, da ja die äußere Schubspannung teilweise durch die verfestigende Wirkung der Spannungsfelder anderer Versetzungen in der Umgebung der betrachteten Gleitlinie aufgehoben wird. Daß sich für n experimentell etwa die Hälfte ($n = 20$) des theoretischen, ohne Berücksichtigung der eben erwähnten Verfestigung berechneten Wertes ergibt, ist sehr befriedigend. Dies bedeutet, daß die gegen die Hindernisse aufgestauten Versetzungen eine Gegenspannung auf die Quelle ausüben, die etwa gleich der dort wirkenden Verfestigung ohne Vorzugsrichtung ist. Beim Entlasten kann dann die Verfestigung der Gegenspannung einer kurz vorher gebildeten und deshalb noch nicht anderweitig stabilisierten[3] Gruppe von $n = 20$ Versetzungen

[1] G. LEIBFRIED: Z. Physik **130**, 214 (1951). Siehe zu diesen Fragen auch „Theorie der Gitterfehlstellen" in Teil 1 dieses Bandes, Ziff. 58.

[2] G. LEIBFRIED: Z. angew. Phys. **6**, 251 (1954).

[3] Ein im Bereich II wahrscheinlich sehr wichtiger Stabilisierungseffekt ist die Bildung von Lomer-Cottrell-Versetzungen durch Versetzungsreaktionen zwischen Versetzungen in sekundären Gleitsystemen und einzelnen Versetzungen einer aufgestauten Versetzungsgruppe. Findet dies im hinteren Teil einer solchen Gruppe statt, so wird diese dadurch gegen Zurückgleiten stabilisiert. Dieser Prozeß wird allerdings wegen der nicht allzu großen Bildungswahrscheinlichkeit der unbeweglichen Versetzungen erst einige Zeit nach der Entstehung der Versetzungsaufstauung wirksam. Im Bereich I fehlt dieses stabilisierende Moment je nach Kristallorientierung ganz oder teilweise. Dies äußert sich experimentell in den Beobachtungen über den Bauschinger-Effekt von Aluminiumkristallen [S. M. BUCKLEY u. K. M. ENTWISLE: Acta met. **4**, 352 (1956)]. Es wurde gefunden, daß der Bauschinger-Effekt bei Raumtemperatur im Bereich I wesentlich größer als nach Überschreiten der Abgleitung a_{II} ist.

gerade das Gleichgewicht halten. In der Tat wurde wiederholt beobachtet[1], daß bei Umkehr der Beanspruchungsrichtung die plastische Verformung kurz nach dem Durchschreiten der Spannung Null beginnt.

Die zweite Anwendung der Gl. (54.11) besteht darin, daß man für die Schubspannung einen gegenüber der äußeren Schubspannung um einen Faktor β verkleinerten Wert einsetzt. Man erhält dann

$$\frac{n b}{\Lambda_2} = \frac{2}{\pi} \beta \frac{\vartheta_{II}}{G}. \tag{54.13}$$

β ist eine rein geometrische Größe, die durch das Anordnungsmuster der Versetzungsgruppen, nicht aber durch deren Stärke und gegenseitigen Abstand bestimmt ist. Man erwartet, daß β bei verschiedenen Metallen und Legierungen etwa denselben Wert hat, was durch das ähnliche Verhalten hinsichtlich des Bauschinger-Effekts experimentell bestätigt wird. Eliminiert man aus den Gln. (54.7) und (54.13) den Ausdruck $n b/\Lambda_2$, so erhält man für den Verfestigungskoeffizienten im Bereich II

$$\vartheta_{II} = G \frac{\beta}{6\pi^3} = G \frac{\beta}{185}. \tag{54.14}$$

Gl. (54.14) enthält nach dem oben über β Gesagten die Begründung dafür, daß sich ϑ_{II}/G in allen untersuchten Fällen etwa gleich ergab[2]. Entnimmt man aus den Beobachtungen über den Bauschinger-Effekt, insbesondere über das Einsetzen der plastischen Rückwärtsverformung, daß $\beta \approx \frac{1}{2}$ ist, so stellt Gl. (54.14) eine Berechnung des Verfestigungsanstiegs im Bereich II dar, die gute Übereinstimmung mit der Erfahrung liefert. Da β mit der Orientierung des Kristalls wohl nur wenig variiert, erklärt Gl. (54.14) die verhältnismäßig schwache Orientierungsabhängigkeit von ϑ_{II}.

55. Der Bereich III der Verfestigungskurve. Der Bereich III der kubisch-flächenzentrierten Metalle wurde in Ziff. 21 durch die bei Spannungen $\tau \gtrsim \tau_{III}$ einsetzende irreversible *Temperaturabhängigkeit der Verfestigungskurve* charakterisiert. Diese kann in der Weise interpretiert werden, daß im Bereich III der für den Bereich II typische Verfestigungsanstieg durch einen thermisch aktivierten Prozeß teilweise rückgängig gemacht wird. Wir haben hier also ein weiteres Beispiel einer *dynamischen Erholung* vorliegen (vgl. Ziff. 47). Von der dynamischen Erholung der hexagonalen Metalle (Ziff. 50) unterscheidet sie sich dadurch, daß die Temperatur, bei der sie sich bemerkbar macht, sehr stark von der Spannung abhängt. Es ist offenkundig, daß der Mechanismus der für den Bereich III maßgebenden dynamischen Erholung von demjenigen der statischen Erholung der kubisch-flächenzentrierten Metalle verschieden sein muß. Verformte Kupferkristalle erholen sich z.B. bei Raumtemperatur nach dem Entlasten *nicht*, obgleich sie einen ausgeprägten Bereich III der Verfestigungskurve aufweisen. Vorausgesetzt, daß der Kristall nicht zu Bruch geht, kann man durch hinreichend starke Spannungen auch bei sehr tiefen Temperaturen den Bereich III erreichen[3].

---

[1] Siehe die Ausführungen zum Bauschinger-Effekt in Ziff. 48.

[2] Seiner Natur nach muß β kleiner als 1 sein, so daß Gl. (54.14) eine absolute obere Grenze für den Verfestigungsanstieg im Bereich II liefert. $\beta = \frac{1}{2}$ entspricht dem Falle, daß die Versetzungsanordnung gerade noch gegen Entlastung, nicht jedoch gegen Umkehr der Beanspruchungsrichtung stabil ist.

[3] Bei kubisch-flächenzentrierten Metallen wie Aluminium und Blei, die sich bei verhältnismäßig tiefen Temperaturen *statisch* erholen, ergibt bei den betreffenden Temperaturen natürlich auch der statische Erholungsmechanismus einen Beitrag zur dynamischen Erholung. Bei der dynamischen Versuchsführung (im Gegensatz zu Kriechversuchen) liegen hierüber nur wenig experimentelle Daten vor, so daß wir diese Frage nicht weiterverfolgen.

In quantitativer Hinsicht kann man aus den in Ziff. 21 mitgeteilten Ergebnissen sowie weiteren, dort nicht aufgeführten Experimenten $\tau_{III} = \tau_{III}(T)$ entnehmen. Die wichtigsten hierüber vorliegenden experimentellen Resultate sind in Fig. 148 wiedergegeben und werden in Ziff. 58 erörtert. Hinsichtlich des eigentlichen Bereichs III beschränken wir uns großenteils auf eine qualitative Diskussion der Vorgänge. Wir werden dabei ausgiebig von den elektronen- und lichtmikroskopischen Ergebnissen, die wir in Abschnitt C VI (S. 71) besprochen haben, sowie von röntgenographischen Untersuchungen Gebrauch machen.

Als geschwindigkeitsbestimmender thermisch aktivierter Prozeß im Bereich III wurde von DIEHL, MADER und SEEGER[1] sowie SEEGER[2] die thermisch aktivierte Quergleitung von Schraubenversetzungen angegeben. Diese Deutung kann durch die Ergebnisse von SEEGER, DIEHL, MADER und REBSTOCK[3] als experimentell gesichert angesehen werden[4]. Die Theorie der thermisch aktivierten Quergleitung, insbesondere der Abhängigkeit von der Stapelfehlerenergie des betreffenden Metalls und von der Spannung, wurde im Beitrag „Theorie der Gitterfehlstellen" in Teil 1 dieses Bandes in Ziff. 74 ausführlich behandelt. Daraus geht zunächst hervor, daß bei Aluminium (große Stapelfehlerenergie) die Quergleitung bei Raumtemperatur sehr leicht, d.h. bei verhältnismäßig niedrigen Spannungen stattfinden kann, während bei Kupfer Quergleitung bei Raumtemperatur nur möglich ist, wenn eine starke Spannungskonzentration vorliegt, wie sie an der Spitze aufgestauter Versetzungsgruppen herrscht. Auf diese Weise wird also der starke Unterschied zwischen Blei und Aluminium einerseits und Kupfer und den übrigen kubisch-flächenzentrierten Metallen andererseits zwanglos erklärt. Auch die starke Temperaturabhängigkeit von τ_{III} findet durch die Theorie eine befriedigende Erklärung. (Auf die quantitativen Verhältnisse, insbesondere bei sehr tiefen Temperaturen, werden wir in Ziff. 58 zurückkommen.) Der Quergleitungsmechanismus erfüllt die wichtige Bedingung, daß er in Zink, Cadmium und Magnesium nicht oder nur sehr viel schwerer als in kubisch-flächenzentrierten Metallen möglich ist. In diesen Metallen werden ja weder ein dem Bereich III entsprechender Verlauf der Verfestigungskurven noch die mit Bereich III verbundenen Oberflächenerscheinungen (Gleitbänder und Knickbänder) beobachtet.

Unser Bild für die Vorgänge im Bereich III ist also folgendes: Im Bereich II werden sechseckige Versetzungsringe gegen Lomer-Cottrell-Versetzungen angepreßt, wobei als Hindernisse für die Schraubenversetzungen jene in Ziff. 52 erwähnten Lomer-Cottrell-Versetzungen dienen, die parallel zur Gleitrichtung verlaufen und durch Reaktionen zwischen je zwei sekundären Gleitsystemen gebildet werden. Mit wachsender Spannung werden die Stapelfehlerbänder der aufgestauten Versetzungen, besonders derjenigen an der Spitze der Aufstauungen, so stark zusammengepreßt, daß schließlich unter Mithilfe der thermischen Schwankungen die Quergleitung mit merklicher Geschwindigkeit einsetzt. Man sieht ohne weiteres ein, daß dies mit einer Verminderung des Verfestigungsanstiegs verbunden ist, da ja die Versetzungen infolge der Quergleitung ihren Laufweg vergrößern. An Stelle der aus einer Gleitzone durch Quergleitung entweichenden Versetzungen können unter günstigen Bedingungen, z.B. wenn die betreffende Zone erst kurze Zeit vorher gebildet und deshalb noch nicht blockiert wurde, andere aus der Quelle „nachrücken". Auf diese Weise erklärt sich das in Ziff. 35 erwähnte Auftreten von *Linien mit größeren Stufenhöhen* als im Bereich II in

---

[1] J. DIEHL, S. MADER u. A. SEEGER: Z. Metallkde. **46**, 650 (1955).

[2] A. SEEGER: [*35*], S. 90.

[3] A. SEEGER, J. DIEHL, S. MADER u. H. REBSTOCK: Phil. Mag. **2**, 323 (1957).

[4] Siehe auch Fig. 106b, in der die Quergleitung zu Beginn von Bereich III sichtbar ist, sowie die damit zusammenhängenden Ausführungen in Ziff. 35.

zwangloser Weise. Derselbe Effekt kann auftreten, wenn die durch Quergleitung entweichenden Versetzungen auf Gruppen von Schraubenversetzungen entgegengesetzten Vorzeichens treffen und sich mit diesen annihilieren. Unter günstigen Bedingungen kann die annihilierte Gruppe durch Nachlieferung von Versetzungen ersetzt werden, wodurch ebenfalls eine starke Gleitlinie entsteht.

Dieses Entweichen von Schraubenversetzungen aus ihren ursprünglichen Gleitlinien durch Quergleitung erklärt auch die *Fragmentierung* der Gleitlinien (Ziff. 35). In den Fragmentierungstypen A und C ist die Quergleitung direkt sichtbar. Allerdings sind die Quergleitlinien dabei schwächer als z. B. die für Bereich II typischen Gleitspuren der primären Gleitebene. Dies zeigt, daß immer nur wenige (größenordnungsmäßig zehn) Schraubenversetzungen in derselben Gleitebene oder in eng benachbarten Linien Quergleitung ausführen. Beim Fragmentierungstyp B geschieht die Übertragung der Gleitung zwischen den primären Gleitebenen wohl ebenfalls durch Quergleitung, wobei allerdings die Quergleitlinien zu schwach sind (bzw. die Quergleitung zu sehr flächenhaft verteilt ist), um im Elektronenmikroskop sichtbar zu sein.

Die auffallendste Oberflächenerscheinung im Bereich III ist die *Gleitbandbildung*. Bei dieser muß ebenso wie bei der Fragmentierung die Gleitung von einer primären Gleitebene zu einer anderen übertragen werden. Es können wohl wenig Zweifel bestehen, daß dies ebenfalls durch Quergleitung geschieht. Da jedoch die Entfernung, über die diese Übertragung in einem Gleitband zu erfolgen hat, gleich der Lamellenbreite ist, also nur wenige hundert Ångström beträgt, besteht nur geringe Aussicht, die Quergleitspuren im Innern eines Gleitbands (und nicht nur an seinem Ende wie bei der Fragmentierung) im Elektronenmikroskop sichtbar zu machen.

Die Einzelheiten des Mechanismus der Gleitbandbildung und der Entstehung der Fragmente vom Typ B oder C dürften je nach den vorliegenden Bedingungen etwas variieren und zwischen den beiden sogleich zu besprechenden Grenzfällen liegen. Wenn die Temperatur verhältnismäßig niedrig und die Verfestigung des Kristalls und damit die Versetzungsdichte gering ist (Beispiel: Aluminiumkristall am Beginn des Bereichs III bei Raumtemperatur), so ist wohl der Prozeß der doppelten Quergleitung[1-3] vorherrschend: Eine Schraubenversetzung wechselt, da von einem Hindernis aufgehalten, auf die Quergleitebene über, um nach Zurücklegung einer gewissen Wegstrecke, wenn die Spannungsverhältnisse die primäre Gleitebene wieder bevorzugen, auf eine zur ursprünglichen Gleitebene parallele Ebene zurückzukehren (Fig. 143). Dort kann sich die Schraubenversetzung erneut ausbreiten. Da die in der Quergleitebene zurückgebliebenen Stufenversetzungen wegen der latenten Verfestigung dieser Ebene sicherlich bald stekkenbleiben, kann die in einer zur ursprünglichen Gleitebene parallelen Ebene sich bewegende Versetzung als Frank-Read-Quelle wirken und zur Bildung einer Gleitlinie Anlaß geben. Wird dieser Prozeß wiederholt, so entsteht ein Gleitband bzw. eine Fragmentierung vom Typ B oder C. Die erste Stufe dieses Prozesses, die doppelte Quergleitung, ist unter den oben genannten Bedingungen (Aluminium etwas oberhalb der Raumtemperatur) elektronenmikroskopisch in direkter Durchstrahlung tatsächlich beobachtet worden (s. Ziff. 39a).

Der andere Grenzfall liegt dann vor, wenn die Temperatur verhältnismäßig niedrig und der Kristall bei Beginn von Bereich III schon ausgiebig verfestigt ist, also ein langer Bereich II auftritt. Dann dürfte wohl der oben bereits erwähnte

---

1 J. S. KOEHLER: Phys. Rev. **86**, 52 (1952).
2 G. LEIBFRIED u. P. HAASEN: Z. Physik **142**, 87 (1955).
3 J. DIEHL, S. MADER u. A. SEEGER: Z. Metallkde. **46**, 650 (1955).

Annihilationsmechanismus eintreten[1,2,3], da die quergleitenden Schraubenversetzungen schon nach Zurücklegen einer kurzen Strecke auf eine Gruppe entgegengesetzten Vorzeichens treffen und diese ganz oder teilweise annihilieren (Fig. 144). Wenn diese Gruppe nicht zu stark durch Lomer-Cottrell-Versetzungen blockiert war, so können wiederum neue Versetzungen nachrücken, so daß man im Elektronenmikroskop (je nachdem, ob vorher abpoliert wurde oder nicht) eine neue oder eine stärkere Gleitlinie beobachtet. Wird der Prozeß fortgesetzt, so erhält man, je nach dem Abstand der einander annihilierenden Schraubenversetzungsgruppen Gleitbandbildung oder Fragmentierung vom Typ *A* oder *C*.

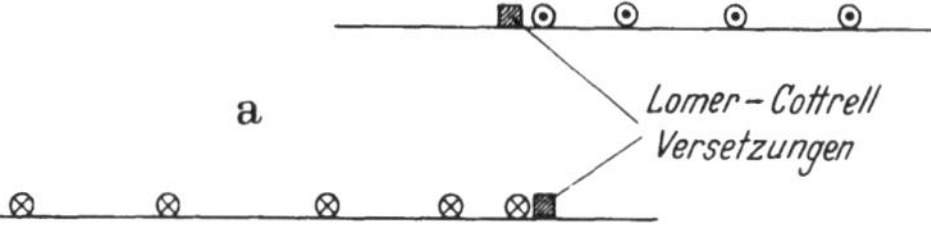

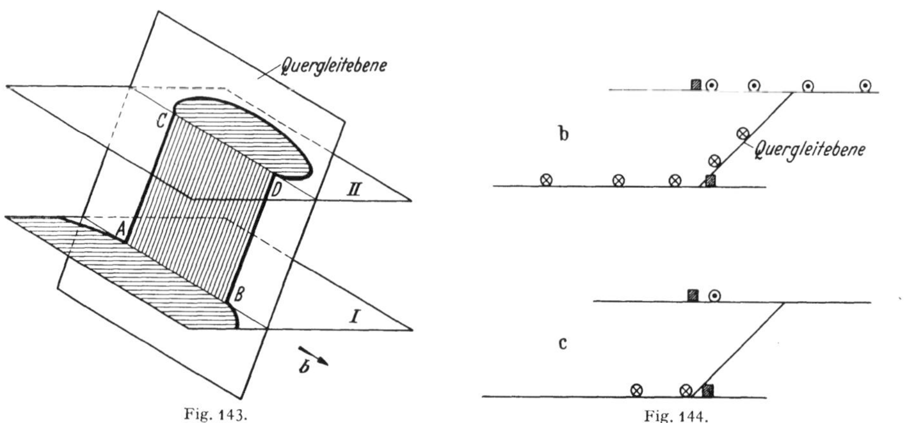

Fig. 143.

Fig. 144.

Fig. 143. Eine in der primären Gleitebene I in der Richtung *AB* liegende Schraubenversetzung wechselt in die Quergleitebene über und kehrt durch nochmalige Quergleitung in der Lage *CD* in die primäre Gleitebene II zurück, um sich dort weiter auszubreiten. Die von der Versetzungslinie insgesamt überstrichene Fläche ist schraffiert gezeichnet.

Fig. 144 a—c. Teilweise Annihilation von Schraubenversetzungsgruppen entgegengesetzten Vorzeichens durch Quergleitung. a Zwei durch Lomer-Cottrell-Versetzungen in ihrer ursprünglichen Gleitebene aufgehaltene Gruppen von Schraubenversetzungen entgegengesetzten Vorzeichens. b Aus der einen Aufstauung entweichen einige Versetzungen durch Quergleitung. c Die quergleitenden Schraubenversetzungen haben sich mit Versetzungen der andern Gruppe annihiliert; die Stärke der beiden Aufstauungen ist reduziert worden.

Wir haben im Vorstehenden gesehen, daß im Bereich III die Schraubenversetzungen ihre ursprünglichen Gleitebenen verlassen und sich entweder annihilieren oder in einer parallelen Ebene als Versetzungsquelle ausbreiten können. Wir wollen nunmehr untersuchen, was mit den Stufenversetzungen bzw. den Versetzungsteilen mit überwiegendem Stufencharakter geschieht. Wenn die Schraubenversetzungen durch die anziehende Wirkung einer Versetzungsgruppe entgegengesetzten Vorzeichens aus ihrer ursprünglichen Gleitebene „herausgezogen" werden, so verlassen wohl eine ganze Anzahl der in einer Aufstauung befindlichen Schraubenversetzungen ihre Gleitebene. Es entsteht dann eine Versetzungsanordnung, wie sie schematisch in Fig. 145 wiedergegeben ist. In der ursprünglichen Gleitebene bleiben aufgestaute Gruppen von Versetzungen zurück, die einen überwiegenden Stufencharakter haben und mit denen wir uns unten näher befassen werden. Ferner bleiben in der Quergleitebene Stufenversetzungen zurück. Deren gegenseitige Orientierung ist, wie man in Fig. 145 erkennen kann,

---

[1] Siehe A. SEEGER: [*35*], S. 90.
[2] A. KELLY: Phil. Mag. **1**, 835 (1956).
[3] A. SEEGER, J. DIEHL, S. MADER u. H. REBSTOCK: Phil. Mag. **2**, 323 (1957).

so, daß diese Stufenversetzungen in guter Näherung eine Kleinwinkel-Korngrenze zu bilden vermögen[1]. Nach dieser Vorstellung sollte also bei den kubisch-flächenzentrierten Metallen Hand in Hand mit der Gleitbandbildung eine Bildung von Subkörnern (sogenannte Zellbildung) vor sich gehen. Eine solche Zellbildung während der Verformung ist von einer ganzen Reihe von Autoren, vor allem bei höheren Temperaturen und unter Kriechbedingungen, mit verschiedenen Methoden festgestellt worden[2]. Ausführliche röntgenographische Beobachtungen an einer größeren Anzahl polykristalliner Metalle liegen mit der Feinstrahlmethode (micro beam technique)[2] vor. Die Diskussion dieser Daten zeigt[1,3], daß empirisch bei den kubischen Metallen eine Korrelation mit der Quergleitung

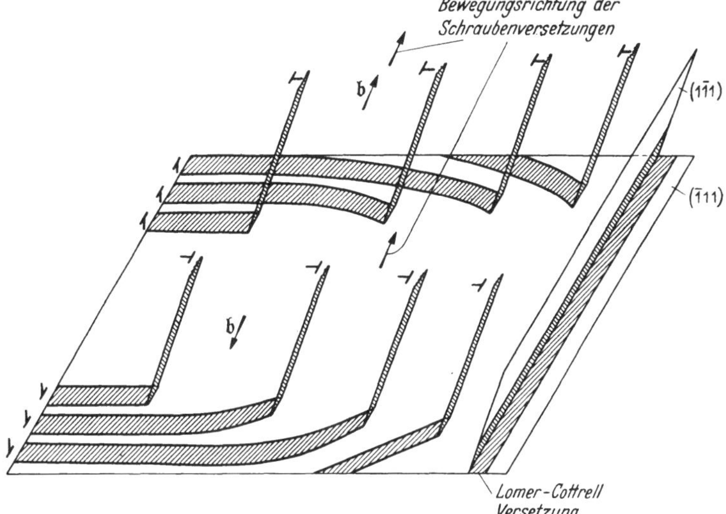

Fig. 145. Die Bildung einer Zellstruktur im Gefolge der Quergleitung. Die in der Quergleitebene zurückbleibenden Stufenversetzungen ordnen sich so an, daß näherungsweise Kleinwinkelkorngrenzen entstehen. ▩ Stapelfehler in (1$\bar{1}$1)-Ebene; ▨ Stapelfehler in ($\bar{1}$11)-Ebene.

(bzw. der Gleitbandbildung) besteht. Wir glauben, daß dieser empirische Befund durch den oben geschilderten Bildungsmechanismus der Kleinwinkel-Korngrenzen zwischen den einzelnen Zellen zu erklären ist. Die in diesem Mechanismus enthaltene Verknüpfung von Gleitbandbildung und Zellbildung erklärt auch die Beobachtung[4], daß die Zellgröße mit der Dehnung ε wie ε^{-1} variiert. In dieser Abhängigkeit spiegelt sich die Dehnungsabhängigkeit der aktiven Gleitlinienlänge (Fig. 103) wieder. — Wir betrachten nunmehr jene Versetzungen, die in der ursprünglichen Gleitebene zurückgeblieben sind und von Lomer-Cottrell-Versetzungen, die Winkel von 60° bzw. 120° mit der Gleitrichtung bilden, aufgehalten werden. Da in den meisten kubisch-flächenzentrierten Metallen (insbesondere jenen mit niedriger Stapelfehlerenergie) Versetzungen erst bei hohen Temperaturen zu klettern vermögen, können die hier betrachteten Versetzungen bei Raumtemperatur und darunter sich nicht in analoger Weise wie die Schraubenversetzungen mit Versetzungen entgegengesetzten Vorzeichens annihilieren. Es gibt

[1] A. SEEGER: [*37*]. — Wahrscheinlich vervollständigen sich die in Fig. 145 gezeichneten Stufenversetzungen mit Hilfe von „Ergänzungsgleitung" (H. MÜLLER, Diss. Göttingen 1957) zu unsymmetrischen Kleinwinkelkorngrenzen.

[2] Siehe P. B. HIRSCH [Progr. Met. Phys. **6**, 236 (1956)] sowie den Beitrag von W. W. BEEMAN, P. KAESBERG, J. W. ANDEREGG und M. B. WEBB in Bd. XXXII dieses Handbuches. Vgl. auch Ziff. 67 des vorliegenden Beitrags.

[3] A. SEEGER: [*35*], S. 90.

[4] A. KELLY: Acta crystallogr. **7**, 554 (1954).

jedoch zwei Möglichkeiten, ihr weitreichendes Spannungsfeld und damit ihre Energie zu vermindern: Erstens können sich weitere Versetzungsgruppen in der Art einer Kleinwinkel-Korngrenze anordnen (Fig. 146). Zweitens können sich Gruppen entgegengesetzten Vorzeichens in energetisch günstiger Weise anordnen (Fig. 147). Fig. 147 stellt im wesentlichen die in einem Knickband auftretende Versetzungsanordnung dar, wobei wir die Verhältnisse allerdings für reine Stufenversetzungen gezeichnet haben. Dies scheint jedoch erlaubt, da die Versetzungen infolge der eben besprochenen Wechselwirkungen die Tendenz haben, sich in die Orientierung von Stufenversetzungen einzustellen, und da Abweichungen von dieser mittleren Richtung nach beiden Seiten gleich häufig auftreten.

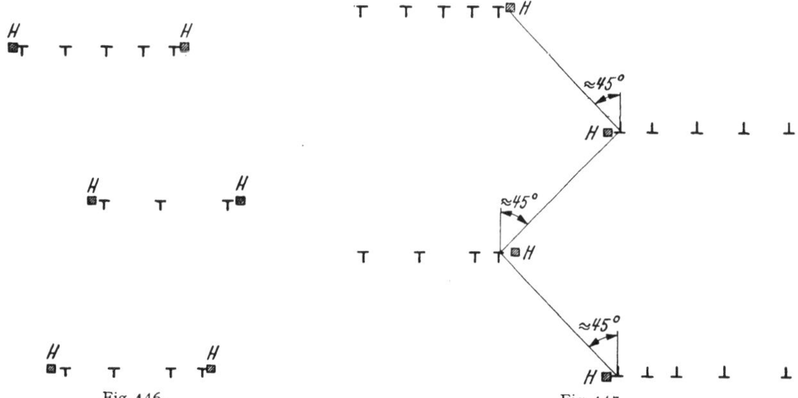

Fig. 146. Fig. 147.

Fig. 146. Gruppen von Stufenversetzungen, die durch Hindernisse *H* in ihren Gleitebenen blockiert werden, können sich in einer etwa einer Kleinwinkel-Korngrenze entsprechenden Weise anordnen.

Fig. 147. Aufstauungen von Stufenversetzungen beider Vorzeichen, die eine knickbandähnliche Anordnung bilden.

Wir glauben, daß ein Teil der in kubisch-flächenzentrierten Metallen gebildeten Knickbänder (Ziff. 29 und 30) in der Tat in der eben beschriebenen Weise entsteht. Dafür spricht vor allem die in Ziff. 30 besprochene empirische Korrelation zwischen dem Auftreten der Knickbänder bzw. dem zugehörigen Asterismus der Laue-Reflexe und dem Beginn des Bereichs III der Verfestigungskurve. Die Temperaturabhängigkeit der Knickbandbildung wird auf diese Weise als indirekter Effekt gedeutet: Liegt der Beginn des Bereichs III, wie es bei Aluminium bei Raumtemperatur der Fall ist, bei verhältnismäßig niedrigen Spannungen, so sind im Kristall nur sehr wenige aufgestaute Stufenversetzungsgruppen vorhanden, so daß die Knickbänder weniger zahlreich und dafür breiter sind.

Die vorstehende Diskussion ist ziemlich roh und bedarf noch in mancherlei Weise der Verfeinerung. Als offene Fragen seien besonders erwähnt die Orientierungsabhängigkeit der Knickbandbildung und der quantitative Zusammenhang zwischen der Knickbanddichte und der Dichte der aufgestauten Versetzungsgruppen.

Neben der mit der Quergleitung zusammenhängenden Knickbandbildung gibt es einen weiteren, schon in den Bereichen I und II möglichen Entstehungsmechanismus, der von H. Müller[1] theoretisch untersucht worden ist und der neben dem erstgenannten Mechanismus eine um so größere Rolle spielt, je ausgedehnter die Bereiche I und II der Verfestigungskurve

[1] H. Müller: Diss. Göttingen 1957.

sind. MÜLLER nimmt an, daß infolge von lokalen Schwankungen in der Grundstruktur im Laufe der Verformung Versetzungswände entstehen, die infolge von Ergänzungsgleitung unbewegliche Versetzungen bilden. Gegen diese werden dann im weiteren Verlauf der Verformung Versetzungen von beiden Seiten her aufgestaut, womit der Keim für ein Knickband gegeben ist. Wegen einer genaueren Diskussion der Wachstums- und Stabilisierungsmechanismen muß auf die Originalarbeit verwiesen werden.

56. Quantitatives über den Beginn von Bereich III, insbesondere über die Verhältnisse bei tiefen Temperaturen. Aus dem in Ziff. 55 Gesagten geht hervor, daß die Temperaturabhängigkeit von τ_{III} durch die Spannungsabhängigkeit der Aktivierungsenergie der Quergleitung von Schraubenversetzungen bestimmt ist. Besonders einfache und verhältnismäßig gut übersehbare Bedingungen liegen im *Grenzfalle sehr tiefer Temperaturen* vor, wo man die thermische Energie vernachlässigen kann und lediglich die Wirkungen der angelegten Schubspannung zu betrachten hat[1].

Wird eine Gruppe von n Schraubenversetzungen von der äußeren Schubspannung τ gegen eine Lomer-Cottrell-Versetzung angepreßt, so kann man nach der Schubspannung fragen, bei der die Aufspaltung der vordersten Versetzung dieser Gruppe vollständig rückgängig gemacht wird und diese somit ohne thermische Aktivierung Quergleitung durchführen kann. Ist γ die Stapelfehlerenergie und G der Schubmodul des betreffenden Metalls, so liefert die Theorie[2] für diese Schubspannung die Gleichung

$$\tau = \frac{2G}{n}\left(0{,}056 - \frac{\gamma}{G b}\right). \tag{56.1}$$

Die durch Gl. (56.1) angegebene Spannung muß etwas höher liegen als die bei tiefen Temperaturen tatsächlich gemessenen Spannungen τ_{III}, da ja immer eine gewisse thermische Aktivierung sowie die prinzipiell nicht zu vermeidende quantenmechanische Aktivierung (Tunneleffekt) vorhanden ist. Setzt man $\tau = \tau_{III}$, so liefert Gl. (56.1) eine obere Grenze für die Versetzungszahl n. Bei Blei-Einkristallen wurde, wie in Ziff. 22 erwähnt, bei 4,2° K der Beginn des Bereichs III bei $\tau_{III} = 1{,}8$ kp/mm² beobachtet. Setzt man für Blei zum Zwecke der Abschätzung den für Aluminium[3] ($\gamma = 200$ erg/cm²) geltenden Wert $\gamma/G b = 0{,}026$ ein, so erhält man[2]

$$n \lesssim 25\,, \tag{56.2}$$

was mit dem in Ziff. 54 für den Bereich II von Kupferkristallen abgeleiteten Zahlenwert gut übereinstimmt.

Bei Aluminium- und Kupfer-Einkristallen, die ebenfalls bei Helium-Temperaturen verformt worden sind, wurde in einigen Fällen Bereich III nicht erreicht. Man kann in diesen Fällen eine andere Abschätzung der Größe der aufgestauten Versetzungsgruppen geben. Die Spannungskonzentration an der Spitze einer solchen aufgestauten Gruppe vermag so groß zu werden, daß eine spontane Neubildung von Versetzungsschleifen stattfindet. Mit ähnlichen Überlegungen wie FRANK[4] schätzen wir ab, daß dazu eine Spannung von der Größenordnung

$$\tau = \frac{G}{10 n} \tag{56.3}$$

notwendig ist. Für Metalle mit niedriger Stapelfehlerenergie liefert Gl. (56.3) praktisch dieselben Zahlenwerte wie Gl. (56.1). Gl. (56.3) kann man folgendermaßen zur näherungsweisen Bestimmung der Anzahl n der Versetzungen in einer

[1] Wir vernachlässigen auch die quantenmechanischen Effekte, um einfache Verhältnisse zu haben.

[2] A. SEEGER: [*37*].

[3] A. SEEGER u. G. SCHÖCK: Acta met. **1**, 519 (1953).

[4] F. C. FRANK: [*30*], S. 89.

Gruppe verwenden: Wenn die durch Gl. (56.3) angegebene Schubspannung überschritten wird und sich an der Spitze der aufgestauten Gruppen spontan Versetzungsringe bilden und ausbreiten können, so sollte dies zur Annihilation eines Teils der Aufstauungen und lawinenartig zu praktisch verfestigungsloser Gleitung führen. Solange die Verfestigungskurve ohne Irregularitäten verläuft, wie dies bei Aluminiumkristallen bei 4,2° K der Fall ist[1,2], muß die äußere Schubspannung kleiner als der durch Gl. (56.3) gegebene Wert sein. Bei Kupfer[3,4] und Nickel[5] werden bei tiefen Temperaturen Abweichungen vom normalen Verlauf der Verfestigungskurve gefunden, und zwar „diskontinuierliche Gleitung" und Zwillingsbildung[6]. Die Verhältnisse, die besonders von BLEWITT, COLTMAN und REDMAN[4] an Kupfer-Einkristallen ausführlich untersucht worden sind, sind kompliziert und im einzelnen wenig verstanden. Es scheint jedoch, daß die diskontinuierliche Gleitung dem oben geschilderten „Durchbruch" der Gleitung entspricht, so daß man Gl. (56.3) zur Ermittlung von n anwenden kann. Die Spannung, bei der dies eintritt, hängt etwas von der Kristallorientierung ab. Legt man den experimentellen Wert[3] $\tau_{\text{III}} = 16\,\text{kp/mm}^2$ zugrunde, so erhält man (als Abschätzung nach oben, da ja auch bei 4,2° K eine gewisse thermische oder quantenmechanische Aktivierung zu berücksichtigen ist)

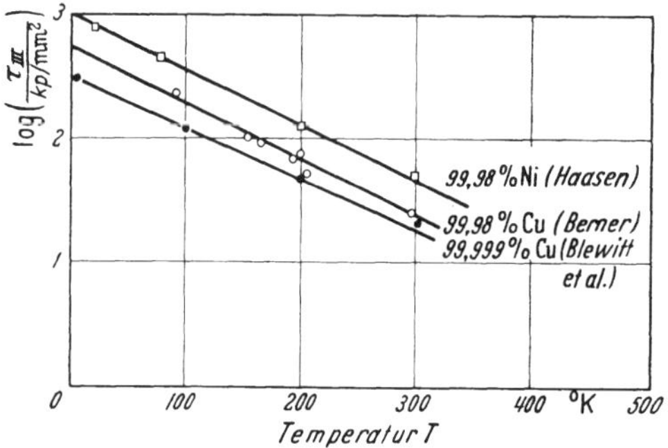

Fig. 148. Temperaturabhängigkeit von τ_{III} bei Nickel- und Kupfer-Einkristallen [entnommen aus P. HAASEN, Phil. Mag. 3, 384 (1958)].

$$n \lesssim 28, \qquad (56.4)$$

was in guter Übereinstimmung mit den in Ziff. 54 aus Raumtemperaturmessungen abgeleiteten Werten ist. Durch die vorstehenden Überlegungen wird also die Auffassung bestätigt, daß im Bereich II die Versetzungsanordnung bei gegebener Fließspannung praktisch nicht von der Verformungstemperatur abhängt.

Über die *Temperaturabhängigkeit* von τ_{III} liegen, abgesehen von einigen wenigen Daten an Aluminium (s. HAASEN[5]), Blei[7] und Gold[8] im wesentlichen Ergebnisse an Nickel- und Kupfereinkristallen vor. Fig. 148 zeigt die jeweils an Kristallen einheitlicher Orientierung gewonnenen Meßergebnisse von HAASEN[5], BLEWITT, COLTMAN und REDMAN[3] und BERNER[9]. Diese lassen sich als Funktion der absoluten Temperatur T in der Form

$$\log \tau_{\text{III}}(T) = \log \tau_{\text{III}}(0) - B\,T \qquad (56.5)$$

darstellen. HAASEN[5] hat darauf aufmerksam gemacht, daß Gl. (56.5) aus der logarithmischen Abhängigkeit der Aktivierungsenergie für die Quergleitung von der äußeren Spannung folgt, die SCHÖCK und SEEGER[10] als Näherungsausdruck

[1] A. SOSIN u. J. S. KOEHLER: Phys. Rev. **101**, 972 (1956).
[2] T. S. NOGGLE u. J. S. KOEHLER: J. Appl. Phys. **28**, 53 (1957).
[3] T. H. BLEWITT, R. R. COLTMAN u. J. K. REDMAN: [*31*], S. 369.
[4] T. H. BLEWITT, R. R. COLTMAN u. J. K. REDMAN: [*36*], S. 179. — J. Appl. Phys. **28**, 651 (1957).
[5] P. HAASEN: Phil. Mag. **3**, 384 (1958).
[6] Ferner liegt aus neuester Zeit eine Arbeit an Einkristallen des Legierungssystems Silber-Gold vor [H. SUZUKI u. C. S. BARRETT: Acta met. **6**, 156 (1958)].
[7] P. FELTHAM u. J. D. MEAKIN: Acta met. **5**, 555 (1957).
[8] E. N. DA C. ANDRADE u. C. HENDERSON: Phil. Trans. Roy. Soc. A **244**, 177 (1951).
[9] R. BERNER: Diplomarbeit Stuttgart 1957.
[10] G. SCHÖCK u. A. SEEGER: [*31*], S. 340.

abgeleitet hatten. Aus der Theorie ergibt sich[1], daß $\tau_{III}(0)$ durch das in Gl. (56.1) angegebene τ gegeben ist und in erster Linie durch die Zahlen der aufgestauten Versetzungen und nur in sehr geringem Maße durch die Stapelfehlerenergie γ bestimmt ist. Der Koeffizient B hängt dagegen von der Stapelfehlerenergie γ stark ab und ist um so kleiner, je größer die Aufspaltung der Versetzungen ist, was in Übereinstimmung mit den Befunden an den verschiedenen untersuchten kubisch-flächenzentrierten Metallen steht.

57. Verformungsentfestigung. Wie wir gesehen haben, kommt die Temperaturabhängigkeit der Verfestigung im Bereich III dadurch zustande, daß bei hohen Temperaturen (bzw. niedrigen Abgleitungsgeschwindigkeiten) gewisse Prozesse (nämlich die Quergleitung von Schraubenversetzungen) ab-

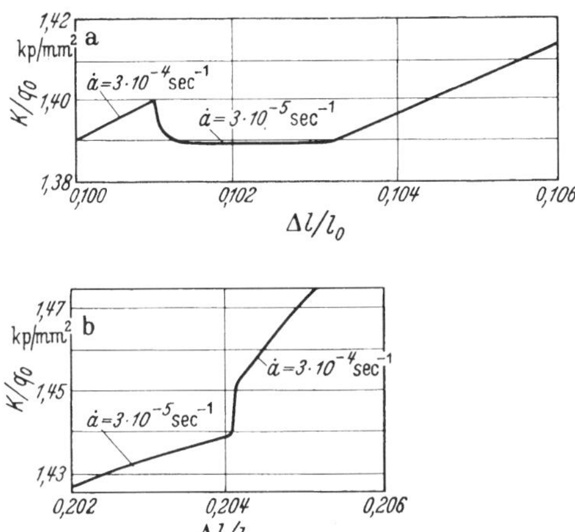

Fig. 149.

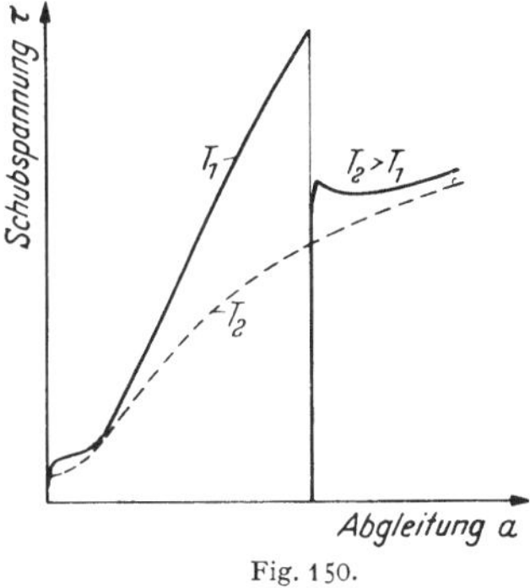

Fig. 150.

Fig. 149 a u. b. Zur Verformungsentfestigung durch Geschwindigkeitswechsel (nach W. STAUBWASSER, Dissertation Göttingen 1954). a Bei plötzlicher Verminderung der Abgleitungsgeschwindigkeit im Bereich III wird die Fließspannung in teils reversibler (plötzlicher Abfall) und teils irreversibler (allmählicher Abfall) Weise erniedrigt. b Bei Erhöhung der Verformungsgeschwindigkeit im Bereich III wird sowohl die Fließspannung als auch der Verfestigungsanstieg vergrößert. (Beide Figuren sind Dehnungsdiagramme — Last K durch Ausgangsquerschnitt q_0 (= Nennspannung) gegen relative Verlängerung $\Delta l/l_0$ aufgetragen.)

Fig. 150. Schematische Darstellung der Verformungsentfestigung bei Temperaturwechsel (mit zwischenzeitlichem Entlasten).

laufen können, die bei tiefen Temperaturen und hohen Abgleitungsgeschwindigkeiten nicht möglich sind und die eine Verminderung des Verfestigungsanstiegs bewirken. Erhöht man die Verformungstemperatur, so kann der bei tiefen Temperaturen erreichte Verfestigungszustand instabil sein. Dies ist die Ursache der sogenannten Verformungsentfestigung (work-softening[2]), die sich in einem Abbau der Verfestigung äußert, wenn die Verformung unterbrochen und im Bereich III entweder mit geringerer Verformungsgeschwindigkeit (Fig. 149a) oder bei höherer Temperatur (Fig. 150) fortgesetzt wird[3]. Bei kubisch-flächenzentrierten Metallen wurde

[1] Die Rechnungen von SCHÖCK und SEEGER beziehen sich nur auf einzelne Schraubenversetzungen, nicht auf Aufstauungen von solchen. Die Ausdehnung der Rechnungen auf Aufstauungen wird zur Zeit von H. WOLF, E. KRÖNER und dem Verfasser durchgeführt; vorläufige Ergebnisse zeigen, daß auch in diesem Falle für die Aktivierungsenergie der Quergleitung näherungsweise die Gleichung $U = -A \log (\tau/\tau_{III}(0))$ gilt, wo τ die auf die Gruppe wirkende Spannung und A eine mit wachsender Aufspaltung zunehmende Größe ist. — Es möge noch erwähnt werden, daß die vorliegenden experimentellen Befunde *nicht* mit den von FRIEDEL [Phil. Mag. **46**, 1169 (1955). — Proc. Roy. Soc. Lond., Ser. A **242**, 147 (1955). — [*36*], S. 330] vorgeschlagenen Temperaturabhängigkeiten von τ_{III} im Einklang sind.

[2] R. J. STOKES u. A. H. COTTRELL: Acta met. **2**, 341 (1954).

[3] Man kann das Auftreten der Verformungsentfestigung (einer *irreversiblen* Fließspannungsänderung bei Temperaturwechsel entsprechend) geradezu zur Festlegung des Beginns des Bereichs III benützen.

dies an Aluminium-Einkristallen sowohl bei Geschwindigkeitswechseln[1,2] als auch bei Temperaturwechseln[3,4] beobachtet. Ausführlich untersucht wurde die Verformungsentfestigung durch Temperaturwechsel an Aluminiumkristallen von COTTRELL und STOKES[5] und an Kupferkristallen von ADAMS und COTTRELL[6]. Im Hinblick auf die Oberflächenerscheinungen im Bereich III sind lichtmikroskopische[5,7] und elektronenmikroskopische[8,9] Untersuchungen der Verformungsentfestigung von Interesse. Man erwartet, daß bei der Verformungsentfestigung die für Bereich III typischen Erscheinungen in verstärktem Maße auftreten, da ja die dynamische Erholung in einem kleinen Abgleitungsintervall gewissermaßen konzentriert abläuft. Diese Erwartung wird durch die Experimente bestätigt.

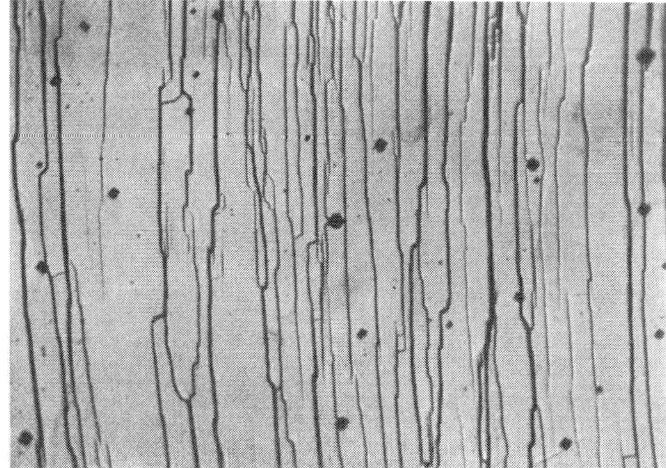

Fig. 151. Lichtmikroskopisches Bild der Oberfläche eines verformungsentfestigten Aluminium-Einkristalls. ×200.

Bei lichtoptischer Beobachtung weisen Aluminiumkristalle, die bei tiefen Temperaturen vorverformt und bei Raumtemperatur verformungsentfestigt worden sind, ebenso wie bei höheren Temperaturen verformte Kristalle[10] kräftige und wellige Gleitbänder mit „lichtoptischer" Quergleitung auf (vgl. Ziff. 27). Die Fig. 151 und 152 zeigen Photographien eines Aluminiumkristalls, der bei 90° K bis zur Abgleitung $a = 0{,}35$ vorverformt, sodann elektrolytisch poliert und bei Raumtemperatur weiterverformt worden ist[11]. Man erkennt, daß die Welligkeit der Gleitlinien im Lichtmikroskop wie bei der Fragmentierung der Gleitbänder durch abwechselnde Gleitung auf der primären Gleitebene und der Quergleitebene zustande kommt. Fig. 152b zeigt, daß es sich bei der zweiten Gleit-

[1] H. LANGE u. K. LÜCKE: Z. Metallkde. **44**, 183 (1953).
[2] W. STAUBWASSER: Diss. Göttingen 1954.
[3] R. J. STOKES u. A. H. COTTRELL: Acta. met. **2**, 341 (1954).
[4] M. HEINZELMANN: Diplomarbeit, Stuttgart 1949. — Siehe A. SEEGER: Z. Naturforsch. **9a**, 870 (1954).
[5] A. H. COTTRELL u. R. J. STOKES: Proc. Roy. Soc. Lond., Ser. A **233**, 17 (1955).
[6] M. A. ADAMS u. A. H. COTTRELL: Phil. Mag. **46**, 1187 (1955).
[7] A. KELLY: Phil. Mag. **1**, 835 (1956).
[8] A. SEEGER, J. DIEHL, S. MADER u. H. REBSTOCK: Phil. Mag. **2**, 323 (1957).
[9] S. MADER: Z. Physik **149**, 73 (1957).
[10] R. W. CAHN: J. Inst. Met. **79**, 129 (1951).
[11] Es handelt sich dabei um Aufnahmen aus dem Lüders-Band (vgl. Ziff. 23), das sich über den Kristall ausbreitet, während der abfallende bzw. horizontale Teil der Verfestigungskurve (vgl. Fig. 150) durchlaufen wird.

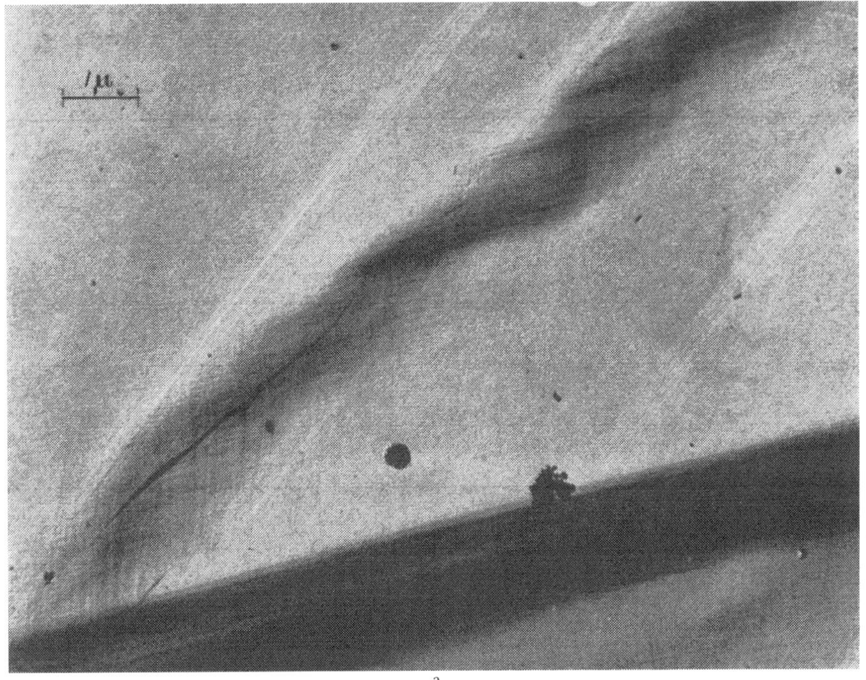

a

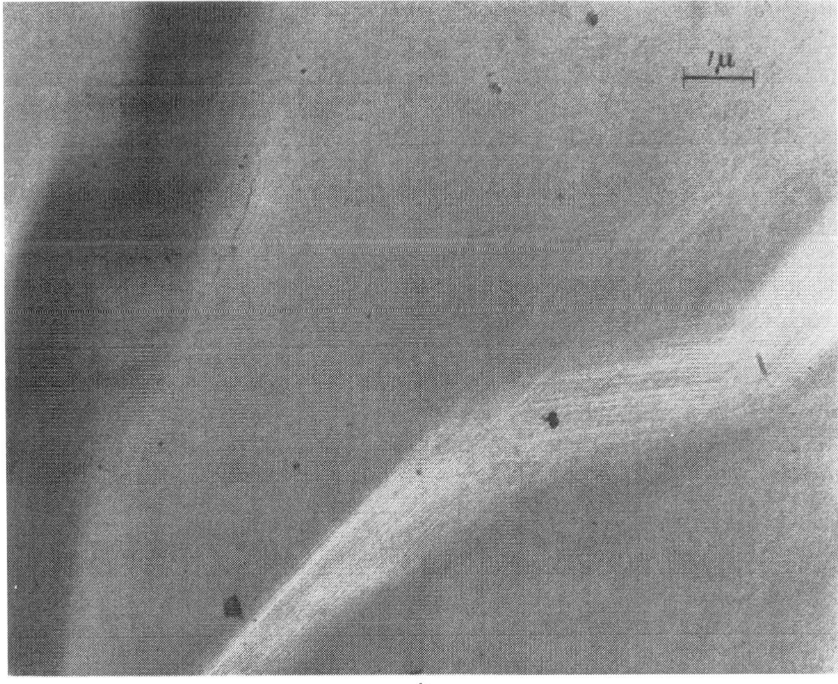

b

Fig. 152 a u. b. Elektronenmikroskopische Bilder der Oberfläche eines verformungsentfestigten Aluminium-Einkristalls. a Der lichtmikroskopisch als unkristallographisch erscheinende Verlauf der Gleitbänder ist in eine treppenförmige Gleitung aufgelöst. ×10000. b Es hat Quergleitung sowohl im primären Gleitsystem (dunkle Linien) als auch im konjugierten Gleitsystem (helle Linien) stattgefunden. Die Quergleitungsspuren der beiden Gleitsysteme sind parallel zueinander. ×10000.

a

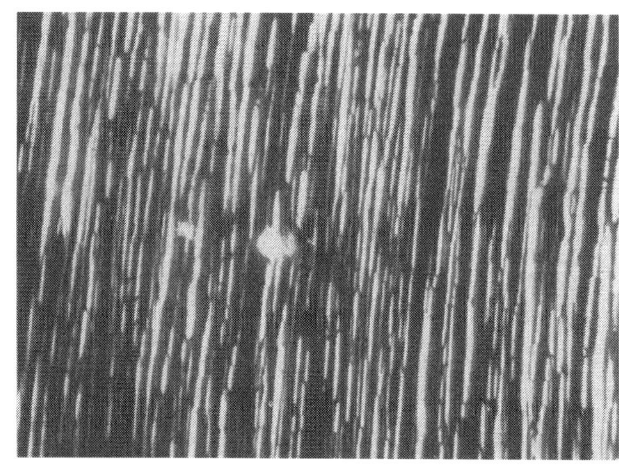

b

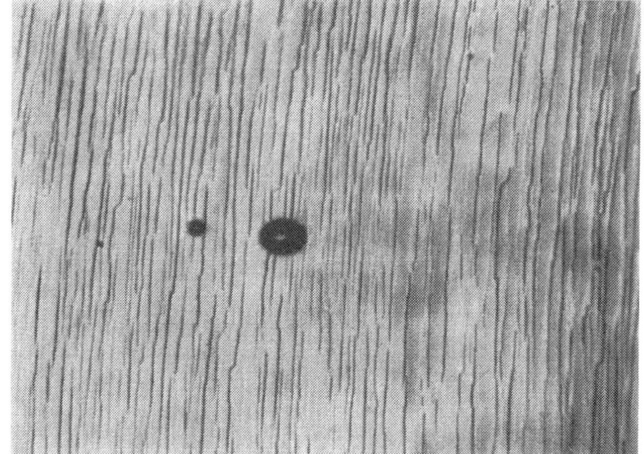

c

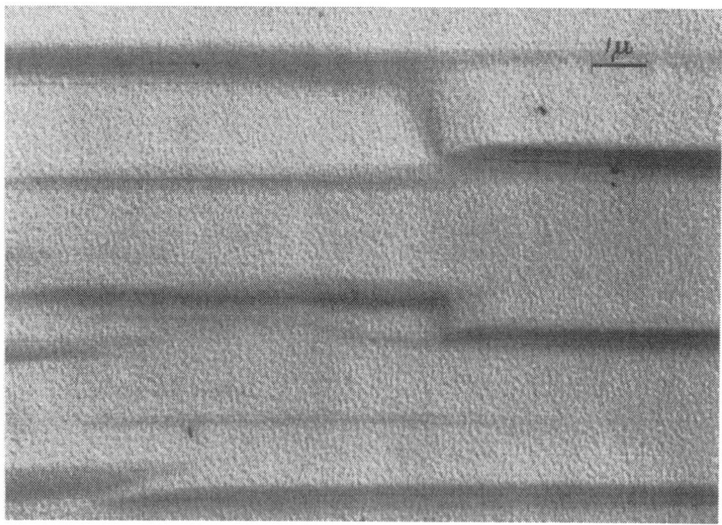

Fig. 153 a—c. a Lichtmikroskopisches Bild (Dunkelfeld) eines verformungsentfestigten Kupferkristalls. ×200. b Hellfeld Bild des gleichen Oberflächenbereichs wie a. ×200. c Elektronenmikroskopisches Oberflächenbild des gleichen Kristalls wie a und b. ×8000.

ebene wirklich um die Quergleitebene handelt. Es treten dort Gleitspuren sowohl des primären (schwarze Linien) wie des konjugierten Gleitsystems (weiße Linien) auf. Diese beiden Systeme haben eine gemeinsame Quergleitebene[1]. In der Tat sind die Quergleitspuren der beiden Systeme parallel zueinander; sie unterscheiden sich wegen der Verschiedenheit der Gleitrichtungen jedoch in der Farbe.

Die Fig. 153a—c zeigen die Gleitspuren eines Kupferkristalls, der bei 90° K bis $a = 0{,}6$ vorverformt, dann elektrolytisch poliert und bei 300° C verformungsentfestigt worden ist. Wie man sieht, treten auch dabei die für Bereich III charakteristischen Oberflächenerscheinungen (Gleitbänder, Fragmentierung und Quergleitung) auf, wenn auch, der niedrigen Stapelfehlerenergie des Kupfers entsprechend, in weniger intensiver Weise als in den sich auf Aluminium beziehenden Fig. 151 und 152.

Zusammenfassend kann man sagen, daß die *Erscheinungen* bei der Verformungsentfestigung kubisch-flächenzentrierter Metalle die gleichen wie im Bereich III der Verfestigungskurve sind. Da dies sicherlich auch für die *atomistischen Prozesse* gilt, die Verformungsentfestigung also ebenfalls durch die Quergleitung von Schraubenversetzungen zustande kommt, brauchen wir darauf nicht näher einzugehen.

58. Die Untersuchung der Verfestigung mit Hilfe von Temperatur- und Geschwindigkeitswechseln. Die klassischen experimentellen Arbeiten zur Verfestigung, die in Abschnitt CV dargestellt sind, arbeiteten ausschließlich mit gleichbleibender Verformungstemperatur und (näherungsweise) gleichbleibender Dehnungs- oder Belastungsgeschwindigkeit. Plötzliche Wechsel der Verformungstemperatur wurden unseres Wissens zum ersten Male von Boas und Schmid[2] zur Erforschung der Verfestigung bzw. der dynamischen Erholung verwendet und zwar beim Kriechen von Zink- und Cadmium-Einkristallen. Geschwindigkeitswechsel wurden wohl zuerst von Kochendörfer[3] bei Schubversuchen an Naphtalin-Einkristallen angewandt. In neuerer Zeit haben Temperatur- und Geschwindigkeitswechsel erhebliche Bedeutung für die Erforschung der Fließspannung und der Verfestigung erhalten, wie die Ausführungen in Abschnitt D II (Fließspannung) und in Ziff. 57 (Verformungsentfestigung) zeigen. Wir wollen in der vorliegenden Ziffer eine zusammenfassende Darstellung der beim Temperaturwechsel auftretenden theoretischen Probleme[4] geben, wobei unsere Ausführungen *nicht* auf die Gruppe der kubisch-flächenzentrierten Metalle beschränkt sind (obschon wir unsere Beispiele dieser entnehmen werden). Der Einfachheit halber wollen wir jedoch voraussetzen, daß wir die Fließspannung τ gemäß Gl. (43.12) in einen nur wie der Schubmodul G von der Temperatur abhängenden Anteil τ_G und in einen „echt“ temperaturabhängigen Anteil τ_S zerlegen können, der von Hindernissen für die Versetzungsbewegung herrührt, welche unter Mithilfe thermischer Schwankungen überwunden werden.

Wir besprechen zunächst den schon wiederholt erwähnten Unterschied zwischen reversiblen und irreversiblen Fließspannungsänderungen bei Temperaturwechseln. Wenn man den Temperaturwechsel unendlich rasch durchführen könnte, so würde man stets jene Fließspannungsänderung messen, die

---

[1] Dieser Zusammenhang wurde schon von H. Wilsdorf und D. Kuhlmann-Wilsdorf [Z. angew. Phys. **4**, 409 (1952)] bemerkt und zur Deutung elektronenmikroskopischer Aufnahmen herangezogen.

[2] W. Boas u. E. Schmid: Z. Physik **100**, 463 (1936).

[3] A. Kochendörfer: Z. Kristallogr. **97**, 263 (1937).

[4] Ähnliche Überlegungen gelten für den Geschwindigkeitswechsel mit der für praktische Auswertungen angenehmen Vereinfachung, daß die elastischen Konstanten von der Verformungsgeschwindigkeit nicht abhängen.

notwendig ist, *um bei gegebener Versetzungsstruktur* die Verformung mit der verwendeten Verformungsgeschwindigkeit auch bei der neu eingestellten Verformungstemperatur durchzuführen. Man würde dem Betrage nach denselben Sprung in der Fließspannung beim Übergang von der höheren zur tieferen Temperatur wie beim Temperaturwechsel in umgekehrter Richtung messen, also es nur mit *reversiblen* Fließspannungsänderungen zu tun haben. Da natürlich in Wirklichkeit der Temperaturwechsel eine gewisse Zeit beansprucht bzw. teilweises Entlasten und Wiederbelasten des Kristalls erforderlich ist, hängt der experimentell

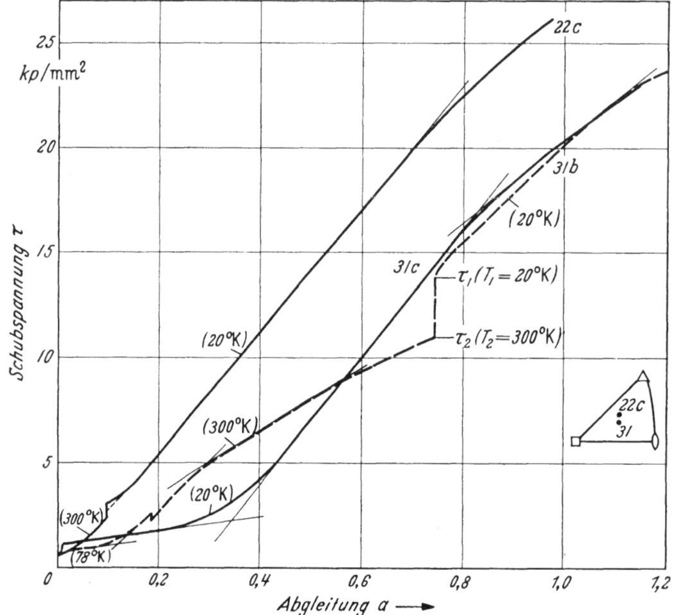

Fig. 154. Verfestigungskurven von Nickel-Einkristallen mit Temperaturwechseln.

zu messende Fließspannungssprung davon ab, ob bei der Endtemperatur nur diejenigen Prozesse mit merklicher Geschwindigkeit ablaufen, die bei der Ausgangstemperatur für die Fließspannung maßgebend waren, oder ob zusätzliche rasch ablaufende Prozesse hinzugekommen sind. Im ersten Falle messen wir Fließspannungsänderungen, die im oben besprochenen Sinne reversibel, also unabhängig von der Richtung des Temperaturwechsels, sind. Ein Beispiel für den zweiten Fall bildet die in Ziff. 57 diskutierte Verformungsentfestigung. Hier findet bei der höheren Temperatur mit großer Geschwindigkeit die bei tieferen Temperaturen gehemmte Quergleitung statt, die den τ_G-Anteil der Verfestigung zu verkleinern sucht. Die durch die Quergleitung hervorgerufenen Veränderungen in der Versetzungsanordnung des Kristalls werden natürlich durch eine Temperaturänderung in umgekehrter Richtung *nicht* rückgängig gemacht; sie sind irreversibel. Ein Temperaturwechsel von der höheren zur tieferen Temperatur gibt hier dem Betrage nach eine größere Fließspannungsänderung als ein Temperaturwechsel von der tieferen zur höheren Temperatur. Wir sprechen von einem *irreversiblen* Beitrag zur Fließspannungsänderung.

Wünscht man Temperaturwechsel nach verschieden großen Abgleitungen miteinander zu vergleichen, so hat man zu beachten, daß auch dann, wenn katastrophenartig ablaufende Prozesse wie die Verformungsentfestigung keine Rolle spielen, eine Abhängigkeit des Verfestigungsanstiegs von der Temperatur auftritt und bei der Auswertung der Messungen berücksichtigt werden muß. Ein Beispiel (Änderung der Dichte des Versetzungswaldes) gibt Gl. (50.2), wenn $dv(a)/da$ von Null verschieden ist. Weitere Beispiele sind in den in Fig. 154 dargestellten Meßergebnissen von HAASEN[1] enthalten. Die Verfestigungskurve von Kristall 22c zeigt, daß ein bei 300° K bis in den Bereich II verformter Kristall bei einem Temperaturwechsel auf 20° K auch dann nicht in den Bereich I zurückkehrt, wenn sich bei 20° K der Bereich I wesentlich über die betreffende Abgleitung hinauserstreckt. Dies ist im Einklang mit unserem Modell (Ziff. 53), wonach der Beginn von Bereich II durch die Bildung von Hindernissen für die Versetzungsbewegung bestimmt ist. Andererseits zeigt das Beispiel von Kristall 31b, daß ein Kristall bei einem Temperaturwechsel von der höheren Temperatur T_2 auf die tiefere Temperatur T_1 vom Bereich III in den Bereich II zurückkehrt, wenn die

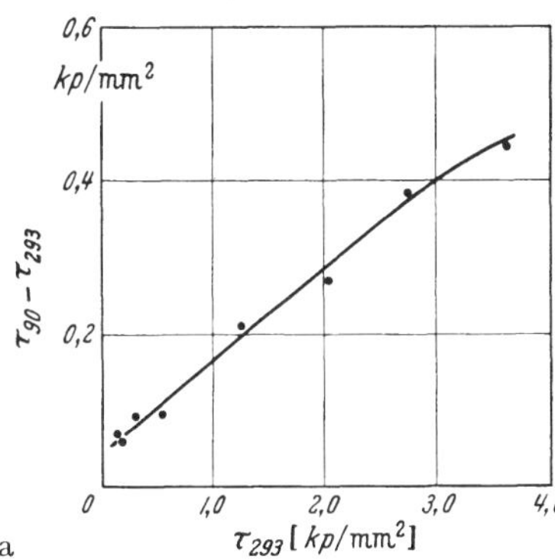

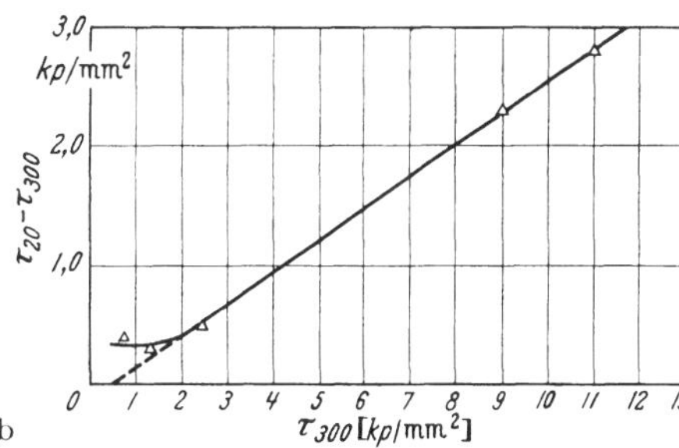

a b

Fig. 155a u. b. a Fließspannungssprung von Kupfereinkristallen beim Temperaturwechsel von $T = 293°$ K auf $T = 90°$ K als Funktion der Schubspannung τ_{293} bei $T = 293°$ K. b Fließspannungssprung von Nickeleinkristallen beim Temperaturwechsel von $T = 300°$ K auf $T = 20°$ K als Funktion der Schubspannung τ_{300} bei $T = 300°$ K.

Schubspannung τ_1 bei der Temperatur T_1 unter dem Wert von $\tau_{III}(T_1)$ liegt. Dies ist ebenfalls in Übereinstimmung mit der Theorie, da die Verringerung des Verfestigungsanstiegs im Bereich III durch einen thermisch aktivierten Prozeß zustande kommt, der durch Temperaturerniedrigung unterdrückt werden kann.

Von SEEGER, DIEHL, MADER und REBSTOCK[2] (Fig. 155a) und von HAASEN[1] (Fig. 155b) wurde gefunden, daß in den Verfestigungsbereichen II und III zwischen den durch einen Temperaturwechsel von der höheren Temperatur T_2 zu der niedrigeren Temperatur T_1 bestimmten Fließspannungen τ_2 und τ_1 der Zusammenhang

$$\tau_1 - \tau_2 = a + b\,\tau_2 \tag{58.1}$$

besteht, wo a und b spannungsunabhängige Parameter sind, die natürlich noch von den verwendeten Temperaturen T_1 und T_2 abhängen[3]. Als Spezialfall enthält Gl. (58.1) die von COTTRELL und Mitarbeitern für Aluminium[4] und Kupfer[5] bei großen Abgleitungen (Abgleitungen $\gtrsim 0{,}25$; $b\,\tau_2 \gg a$) aufgefundene Beziehung

$$\frac{\tau_2}{\tau_1} = \frac{1}{b+1} = \text{const.} \tag{58.2}$$

Wir werden nun, der Darstellung von HAASEN[1] folgend, zeigen, wie man durch Temperaturwechsel im Prinzip die Zerlegung der Fließspannung gemäß

$$\tau_i = \tau_{S_i} + \tau_{G_i} \qquad (i = 1, 2) \tag{58.3}$$

[1] P. HAASEN: Phil. Mag. **3**, 384 (1958).

[2] A. SEEGER, J. DIEHL, S. MADER u. H. REBSTOCK: Phil. Mag. **2**, 323 (1957).

[3] Die Größe a darf nicht mit der Abgleitung a [z. B. in Gl. (58.10)] verwechselt werden.

[4] A. H. COTTRELL u. R. J. STOKES: Proc. Roy. Soc. Lond., Ser. A **233**, 17 (1955).

[5] M. A. ADAMS u. A. H. COTTRELL: Phil. Mag. **46**, 1187 (1955).

durchführen kann. Es gilt per definitionem

$$\tau_{G_1}/\tau_{G_2} = G_1/G_2 . \tag{58.4}$$

Für τ_S wird der unten zu rechtfertigende Ansatz

$$\tau_{S_i} = \alpha_i + \beta_i \tau_i \qquad (i = 1,2) \tag{58.5}$$

gemacht, der zusammen mit Gl. (58.1), Gl. (58.3) und Gl. (58.4)

$$\tau_1 - \tau_2 = \frac{\alpha_1 - \alpha_2 (G_1/G_2)}{1 - \beta_1} + \tau_2 \frac{(1-\beta_2)(G_1/G_2) - (1-\beta_1)}{1-\beta_1} \tag{58.6}$$

ergibt. Ist $G(T)$ bekannt, so bekommt man durch Vergleich von Gl. (58.6) mit Gl. (58.1) aus der zu messenden Temperaturabhängigkeit von a und b diejenigen von α und β.

COTTRELL und Mitarbeiter betrachten neben dem durch Gl. (58.2) gegebenen Fließspannungsverhältnis noch das sog. korrigierte Fließspannungsverhältnis

$$M = \frac{\tau_2 G_1}{\tau_1 G_2} . \tag{58.7}$$

Für dieses gilt bei großen Abgleitungen bzw. Spannungen

$$M = \frac{1-\beta_1}{1-\beta_2} = \frac{1 - \left(\frac{d\tau_S}{d\tau}\right)_1}{1 - \left(\frac{d\tau_S}{d\tau}\right)_2} . \tag{58.8}$$

Experimentell ist dieses Verhältnis von Eins verschieden, was zeigt, daß τ_S mindestens linear von der Gesamtspannung τ abhängen muß. Andererseits wird eine stärkere Abhängigkeit durch die experimentellen Befunde von Fig. 155 ausgeschlossen, so daß der Ansatz Gl. (58.5) innerhalb der experimentellen Genauigkeit gerechtfertigt ist.

Verwendet man den Ausdruck Gl. (43.8) für τ_S, so erhält man aus Gl. (58.8)

$$M = \frac{1 + \tau_{S_1} \left(\frac{d \log v}{d\tau}\right)_1}{1 + \tau_{S_2} \left(\frac{d \log v}{d\tau}\right)_2} . \tag{58.9}$$

Man sieht, daß man die Temperaturabhängigkeit von τ_S aus derjenigen von M nach der von COTTRELL und Mitarbeitern angewandten Methode nur dann ermitteln kann, wenn man diejenige von $\frac{d \log v}{d\tau}$ kennt. Zur Ermittlung von Knicken in der Temperaturabhängigkeit von τ_S (vgl. unser Vorgehen in Ziff. 44 und 45) ist jedoch die Kenntnis von $\frac{d \log v}{d\tau}$ nicht erforderlich.

Eine experimentelle Prüfungsmöglichkeit für die vorstehend entwickelte Theorie der Temperaturwechselversuche ergibt sich nach HAASEN durch einen Vergleich von τ_2/τ_1 nach Gl. (58.2) mit dem Verhältnis ϑ_2/ϑ_1 der Verfestigungsanstiege bei den Temperaturen T_2 und T_1. Aus Gln. (58.5) und (58.3) folgt

$$\vartheta_i \equiv \left(\frac{d\tau}{da}\right)_i = \left(\frac{d\tau_G}{da}\right)_i \frac{1}{1-\beta_i} \qquad (i = 1, 2) . \tag{58.10}$$

Kombiniert man dies mit den Gln. (58.4), (58.7) und (58.8), so erhält man

$$\frac{\tau_2}{\tau_1} = \frac{\vartheta_2}{\vartheta_1} . \tag{58.11}$$

HAASEN fand an Nickeleinkristallen in der Tat Gl. (58.11) auf etwa 5% genau bei allen untersuchten Temperaturen experimentell bestätigt. Dies zeigt, daß zwischen der Messung des Verfestigungsanstiegs als Funktion der Temperatur und der Temperaturwechselmethode ein direkter Zusammenhang besteht.

59. Der elektrische Widerstand. An die Diskussion der Gleit- und Verfestigungsvorgänge in den vorangehenden Ziffern sollte sich nun die Diskussion der während der Verformung auftretenden Eigenschaftsänderungen anschließen. Leider wurden die meisten Experimente über den Einfluß der Verformung auf die Dichte, den Wärmeinhalt, den spezifischen Widerstand, die Thermokraft usw. an Vielkristallen durchgeführt, so daß der Vergleich mit der Theorie der Verfestigung erschwert ist. Bis jetzt liegen eigentlich nur Widerstandsmessungen an Kupfer-Einkristallen[1] vor, die sich für einen quantitativen Vergleich eignen.

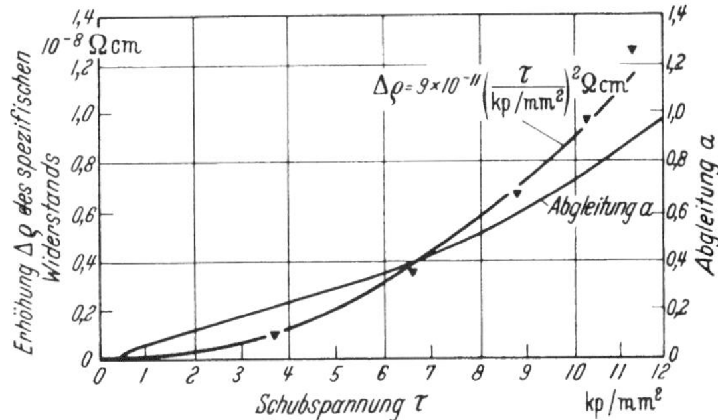

Fig. 156. Änderung des spezifischen elektrischen Widerstands (Einzelheiten siehe Text) und Abgleitung bei einem verformten Kupfer-Einkristall als Funktion der Schubspannung.

Der Einfluß der Kaltverformung auf den elektrischen Widerstand wird im Beitrag von GERRITSEN[2] behandelt. Bei der quantitativen Analyse der experimentellen Ergebnisse taucht die Aufgabe auf, die Beiträge der verschiedenen Arten der während der Verformung entstandenen Fehlstellen (Versetzungen, Zwischengitteratome, Leerstellen und Gruppen von solchen) voneinander zu trennen. Dazu dienen vor allem Messungen über die Erholung des elektrischen Widerstands und anderer Eigenschaften nach der Verformung[3].

Wir interessieren uns hier für den *Anteil der Versetzungen* an der Widerstandsänderung durch Verformung kubisch-flächenzentrierter Einkristalle, insbesondere von Kupfer. Aus den oben erwähnten Erholungsmessungen geht hervor, daß dieser Versetzungsanteil sich bei Kupfer erst während der Rekristallisation erholt. Leider wurde bei den Widerstandsmessungen von BLEWITT, COLTMAN und REDMAN der Versetzungsanteil, der rund die Hälfte der bei der Verformung bei 78° K (oder einer niedrigeren Temperatur) auftretenden Widerstandsänderung beträgt, nicht von einer bei rund 200° C auftretenden Erholungsstufe getrennt, die wohl Leerstellen zuzuschreiben ist. Aus den Vielkristalldaten von VAN BUEREN und JONGENBURGER[4] geht jedoch hervor, daß die letztgenannte Erholungsstufe nur etwa 20% des Versetzungswiderstandes ausmacht und für die folgenden verhältnismäßig groben Überlegungen zunächst außer acht gelassen werden kann. In Fig. 156 ist (zusammen mit der Verfestigungskurve) die am Kristall 305 D (vgl. Fig. 56) gemessene spezifische Widerstandsänderung $\Delta\varrho$ als Funktion der Schubspannung aufgetragen. Die einzelnen Meßpunkte wurden in der Weise

[1] T. H. BLEWITT, R. R. COLTMAN u. J. K. REDMAN: [*31*], S. 369.

[2] A. N. GERRITSEN: Metallic Conductivity, Experimental Part, dieses Handbuch, Bd. XIX.

[3] Dies ist ausführlich dargestellt in „Theorie der Gitterfehlstellen" in Teil 1 dieses Bandes, insbes. Abschnitt B III. Ferner sehe man als neuere Arbeiten H. G. VAN BUEREN: Diss. Leiden 1956. — Philips Res. Rep. **12**, 1, 190 (1957). — C. W. BERGHOUT: Diss. Delft 1956. — A. SEEGER u. H. STEHLE: Z. Physik **146**, 242 (1956).

[4] H. G. VAN BUEREN: Diss. Leiden 1956.

erhalten, daß der Kristall bei 78° K verformt, aber vor jeder Widerstandsmessung 1 Std bei 300° K angelassen wurde. Auf diese Weise wurde nur der Versetzungswiderstand sowie der Anteil der oben erwähnten Erholungsstufe erfaßt. Fig. 156 enthält ferner als ausgezogene Kurve die Parabel

$$\Delta\varrho = 9\times 10^{-11}\left(\frac{\tau}{\mathrm{kp/mm^2}}\right)^2 \Omega\mathrm{cm}, \tag{59.1}$$

die die Meßpunkte ganz gut wiedergibt. BLEWITT, COLTMAN und REDMAN[1] haben darauf hingewiesen, daß man diese parabolische Abhängigkeit auf Grund der Variation der Gleitlinienlänge mit der Abgleitung erwartet (allerdings nur im Bereich II). Sie ergibt sich auch aus der hier benützten Theorie der Verfestigung, da der spezifische Widerstand proportional zur Versetzungsdichte und diese wiederum proportional zum Quadrat der Schubspannung ist[2].

Es konnte gezeigt werden[3], daß der elektrische Widerstand von Versetzungen im wesentlichen von den Stapelfehlerbändern der Versetzungen herrührt; der Widerstand der eigentlichen Versetzungslinien kann demgegenüber für viele Zwecke vernachlässigt werden. Beim Vergleich zwischen Theorie und Experiment hat man also zu berücksichtigen, daß die Stapelfehlerbreite für Stufen- und Schraubenversetzungen wesentlich verschieden ist und daß der Stapelfehler nicht senkrecht zur Stabachse (in deren Richtung der elektrische Widerstand gemessen wird) steht, sondern ebenso wie die Gleitebene einen Winkel von etwa 45° mit der Stabachse bildet. Setzt man den in Ziff. 54 verwendeten Zusammenhang zwischen Versetzungsdichte und Schubspannung in Gl. (59.1) ein, so erhält man für den spezifischen Widerstand pro Längeneinheit der Versetzungslinien, wenn man 80% des in Gl. (59.1) angegebenen Widerstands den Versetzungen zuschreibt,

$$\Delta\varrho_{\mathrm{Vers.}} = 9\cdot 10^{-11}\cdot 0{,}8\cdot\frac{\alpha^2}{4}\, n\, b^2\left(\frac{G}{\mathrm{kp/mm^2}}\right)^2 \Omega\,\mathrm{cm}. \tag{59.2}$$

In Gl. (59.2) soll α einem mittleren Wert ($\sim\frac{1}{5}$) für Stufen- und Schraubenversetzungen entsprechen. Der Faktor $\frac{1}{4}$ wurde eingefügt, um zu berücksichtigen, daß jeder Versetzungsring näherungsweise zwei Stufen- und zwei Schraubenversetzungslinien enthält. Mit $n=20$ ergibt Gl. (59.2) zahlenmäßig als experimentellen Wert für den mittleren Widerstand pro Längeneinheit der Versetzungen

$$\Delta\varrho_{\mathrm{Vers.}} = 19\cdot 10^{-20}\,\Omega\mathrm{cm}^3. \tag{59.3}$$

Die Theorie[3] liefert für den spezifischen Stapelfehlerwiderstand pro Längeneinheit der Versetzungen

$$\Delta\varrho_{\mathrm{Vers.}} = \lambda\frac{\hbar\, a^3}{e^2}\,\overline{R}\cdot 1{,}85, \tag{59.4}$$

wobei a die Kantenlänge des Elementarwürfels des betrachteten kubisch-flächenzentrierten (einwertigen) Metalls, λa die mittlere Stapelfehlerbreite, e die elektrische Elementarladung und $\overline{R}$ ein ziemlich umständlich zu berechnender mittlerer Reflexionskoeffizient ist. Für Kupfer ist $\hbar a^3/e^2 = 19{,}36\cdot 10^{-20}\,\Omega\mathrm{cm}^3$ und (als Mittelwert) $\lambda = 6$. Aus den Abschätzungen von SEEGER[4] und KLEMENS[5] und der verfeinerten Rechnung von STEHLE[6] entnimmt man, daß $\overline{R}\approx\frac{1}{3}$. Zum Vergleich mit dem

[1] T. H. BLEWITT, R. R. COLTMAN u. J. K. REDMAN: [*31*], S. 369.

[2] A. SEEGER, J. DIEHL, S. MADER u. H. REBSTOCK: Phil. Mag. **2**, 323 (1957). — C. W. BERGHOUT: Diss. Delft 1956.

[3] A. SEEGER u. H. STEHLE: Z. Physik **146**, 242 (1956). — A. SEEGER: Canad. J. Phys. **34**, 1219 (1956).

[4] A. SEEGER: Canad. J. Phys. **34**, 1219 (1956).

[5] P. G. KLEMENS: Canad. J. Phys. **35**, 441 (1957).

[6] H. STEHLE: Diss. Stuttgart 1957.

Experiment haben wir Gl. (59.4) zweimal mit einem Faktor von der Größenordnung $\frac{1}{2}$ zu multiplizieren: einmal, weil die Versetzungen, wie oben besprochen, unter etwa 45° gegen die Stabachse geneigt sind; zum zweiten, weil die Versetzungen im verformten Zustand im Mittel eine kleinere Stapelfehlerbreite haben als „freie" Versetzungen, auf die die Angabe $\lambda = 6$ bezogen ist. Mit diesen Korrekturen erhält man schließlich als theoretischen, mit Gl. (59.3) zu vergleichenden Wert

$$\Delta \varrho_{\text{Vers.}} = 18 \cdot 10^{-20}\,\Omega\text{cm}^3. \tag{59.5}$$

Die Übereinstimmung zwischen Theorie und Experiment ist besser als man in Anbetracht der zahlreichen geschätzten Korrekturen, die wir im Vorstehenden angebracht haben und die sicherlich durch eine genauere Betrachtungsweise verbessert werden können, erwarten konnte.

Wir können die Ergebnisse dieser Ziffer dahingehend zusammenfassen, daß sowohl die Variation des Versetzungswiderstands mit der Verformung als auch die sich aus dessen absoluter Größe ergebende Versetzungsdichte in guter Übereinstimmung mit den aus rein mechanischen Versuchen gewonnenen Daten gefunden werden, und daß die elektrischen Messungen das hier gegebene Bild des Verformungsvorgangs stützen.

E. Plastische Eigenschaften der Legierungen.

Vom technischen Standpunkt aus betrachtet sind die plastischen Eigenschaften von Legierungen wichtiger als diejenigen der reinen Metalle. Fast alle in der Technik verwendeten metallischen Werkstoffe sind Legierungen. Dementsprechend liegen außerordentlich viele Festigkeitsversuche an technisch interessanten Legierungen vor. Meist ist jedoch die Zusammensetzung dieser Legierungen so kompliziert, daß die an ihnen gewonnenen Ergebnisse keiner einfachen Deutung zugänglich sind.

Geht man davon aus, daß in Abschnitt D ein verhältnismäßig abgerundetes Bild der Verformungsvorgänge bei den dichtest gepackten Metallen gegeben werden konnte, so erscheint es am interessantesten und aussichtsreichsten, die *primären* Legierungen dieser Metalle näher zu betrachten. Wir werden in der Tat den größten Teil des folgenden Abschnitts a dieser Gruppe von Legierungen widmen.

In Abschnitt b betrachten wir, allerdings unter Beschränkung auf einige wenige Beispiele, diejenigen Legierungen, die gegenüber den in a) behandelten irgendwelche „Besonderheiten" aufweisen. Hierzu gehören Legierungen mit geordneten Atomverteilungen und Legierungen mit „Zonen" bzw. „Ausscheidungen".

Wegen einer ausführlicheren Betrachtung mancher hier nur kurz oder gar nicht behandelten Erscheinungen sei auf zwei Seminarberichte[1,2] verwiesen, die eine ganze Reihe zusammenfassender Arbeiten über Legierungen enthalten.

a) Homogene Legierungen ohne Ordnungsphasen.

60. Allgemeines über die Beeinflussung der plastischen Eigenschaften durch Fremdatome. Die in den Ziff. 15, 20, 23 und 36 behandelten experimentellen Ergebnisse zeigen die mannigfachen Einflüsse von Zulegierungen auf die plastischen Eigenschaften der Metallkristalle. Während die kritische Schubspannung bzw. die Streckgrenze durch Zulegierung immer erhöht wird, wird der Verlauf

[1] Relation of Properties to Microstructure (American Society for Metals) Cleveland, Ohio 1954.

[2] Impurities and Imperfections: [33].

der Verfestigungskurve in weniger einheitlicher Weise beeinflußt. Die Deutung der experimentellen Befunde wird dadurch erschwert, daß im allgemeinen bei einem bestimmten Legierungssystem mehrere Effekte gleichzeitig eine Rolle spielen. Um einen Überblick über die verschiedenen Mechanismen zu bekommen, zählen wir im folgenden die wichtigsten für die Erhöhung der Streckgrenze vorgeschlagenen Ursachen auf, bevor wir uns in Ziff. 61 der Deutung der experimentellen Daten über die Streckgrenze von homogenen Legierungen zuwenden.

α) Wie schon in Ziff. 15 dargelegt, kann eine Zulegierung dadurch einen *indirekten* Einfluß auf die kritische Schubspannung ausüben, daß beim Kristallwachstum (aus der Schmelze oder bei der Rekristallisation) die Versetzungsdichte größer ist als bei „reinen“ Metallen, weil sich infolge des Fremdstoffzusatzes mehr Verankerungsmöglichkeiten für das Versetzungsnetzwerk der Grundstruktur finden. Dieser Effekt dürfte besonders für den außerordentlich raschen Anstieg der kritischen Schubspannung bei kleinen substitutionellen Zulegierungen verantwortlich sein, der in vielen Fällen beobachtet wird (Fig. 43).

β) Wenn die zulegierten Atome etwas anderen Raumbedarf haben als die Atome des Wirtsgitters, so sammeln sie sich bevorzugt dort an, wo die inneren Spannungen verringert werden können. Dieser Effekt, auf den am Beispiel der Kohlenstoff-*Atome auf Zwischengitterplätzen* im α-Eisen zuerst Cottrell[1] aufmerksam gemacht hat, ist in Ziff. 62 des Artikels „Theorie der Gitterfehlstellen“ in Teil 1 dieses Bandes näher diskutiert worden. Die Wechselwirkung zwischen *gelösten Fremdatomen auf Gitterplätzen* und Versetzungen ist jedoch im allgemeinen wesentlich schwächer als bei dem eben erwähnten Fall von *Einlagerungsfremdatomen*. Dies hat einen doppelten Grund: Einerseits ruft ein Atom auf einem Gitterplatz meist wesentlich kleinere Gitterverzerrungen als ein Atom auf einem Zwischengitterplatz hervor. Andererseits weisen diese Gitterverzerrungen bei einem Fremdatom auf einem Gitterplatz eines der kubischen Bravais-Gitter eine höhere Symmetrie als bei einem Kohlenstoffatom im α-Eisen auf. Dies hat zur Folge, daß eine elastische Wechselwirkung der substituierten Atome praktisch nur mit dem hydrostatischen Anteil des Spannungsfeldes der Versetzungen besteht, so daß diese vor allem bei Schraubenversetzungen nicht allzu stark ist. Die Anreicherung von Fremdatomen in der Umgebung der Versetzungen infolge der elastischen Wechselwirkungen bewirkt, daß bei Temperaturen, bei denen die „Wolken“ der Fremdatome nicht mit den sich bewegenden Versetzungen mitdiffundieren können, die Versetzungen an ihrem Platz festgehalten werden. Dies äußert sich in einer Erhöhung der kritischen Schubspannung.

γ) Haben die Fremdatome eine andere chemische Valenz als die Atome des Grundkristalls, so tritt eine *elektrische* Wechselwirkung zwischen Fremdatomen und Versetzungen auf, die ebenso wie die unter β genannte mechanische Wechselwirkung zu einer Anreicherung von Fremdatomen an Versetzungslinien führen und deren Beweglichkeit vermindern kann. Der Effekt beruht darauf, daß die komprimierten Gebiete in der Umgebung der Versetzungen positiv und die dilatierten Gebiete negativ gegenüber dem unverzerrten Gitter aufgeladen sind. Legt man die aus der linearen Elastizitätstheorie sich ergebenden Verzerrungen zugrunde, so wirkt eine Stufenversetzung wie ein elektrischer Liniendipol[2]. Berücksichtigt man auch noch die nichtlinearen elastischen Effekte, so ergibt sich eine negative Aufladung des Versetzungskerns und seiner Umgebung[3,4]. Bei Schraubenversetzungen stellt letzteres den Haupteffekt dar.

[1] A. H. Cottrell: [*29*], S. 30. — Siehe auch F. R. N. Nabarro: [*29*], S. 38 und A. W. Cochardt, G. Schöck u. H. Wiedersich: Acta met. **3**, 533 (1955).

[2] R. Landauer: Phys. Rev. **82**, 520 (1951).

[3] H. Stehle u. A. Seeger: Z. Physik **146**, 217 (1956).

[4] A. Seeger: [*36*], S. 504.

Die elektrische Wechselwirkung zwischen Versetzungen und Fremdatomen wurde zuerst von COTTRELL, HUNTER und NABARRO[1] behandelt mit einem Modell, bei dem den Fremdatomen eine kleine effektive Ladung zugeschrieben wurde. Diese Behandlungsweise ist nicht ganz befriedigend, da man weiß[2], daß in Metallen die Ladung von Fremdatomen vollständig durch Umlagerungen der Leitungselektronen abgeschirmt wird. Bei der elektrischen Wechselwirkung zwischen Versetzungen und Fremdatomen handelt es sich also um einen komplizierten Differenzeffekt zwischen den Kraftwirkungen auf den Ionenrumpf des Fremdatoms und auf die abschirmende Elektronenverteilung[3]. Dabei hat man für genauere Rechnungen, die bis jetzt noch nicht ausgeführt sind, auch die Polarisation des Elektronenschirms durch das elektrische Feld in der Nähe der Versetzungen zu berücksichtigen.

δ) Neben der elastischen und der elektrischen Wechselwirkung von gelösten Fremdatomen mit Versetzungen gibt es in Strukturen mit aufgespaltenen Versetzungen auch noch eine „chemische" Wechselwirkung, die von SUZUKI[4] diskutiert und so benannt worden ist. Wir erläutern die Verhältnisse am Beispiel des kubisch-flächenzentrierten Gitters: Der Stapelfehler in einer aufgespaltenen Versetzung weist hier bekanntlich dieselbe Struktur wie die hexagonale dichteste Kugelpackung auf. Im thermodynamischen Gleichgewicht werden Fremdatome im allgemeinen in diesem hexagonalen Streifen eine andere Konzentration als in der kubischen Matrix haben und eine der beiden Strukturen energetisch bevorzugen. Es bilden sich „Konzentrations-Wolken" im Stapelfehler, die wiederum zu einer Behinderung der Versetzungsbewegung und damit zu einer Erhöhung der kritischen Schubspannung führen.

ε) Die am längsten bekannte Wechselwirkung[5] zwischen Fremdatomen und Versetzungen wird durch das Spannungsfeld von Fremdatomen vermittelt, welche nicht, wie unter β betrachtet, durch Wolkenbildung in der Umgebung der Versetzungen konzentriert, sondern über den ganzen Kristall mehr oder weniger gleichmäßig verteilt sind. Die „Wellenlänge" dieses Spannungsfelds hängt vom Dispersitätsgrad der Fremdatome ab, also davon, ob sie als einzelne Atome gelöst oder in Gruppen eingelagert sind. Die „Amplitude" des Spannungsfelds ist bei Substitutionsmischkristallen um so größer, je größer der Unterschied in den Atomradien der gelösten Atome und der Matrixatome ist. Solange keine Schubspannung im Gleitsystem wirkt, versuchen die Versetzungen so gut wie möglich den Linien verschwindender Schubspannung in der Gleitebene zu folgen. Um sie aus einer solchen Lage in eine benachbarte zu heben, wird eine gewisse Mindestschubspannung benötigt. Die Größe dieser Schubspannung hängt nicht nur von der Amplitude, sondern auch von der Wellenlänge des Spannungsfeldes der Fremdatome ab. Ist diese nämlich sehr klein, wie dies z. B. der Fall ist, wenn die Fremdatome in atomarer Dispersion verteilt sind, so ist die Versetzung nicht biegsam genug, um den Linien verschwindender Schubspannung wirklich folgen zu können (Fig. 157). Die positiven und negativen Beiträge der inneren Spannungen zur Kraft auf die Versetzungslinie mitteln sich deswegen weitgehend gegenseitig heraus. Ist der größte Teil der Fremdatome in Form von

---

[1] A. H. COTTRELL, C. S. HUNTER u. F. R. N. NABARRO: Phil. Mag. **44**, 1064 (1953). Siehe auch J. FRIEDEL: [*26*], Kap. 13.4.2.

[2] J. FRIEDEL: Adv. Physics **3**, 446 (1954).

[3] Wegen einer ausführlicheren Diskussion siehe A. SEEGER: Phil. Mag. **46**, 1194 (1955).

[4] H. SUZUKI: Sci. Rep. Res. Inst. Tohoku Univ. A **4**, 455 (1952). — [*36*], S. 361.

[5] N. F. MOTT u. F. R. N. NABARRO: Proc. Phys. Soc. Lond. **52**, 86 (1940). — N. F. MOTT: J. Inst. Met. **72**, 367 (1946). — F. R. N. NABARRO: Proc. Phys. Soc. Lond. **58**, 669 (1946). — N. F. MOTT u. F. R. N. NABARRO: [*29*], S. 1. — N. F. MOTT: Imperfections in Nearly Perfect Crystals (herausgeg. von W. SHOCKLEY, J. H. HOLLOMON, R. MAURER u. F. SEITZ), S. 173. New York: Wiley & Sons 1952.

Partikeln ausgeschieden, die hinreichend weit voneinander entfernt sind, so können die Versetzungen bei genügend großen Spannungen zwischen den Partikeln, ähnlich wie bei dem später entdeckten Frank-Readschen Mechanismus der Versetzungsvervielfachung, sich hindurchbewegen[1] (Fig. 159). Die dazu benötigte Spannung ist bei gegebener Konzentration um so kleiner, je größer die Partikel sind und desto größer deswegen ihr Abstand ist.

Man erkennt, daß es zwischen den Grenzfällen atomarer Atomverteilung und großer ausgeschiedener Partikel einen mittleren Dispersitätsgrad gibt, bei dem die zum Bewegen der Versetzungen benötigte Spannung ein Maximum ist (Fig. 158).

ζ) Jede nicht allzu verdünnte feste Lösung weist bei mittleren und tiefen Temperaturen einen gewissen Nahordnungsgrad auf. Die Atome der Legierung

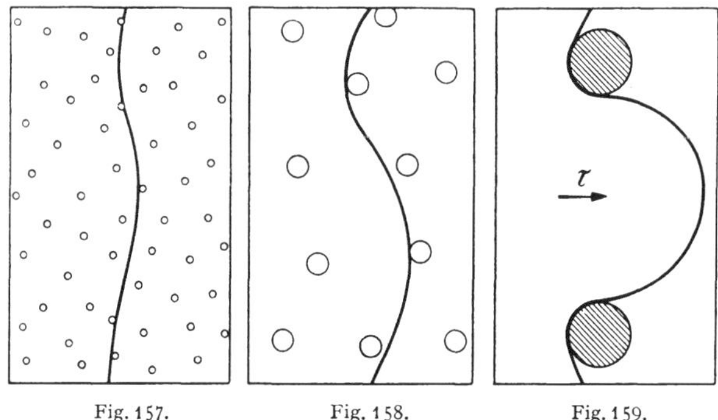

Fig. 157. Fig. 158. Fig. 159.

Fig. 157 — 159. Beeinflussung des Verlaufs von Versetzungslinien durch ausgeschiedene Verunreinigungen. Wenn die Ausscheidungen sehr dicht liegen, kann die Versetzungslinie den Spannungsfeldern der einzelnen Ausscheidungen nicht folgen (Fig. 157). Es gibt einen mittleren Dispersitätsgrad, bei dem sich der Verlauf der Versetzungslinie den einzelnen Ausscheidungen am besten anpaßt (Fig. 158). Wenn die Ausscheidungen sehr groß geworden sind und dementsprechend bei gegebener ausgeschiedener Menge weit voneinander entfernt sind, wirken die Ausscheidungen wie die Verankerungspunkte einer Frank-Read-Quelle (Fig. 159).

suchen sich bei Temperaturen, bei denen der Einfluß der Mischungsentropie nicht mehr allein maßgebend ist, nach Möglichkeit entweder mit ungleichartigen oder gleichartigen Atomen zu umgeben. FISHER[2] hat darauf hingewiesen, daß eine durch eine derartige nahgeordnete Legierung hindurchwandernde Versetzung diese Nahordnung vermindert, indem sie die Nachbarschaftsverhältnisse der Atome in der Nähe der Gleitebene ändert. Die dafür aufzuwendende Arbeit äußert sich in einer Erhöhung der kritischen Schubspannung. Wie Abschätzungen zeigen, liegt diese Erhöhung in der Größenordnung der experimentellen Werte. Eine Berechnung der absoluten Größe dieses Beitrags zur Streckgrenze, die von den experimentell (z.B. aus der diffusen Röntgenstreuung) zu bestimmenden Ordnungsparametern ausgeht, wird in Ziff. 62 besprochen werden.

η) Die unter ζ erwähnte Nahordnung von Legierungen hängt von den mechanischen Spannungen ab, die im Kristall wirken. Ändern sich diese Spannungen, so findet eine Umordnung der Legierungsatome statt[3]. G. SCHÖCK[4] hat am Beispiel des Kohlenstoffs in Eisen darauf hingewiesen, daß eine solche Umordnung in einem gewissen Streifen entlang des Weges einer Versetzungslinie stattfindet, sofern genügend Zeit für die Einstellung der Nahordnung auf das Spannungsfeld der Versetzung zur Verfügung steht. Diese spannungsinduzierte Nahordnung übt

[1] E. OROWAN: Symposium on Internal Stresses, Inst. of Metals, London 1947, S. 451.
[2] J. C. FISHER: Acta met. **2**, 9 (1954).
[3] J. L. SNOEK: Physica, Haag **8**, 711 (1941). — F. R. N. NABARRO: [*29*], S. 38. — A. D. LE CLAIRE u. W. M. LOMER: Acta met. **2**, 731 (1954).
[4] G. SCHÖCK: Phys. Rev. **102**, 1458 (1956).

auf die Versetzung eine reibende Kraft aus. Sie ist am größten, wenn sich die Versetzung an einem nahgeordneten Bereich gerade innerhalb dessen Einstellzeit vorüberbewegt und hat den Wert Null sowohl für sehr rasche als auch für infinitesimal langsame Bewegung.

Im allgemeinen ist es nur mit Hilfe detaillierter Versuche möglich, zu entscheiden, welche der unter α bis η genannten Mechanismen bei einer bestimmten Legierung den Hauptanteil zur kritischen Schubspannung bzw. zur Streckgrenze geben. Ein Hilfsmittel dazu ist die Untersuchung der Temperaturabhängigkeit, wobei genau zu unterscheiden ist zwischen der Temperatur T_e, bei der sich die jeweilige Atomverteilung in der Legierung eingestellt hat und unterhalb der sie „eingefroren" ist, und der Temperatur T, bei der die kritische Schubspannung jeweils gemessen wird.

Am einfachsten liegen die Verhältnisse beim Mechanismus α. Hier ist T_e die Temperatur des Kristallwachstums. Die Legierung verhält sich in diesem Falle qualitativ nicht anders als ein reines Metall. Da in der Tat (abgesehen von der Erhöhung der kritischen Schubspannung) die plastischen Eigenschaften vieler Metalle durch geringe Mengen Fremdatome auf Gitterplätzen kaum geändert werden, kann man annehmen, daß in diesen Fällen der Mechanismus α im wesentlichen für die Erhöhung der kritischen Schubspannung verantwortlich ist (vgl. Ziff. 15). Während die Mechanismen δ (chemische Wechselwirkung), ζ (Nahordnung) und η (spannungsinduzierte Ordnungseinstellung) wenig von der Temperatur T abhängen, ergeben die Mechanismen β (Wolkenbildung durch mechanische Wechselwirkung) und γ (elektrische Wechselwirkung) eine starke Temperaturabhängigkeit, da die thermischen Schwankungen beim Losreißen der Versetzungen von den sie umgebenden Wolken wesentlich mithelfen können. Die Mechanismen δ und ζ sind zwar von T wenig, von T_e dagegen stark abhängig. Durch Abschreckungsexperimente könnte man sie vielleicht vom Mechanismus η trennen, der im allgemeinen weniger stark von T_e abhängen dürfte (vorausgesetzt, daß nicht durch die Wärmebehandlung ein Teil der Fremdatome ausgeschieden wird, o.ä.). Am kompliziertesten sind die Temperatureffekte wohl beim Mechanismus ε (Dispersitätsgrad). Die Streckgrenze hängt hier von der Temperatur T stark ab, wenn die Wellenlänge der inneren Spannungen so klein ist, daß die thermische Energie mithelfen kann, die Versetzungen von einer Potentialmulde zur nächsten zu heben. Sind dagegen die Gruppen gelöster Atome so weit voneinander entfernt, daß der oben diskutierte „Umgehungsmechanismus" von OROWAN wirkt, so ist die Streckgrenze von T unabhängig. Nach dem oben Gesagten ist es wohl selbstverständlich, daß die Streckgrenze sehr stark von T_e abhängt, da ja durch die Wärmebehandlung der Dispersitätsgrad beeinflußt wird.

61. Die Streckgrenze von Substitutionsmischkristallen. Allgemeines. Wir sind in Ziff. 60 fast gar nicht auf den Zusammenhang der dort betrachteten Mechanismen mit den Eigenschaften bestimmter Legierungen eingegangen. Die wichtigsten über die Legierungen vorliegenden experimentellen Ergebnisse haben wir bereits in Ziff. 15 zusammengestellt. In der vorliegenden sowie in den beiden folgenden Ziffern werden wir auf deren theoretische Deutung eingehen. Einen Versuch, die experimentellen Ergebnisse über die Streckgrenze homogener Substitutionsmischkristalle (ebenfalls unter besonderer Betonung der Einkristalldaten) zusammenhängend zu interpretieren, hat neuerdings H. SUZUKI[1] unternommen. In einigen Fällen kommt er zu den gleichen Schlüssen wie wir, während er in anderen eine abweichende Auffassung vertritt. Leider stand uns eine ausführliche Fassung seiner Arbeit bei der Abfassung des vorliegenden Beitrags nicht

[1] H. SUZUKI: The Yield Strength of Binary Alloys [*36*], S. 361.

zur Verfügung, so daß wir nicht in der wünschenswerten Ausführlichkeit auf diese eingehen konnten.

Fig. 160 zeigt schematisch den in Ziff. 15 aus den Messungen abgeleiteten Verlauf der Streckgrenze homogener Substitutionsmischkristalle als Funktion der Temperatur. Wir beginnen mit der Diskussion des Bereichs B, in der die Streckgrenze näherungsweise temperaturunabhängig ist. Wir glauben, daß dieses „Plateau" im wesentlichen derjenigen Schubspannung, die wegen der Zerstörung der Nahordnung bei der Bewegung der Versetzungen benötigt wird, entspricht. Bei sehr geringen Konzentrationen c, bei denen $d\tau_0/dc$ ziemlich groß ist, macht sich wohl der schon mehrfach erwähnte Effekt α von Ziff. 60 bemerkbar.

Der Abfall der Streckgrenze bei höheren Temperaturen (Bereich C) zeigt (ebenso wie das Vorhandensein des Streckgrenzeneffektes im Bereich B), daß die nahezu temperaturunabhängige Streckgrenze im Bereich B nicht allein von τ_G herrührt, sondern daß ein spezifischer Legierungseffekt vorliegt. Das Absinken der Streckgrenze bei höheren Temperaturen ist dann ohne weiteres verständlich: Ist die Temperatur hinreichend hoch, so wird die Platzwechselhäufigkeit der Atome in der Legierung so groß, daß sich die Nahordnung während der Bewegung der Versetzungen auf den energetisch günstigsten Wert praktisch momentan neu einstellt und der Versetzungsbewegung keinen Widerstand entgegensetzt. Bei genügend hohen Temperaturen verschwindet also der Legierungseinfluß vollständig; die kritische Schubspannung ist dann lediglich durch τ_G (und eventuell durch τ_S) bestimmt.

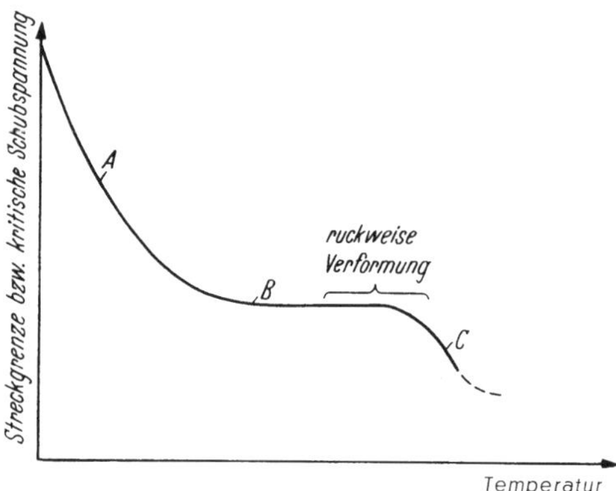

Fig. 160. Schematischer Verlauf der kritischen Schubspannung von Einkristallen homogener Legierungen als Funktion der Temperatur.

Im Übergangsbereich zwischen B und C tritt während des Verformens sogenannte Reckalterung auf, die sich in einer ruckweisen Verformung äußert und die von Cottrell[1] theoretisch genauer analysiert worden ist. Cottrell betrachtet allerdings den Fall, daß sich die Verunreinigungsatome in Wolken um die Versetzungen ansammeln und daß die Wechselwirkung zwischen den Versetzungen und ihren Wolken die Streckgrenze bestimmt. Bei der Verformung werden Leerstellen und Zwischengitteratome erzeugt, die im Kristall eine Anzahl von Platzwechseln ausführen, bevor sie verschwinden. Dabei wird die Anordnung der Verunreinigungsatome im Sinne einer erneuten Ausbildung der Wolken geändert. Die zur Verformung notwendige Schubspannung steigt so lange an, bis die obere Streckgrenze erreicht wird, die Versetzungen von ihren Wolken losgerissen werden und infolge der Erzeugung beweglicher Leerstellen und Zwischengitteratome das Spiel von neuem beginnt. Auf diese Weise kommt also eine ruckweise Verformung zustande.

Im vorliegenden Falle (d.h. also beim Übergang vom Bereich B zum Bereich C) kann dieser Mechanismus nicht in Einzelheiten zutreffen, da er ja nach dem in Ziff. 60 Gesagten zu einer stark temperaturabhängigen Streckgrenze Anlaß geben müßte, was im Bereich B nicht beobachtet wurde. Wir glauben deshalb, daß in Wirklichkeit folgende Erscheinung vorliegt: Im Bereich B beginnt die ausgiebige plastische Verformung, wenn die Schubspannung und damit die auf

[1] A. H. Cottrell: [32], S. 141.

die Versetzungen wirkenden Kräfte groß genug sind, um die Nahordnung während der Versetzungsbewegung zerstören zu können. Dabei entstehen Leerstellen und Zwischengitteratome. Sind diese bei der Versuchstemperatur hinreichend beweglich, so sorgen sie dafür, daß die Nahordnung sofort wieder hergestellt oder sogar gegenüber dem Ausgangszustand noch verstärkt wird. Zur Weiterverformung muß die Schubspannung also etwas erhöht werden, bis wiederum die Zerstörung der Nahordnung durch die Bewegung der Versetzungen in dem inzwischen etwas verfestigten Kristall und die Erzeugung von Zwischengitteratomen und Leerstellen möglich ist. Auf diese Weise ergibt sich also das experimentell beobachtete ruckweise Fließen. Geht man zu etwas höheren Temperaturen über, so stellt sich die Nahordnung schon *während* der Versetzungsbewegung ein, so daß die eben besprochenen Effekte wieder verschwinden und die für die plastische Verformung benötigte Spannung kleiner als im Bereich B ist.

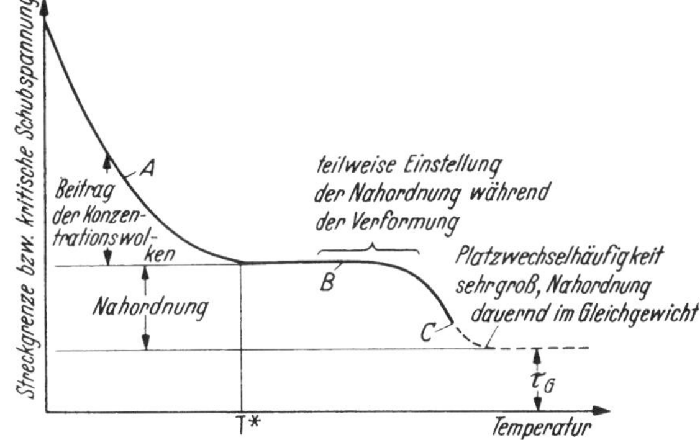

Fig. 161. Deutung des experimentellen Verlaufs der kritischen Schubspannung homogener Substitutionsmischkristalle nach Fig. 160.

Der Anstieg der Streckgrenze nach tiefen Temperaturen hin (Bereich A) ist wohl der Wechselwirkung zwischen den Konzentrationswolken in der Versetzungsumgebung und den Versetzungslinien zuzuschreiben, wobei es für die qualitativen Züge der Temperaturabhängigkeit ohne Belang ist, ob diese Wechselwirkung überwiegend mechanischer (Ziff. 60β) oder elektrischer Art (Ziff. 60γ) ist. Die Temperaturabhängigkeit der Streckgrenze auf Grund des „Cottrell-Effekts" ist von COTTRELL und BILBY[1] für ein spezielles Beispiel, nämlich für eine Kette von im Kern einer Stufenversetzung aufgereihten Kohlenstoffatomen, berechnet worden. FISHER[2] hat eine von speziellen Modellvorstellungen unabhängige vereinfachte Behandlung gegeben, bei der die Wechselwirkung zwischen der Versetzung und der Konzentrationswolke summarisch durch die Differenz der freien Linienenergie der Versetzung vor und nach dem Losreißen eingeht (vgl. Ziff. 64).

Aus beiden Behandlungsweisen geht das physikalisch anschauliche Ergebnis hervor, daß die Streckgrenze beim Cottrell-Effekt mit wachsender Temperatur rasch absinkt (Fig. 161). Sie wird bei um so niedrigeren Temperaturen T^* neben den übrigen Legierungseffekten, insbesondere dem oben besprochenen Nahordnungseffekt, vernachlässigbar, je schwächer die Wechselwirkung zwischen den Versetzungen und den Konzentrationswolken ist. T^* liegt nach Fig. 38 für CuNi Legierungen mit 30% Ni oder 80% Ni bei etwa 600° K, nach Fig. 37 für 71/29 Messing bei etwa 370° K und für die in Fig. 36 betrachtete **Zn**Cd-Legierung bei etwa 350° K.

Nach dem Vorstehenden spielen also von den in Ziff. 60 aufgeführten Mechanismen bei den homogenen Substitutionsmischkristallen hauptsächlich die in Ziff. 60β und γ (im Bereich A) und in Ziff. 60ζ (in den Bereichen A und B) genannten eine wesentliche Rolle. Wir werden in der folgenden Ziffer auf die quantitativen Verhältnisse und auf den Vergleich mit anderen Auffassungen

[1] A. H. COTTRELL u. B. A. BILBY: Proc. Phys. Soc. Lond., Ser. A **62**, 49 (1949).
[2] J. C. FISHER: Trans. Amer. Soc. Met. **47**, 451 (1955).

näher eingehen. An dieser Stelle sei lediglich erwähnt, daß diese Mechanismen die bei Legierungen in der Regel beobachteten Streckgrenzeneffekte erklären. Beim *Cottrell-Effekt* wird die obere Streckgrenze erreicht, wenn eine hinreichend große Zahl von Versetzungen von ihren Wolken losgerissen worden und ein Lüders-Band gebildet worden ist. Die für die Ausbreitung des Lüders-Bandes erforderliche Versetzungsbewegung kann bei einer Spannung stattfinden, die unter der für das Losreißen benötigten liegt. Beim *Nahordnungseffekt* wird die Nahordnung in einer Gleitebene im wesentlichen schon durch die ersten beiden Versetzungen, die diese Gleitebene durchlaufen, zerstört. Die folgenden Versetzungen finden einen geringeren Bewegungswiderstand vor, so daß die Spannung wiederum absinkt[1].

62. Die Streckgrenze von Substitutionsmischkristallen. Quantitatives. Da über den Abfall der Streckgrenze im Bereich C fast keine quantitativen Daten vorliegen, beschränken wir uns auf die Erörterung der Bereiche A und B in Fig. 160.

α) Aus röntgenographischen Untersuchungen an Silber-Gold-Legierungen[2], die durch Feilen verformt worden waren, ist bekannt, daß die Nahordnung dieser Legierungen bei der Verformung teilweise zerstört wird, und zwar in diesem speziellen Beispiel bei starker Verformung etwa zur Hälfte. Diese Zerstörung der Nahordnung erfolgt jedoch keineswegs gleich zu Beginn der Verformung, sondern während des gesamten Verformungsvorganges. Aus diesem Grunde ist es nicht möglich, den Beitrag der Nahordnung zur Streckgrenze aus der Arbeit zu berechnen, die zur Verminderung der Nahordnung *im ganzen Kristall* um einen bestimmten Prozentsatz aufzubringen ist. Man muß vielmehr die bei der Bewegung einer einzelnen Versetzung zur Zerstörung der Nahordnung *in der betreffenden Gleitebene* zu leistende Arbeit betrachten. Wir geben im folgenden einen kurzen Abriß einer derartigen Berechnung für das kubisch-flächenzentrierte Gitter[3]. Zur Beschreibung der Nahordnung in der Legierung werden wie in der Cowleyschen Theorie[4] der Nahordnung die Fourier-Koeffizienten $\alpha_{l,m,n}$ derjenigen dreidimensionalen Fourier-Reihe eingeführt, die das von der Nahordnung herrührende Streuvermögen für Röntgenstrahlen als Funktion der Koordinaten des reziproken Gitters darstellt. Bezeichnen m_A und m_B die Konzentrationen der A- bzw. B-Atome in der binären Legierung ($m_A + m_B = 1$), so ist die Wahrscheinlichkeit, daß ein A-Atom auf dem durch die Bravaisschen Indices l, m, n charakterisierten Gitterplatz sitzt, durch

$$p_{l,m,n} = m_A (1 - \alpha_{l,m,n}) \tag{62.1}$$

gegeben und zwar unter der Voraussetzung, daß der Ursprung, also der Gitterpunkt $l = 0, m = 0, n = 0$ mit einem B-Atom besetzt ist. Befindet sich im Ursprung ein A-Atom, so ist die Wahrscheinlichkeit, im Punkt l, m, n ein A-Atom vorzufinden

$$p_{l,m,n} = m_A + m_B \alpha_{l,m,n}. \tag{62.2}$$

Liegt eine statistische Atomverteilung vor, so gilt

$$\alpha_{l,m,n} \equiv 0. \tag{62.3}$$

---

[1] Bei α-Messing (G. ARDLEY u. A. H. COTTRELL: Proc. Roy. Soc. Lond., Ser. A **219**, 328 (1953)] wurde gefunden, daß ein Streckgrenzeneffekt erst bei Konzentrationen $c \gtrsim 0{,}015$ beobachtet wird. Dies ist mit unserer obigen Erklärung, wodurch die Erhöhung der kritischen Schubspannung bei kleinen Konzentrationen ein „indirekter" Effekt der Zulegierung ist, im Einklang.

[2] B. L. AVERBACH, M. B. BEVER, M. F. COMERFORD u. J. S. LL. LEACH: Acta met. **4**, 477 (1956).

[3] R. RANZINGER: Diplomarbeit, Stuttgart 1956. — A. SEEGER: [*36*], S. 388.

[4] J. M. COWLEY: Phys. Rev. **77**, 669 (1950).

$|\alpha_{l,m,n}|$ nimmt maximale Werte an, wenn die Atomverteilung vollständig geordnet ist. Zur Vereinfachung werden die Parameter α_i eingeführt, welche sich auf die i-te Schale von Gitterplätzen um ein B-Atom beziehen. Ist s_i die Zahl der Gitterplätze in der i-ten Schale und n_i die Anzahl der A-Atome in dieser Schale, so ist

$$\alpha_i = 1 - \frac{n_i}{m_A s_i}. \tag{62.4}$$

Es wird angenommen, daß sich die Energie der Nahordnung als Summe über die Wechselwirkungsenergien einzelner Atompaare schreiben läßt. Es möge $V_{AB,IJ}$ die Wechselwirkungsenergie zwischen einem A-Atom am Gitterplatz $I = l, m, n$ und einem B-Atom am Gitterplatz $J = l', m', n'$ bezeichnen; die Größen $V_{AA,IJ}$ und $V_{BB,IJ}$ seien entsprechend definiert. Für die Theorie maßgebend sind dann in bekannter Weise die Ausdrücke

$$V_{I,J} = \frac{V_{AA,IJ} + V_{BB,IJ}}{2} - V_{AB,IJ}. \tag{62.5}$$

Sind die Wechselwirkungspotentiale $V_{I,J}$ (die, was in der hier verwendeten Bezeichnung nicht zum Ausdruck kommt, nur von dem Abstand der Gitterpunkte I und J abhängen) bekannt, so kann man die Gleichgewichtswerte der α_i als Funktion der Temperatur berechnen. In Wirklichkeit geht man umgekehrt vor: Aus der diffusen Röntgenstreuung nahgeordneter Legierungen werden die Parameter α_i ermittelt; befinden sich die Legierungen im Gleichgewicht, so kann man daraus die Wechselwirkungspotentiale berechnen. Dabei zeigt es sich, daß Bestimmungen bei verschiedenen Temperaturen etwas verschiedene Werte für die Wechselwirkungspotentiale ergeben. Man pflegt dies im vorliegenden Modell dadurch zu berücksichtigen, daß man die Potentiale als temperaturabhängige Größen auffaßt.

Die nahgeordnete Atomverteilung, die bei tiefen und mittleren Temperaturen (etwa der Raumtemperatur) vorliegt, entspricht im allgemeinen nicht dem thermodynamischen Gleichgewicht bei der betreffenden Temperatur, sondern demjenigen bei einer höheren Temperatur, der sogenannten Einfriertemperatur T_e (siehe Ziff. 60). Bei der Berechnung der zur Verminderung der Nahordnung bei der Versetzungsbewegung zu leistenden Arbeit hat man von den tatsächlich vorhandenen α_i auszugehen, die entweder direkt röntgenographisch gemessen werden können oder bei bekannten Wechselwirkungspotentialen aus der Einfriertemperatur T_e zu berechnen sind. Beschränkt man sich auf jene Glieder, die nur die entsprechend Gl. (62.5) definierten Wechselwirkungspotentiale V_1 zwischen nächsten Nachbarn und V_2 zwischen übernächsten Nachbarn enthalten, so ergibt sich für die Schubspannung τ_0, die auf eine Versetzung der Stärke b (= Abstand zwischen nächsten Nachbarn) wirken muß, um die Bewegung durch die nahgeordnete kubisch-flächenzentrierte Legierung hindurch zu gestatten und einen Teil der Atome in Lagen höherer potentieller Energie zu schieben,

$$\left.\begin{aligned}\tau_0 = \frac{4}{\sqrt{3}}\,\frac{m_a m_b}{b^3}\Big\{V_1\Big[\alpha_2 - 2\alpha_1 + \alpha_1\Big(-\frac{\alpha_1}{2} - \frac{\alpha_2}{2}\Big)\Big] + {} \\ + V_2\left[\alpha_1 - 2\alpha_2 + \alpha_1(\alpha_2 - 2\alpha_1)\right]\Big\}.\end{aligned}\right\} \tag{62.6}$$

Die einzigen Legierungen, bei denen sowohl experimentelle Werte für die α_i als auch Daten über die kritische Schubspannung τ_0 von Einkristallen vorliegen, sind die Legierungen Cu_3Au, AgAu und Ag_3Au. Die Silber-Gold-Legierungen eignen sich besonders gut für einen Vergleich zwischen Theorie und Experiment, da alle übrigen Legierungseffekte auf τ_0 wegen der Ähnlichkeit der Metalle

Silber und Gold hinsichtlich der Stapelfehlerenergie, der Atomgröße und der chemischen Eigenschaften gering sein sollten. Bei der Legierung Cu_3Au ist zwar der Größenunterschied der Atome nicht zu vernachlässigen, doch ist (oberhalb der Temperatur T_c der Ordnungs-Unordnungs-Umwandlung) die Nahordnung so stark, daß sie zu großen, die übrigen Einflüsse wohl überdeckenden Effekten Anlaß gibt.

Die Nahordnungsparameter von Legierungen der Zusammensetzungen Ag_3Au und AgAu, die bei 300° C lange Zeit geglüht und wohl hinsichtlich der Nahordnung ins Gleichgewicht gebracht worden waren, sind von NORMAN und WARREN[1] gemessen worden. Die daraus mit Hilfe von Gl. (62.6) bestimmten kritischen Schubspannungen sind in Tabelle 6 zusammengestellt. Dabei wurde entweder angenommen, daß die Wechselwirkungspotentiale temperaturunabhängig sind, oder daß sie dieselben Funktionen von T/T_c wie bei Cu_3Au sind. Ferner sind in Tabelle 6 die von SACHS und WEERTS[2] bei Raumtemperatur bestimmten kritischen Schubspannungen eingetragen, wobei eine kleine Korrektur angebracht wurde für den in Gl. (62.6) nicht berücksichtigten Anteil der kritischen Schubspannung, der vom Versetzungsnetzwerk im Kristall und nicht von der Nahordnung herrührt.

Wie man sieht, liegen die experimentellen Werte wesentlich tiefer als die theoretischen. Dies dürfte teilweise davon herrühren, daß die verwendete Theorie der Nahordnung nur näherungsweise gültig ist. Der Hauptteil der Diskrepanz zwischen Theorie und Experiment kommt jedoch wohl davon her, daß sich das Nahordnungsgleichgewicht der Kristalle von SACHS und WEERTS, über deren Wärmebehandlung nichts bekannt ist, wesentlich oberhalb 300° C eingestellt haben dürfte. Dies bedeutet, daß die Nahordnung geringer war als für die obige Rechnung vorausgesetzt wurde, so daß sich in Wirklichkeit eine kleinere kritische Schubspannung ergeben sollte. Dies wäre in Übereinstimmung mit dem experimentellen Befund.

Aus Messungen von SUZUKI[3] an Ag_3Au-Einkristallen kann man (nach Anbringen der oben erwähnten Korrektur) für die kritische Schubspannung bei Raumtemperatur den Wert $\tau_0 = 0{,}55$ kp/mm² abschätzen, der höher als der Sachs-Weertssche Wert, aber immer noch unter dem theoretischen Wert liegt. Man hat daraus die plausible Folgerung zu ziehen, daß die Suzukischen Kristalle zwar bei einer niedrigeren Temperatur als diejenigen von SACHS und WEERTS, aber doch noch wesentlich oberhalb 300° C angelassen worden sind.

Wir entnehmen aus dem Vorstehenden, daß die Streckgrenze von AgAu-Legierungen im Temperaturbereich um Raumtemperatur durch den Nahordnungseffekt erklärt werden kann. Eine quantitative Bestätigung dieser Auffassung ist natürlich erst möglich, wenn die röntgenographischen und mechanischen Messungen an den gleichen oder zumindest an gleichbehandelten Proben ausgeführt sind. SUZUKI[4] schreibt die Raumtemperatur-Streckgrenze der AgAu-Legierungen versuchsweise dem nach ihm benannten Suzuki-Effekt (Ziff. 60 δ) zu, woraus er für die Differenz der Stapelfehlerenergien von Silber und Gold $\Delta\gamma = 25$ erg/cm² ableitet. In Anbetracht des sehr ähnlichen plastischen Verhaltens der beiden Metalle erscheint jedoch dieser Wert als zu groß, so daß nach unserer Auffassung im vorliegenden Fall der Suzuki-Effekt einen Beitrag gibt, der klein gegen den Nahordnungseffekt ist[5].

[1] N. NORMAN u. B. E. WARREN: J. Appl. Phys. **22**, 483 (1951).

[2] G. SACHS u. J. WEERTS: Z. Physik **62**, 473 (1930).

[3] H. SUZUKI, private Mitteilung. Für die kritische Schubspannung dreier gleichorientierter Kristalle findet SUZUKI bei 20,4° K: $\tau_0 = 1{,}33$ kp/mm², bei 77,3° K: $\tau_0 = 1{,}1$ kp/mm² und bei 193° K: $\tau_0 = 0{,}76$ kp/mm².

[4] H. SUZUKI: [*36*], S. 361.

[5] Auch SUZUKI findet, daß der Nahordnungseffekt wesentlich größer als der Effekt der chemischen Wechselwirkung ist.

Aus den oben erwähnten Messungen von SUZUKI geht hervor, daß die kritische Schubspannung von Ag_3Au-Kristallen nach tiefen Temperaturen hin anwächst und zwar von Raumtemperatur bis zum absoluten Nullpunkt um etwas mehr als einen Faktor zwei. Dieser Anstieg ist wesentlich größer als auf Grund des Nahordnungseffekts zu erwarten; bei letzterem sollte er von der Temperaturabhängigkeit der Wechselwirkungspotentiale V_i herrühren und nicht mehr als etwa 20% betragen. Die über diesen Anteil hinausgehende Temperaturabhängigkeit der Streckgrenze schreiben wir, wie schon in Ziff. 60 diskutiert, der Bildung von Konzentrationswolken um die Versetzungen herum zu. Für die Wolkenbildung dürfte im vorliegenden Falle nicht so sehr der Cottrellsche Mechanismus (Ziff. 60β) als vielmehr eine elektrische Wechselwirkung zwischen den Legierungsatomen und den Versetzungen (Ziff. 60γ) maßgebend sein, da wegen der Gleichheit der Atomdurchmesser die Legierungsatome fast keine Spannungen hervorrufen, wegen

Tabelle 6. *Vergleich der experimentell bestimmten und der theoretisch berechneten kritischen Schubspannungen τ_0 (in kp/mm²) verschiedener Legierungen bei Raumtemperatur. Wegen weiterer Einzelheiten siehe den Text. (Die experimentellen Werte sind in der Weise korrigiert, daß der Anteil der „reinen Metalle" an der kritischen Schubspannung abgezogen wurde.)*

Legierung	Ag_3Au	AgAu	Cu_3Au
τ_0 (experimentell)	0,35	0,42	4,3
τ_0 (theoretisch, V_i temperaturunabhängig)	0,87	1,15	
τ_0 (theoretisch, V_i extrapoliert auf Raumtemperatur)	1,06	1,36	3,47

der verschieden starken Polarisierbarkeit der Silberatome und der Goldatome dagegen die elektrische Wechselwirkung mit den Versetzungen verschieden sein sollte. Diese Wechselwirkung dürfte die richtige Größenordnung haben, um bei Raumtemperatur das Losreißen der Versetzungen von den Konzentrationswolken allein auf Grund der thermischen Bewegung ohne wesentliche Mitwirkung der äußeren Schubspannung zu gestatten. Wir waren deshalb bei den vorstehenden Überlegungen berechtigt, für die Diskussion der Verhältnisse bei Raumtemperatur die Wolkenbildung zu vernachlässigen.

Die einzige weitere Legierung, die sich für einen quantitativen Vergleich der Nahordnungstheorie der kritischen Schubspannung mit dem Experiment anbietet, ist Cu_3Au. SACHS und WEERTS[1] haben Cu_3Au-Kristalle 6 Std. im Vakuum geglüht, in Eiswasser abgeschreckt und dann die kritische Schubspannung (im nicht ferngeordneten Zustand) bei Raumtemperatur bestimmt. Das (hinsichtlich der kritischen Schubspannung der reinen Metalle korrigierte) Ergebnis dieser Messungen ist in Tabelle 6 eingetragen. Dort findet sich auch das mit Hilfe der von COWLEY[2] röntgenographisch bestimmten Nahordnungsparameter berechnete Resultat, wobei angenommen wurde, daß der bei 800° C im Gleichgewicht vorhandene Nahordnungszustand eingefroren wurde[3]. Da dies nicht genau zutrifft und der tatsächliche Nahordnungszustand wohl einer etwas niedrigeren Temperatur und damit einer stärker ausgebildeten Nahordnung entsprach, ist es befriedigend, daß der theoretische Wert etwas tiefer als der experimentelle Wert liegt (während die Verhältnisse bei den Silber-Gold-Legierungen gerade umgekehrt

[1] G. SACHS u. J. WEERTS: Z. Physik **67**, 507 (1931).

[2] J. M. COWLEY: J. Appl. Phys. **21**, 24 (1950).

[3] Dabei mußten allerdings wesentlich mehr Terme als in Gl. (62.6) angegeben berücksichtigt werden. Diese Glieder sowie eine vollständige Ableitung finden sich in einer in Vorbereitung befindlichen Veröffentlichung von A. SEEGER und R. RANZINGER.

sind). Cu_3Au eignet sich besonders für eine zukünftige quantitative Prüfung der Theorie, da die Nahordnung schon in einem Temperaturbereich groß ist, in dem sie sich leicht einstellen läßt.

β) Den Anstieg der kritischen Schubspannung von Legierungen nach tiefen Temperaturen hin schreiben wir, wie schon wiederholt erwähnt, dem Festhalten der Versetzungslinien durch Konzentrationswolken zu. Für den Fall, daß die Wechselwirkung zwischen den Versetzungen und den Legierungsatomen durch den Cottrell-Effekt erfolgt (hydrostatische Wechselwirkung), hat SUZUKI[1] eine im Rahmen der quasi-chemischen Theorie der Ordnungsvorgänge zutreffende theoretische Behandlung gegeben. Für die kritische Schubspannung am absoluten Nullpunkt erhält man nach SUZUKI den folgenden Näherungsausdruck[2]

$$\tau_0 = \alpha \frac{\frac{G^2 b_e^2}{b\, r_0} \frac{1}{9\pi} \frac{1}{R T_e} v \left(\frac{1+\nu}{1-\nu}\right)^2 \left(\frac{d \ln v}{dc}\right)^2 c_0(1-c_0)}{1 + \frac{1}{R T_e}\left\{K v \left(\frac{d \ln v}{dc}\right)^2 + 2W\right\} c_0(1-c_0)}, \tag{62.7}$$

wobei G den Schubmodul, K den Kompressionsmodul, ν die Poissonsche Konstante und v das Molvolumen der Legierung bedeutet. R ist die Gaskonstante, T_e die Temperatur, bei der sich die Konzentrationswolken gebildet haben, b die Versetzungsstärke, b_e der hiervon auf den Stufenanteil der Versetzung entfallende Betrag und r_0 eine Länge von atomaren Dimensionen, die für die Wechselwirkung zwischen der Versetzung und ihrer Konzentrationswolke maßgebend ist. α ist eine hierbei auftretende, zwischen $\frac{1}{2}$ und 1 liegende Konstante. Schließlich ist noch c_0 die durchschnittliche Konzentration der Legierung, $W = zN V_1$, wo z die Zahl der nächsten Nachbarn eines jeden Atoms, N die Avogadrosche Zahl und V_1 das entsprechend Gl. (62.5) definierte Wechselwirkungspotential zwischen nächsten Nachbarn ist (W und V_1 sind positiv, wenn die Atome sich mit ungleichen Nachbarn zu umgeben suchen).

Zur Anwendung der Gl. (62.7) auf α-Messing-Legierungen entnimmt man $d \ln v/dc$ der Konzentrationsabhängigkeit der Gitterkonstanten. Man erhält dann

$$K v \left(\frac{d \ln v}{dc}\right)^2 = 680 \text{ cal/Mol}, \tag{62.8}$$

während nach den Angaben von SUZUKI der größte mit den Ergebnissen der Neutronenstreuung[3] an Cu—Zn-Legierungen verträgliche Wert von W durch

$$2W = 5360 \text{ cal/Mol} \tag{62.9}$$

gegeben ist. Demnach liegt der Nenner von Gl. (62.7) bei α-Messing zwischen Eins und Zwei; wegen der Kleinheit von $K v \left(\frac{d \log v}{dc}\right)^2$ verglichen mit $R T_e$ ($T_e \approx 700°$ K) und der Unsicherheit im Zahlenwert von W setzen wir ihn im folgenden gleich Eins. In dieser Näherung ist die Konzentrationsabhängigkeit der kritischen Schubspannung durch $c_0(1-c_0)$ gegeben.

Zum Vergleich zwischen Theorie und Experiment haben wir die *Differenz* zwischen der kritischen Schubspannung am absoluten Nullpunkt und derjenigen im „Plateau" des Bereichs B zu betrachten. Im Falle von α-Messing stimmt diese näherungsweise mit der Differenz $\tau_0(0°\text{ K}) - \tau_0(300°\text{ K})$ überein, die in Fig. 39

[1] H. SUZUKI: [*36*], S. 361.

[2] Der von SUZUKI abgeleitete Ausdruck für die Temperaturabhängigkeit von τ_0 ist zu kompliziert, um hier wiedergegeben zu werden. Er stellt eine Erweiterung der in Ziff. 61 besprochenen Cottrell-Bilbyschen Betrachtungsweise auf große Konzentrationen dar.

[3] D. T. KEATING: Acta met. **2**, 885 (1954).

aufgetragen ist. Die weißen Quadrate geben die theoretische Konzentrationsabhängigkeit an. Wie man sieht, ist die Übereinstimmung mit den experimentellen Ergebnissen recht gut. Für die absolute Größe der betrachteten Differenz kann man, da einige der in Gl. (62.7) eingehenden Größen nicht genau bekannt sind, nur größenordnungsmäßige Angaben machen; nimmt man $RT_e = 1400$ cal/Mol an, so bekommt man dann Übereinstimmung mit der experimentell bestimmten gestrichelten Kurve in Fig. 39, wenn man $\frac{\alpha b_e^2}{b r_0} = \frac{1}{10}$ setzt, was etwa den theoretischen Erwartungen entspricht. Man kann somit sagen, daß die hier gegebene Deutung der Temperatur- und Konzentrationsabhängigkeit der kritischen Schubspannung von α-Messing mit den Experimenten im Einklang ist.

Suzukis Deutung für die Streckgrenze von α-Messing unterscheidet sich von der unsrigen dadurch, daß er die gesamte Streckgrenze bei 0° K dem Cottrell-Effekt zuschreibt. Dadurch bleibt zwar die größenordnungsmäßige Übereinstimmung mit dem Betrag der Streckgrenze erhalten, doch ist die Übereinstimmung hinsichtlich der Konzentrationsabhängigkeit gegenüber unserer Deutung etwas verschlechtert. Natürlich wird auch die geringe Temperaturabhängigkeit im Bereich *B* nur ungenügend wiedergegeben, so daß Suzuki für die Diskussion der Verhältnisse bei höheren Temperaturen noch die chemische Wechselwirkung nach Ziff. 60 δ mit in Betracht zieht. Er muß dabei allerdings eine sehr große chemische Wechselwirkung annehmen, so daß ein Mitwirken des Nahordnungseffekts, der etwa dieselbe Temperaturabhängigkeit wie die chemische Wechselwirkung ergibt, wahrscheinlich erscheint.

63. Die Verfestigungskurve von Substitutionsmischkristallen. Wie die in Ziff. 20 und 23 gegebene Übersicht über die experimentellen Resultate zeigt, können Zulegierungen zu Metallen sowohl eine Erhöhung als auch eine Verminderung des Verfestigungsanstiegs von Einkristallen hervorrufen. Eine umfassende Diskussion der dafür maßgebenden Mechanismen erscheint heute noch nicht möglich, da zu wenig bekannt ist über die Art und Weise, wie die Fremdatome in den einzelnen Fällen in das Wirtsgitter eingebaut sind. Die vorliegenden Untersuchungen scheinen jedoch darauf hinzuweisen, daß der Verfestigungsanstieg im wesentlichen dann erhöht wird, wenn „Zonen" von der Art der Guinier-Preston-Zonen vorliegen, während atomdisperse feste Lösungen im allgemeinen einen gegenüber den reinen Metallen ungeänderten oder verminderten Verfestigungsanstieg zeigen.

Wir begnügen uns mit einer kurzen Diskussion einer Anzahl von kubisch-flächenzentrierten Legierungen, bei denen man auf Grund der Wärmebehandlung oder des Zustandsdiagramms sicher sein kann, daß sich die zulegierten Atome tatsächlich in fester Lösung befinden. Das typische Verhalten der Verfestigungskurve solcher Legierungen war bereits in Ziff. 23 besprochen worden.

Am auffallendsten ist die Verminderung des Verfestigungsanstiegs im *Bereich I*, die häufig bewirkt, daß die Verfestigungskurve von Legierungen großer Konzentration trotz der höheren kritischen Schubspannung teilweise unterhalb derjenigen der reinen Metalle verläuft. Diese Verminderung ist sicherlich dadurch bedingt, daß durch die oben besprochene Zerstörung der Nahordnung und durch das Losreißen der Versetzungen von Konzentrationswolken während der Verformung eine gewisse „Entfestigung" auftritt, welche die Verfestigung infolge der Vergrößerung der Versetzungsdichte ganz oder teilweise kompensiert[1]. Der zuletzt erwähnte Verfestigungsanteil (Grundverfestigung, vgl. Ziff. 52) ist bei den

[1] Wenn der Verfestigungsanstieg etwa Null ist, so bilden sich Lüders-Bänder (vgl. Ziff. 23 und 64).

Legierungen sicherlich ebenfalls vorhanden, obschon es nicht ohne weiteres möglich ist, zu sagen, ob er kleiner oder größer als bei den reinen Metallen ist.

Für den Beginn von Bereich II dürfte wohl in ähnlicher Weise wie bei den reinen Metallen Gleitung auf sekundären Gleitebenen maßgebend sein. Darauf haben PIERCY, CAHN und COTTRELL[1] an Hand von lichtmikroskopischen Oberflächenbeobachtungen an α-Messing, welche erst im Bereich II, nicht aber im Bereich I Gleitung im konjugierten Gleitsystem erkennen ließen, und SEEGER[2] auf Grund von Untersuchungen[3] an kritisch orientierten α-Messing-Kristallen hingewiesen[4].

Im *Bereich II* ist sowohl bei α-Messing-Kristallen wie auch bei Ag—Au-Kristallen das Verhältnis von Verfestigungsanstieg und Schubmodul nahezu das gleiche wie bei reinen Metallen. Dies mag zunächst als überraschend empfunden werden, da ja das Gleitlinienbild bei α-Messing nach Ausweis der elektronenmikroskopischen Beobachtungen (vgl. Ziff. 36) ganz verschieden von demjenigen des Kupfers ist: Es treten bei α-Messing verhältnismäßig wenige, isolierte Gleitlinien auf, die jedoch einer viel größeren Versetzungszahl n entsprechen als die bei reinen Metallen beobachteten Einzellinien. Gleichzeitig sind jedoch die Gleitlinien wesentlich länger als bei den reinen Metallen. Nach den in Ziff. 54 gegebenen Argumenten kompensieren sich die Einflüsse der vergrößerten Versetzungszahl n pro Gleitlinie und der vergrößerten Versetzungslaufwege gegenseitig, so daß sich wiederum der Verfestigungsanstieg nach Gl. (54.13) ergibt. Aus der Übereinstimmung von ϑ_{II}/G mit dem Wert von reinen Metallen kann man die theoretisch befriedigende Folgerung ziehen, daß der in Ziff. 54 eingeführte Parameter β bei α-Messing etwa dieselbe Größe wie bei den reinen Metallen hat.

Wie schon in Ziff. 23 erwähnt wurde, wird bei α-Messing-Kristallen der Beginn des *Bereichs III* mit wachsender Zinkkonzentration rasch zu höheren Spannungen verschoben, so daß schließlich der Bereich III bei Raumtemperatur überhaupt nicht erreicht wird. Damit ist im Einklang, daß bei zinkreichem α-Messing keine Gleitbänder, sondern nur sehr starke Einzelgleitlinien beobachtet werden.

Die Vergrößerung von τ_{III} dürfte im wesentlichen durch die Verkleinerung der Stapelfehlerenergie bei Übergang von Kupfer zu α-Messing bedingt sein[5,2]. Unabhängige experimentelle Hinweise auf eine derartige Verkleinerung sind die große Häufigkeit des Auftretens von Rekristallisationszwillingen bei α-Messing (wegen des Zusammenhangs zwischen Zwillingsenergie und Stapelfehlerenergie sehe man den Beitrag „Theorie der Gitterfehlstellen" in Teil 1 dieses Bandes) und die röntgenographische Beobachtung[6-8], daß nach starker plastischer Verformung von Messing Stapelfehler in meßbarem Maße auftreten, während die entsprechenden Effekte bei Kupfer wesentlich geringer sind. Diese Verringerung der Stapelfehlerenergie hat zur Folge, daß im Vergleich zu Kupfer die Aufspaltung der Versetzungen größer und die Quergleitung erschwert ist. Deshalb setzt der Beginn des Bereichs III der Verfestigungskurve und der Gleitbandbildung erst

---

[1] G. R. PIERCY, R. W. CAHN u. A. H. COTTRELL: Acta met. **3**, 331 (1955).
[2] A. SEEGER: Z. Naturforsch. **11**a, 985 (1956).
[3] H. L. BURGHOFF: Trans. Amer. Inst. Min. Metallurg. Engrs. **137**, 214 (1940).
[4] Siehe auch J. GARSTONE und R. W. K. HONEYCOMBE [*36*], S. 391.
[5] J. DIEHL, S. MADER u. A. SEEGER: Z. Metallkde. **46**, 650 (1955).
[6] C. S. BARRETT: Imperfections in Nearly Perfect Crystals, S. 97. New York: Wiley & Sons 1952.
[7] B. E. WARREN u. E. P. WAREKOIS: Acta met. **3**, 473 (1955).
[8] T. B. MASSALSKI u. C. S. BARRETT: Trans. Amer. Inst. Min. Metallurg. Engrs. **209**, 455 (1957).

bei größeren Werten von τ_{III} ein, wobei man natürlich für quantitative Aussagen auch der Änderung der in einer Aufstauung befindlichen Zahl von Versetzungen Rechnung tragen muß.

Die Veränderung der Stapelfehlerenergie durch Zulegierung ist sicherlich nicht der einzige Prozeß, durch den der Beginn von Bereich III bei der Legierungsbildung beeinflußt wird. Dies zeigt das in Ziff. 36 besprochene Beispiel der Gleitbandbildung von Aluminiumlegierungen, wo durch verhältnismäßig geringe Zusätze von Mg und Cu zu Aluminium die Gleitbandbildung stark reduziert wird. Man kann sich kaum vorstellen, daß durch diese Zusätze die Stapelfehlerenergie des reinen Aluminiums von $\gamma = 200$ erg/cm^2 auf einen Wert herabgesetzt wird, der wesentlich unter demjenigen des reinen Kupfers, also unter $\gamma = 40$ erg/cm^2, liegen müßte. Vielmehr scheint hier ein direkter Effekt der Zulegierung vorzuliegen, der, wie THOMAS und NUTTING[1] betont haben, mit den von den Fremdatomen hervorgerufenen inneren Spannungen zusammenhängt. Letzteres ergibt sich daraus, daß die Zulegierung von Silber zu Aluminium (diese beiden Metalle haben die gleiche Gitterkonstante) keinen oder nur einen sehr geringen Effekt auf die Gleitbandbildung hat. Im Gegensatz zu Silber besitzen Kupfer und Magnesium Atomradien, die vom Atomradius des Aluminiums beträchtlich verschieden sind.

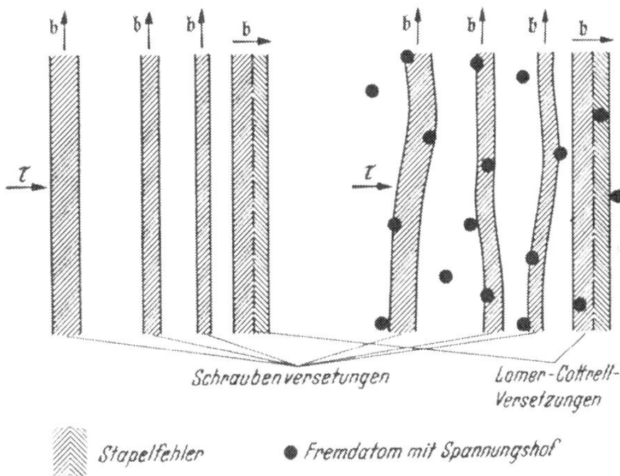

Fig. 162. Modell für die Behinderung der Quergleitung durch die Spannungsfelder zulegierter Atome.

Für die eben genannte Wirkung der Spannungsfelder der zulegierten Atome hat SEEGER[2] das in Fig. 162 angedeutete Modell vorgeschlagen. Es beruht darauf, daß als Voraussetzung für die Quergleitung die Versetzungslinien genau parallel zu ihrem Burgers-Vektor, d.h. genau in Schraubenorientierung liegen müssen. Diese Bedingung ist in reinen Metallen, in denen die Versetzungen weitgehend geradlinig verlaufen können, leicht zu erfüllen. In Legierungen wie **Al**Mg und **Al**Cu dagegen verlaufen die Versetzungslinien gewellt, um sich so gut wie möglich den Spannungsfeldern der Fremdatome anzupassen. Zusätzliche Arbeit muß geleistet werden, um sie vor der eigentlichen Quergleitung gerade zu strecken. Dies macht sich in einer Erhöhung von τ_{III} bemerkbar.

Die wenigen zur Verfügung stehenden Daten über die Verfestigungskurven von Einkristallen der oben erwähnten Aluminiumlegierungen passen in das hier gegebene Bild. Aus den Beobachtungen von HAESZNER und SCHREIBER[3] geht hervor, daß die Verfestigungskurven durch die Zulegierung von gelöstem Silber, abgesehen von der für die gegenwärtige Frage nicht wesentlichen Erhöhung der kritischen Schubspannung und der Verlängerung von Bereich I, so gut wie gar nicht beeinflußt werden. Dagegen wird nach den Messungen von JAOUL und

---

[1] G. THOMAS u. J. NUTTING: J. Inst. Met. **85**, 1 (1956).
[2] A. SEEGER: Z. Naturforsch. **11**a, 985 (1956).
[3] F. HAESZNER u. D. SCHREIBER: Z. Metallkde. **48**, 263 (1957).

BRICOT[1] die Differenz zwischen der Spannung τ_i des „Übergangspunktes"[2] und der kritischen Schubspannung mit wachsender Zulegierung von Cu größer. Am deutlichsten treten die hier besprochenen Effekte in der von UNDERWOOD und MARSH[3] untersuchten und von SEEGER[4] näher diskutierten Temperaturabhängigkeit der Verfestigungskurve von AlMg- und AlCu-Einkristallen zutage. Diese zeigen, im Gegensatz zu den bekannten Verhältnissen bei reinem Aluminium, bei Raumtemperatur einen wohlausgeprägten Bereich II mit dem üblichen Verhältnis von $d\tau/da$ zu Schubmodul G. Bei den bei 250° C verformten Kristallen wird dagegen der Bereich II auch bei den Legierungen fast ganz unterdrückt.

Von besonderem theoretischem Interesse sind die in Ziff. 23 mitgeteilten Ergebnisse an Nickel-Kobalt-Einkristallen, vor allem wenn sie mit den entsprechenden Verhältnissen an α-Messing verglichen werden. Da Kobalt und kobaltreiche Legierungen bei Raumtemperatur eine hexagonal dichtest gepackte Struktur besitzen, hat man anzunehmen, daß die Stapelfehlerenergie der kubischflächenzentrierten Ni—Co-Legierungen mit wachsendem Kobaltgehalt abnimmt und in der Nähe der Phasengrenze sehr klein wird. Dies wird durch die röntgenographisch beobachtete[5] große Häufigkeit von Stapelfehlern in verformten Ni—Co-Legierungen bestätigt. Andererseits sind Nickel und Kobalt in ihrer Atomgröße, in ihrer Wertigkeit und ihrem sonstigen chemischen Verhalten einander so ähnlich, daß in diesem Legierungssystem die typischen „Legierungseffekte" bei der plastischen Verformung, also die durch die Verschiedenheit der Legierungspartner bedingten Erscheinungen, verhältnismäßig wenig ausgeprägt sein dürften. Mit gewissen Einschränkungen sollten sich somit die Nickel-Kobalt-Kristalle wie Metalleinkristalle besonders niedriger Stapelfehlerenergie verhalten. Fig. 72 zeigt, daß dies in der Tat der Fall ist. Die Ausdehnung des Bereichs I nimmt mit sinkender Stapelfehlerenergie (wachsender Versetzungsaufspaltung) und abnehmender Temperatur zu, wie man dies auf Grund der theoretischen Deutung des Übergangs von Bereich I zu Bereich II (Ziff. 53) und der latenten Verfestigung (Ziff. 49) zu erwarten hat. Im Gegensatz dazu zeigt sich bei α-Messing eine Abweichung von der Theorie: Wie man aus Fig. 71 entnimmt, ist a_{II} bei α-Messing praktisch temperaturunabhängig. Dies zeigt, daß das Verfestigungsverhalten von α-Messing nicht nur durch die oben erwähnte niedrige Stapelfehlerenergie, sondern auch noch durch zusätzliche „Legierungseffekte" bestimmt ist.

Ähnliche Schlußfolgerungen ergeben sich aus der Temperaturabhängigkeit des Überschießens bzw. des in Ziff. 23 besprochenen Verhältnisses $(\tau_{k\,o} - \tau_0)/(\tau_{p\,r} - \tau_0)$ bei α-Messing und Ni—Co-Kristallen. Wie man auf Grund der Theorie der latenten Verfestigung reiner Metalle erwartet, nimmt dieses Verhältnis bei Ni—Co mit fallender Temperatur zu (z. B. bei einer 70/30-Legierung von 1,15 bei Raumtemperatur auf 1,22 bei 90° K und bei einer 60/40-Legierung von 1,21 auf 1,32), während es bei α-Messing temperaturunabhängig ist (Ziff. 23). Auch hier scheint sich zusätzlich zu den bei reinen Metallen auftretenden Effekten bei α-Messing ein Legierungseffekt bemerkbar zu machen, der die erstgenannten Wirkungen kompensiert.

---

[1] B. JAOUL u. I. BRICOT: Rev. Metall. **52**, 629 (1955).

[2] Wegen der früher erwähnten Ausnahmestellung von Aluminium bei Raumtemperatur sind die Verhältnisse etwas schwer quantitativ zu erfassen. Der Übergangspunkt von JAOUL dürfte etwa unserem τ_{III} entsprechen.

[3] E. E. UNDERWOOD u. L. L. MARSH jr.: Trans. Amer. Inst. Min. Metallurg. Engrs. **206**, 477 (1956).

[4] A. SEEGER: [37].

[5] J. W. CHRISTIAN u. J. SPREADBOROUGH: Phil. Mag. **1**, 1069 (1956). — Proc. Phys. Soc. Lond. B **70**, 1151 (1957).

64. Einlagerungsmischkristalle[1]. Schon seit langer Zeit ist der außerordentlich große Einfluß bekannt, den geringe Beimengungen von Kohlenstoff (in der Größenordnung von 0,01%) auf die plastischen Eigenschaften von α-Eisen haben. Besonders auffallend ist die Ausbildung einer oberen und unteren Streckgrenze schon bei den eben genannten kleinen Konzentrationen der Beimengungen, während für die Ausbildung entsprechender Effekte bei Substitutionsmischkristallen wesentlich größere Konzentrationen notwendig sind. NABARRO[2] und COTTRELL[3] haben vorgeschlagen, diese Wirkungen auf eine spezifische Affinität zwischen den auf Zwischengitterplätzen eingelagerten Kohlenstoffatomen und den Versetzungen zurückzuführen. Die hierauf beruhenden Effekte sind deswegen so groß, weil die durch Zwischengitteratome hervorgerufenen Gitterverzerrungen wesentlich größer als die von Fremdatomen auf Gitterplätzen erzeugten sind, und weil die Kohlenstoffatome, die ja ohne Vermittlung von Leerstellen von einem Zwischengitterplatz zu einem Nachbarplatz springen können[4], sich oberhalb der Raumtemperatur leicht an die Versetzungen anlagern können.

Die Theorie dieser Erscheinungen ist vor allem von A. H. COTTRELL und Mitarbeitern ausgebaut worden[5]. Es liegen zahlreiche experimentelle Bestätigungen für die Auffassung vor, daß die Streckgrenzenerscheinungen beim Eisen durch eine Wechselwirkung von Kohlenstoffatomen und Versetzungen zustande kommen. Wir werden jedoch sogleich sehen, daß nur ein Teil der Erscheinungen (nämlich besonders die bei tiefen Temperaturen auftretenden) durch die Cottrellsche Vorstellung der Wolkenbildung infolge der hydrostatischen Wechselwirkung zwischen Versetzungen und Kohlenstoffatomen gedeutet werden kann. Für eine ganze Reihe von Befunden müssen andere Arten der Wechselwirkung zwischen Kohlenstoffatomen und Versetzungen herangezogen werden.

Die Deutung der Streckgrenzenerscheinungen wird durch das ziemlich komplexe Verhalten, das experimentell gefunden wird, sehr erschwert. Steigert man die an unverformtem kohlenstoffhaltigem Eisen angreifende Spannung allmählich, so tritt schon weit unterhalb der oberen Streckgrenze eine nichtelastische Mikrodehnung auf, die wohl von der Bewegung von Versetzungslinien herrührt. Wird die obere Streckgrenze schließlich überschritten und sinkt die Spannung wieder auf die untere Streckgrenze ab, so bilden sich sogenannte Fließfiguren aus — auch Lüderssche Streifen genannt — und zwar bevorzugt an Stellen starker Spannungskonzentration. In den Lüdersschen Streifen hat bereits plastische Verformung stattgefunden, während die von Fließfiguren freien Bereiche der Probe noch nicht in vergleichbarem Maße plastisch verformt worden sind. Das Fließen setzt also im Gegensatz zu den reinen Metallen nicht in der ganzen Probe etwa gleichzeitig ein, sondern schreitet, von bevorzugten Stellen ausgehend, allmählich über die Probe hinweg fort. Man spricht von der Ausbreitung eines Lüders-Bands (oder auch mehrerer solcher)[6].

Mit den sich an einzelnen Versetzungen abspielenden Prozessen am direktesten verknüpft ist wohl die Mikrodehnung vor dem eigentlichen Fließbeginn, über die jedoch nur wenig experimentelle Daten vorliegen. Die Bildung der Lüdersschen

---

[1] Über die historische Entwicklung der Theorie dieser Erscheinungen berichtet E. OROWAN [*21*].

[2] F. R. N. NABARRO: [*29*], S. 38.

[3] A. H. COTTRELL: [*29*], S. 30.

[4] J. L. SNOEK: Physica, Haag **8**, 711 (1941).

[5] Siehe die zusammenfassende Darstellung bei A. H. COTTRELL: [*20*], S. 133ff.

[6] Vgl. hierzu die Ausführungen über Substitutionsmischkristalle in Ziff. 23 sowie die Arbeiten von E. W. HART: Acta met. **3**, 146 (1955) und J. C. FISHER u. H. C. ROGERS: Acta met. **4**, 180 (1956).

Streifen ist dagegen ein komplizierter Vorgang, der nach DEHLINGER[1] ein Analogon zur Bildung einer neuen Phase darstellt. Die bei der Keimbildung immer erforderliche Überschreitung im Sinne von VOLMER entspricht der Differenz zwischen oberer und unterer Streckgrenze. Wenn es auch zur Zeit noch nicht ganz klar ist, wie groß und wie beschaffen die „Fließkeime" im Falle des Eisens sind, so sollte doch ein einfacher Zusammenhang zwischen der unteren Streckgrenze, also der zur Ausbreitung eines Lüders-Bandes erforderlichen Spannung und den von den eingelagerten Atomen auf die Versetzungen ausgeübten Kräften bestehen.

Die in diesem Zusammenhang besonders interessierenden experimentellen Daten über die Temperaturabhängigkeit der Streckgrenze von Eisen wurden in Ziff. 15 bereits besprochen. Sieht man von den bei ganz tiefen Temperaturen auftretenden Erscheinungen der Zwillingsbildung und des Sprödbruchs ab, so kann man, wie bei den Substitutionslegierungen (vgl. Ziff. 61), die in Fig. 163 schematisch angegebenen drei Bereiche A, B und C der Temperaturabhängigkeit unterscheiden. Der Bereich A entspricht qualitativ etwa demjenigen Temperaturverlauf der Streckgrenze, den wir auf Grund der Cottrellschen Vorstellung des Losreißens der Versetzungslinien von den Wolken der Verunreinigungsatome erwarten. Dieses thermisch aktivierte Losreißen ist zuerst von COTTRELL und BILBY[2] und darnach in vereinfachter Form von FISHER[3] behandelt worden. FISHER findet folgenden Zusammenhang zwischen der Temperatur und der Streckgrenzen-Spannung τ_0:

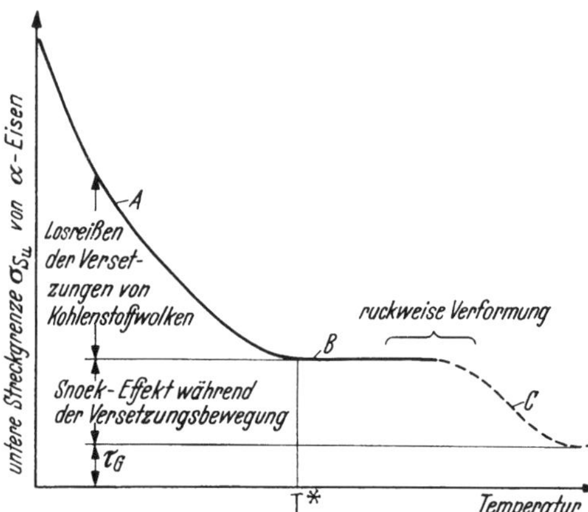

Fig. 163. Schematische Darstellung der Temperaturabhängigkeit der unteren Streckgrenze kohlenstoffhaltiger Eisen-Einkristalle mit Angabe der Deutung der einzelnen Bereiche.

$$\frac{\tau_0 T}{G^2} = C(\dot{a}). \tag{64.1}$$

Hierbei bedeutet G den (im allgemeinen schwach temperaturabhängigen) Schubmodul und $C(\dot{a})$ einen temperaturunabhängigen Ausdruck, der vor allem die Linienspannungen der Versetzungen vor und nach dem Losreißen von den Fremdatomwolken sowie die Verformungsgeschwindigkeit $\dot{a}$ enthält. [Die Wechselwirkung einer Versetzung mit den Fremdatomen wird — gewissermaßen phänomenologisch — dadurch behandelt, daß sie als Erniedrigung der Linienspannung der Versetzung beschrieben wird. Ungelöste Fragen, wie z. B. diejenige nach der Konzentration der Kohlenstoffatome in der Nähe der Versetzungen oder die Frage, ob für die Streckgrenze die Bewegung der Stufen- oder Schraubenversetzungen maßgebend ist, werden auf diese Weise eliminiert oder auf die Bestimmung des Parameters C in Gl. (64.1) zurückgeführt.]

Gl. (64.1) weicht bei sehr tiefen (ebenso wie bei hohen) Temperaturen stark von den genaueren, aber wesentlich komplizierteren Formeln von COTTRELL und BILBY und von SUZUKI ab. Diese geben auch am absoluten Nullpunkt einen endlichen

[1] U. DEHLINGER: Persönliche Mitteilung.
[2] A. H. COTTRELL u. B. A. BILBY: Proc. Phys. Soc. Lond. A **62**, 49 (1949).
[3] J. C. FISHER: Trans. Amer. Soc. Met. **47**, 451 (1955).

Wert für die Größe der Streckgrenze. In dem Temperaturgebiet zwischen Zimmertemperatur und Temperatur der flüssigen Luft beschreiben die Formeln von FISHER und von COTTRELL und BILBY die experimentellen Resultate ganz gut. Dagegen versagen sie, wie der Vergleich mit den Fig. 33 bis 35 zeigt, oberhalb der Raumtemperatur vollkommen. Die dort zu beobachtende, außerordentlich geringe Temperaturabhängigkeit der Streckgrenze kann auf Grund der „Wolkenvorstellung" sicherlich nicht erklärt werden. Die experimentellen Ergebnisse, z.B. das Auftreten eines Streckgrenzeneffekts sowie von Alterungserscheinungen weisen ebenso wie der bei höheren Temperaturen erfolgende Abfall der Streckgrenze (Bereich C in Fig. 163) darauf hin, daß die Kohlenstoffatome auch in diesem Bereich für die Größe der Streckgrenze maßgebend sind.

Wir sind der Ansicht, daß im Bereich B die Streckgrenze durch den in Ziff. 60η erwähnten Mechanismus bestimmt ist, der in der Tat eine in guter Näherung temperaturunabhängige Streckgrenze ergibt. Wir besprechen nunmehr diesen Mechanismus in dem uns hier besonders interessierenden Falle von Kohlenstoffatomen im α-Eisen etwas näher.

Gelöste Kohlenstoffatome nehmen im α-Eisen die Plätze auf den Würfelkanten in der Mitte zwischen je zwei übernächsten Nachbarn des kubisch-raumzentrierten Gitters ein. Während in einem unverzerrten Kristall die Verteilung auf diese Plätze regellos ist, sind in einem elastisch verzerrten Kristall die Plätze auf den drei verschieden orientierten Würfelkanten nicht mehr energetisch gleichwertig, so daß im thermodynamischen Gleichgewicht die Verteilung der Kohlenstoffatome nicht mehr regellos ist.

Als Beispiel betrachten wir den Übergang von einer regellosen zu einer bei der Temperatur T im thermodynamischen Gleichgewicht befindlichen Verteilung der Kohlenstoffatome (Konzentration c) in der Umgebung einer Schraubenversetzung. Die Linienenergie der Versetzung erniedrigt sich dabei um den Betrag[1]

$$\Delta U = 41 \frac{c}{a^3} \frac{A^2}{kT}, \tag{64.2}$$

wo a die Gitterkonstante und A die von COCHARDT, SCHOECK und WIEDERSICH[2] und KRÖNER[3] bestimmte Konstante der Wechselwirkung zwischen Versetzungen und Kohlenstoffatomen ist. Sie hat den Wert

$$A \approx 1{,}84 \cdot 10^{-20} \text{ dyn cm}^2. \tag{64.3}$$

Denkt man sich die zu Gl. (64.2) führende Verteilung der Kohlenstoffatome eingefroren und bewegt die Versetzungslinie, so befindet sich diese in einer Potentialmulde (Fig. 164), deren Tiefe durch Gl. (64.2) gegeben ist und deren temperaturabhängige Weite R sogleich betrachtet werden wird. Die Kohlenstoffatome machen nur dann den von der Versetzungslinie induzierten Snoek-Effekt (d.h. die bevorzugte Besetzung von Plätzen auf einer der drei Würfelkanten) mit, wenn die Energie ihrer Wechselwirkung mit der Versetzung größer als die thermische Energie ist. Dies führt auf die Gleichung

$$R = \frac{A}{kT}. \tag{64.4}$$

---

[1] Herr Dr. SCHOECK hat mir freundlicherweise Einzelheiten seiner Rechnung zur Verfügung gestellt, die über das in der bis jetzt vorliegenden Veröffentlichung [G. SCHOECK: Phys. Rev. **102**, 1458 (1956)] Mitgeteilte hinausgehen.

[2] A. COCHARDT, G. SCHOECK u. H. WIEDERSICH: Acta met. **3**, 533 (1955).

[3] E. KRÖNER: [*40*], § 31. Wir verwenden den Krönerschen Zahlenwert für A, da dieser die Anisotropie der elastischen Konstanten berücksichtigt.

Im Temperaturbereich um Raumtemperatur erhält man Versetzungsgeschwindigkeiten, wie sie zu ausgiebiger plastischer Verformung benötigt werden, nur dann, wenn die Versetzung so rasch bewegt wird, daß sich der eben besprochene Snoek-Effekt wegen der hohen Schwellenenergie für die Bewegung der Kohlenstoffatome nicht einstellen kann. Um die Versetzung aus der in Fig. 164 dargestellten Potentialmulde herauszureißen, muß an ihr eine Kraft pro Längeneinheit der Größe

$$\tau b = \frac{\Delta U}{2R} \tag{64.5}$$

angreifen. Identifiziert man die dazu benötigte Spannung mit der unteren Streckgrenze τ_{S_u}, so erhält man für diese

$$\tau_{S_u} = 20 \frac{c A}{b a^3}, \tag{64.6}$$

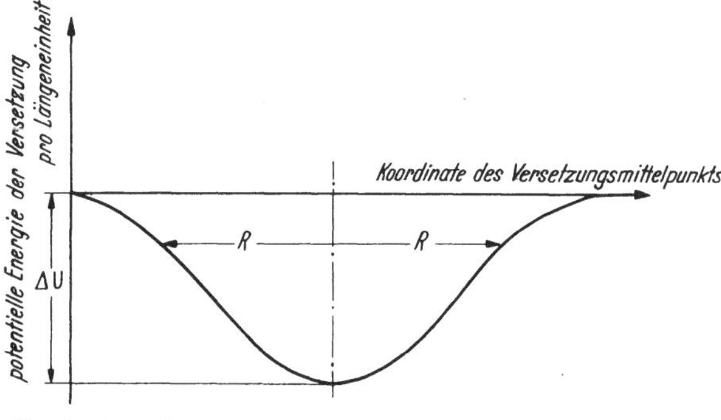

Fig. 164. Potentialrinne einer Versetzungslinie bei eingefrorener Anordnung der Kohlenstoffatome.

also in der Tat einen temperaturunabhängigen Wert, der proportional zur Konzentration c der Kohlenstoffatome ist. Wir werden sogleich zeigen, daß der Proportionalitätsfaktor in guter Übereinstimmung mit den experimentellen Ergebnissen steht.

Unser Bild vom Zustandekommen der die Bewegung einer einzelnen Versetzung in Eisen bestimmenden kritischen Schubspannung ist folgendes: Denken wir uns zu einem zwar Versetzungen, aber keine Kohlenstoffatome enthaltenden Eisenkristall die Kohlenstoffatome zulegiert, so geht zunächst wegen der großen Affinität zwischen Kohlenstoffatomen und Versetzungen ein verhältnismäßig großer Anteil als „Wolke" in die unmittelbare Nähe der Versetzungen. Da die Zahl der dort zur Verfügung stehenden Gitterplätze gering ist, sind jedoch die Versetzungen bald mit Kohlenstoff „gesättigt", so daß bei weiterer Zugabe von Kohlenstoff dieser zur Gänze in der Matrix gelöst wird. Der in der Nähe der Versetzungen befindliche Kohlenstoff ist nur bei tiefen Temperaturen in der Lage, die Versetzungslinien im Sinne von COTTRELL zu „verankern". Bei höheren Temperaturen dagegen ist die thermische Energie groß genug, um auch ohne wesentliche Mitwirkung äußerer Spannung die Versetzungen von ihren Wolken loszureißen. Dann wird die Versetzungsbewegung nur noch durch den soeben besprochenen Snoek-Effekt behindert (sofern man von der Behinderung durch die übrigen Versetzungen absieht). Bei tiefen Temperaturen ist das Losreißen der Versetzungen von den Wolken der maßgebende Prozeß. Der Übergang zwischen den Bereichen A und B wird experimentell etwa in dem Temperaturgebiet gefunden, in dem man ihn auf Grund der Bindungsenergien zwischen Versetzungen und Kohlenstoffatomen erwartet. In diesem Gebiet sind die Verhältnisse ziemlich kompliziert, da die beiden Effekte dort in wenig übersichtlicher Weise zusammenwirken[1]. Dies zeigt sich auch daran, daß nach den Messungen der Verzögerungs-

[1] Die oben benützte Vorstellung, daß man klar trennen kann zwischen Kohlenstoffatomen, die sich in großer Konzentration in unmittelbarer Nähe der Versetzungen befinden und jenen Atomen, die gleichförmig über die Matrix verteilt sind, ist gerade in diesem Temperaturbereich eine schlechte Näherung. In Wirklichkeit nimmt natürlich die Konzentration von einem Maximum im Versetzungskern allmählich auf die Konzentration der Matrix ab.

zeit vom Aufbringen der Last bis zum Einsetzen ausgiebiger plastischer Verformung in diesem Temperaturbereich keine Übereinstimmung mit der eingangs dieser Ziffer skizzierten Fisherschen Theorie besteht[1].

Aus der hier entwickelten Auffassung folgt, daß sehr geringe Konzentrationen von Kohlenstoff unterhalb der Raumtemperatur eine temperaturabhängige Erhöhung der Streckgrenze ergeben sollen, während eine weitere Vergrößerung der Konzentration einen dem Konzentrationszuwachs proportionalen temperaturunabhängigen Beitrag zur Streckgrenze geben müßte. Wie Fig. 165 zeigt, trifft dies tatsächlich zu. Die in Fig. 165 wiedergegebenen unteren Streckgrenzen wurden nach der Gleichung

$$\sigma_{Su} = \sigma^*_{Su} + \varkappa\, l^{-\frac{1}{2}} \qquad (64.7)$$

aus Vielkristallmessungen (l Korndurchmesser) auf Einkristallverhältnisse extrapoliert. Aus Fig. 165 erhält man unabhängig von der Temperatur

$$\frac{d\sigma^*_{Su}}{dc} = 90\,\frac{\text{kp/mm}^2}{\text{Atom-\%}}, \qquad (64.8)$$

während Gl. (64.6)

$$\frac{d\tau_0}{dc} = 61\,\frac{\text{kp/mm}^2}{\text{Atom-\%}} \qquad (64.9)$$

gibt. Berücksichtigt man, daß man wegen der Umrechung von Zugspannungen in Schubspannungen Gl. (64.8) vor dem Vergleich mit Gl. (64.9) mit einem Zahlenfaktor von etwa 2 zu dividieren hat, so erkennt man, daß die zahlenmäßige Übereinstimmung zwischen Theorie und Experiment recht befriedigend ist. Sie wäre vermutlich durch weitere Verfeinerung der Rechnung und des Modells noch zu verbessern.

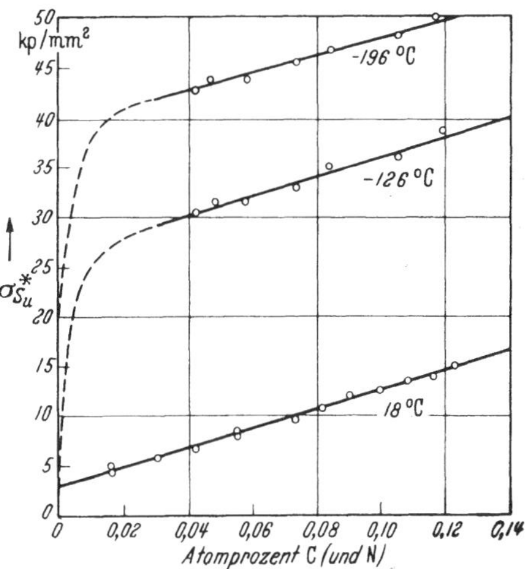

Fig. 165. Untere Streckgrenze von vielkristallinem α-Eisen (auf Korngröße unendlich extrapoliert) als Funktion des atomdispers gelösten Kohlenstoff- und Stickstoffgehalts bei verschiedenen Temperaturen nach J. Heslop und N. J. Petch [Phil. Mag. **1**, 866 (1956)].

Zum Abschluß unserer Diskussion der Streckgrenze von Eisen besprechen wir noch kurz die Verhältnisse bei sehr hohen Temperaturen, insbesondere den Abfall der Streckgrenze im Bereich C. Es bedarf keiner näheren Erläuterung, daß bei hinreichend hohen Temperaturen, bei denen sich der Kohlenstoff fortwährend auf das momentane thermodynamische Gleichgewicht einstellt, dieser keinen Beitrag zur Streckgrenze mehr gibt. Die Streckgrenze sinkt also bei sehr hohen Temperaturen auf jenen Wert ab, der durch die Versetzungen allein bedingt ist und der im Falle des α-Eisens wohl τ_G zuzuschreiben ist. Bei etwas tieferen Temperaturen ist der Kohlenstoff so beweglich, daß er sich während des Versuchsablaufs in der Nähe der Versetzungen etwas anreichern kann. Dadurch wird die in Gl. (64.8) eingehende Konzentration c etwas gesteigert. Zur Weiterverformung muß die Schubspannung erhöht werden. Hat die Versetzung sich alsdann aus ihrer Potentialmulde (Fig. 164) gelöst, so kommt sie in ein Gebiet geringerer Konzentration, so daß die äußere Spannung wieder absinkt. Dies ist wohl die Erklärung für das im Übergangsgebiet zwischen Bereich B und C

[1] J. A. Hendrickson, D. S. Wood u. D. S. Clark: Acta met. **4**, 593 (1956). — D. S. Wood: [*36*], S. 413.

auftretende Phänomen von PORTEVIN und LE CHATELIER[1], das sich in einem ruckweisen Verformungsablauf äußert.

Ganz kurz gehen wir noch auf die *Verfestigungskurve* der Eisenkristalle ein, über die allerdings nur sehr wenig quantitative Daten vorliegen (vgl. Ziff. 24). Aus diesen geht hervor, daß der Verfestigungsanstieg bei α-Eisen durchweg geringer ist als im Bereich II der kubisch-flächenzentrierten Metalle. Wir führen dies auf die Tatsache zurück, daß die Versetzungen im kubisch-raumzentrierten Gitter nicht in Halbversetzungen aufgespalten sind und dementsprechend eine verhältnismäßig kleine Aktivierungsenergie der Quergleitung besitzen, so daß schon bei verhältnismäßig kleinen Spannungen Quergleitung auftreten kann. READ und SHOCKLEY[2] haben das wellige Aussehen der Gleitbänder auf verformten Eisenkristallen mit der Quergleitung in Verbindung gebracht. Für unsere Vorstellung, daß diese in qualitativ ähnlicher Weise wie bei den kubisch-flächenzentrierten Metallen, jedoch auf einem viel niedrigeren Spannungsniveau spannungsinduziert ist, spricht der Befund von ALLEN, HOPKINS und MCLENNAN[3], die bei sehr geringen Verformungen geradlinige Bänder und erst bei etwas größeren Abgleitungen die gewohnten welligen Gleitbänder auf der Scheitelfläche der Kristalle beobachtet haben.

b) Sonstige Legierungen.

65. Geordnete Legierungen. Die Frage der Translationselemente bei geordneten Legierungen und intermetallischen Verbindungen ist bereits in Ziff. 10 besprochen worden. Es ist dort ausgeführt worden, daß die vollständigen Versetzungen der ungeordneten Strukturen bei der Unordnung-Ordnungs-Umwandlung im allgemeinen zu unvollständigen Versetzungen der geordneten Struktur werden. Bewegt sich eine einzelne solche unvollständige Versetzung durch einen geordneten Kristall hindurch, so wird längs ihrer Gleitebene die Ordnung zerstört bzw. eine Grenzfläche zwischen zwei „Ordnungsdomänen", d.h. in sich ferngeordneten Bereichen, geschaffen.

Die auf diese Weise entstandene Verminderung der Nahordnung kann dadurch wieder rückgängig gemacht werden, daß sich weitere Versetzungen mit gleichem Burgers-Vektor (in den meisten Fällen genügt *eine* weitere Versetzung) über dieselbe Gleitebene bewegen. Die von ihnen bewirkte Translation sorgt dafür, daß in einem ursprünglich vollständig ferngeordneten Kristall die Ordnung wieder hergestellt wird. Da dies natürlich energetisch besonders günstig ist, besteht eine starke Tendenz, daß sich die Versetzungen in geordneten Strukturen in Paaren (in komplizierteren Fällen auch in größeren Gruppen) bewegen, die die Ordnung nicht zerstören. Der Abstand, in dem solche zusammengehörigen Versetzungen aufeinanderfolgen, wird in entsprechender Weise wie bei den Stapelfehler enthaltenden Versetzungen durch die spezifischen Energien der Domänengrenzflächen bestimmt, die im allgemeinen wesentlich kleiner als die typischen Stapelfehlerenergien sind. Deshalb ist der Abstand zwischen den „Halbversetzungen" geordneter Legierungen beträchtlich größer als die Versetzungsaufspaltung im kubisch-flächenzentrierten Gitter[4].

---

[1] A. PORTEVIN u. F. LE CHATELIER: C. R. Acad. Sci. Paris **176**, 507 (1913). — A. H. COTTRELL: Phil. Mag. **44**, 829 (1953).

[2] W. T. READ jr., u. W. SHOCKLEY: Imperfections in Nearly Perfect Crystals (herausgeg. von W. SHOCKLEY, J. H. HOLLOMON, R. MAURER u. F. SEITZ), S. 77. New York: Wiley & Sons 1952.

[3] N. P. ALLEN, B. E. HOPKINS u. J. E. MCLENNAN: Proc. Roy. Soc. Lond., Ser. A **234**, 221 (1956).

[4] Wegen der quantitativen Fragen sehe man N. BROWN u. M. HERMAN: Trans. Amer. Inst. Min. Metallurg. Engrs. **206**, 1353 (1956).

Die vorstehende Diskussion zeigt, daß die Verhältnisse bei geordneten Legierungen ganz ähnlich wie bei den kubisch-flächenzentrierten Metallen liegen, und es überrascht deshalb nicht, daß ferngeordnete Cu_3Au-Kristalle (verglichen mit dem Verhalten nicht-ferngeordneter Cu_3Au-Kristalle) sich bei der plastischen Verformung ähnlich wie die reinen kubisch-flächenzentrierten Metallkristalle verhalten, wie bereits in Ziff. 23 und 36 erwähnt wurde.

Obwohl einige der in Ziff. 60 diskutierten Mechanismen beim Übergang von ungeordneten zu geordneten Kristallen wegfallen, gibt es doch eine Reihe von Mechanismen, die wesentliche Unterschiede im plastischen Verhalten von geordneten Legierungen und reinen Metallen hervorrufen und insbesondere zu einer erhöhten kritischen Schubspannung führen. Man muß z.B. damit rechnen, daß sich ein gewisser Teil der Versetzungen (besonders bei der allerersten plastischen Verformung) als Einzelversetzungen bewegt. Die damit verbundene Verminderung der Ordnung äußert sich in einer Erhöhung der kritischen Schubspannung. Ferner weisen die ferngeordneten Domänen immer eine gewisse „Nah-Unordnung" auf, die bei der Verformung geändert wird und sich deswegen in der kritischen Schubspannung bemerkbar macht. Wir werden darauf unten zurückkommen.

Einer der wichtigsten Beiträge zur kritischen Schubspannung geordneter Legierungen rührt davon her, daß bei vielen geordneten Legierungen, z.B. den kubisch-flächenzentrierten Legierungen vom A_3B-Typ, praktisch immer eine Domänenstruktur besteht, also ein Kristall in Bezirke eingeteilt ist, welche in sich ferngeordnet sind, aber durch sogenannte Antiphasen-Grenzflächen voneinander getrennt sind. Wie COTTRELL[1] und später ARDLEY[2] und LOGIE[3] gezeigt haben, wird in einem solchen Falle durch Bewegung auch die Fernordnung der vollständigen Versetzungen der geordneten Struktur vermindert, wenn diese aus der einen Domäne in die benachbarte überwechseln. Die Größe dieser Verminderung und damit ihr Beitrag zur kritischen Schubspannung hängt von der Größe der Domänen ab, und zwar gibt es dabei zwei gegenläufige Effekte: Je kleiner der Durchmesser der Domänen ist, desto häufiger trifft eine wandernde Versetzung auf eine Domänengrenze, desto schneller nimmt die Ordnung beim Verformungsbeginn ab und desto höher ist die kritische Schubspannung. Ist die Domänengröße jedoch sehr klein, so befindet sich die Legierung sehr nahe dem ungeordneten Zustand, so daß es nur eines verhältnismäßig geringen Energieaufwandes (entsprechend einer mit der Domänengröße abnehmenden kritischen Schubspannung) bedarf, um die Legierung zu verformen. Die Verhältnisse sind von COTTRELL, ARDLEY und LOGIE in verschiedenen Näherungen theoretisch behandelt und von BROOM und BIGGS[4] am Beispiel von polykristallinen Cu_3Au-Legierungen experimentell untersucht worden. Es ergibt sich in der Tat ein Maximum[5] der Streckgrenze als Funktion der Domänengröße, das bei verhältnismäßig kleinen Domänendurchmessern (in der Größenordnung von 50 Å) liegt.

Tabelle 7 gibt die von BROOM und BIGGS gemessenen kritischen Zugspannungen σ_0 als Funktion der Domänengröße an. Die Lage des Maximums bei Domänengrößen zwischen 43 und 48 Å entspricht nach ARDLEY und LOGIE einer Dicke der ungeordneten Grenzschicht zwischen zwei Domänen (diese geht nach dem oben Gesagten ein) von etwa zwei Atomlagen, was eine plausible Größe ist. Auch

[1] A. H. COTTRELL: Relation of Properties to Microstructure (American Society for Metals), Cleveland 1954, S. 131.

[2] G. W. ARDLEY: Acta met. **3**, 525 (1955).

[3] H. J. LOGIE: Acta met. **5**, 106 (1957).

[4] T. BROOM u. W. R. BIGGS: Phil. Mag. **45**, 246 (1954).

[5] Das Auftreten eines Maximums zeigt, daß geordnete Legierungen mit *kleinen* Domänen eine höhere Streckgrenze aufweisen können als ungeordnete Legierungen, im Gegensatz zu oben gemachten Bemerkungen, die sich auf große Domänen bezogen.

die Differenz zwischen der kritischen Schubspannung bei sehr großen Domänen, die anderen Mechanismen zugeschrieben werden muß, und derjenigen beim Maximum wird durch die Theorie mit plausiblen Annahmen über die Energie der Domänengrenzflächen wiedergegeben.

Tabelle 7. *Zusammenhang zwischen Domänengrößen und kritischer Zugspannung bei vielkristallinen* Cu_3Au-*Legierungen.*

Größe der geordneten Domänen (Å) .	3	43	48	63	112	250	4×10^5
Kritische Zugspannung σ_0 (kp/mm²) .	13,7	16,5	16,8	16,3	14,0	11,8	7,0

Eine ausführliche Untersuchung über den Einfluß des Ordnungsgrades auf die plastischen Eigenschaften von Cu_3Au stammt von G. W. ARDLEY[1]. Fig. 166 zeigt die von ihm gemessene Temperaturabhängigkeit der kritischen Schubspannung, nachdem alle untersuchten Proben durch genügend langes Anlassen bei 300° C ins Gleichgewicht gebracht worden waren. Zwischen 300° C und der Umwandlungstemperatur $T_c = 385$° C nimmt die kritische Schubspannung τ_0 mit T zu. Dies ist nach ARDLEY darauf zurückzuführen, daß in diesem Temperaturbereich der Fernordnungs-Parameter S von nahezu 1 auf etwa 0,8 absinkt. Bei vollkommener Fernordnung lassen ja die oben erwähnten vollständigen Versetzungen nach dem Durchwandern einer Gleitebene eine geordnete Struktur zurück. Ist jedoch die Fernordnung nicht vollständig und eine gewisse „Nahunordnung" vorhanden, so hinterläßt auch eine vollständige Versetzung eine Zone vergrößerter Unordnung. Die hierbei aufzuwendende Energie äußert sich in einer Erhöhung der Fließspannung. In Legierungen, in denen der Fernordnungs-Parameter S am Umwandlungspunkt auf den Wert Null absinkt, ergibt sich nach dem eben besprochenen Anstieg der $\tau_0 - T$ Kurve wieder ein Abfall bei Annäherung an T_c. Dies wurde am Beispiel von CuZn von GREEN und BROWN[2] experimentell nachgewiesen. Der Grund dafür ist, daß bei geringerer Fernordnung ($S \lesssim 0,5$) der obige Mechanismus unwirksamer wird, so daß sich wiederum ein Abfall der kritischen Schubspannung mit wachsender Temperatur ergibt.

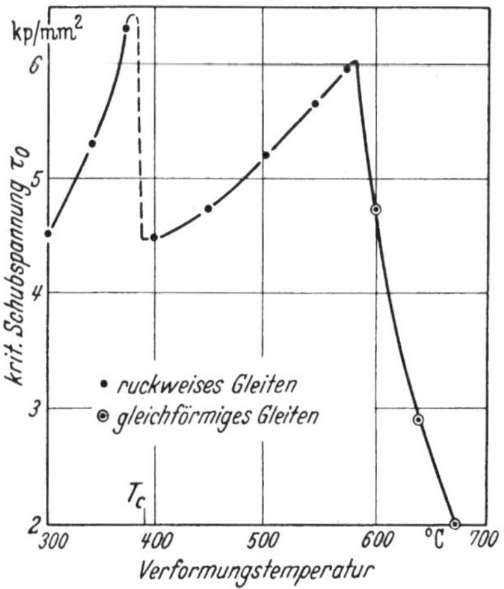

Fig. 166. Temperaturabhängigkeit der kritischen Schubspannung τ_0 von Cu_3Au-Kristallen nach ARDLEY. Verformungsgeschwindigkeit $\dot{a} = 4,4 \cdot 10^{-4}$ sec⁻¹.

Bei der ungeordneten Legierung ist der Abfall der kritischen Schubspannung bei hohen Temperaturen (Fig. 166) der Verminderung der Nahordnung mit wachsender Temperatur zuzuschreiben (vgl. Ziff. 61). Der vorangehende Anstieg der $\tau_0 - T$-Kurve unmittelbar oberhalb der kritischen Temperatur, der mit einer ruckweisen Dehnung der Proben während der Verformungsversuche verbunden ist, rührt ziemlich sicher von einer Reckalterung während der Verformung her. ARDLEY konnte diese Auffassung durch den Nachweis bestätigen, daß in diesem Bereich eine Erhöhung der Verformungsgeschwindigkeit die kritische Schubspannung herabsetzt. Dies ist so zu deuten, daß mit wachsender Verformungsgeschwindigkeit die Nahordnung weniger Zeit findet, um sich bei der Bewegung der Versetzungen immer neu einzustellen und damit diese zu behindern.

[1] G. W. ARDLEY: Acta met. **3**, 525 (1955).
[2] H. GREEN u. N. BROWN: Trans. Amer. Inst. Min. Metallurg. Engrs. **197**, 1240 (1953).

In Ziff. 23 haben wir die experimentellen Ergebnisse zur *Verfestigungskurve* geordneter Cu_3Au-Kristalle besprochen und betont, wie ähnlich die Verhältnisse denjenigen bei den reinen Metallen sind. Auffallend ist, daß sich der Bereich II der Verfestigungskurven zu viel höheren Spannungen erstreckt als wir das von reinen Metallen her gewohnt sind. Dies ist jedoch leicht verständlich auf Grund des oben benützten Bildes über die vollständigen Versetzungen, die in geordneten Strukturen in Halbversetzungen „aufgespalten" sind, wobei die Rolle der Stapelfehler von den Domänengrenzflächen übernommen wird. Um Quergleitung ohne zusätzliche Verminderung der Ordnung ausführen zu können, müssen ganz entsprechend wie bei den kubisch-flächenzentrierten Metallen die „Halbversetzungen" zu einer „unaufgespaltenen" Versetzung zusammengebracht werden. Dazu sind aber wegen der niedrigen Flächenenergie der Domänengrenzen wesentlich höhere Spannungen als bei den Metallen notwendig, wodurch sich die Vergrößerung von τ_{III} erklärt.

66. Legierungen mit Ausscheidungen und Guinier-Preston-Zonen. Das plastische Verhalten einer ganzen Reihe von technisch sehr bedeutsamen Legierungen wird durch die Form

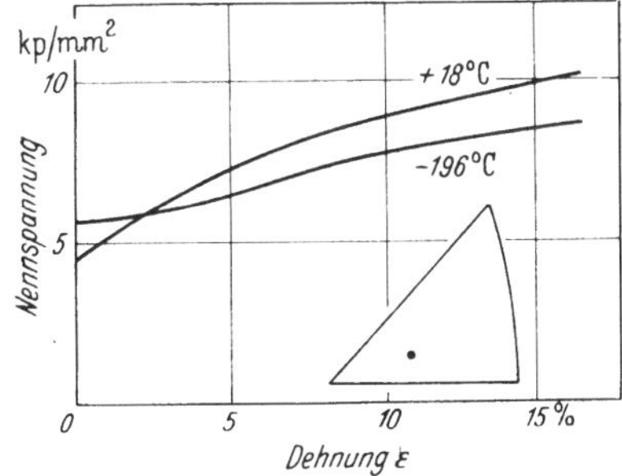

Fig. 167. Nennspannungs-Dehnungskurve bei zwei verschiedenen Temperaturen eines Aluminiumkristalls mit 3,5 Gewichtsprozent Cu. Nach 16stündigem Glühen in Luft auf Zimmertemperatur abgekühlt.

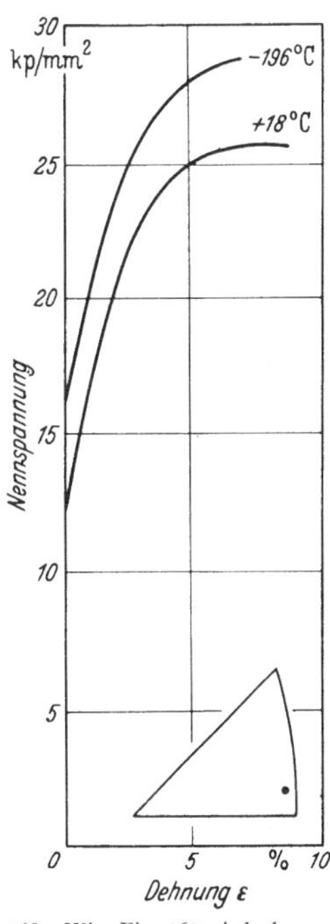

Fig. 168. Wie Fig. 167, jedoch anschließend drei Tage lang bei 190° C ausgelagert.

und Größe von Ausscheidungen bestimmt, welche durch geeignete Wärmebehandlung im Werkstoff entstanden sind[1]. Das bekannteste Beispiel hierfür ist wohl das Duralumin.

Die Grundlage aller Duralumin-Legierungen bildet eine Legierung von Aluminium mit etwa 3,5 Gewichtsprozent Kupfer. CARLSEN und HONEYCOMBE[2] haben neuerdings Versuche an Einkristallen dieser Legierung angestellt. Durch 16stündiges Glühen bei 535° C wurde das Kupfer im Aluminium gelöst. Fig. 167 zeigt die Nennspannung-Dehnungskurven[3] von zwei gleichorientierten Kristallen bei Raumtemperatur und bei der Temperatur des flüssigen Stickstoffs, die nach dem Anlassen durch Luftabkühlung auf Raumtemperatur gebracht wurden und in denen das Kupfer wohl als feste Lösung vorhanden war. Fig. 168 zeigt die Nennspannungs-Dehnungskurven von den zwei gleichorientierten Kristallen, die drei Tage bei 190° C angelassen worden waren und in denen sich die sogenannte

[1] Vgl. den Beitrag von U. DEHLINGER in diesem Band.
[2] K. M. CARLSEN u. R. W. K. HONEYCOMBE: J. Inst. Met. **83**, 449 (1954/55).
[3] Nennspannung = Kraft im Zugversuch geteilt durch ursprünglichen Probenquerschnitt.

Θ'-Struktur ausgebildet hat[1]. Fig. 169 gibt schließlich noch die Nennspannungs-Dehnungskurven von zwei (nicht genau gleich orientierten) Kristallen wieder, die längere Zeit bei 350° C und 250° C geglüht worden waren und sich im sogenannten überalterten Zustand befanden.

Die Darstellung durch Nennspannungs-Dehnungskurven wurde gewählt, weil sich zwar bei den Kristallen mit gelöstem Cu eine einigermaßen orientierungsunabhängige Verfestigungskurve ergab, nicht aber bei den voll ausgehärteten, die Θ'-Phase enthaltenden Kristallen. Bei letzteren war eher die Spannungs-Dehnungskurve orientierungsunabhängig. Dem entsprach der Befund, daß diese Proben sich nicht wie Einkristalle beim Gleiten auf nur einem Gleitsystem, sondern wie Vielkristalldrähte (Erhaltung der Kreisform des Drahtquerschnitts) verformten. Man hat somit anzunehmen, daß eine größere Anzahl von Gleitsystemen betätigt worden ist. Im Gegensatz dazu entsprach das Verhalten der übersättigten Mischkristalle (Fig. 167) dem von anderen festen Lösungen her Gewohnten.

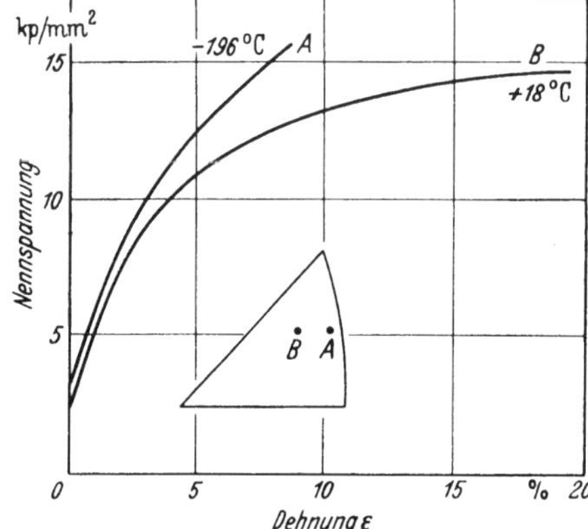

Fig. 169. Nennspannungs-Dehnungskurven von zwei Al-3,5% Cu-Einkristallen bei zwei verschiedenen Temperaturen. Nach Luftabkühlung zwei Tage bei 350° C und einen Tag bei 250° C ausgelagert.

Wie auf Grund der Untersuchungen an technischen Aluminium-Kupferlegierungen zu erwarten war, wiesen jene Proben, die kohärente Ausscheidungen der Θ'-Phase enthielten, die höchsten Fließspannungen auf. Dieser Befund wird als eine Abhängigkeit der Fließspannung vom Dispersitätsgrad der Ausscheidungen interpretiert[2]. Im übersättigten Mischkristall sind die Fremdatome atomdispers verteilt, während im überalterten Zustand nichtkohärente, mehrere hundert Å große Ausscheidungen vorliegen. Die größte Festigkeitserhöhung tritt also bei einem mittleren Dispersitätsgrad, der „kritischen" Dispersion, auf.

Die theoretischen Arbeiten zur Ausscheidungshärtung sind von E. W. HART[3] ausführlich kritisch besprochen worden, so daß wir hier nicht auf Einzelheiten einzugehen brauchen (vgl. auch Ziff. 60 ε). MOTT und NABARRO[4] führen die Erhöhung der kritischen Schubspannung auf die inneren Spannungen zurück, die die Ausscheidungen im Mutterkristall hervorrufen. OROWAN[5] nimmt an, daß die Ausscheidungen undurchdringliche Hindernisse für Versetzungen bilden und daß sich die Versetzungslinien unter der Wirkung der äußeren Schubspannung zwischen ihnen ausbauchen. Die Ausscheidungen spielen also im Orowanschen Modell dieselbe Rolle wie die Verankerungspunkte bei den später entdeckten Frank-Read-Quellen.

[1] Wegen einer quantitativen Erörterung des Zusammenhangs zwischen Glühbehandlung und Struktur der Ausscheidungen siehe man J. M. SILCOCK, T. J. HEAL u. A. K. HARDY: J. Inst. Met. **82**, 239 (1953/54).

[2] Wegen eines Überblickes über die experimentellen Resultate an verschiedenen Legierungen siehe E. DORN u. C. D. STARR: Relation of Properties to Microstructure (American Society of Metals), Cleveland 1954, S. 71. — Über die historische Entwicklung der Theorie der Dispersionshärtung vgl. [*21*].

[3] E. W. HART: Relation of Properties to Microstructure (American Society for Metals), Cleveland 1953, S. 95.

[4] N. F. MOTT u. F. R. N. NABARRO: Proc. Phys. Soc. Lond. **52**, 86 (1940). — [*29*], S. 1. — N. F. MOTT: J. Inst. Met. **62**, 367 (1946). — Imperfections in Nearly Perfect Crystals, S. 173. New York: Wiley & Sons 1952.

[5] E. OROWAN: Symposium on Internal Stresses in Metals (Institute of Metals), London 1948, S. 451. — [*21*].

HART kommt bei einem kritischen Vergleich der beiden Modelle zu dem Ergebnis, daß die Mott-Nabarrosche Vorstellung nicht in der Lage ist, die durch die Ausscheidungen vielfach hervorgerufenen starken Erhöhungen der Streckgrenzen quantitativ zu erklären, da die Spannungen in der Umgebung der Ausscheidungen wohl zu gering sind. Dagegen scheint das Orowansche Modell (mit gewissen Modifikationen) die experimentellen Verhältnisse hinsichtlich der auftretenden Größenordnungen ganz gut beschreiben zu können.

Das Mott-Nabarrosche und das Orowansche Modell der Ausscheidungshärtung haben die gemeinsame Eigenschaft, daß sie eine temperaturunabhängige kritische Schubspannung voraussagen (sofern man von der Temperaturabhängigkeit der elastischen Konstanten absieht). Wie Fig. 168 zeigt, wird dies durch die experimentellen Ergebnisse an Einkristallen nicht bestätigt. Beim Übergang von Zimmertemperatur zur Temperatur der flüssigen Luft ergibt sich eine Zunahme der Streckgrenze um 4 kp/mm^2, was mindestens das Dreifache des durch die Temperaturvariation der elastischen Konstanten erklärbaren Effekts ist. Es scheint somit, daß die Festigkeit des Duralumins durch einen zur Zeit noch unbekannten thermisch aktivierten Prozeß mitbestimmt wird. Es könnte sich hier vielleicht um das Durchschneiden der Versetzungslinien durch die kohärenten Ausscheidungen[1] oder um einen temperaturabhängigen Beitrag der Streckgrenze der Matrix handeln, die ja als homogene Legierung aufgefaßt werden kann.

Auf der von OROWAN vorgeschlagenen Deutung der hohen kritischen Schubspannung ausgehärteter Legierungen fußend, haben FISHER, HART und PRY[2] eine Theorie der zusätzlichen (d.h. über die auch ohne Ausscheidungen vorhandene hinausgehende) Verfestigung gegeben. Sie finden, daß eine zusätzliche Verfestigung nur bis etwa 10% Abgleitung auftreten sollte. Dies ist in guter Übereinstimmung mit den Ergebnissen von CARLSEN und HONEYCOMBE (Fig. 168).

F. Anlaßerscheinungen und Kriechen.

67. Erholung, Polygonisierung und Rekristallisation. Bei der plastischen Verformung von Ein- und Vielkristallen ändert sich eine ganze Reihe von Material-Eigenschaften (z.B. Härte, elektrischer Widerstand, Röntgeninterferenzen) mehr oder weniger stark[3]. Durch geeignete Wärmebehandlung kann man fast alle diese Eigenschaftsänderungen rückgängig machen. Wir bezeichnen die Gesamtheit der sich dabei abspielenden Prozesse, die häufig ,,Erholung" schlechthin genannt werden, allgemein als Anlaßvorgänge (engl. ,,annealing"). Es handelt sich dabei um sehr verschiedenartige Prozesse. Einige dieser Vorgänge, besonders die für die Erholung des elektrischen Widerstands maßgebenden, sind im Artikel ,,Theorie der Gitterfehlstellen" in Teil 1 dieses Bandes (Abschnitt II C) besprochen worden. Über das gesamte Gebiet liegen aus neuerer Zeit ein zusammenfassender Bericht von P. BECK[4] mit sehr ausführlicher Literaturangabe sowie eine Sammlung von Übersichtsreferaten [*34*] vor; wir beschränken uns deshalb auf eine kurze Erörterung der wichtigsten Erscheinungen.

Vom empirischen Standpunkt aus kann man drei Grundtypen von Erholungsvorgängen unterscheiden:

---

[1] A. KELLY und M. E. FINE [Acta met. **5**, 365 (1957)] haben neuerdings ebenfalls vorgeschlagen, daß die Guinier-Preston-Zonen von **Al**Cu und **Al**Ag Legierungen von den Versetzungen durchschnitten werden, da Abschätzungen auf Grund röntgenographischer und thermodynamischer Daten zeigen, daß es energetisch günstiger ist, die Zonen während der Gleitung zu durchschneiden als Versetzungen zwischen ihnen hindurch zu bewegen.

[2] J. C. FISHER, E. W. HART u. R. H. PRY: Acta met. **1**, 336 (1953).

[3] Man sehe hierzu E. SCHMID u. W. BOAS: [*1*], insbes. Ziff. 59, 60 u. 71 sowie P. HAASEN u. G. LEIBFRIED: [*24*].

[4] P. A. BECK: Annealing of Cold Worked Metals. Adv. Physics **3**, 245 (1954).

α) *Erholung*[1] (im engeren Sinne). Als ihr Kennzeichen wird im allgemeinen angesehen, daß keine meßbaren strukturellen Änderungen oder höchstens solche, die nur mit sehr verfeinerten röntgenographischen Methoden feststellbar sind, mit der Rückbildung anderer Eigenschaftsänderungen verbunden sind.

Als Beispiele hierfür sind die Erholung des elektrischen Widerstandes der Edelmetalle in den Stufen II, III und IV (vgl. „Theorie der Gitterfehlstellen" in Teil 1 dieses Bandes), die Erholung der Fließspannung von schubverformten Zink-Einkristallen[2] und von schwach gedehnten Aluminiumkristallen zu nennen[3]. In den beiden letztgenannten Fällen[2,3] ist besonders bemerkenswert, daß die Erholung vollständig sein kann, d.h. daß bei genügend langem Glühen die kritische Schubspannung genau oder sehr annähernd auf den für unverformte Kristalle typischen Wert zurückgeht. Eine wesentliche Voraussetzung für vollständige Erholbarkeit der Fließspannung scheint zu sein, daß die Verformung sehr gleichmäßig erfolgt ist. Vom atomistischen Standpunkt aus bedeutet dies, daß Versetzungen positiven und negativen Vorzeichens gleichmäßig durchmischt sind und daß nicht — wie beispielsweise in Knickbändern — starke Ansammlungen von Versetzungen eines Vorzeichens auftreten. Der atomistische Mechanismus der Erholung der Fließspannung bzw. der Verfestigung ist die Rekombination von Versetzungen entgegengesetzten Vorzeichens, die durch thermisch aktiviertes Klettern (eventuell auch Quergleitung) ermöglicht wird.

β) *Polygonisierung und Wanderung von Feinkorngrenzen* (engl. „polygonization", „subgrain growth"). Während des *Hochtemperaturkriechens*, insbesondere von Aluminiumkristallen, unterteilen sich nach den Untersuchungen von WOOD und Mitarbeitern[4] sowie von anderen Autoren[5] Einkristalle und Kristallite von Vielkristallen in sogenannte Subkörner. Die dabei beobachteten allgemeinen Gesetzmäßigkeiten wurden von RACHINGER[6] in gedrängter Form zusammengestellt. Der Mechanismus dieser Subkornbildung dürfte wohl ähnlich wie bei der *Polygonisierung* beim Anlassen (s. unten) der für das Hochtemperaturkriechen geschwindigkeitsbestimmende Prozeß, nämlich das Klettern von Stufenversetzungen sein.

Subkornbildung (vielfach auch Zellbildung genannt), tritt, wie insbesondere die Untersuchungen von HIRSCH und Mitarbeitern[7] gezeigt haben, auch bei der *plastischen Verformung* von Metallen bei so *tiefen Temperaturen* auf, daß das Klettern nicht der geschwindigkeitsbestimmende Vorgang sein kann. Dennoch erscheint auch in diesem Falle die Subkornbildung thermisch aktiviert zu sein. Wir haben in Ziff. 55 gesehen, daß bei den kubischen Metallen der geschwindigkeitsbestimmende Vorgang wohl die Quergleitung von Schraubenversetzungen ist. Der in diesem Fall wirksame Zellbildungsmechanismus ist in Ziff. 55 geschildert worden.

Wie wohl zuerst CRUSSARD[8] erkannt hat, können Subkörner ferner beim *Anlassen nach plastischer Verformung* auftreten; da sich dabei (im Gegensatz

[1] M. POLANYI u. E. SCHMID: Verh. dtsch. phys. Ges. **4**, 27 (1923). — O. HAASE u. E. SCHMID: Z. Physik **33**, 413 (1925). Weitere Literatur siehe E. SCHMID u. W. BOAS [*1*] und W. G. BURGERS [*10*].

[2] R. DROUARD, J. WASHBURN u. E. R. PARKER: Trans. Amer. Inst. Min. Metallurg. Engrs. **197**, 1226 (1953).

[3] M. BAUSER: Diss. Stuttgart 1953. — H. SCHOLL: Z. Metallkde. **44**, 528 (1953).

[4] W. A. WOOD u. R. F. SCRUTTON: J. Inst. Met. **77**, 423 (1950). — W. A. WOOD u. H. J. TAPSELL: Nature, Lond. **158**, 415 (1946). — G. R. WILMS u. W. A. WOOD: J. Inst. Met. **75**, 693 (1949). — W. A. WOOD u. W. A. RACHINGER: J. Inst. Met. **76**, 121 (1949/50).

[5] Zusammenfassend dargestellt von A. H. SULLY: Progr. Met. Phys. **6**, 135 (1956).

[6] W. A. RACHINGER: Bull. Inst. Met. **1**, 125 (1952).

[7] P. B. HIRSCH: Progr. Met. Phys. **6**, 236 (1956).

[8] C. CRUSSARD: Rev. Métall. **41**, 118 (1944).

zur eigentlichen Rekristallisation) die Kristallorientierung nicht ändert, hat CRUSSARD diesen Prozeß als „Rekristallisation in situ" bezeichnet. Die Erscheinung ist von CAHN[1] u. a.[2] vor allem an Aluminium näher untersucht worden; sie wird nach einem Vorschlag von OROWAN heute allgemein als *Polygonisierung* bezeichnet. Diese Bezeichnung wurde durch die röntgenographischen Untersuchungen, insbesondere von CAHN, beim Anlassen stark verformter Aluminium-Einkristalle nahegelegt. Es wurde gefunden, daß die Asterismus-Schweife der Laue-Reflexe dabei oft in eine Folge einzelner Punkte aufspalten. Dies bedeutet, daß die kontinuierliche Krümmung der Netzebenen, die sich als Folgeerscheinung der Verformung (insbesondere einer makroskopischen Biegung der Kristalle) ergeben hat, durch mehr oder weniger scharf lokalisierte Orientierungsunterschiede zwischen nicht gekrümmten Kristallbereichen ersetzt wird. Eine ursprünglich gekrümmte Gitter„gerade" geht also in einen Polygonzug über.

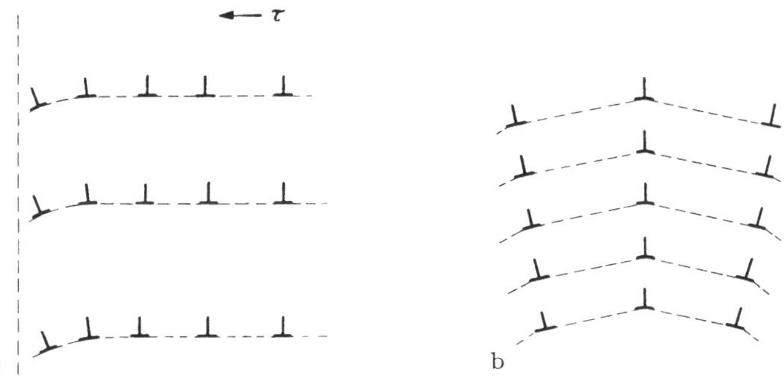

Fig. 170 a u. b. Atomistische Deutung der Polygonisierung. a Aufstauungen von Stufenversetzungen in einzelnen Gleitebenen als Folge der plastischen Verformung. b „Polygonisierung" der Gleitebene durch Klettern der in a dargestellten Stufenversetzungen.

Die atomistische Deutung der Polygonisierung (A. H. COTTRELL) ist in Fig. 170 angedeutet. Die in ihren Gleitebenen in Knickbändern oder an anderen Hindernissen aufgestauten Stufenversetzungen verlassen durch „*Klettern*" (Beitrag „Theorie der Gitterfehlstellen", Ziff. 43) ihre ursprünglichen Gleitebenen, um sich in sogenannten Versetzungswänden übereinander anzuordnen[3]. Solche Anordnungen von Stufenversetzungen sind mechanisch stabil und energetisch wesentlich günstiger als etwa die Anordnung der Stufenversetzungen auf derselben Gleitebene. Eine notwendige Vorbedingung für die Polygonisierung scheint zu sein, daß im kaltverformten Kristall größere Ansammlungen von Stufenversetzungen eines Vorzeichens, z.B. in Knickbändern, vorhanden sind.

Sowohl die während der Verformung als auch die durch nachträgliche Polygonisierung entstandenen Feinkorngrenzen vermögen beim Anlassen bei hinreichend hohen Temperaturen zu wandern (besonders wenn unter der Wirkung einer äußeren Schubspannung gleichzeitig eine gewisse plastische Verformung stattfindet) und damit eine Art Kornwachstum der Subkörner herbeizuführen. Dies ist jedoch im Gegensatz zur Rekristallisation, bei der es sich um ein Wandern von Grobkorngrenzen handelt, nicht mit einer metallographisch leicht zu ermittelnden Umorientierung der Kristallite verbunden. Wegen Einzelheiten und Literaturangaben sei auf die Zusammenfassung von BECK[4] hingewiesen.

[1] R. W. CAHN: J. Inst. Met. **79**, 129 (1951).

[2] Siehe „Symposium on Polygonization" in Progr. Met. Phys. **2** (1950) mit Beiträgen von R. W. CAHN (S. 151), A. GUINIER u. J. TENNEVIN (S. 177) und C. CRUSSARD, F. AUBERTIN, B. JAOUL u. G. WYON (S. 193).

[3] An Silicium-Eisen konnte dieser Vorgang von W. R. HIBBARD und C. G. DUNN: [*34*], S. 52 mit einem Ätzverfahren sichtbar gemacht werden.

[4] P. A. BECK: Adv. Physics **3**, 245 (1954).

γ) Rekristallisation. Bei der Rekristallisation erfolgt eine Neubildung von Körnern in einer hinreichend stark plastisch verformten Matrix. Da zwischen den neugebildeten Körnern und der Matrix im allgemeinen große Orientierungsunterschiede bestehen, ist das Kornwachstum bei der Rekristallisation mit großen Orientierungsänderungen und mit einer völligen Neubildung des Gefüges verknüpft. Hier sei auf die zusammenfassende Arbeit von BECK[1] verwiesen sowie auf einen kurzen Überblick von BURGERS[2], welcher ausführliche Literaturangaben enthält.

Wir begnügen uns hier mit einigen wenigen Bemerkungen, die den Zusammenhang mit früher Behandeltem herstellen sollen. Die „Erholungs"-Stufe V der Edelmetalle, die im Beitrag „Theorie der Gitterfehlstellen" in Teil 1 dieses Bandes (Ziff. 29f.) behandelt worden

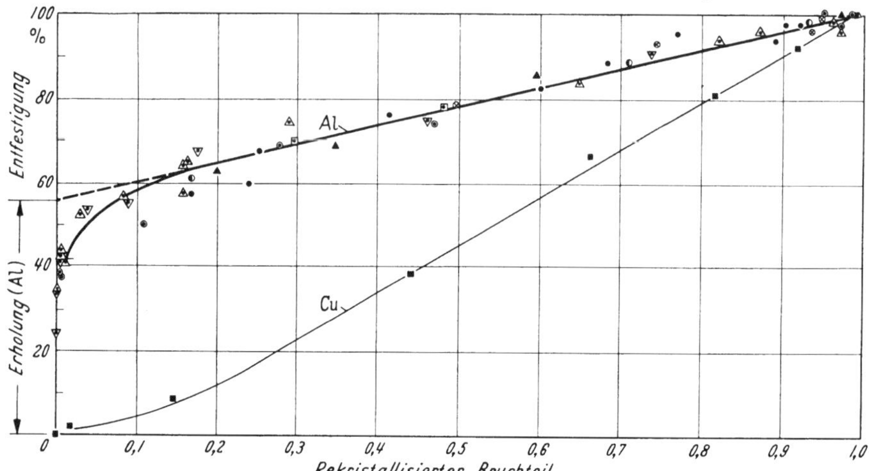

Fig. 171. Entfestigung von polykristallinem Aluminium und Kupfer als Funktion des rekristallisierten Gefügebruchteils. Zeichenerklärung: 99,99% Aluminium [nach E. C. W. PERRYMAN: Trans. Amer. Inst. Min. Metallurg. Engrs. **203**, 1053 (1955)]: △ 20% kaltgewalzt, bei 318° C angelassen; ○ 20% kaltgewalzt, bei 375° C angelassen; ⊗ 20% kaltgewalzt, bei 375° C angelassen; ▲ 40% kaltgewalzt, bei 375° C angelassen; ● 60% kaltgewalzt, bei 350° C angelassen; □ 60% kaltgewalzt, bei 375° C angelassen; ◐ 20% kaltgewalzt, bei 375° C angelassen; ▽ 20% kaltgewalzt, bei 301° C angelassen. 99.95% Kupfer [nach M. COOK u. T. LL. RICHARDS: J. Inst. Met. **70**, 159 (1944); **73**, 1 (1947)]: ■ 97,5% kaltgewalzt, bei 18° C angelassen.

ist, ist der Rekristallisation zuzuschreiben. In dem dort besprochenen Beispiel von kaltverformtem Kupfer fand unterhalb der Rekristallisationstemperatur keine nennenswerte Erholung der mechanischen Eigenschaften (Härte) statt. Entsprechendes gilt für die Verbreiterung der Debye-Ringe kaltverformten Kupfers[3]. Diese geht ebenfalls erst bei der Rekristallisation zurück. Die Tatsache, daß sich Kupfer (sowie α-Messing und Nickel) hinsichtlich der Erholung der mechanischen Eigenschaften und der Linienverbreiterung ganz anders verhält als z. B. Aluminium[4,5] (welches sich schon unterhalb der Rekristallisationstemperatur erholt), ist darauf zurückzuführen, daß die erste Gruppe von Metallen und Legierungen eine niedrige Stapelfehlerenergie besitzt, die das Klettern der Stufenversetzungen sehr erschwert, während Stufenversetzungen in Aluminium wegen der hohen Stapelfehlerenergie und der damit verbundenen geringen Aufspaltung in Halbversetzungen schon bei mäßig hohen Temperaturen gut klettern können. Entsprechendes gilt für die Subkornbildung durch Klettern, die bei Kupfer sowohl während der Verformung als auch beim Anlassen in viel geringerem Maße als bei Aluminium stattfindet[6].

[1] P. A. BECK: Adv. Physics **3**, 245 (1954).

[2] W. G. BURGERS: Berg- u. Hüttenmänn. Mh. **101**, 151 (1956).

[3] J. H. WILSON u. L. THOMASSEN: Trans. Amer. Soc. Met. **22**, 769 (1934).

[4] A. H. LUTTS u. P. A. BECK: Trans. Amer. Inst. Min. Metallurg. Engrs. **200**, 257 (1954) (Linienverbreiterung).

[5] G. MASING u. J. RAFFELSIEPER: Z. Metallkde. **41**, 65 (1950). — D. KUHLMANN, G. MASING u. J. RAFFELSIEPER: Z. Metallkde. **40**, 241 (1949) (Erholung der Fließspannung von Aluminium-Einkristallen).

[6] C. T. WEI, M. N. PARTHASARATHI u. P. A. BECK: J. Appl. Phys. **28**, 874 (1957).

Der eben diskutierte Unterschied im Erholungs- und Rekristallisationsverhalten zwischen Kupfer und Aluminium wird sehr schön illustriert durch Fig. 171, in der die relative Entfestigung beim Anlassen [gemessen durch $(H_0 - H_t)/(H_0 - H_1)$, wo H_0 die Vickers-Härte unmittelbar nach Verformung, H_t diejenige nach einer Anlaßzeit t und H_1 die Vickers-Härte nach vollständiger Rekristallisation ist] aufgetragen ist als Funktion des Gefügeanteils, der nach der Anlaßzeit t rekristallisiert ist. Wie auch PERRYMAN[1] betont, zeigen Aluminium und Kupfer sehr verschiedenes Verhalten, das wir (obschon die Versuchsbedingungen bei den beiden Metallen nicht dieselben sind) den oben besprochenen Unterschieden in der Stapelfehlerenergie zuschreiben. Bevor die Rekristallisation bei Aluminium beginnt, hat sich die Härte (die ein ungefähres Maß für die Verfestigung ist) zu einem wesentlichen Teil erholt. In Kupfer findet dagegen vor Beginn der Rekristallisation keine Erholung statt.

68. Überblick über die Kriecherscheinungen. Unter „Kriechen" (oft auch „Fließen" genannt) versteht man in der Technik das allmähliche Fließen von Werkstoffen unter der Wirkung einer gleichbleibenden Last. ANDRADE[2] hat zuerst darauf hingewiesen, daß es für die wissenschaftliche Erforschung und Klassifizierung sehr zweckmäßig ist, Fließen unter *konstanter Spannung* zu betrachten. Man muß dabei im Zugversuch der Querschnitts*verminderung* mit wachsender Verformung durch eine entsprechende Verringerung der Last und im Stauch- oder Kompressions-Versuch der Querschnitts*vergrößerung* durch eine laufende Erhöhung der Last Rechnung tragen.

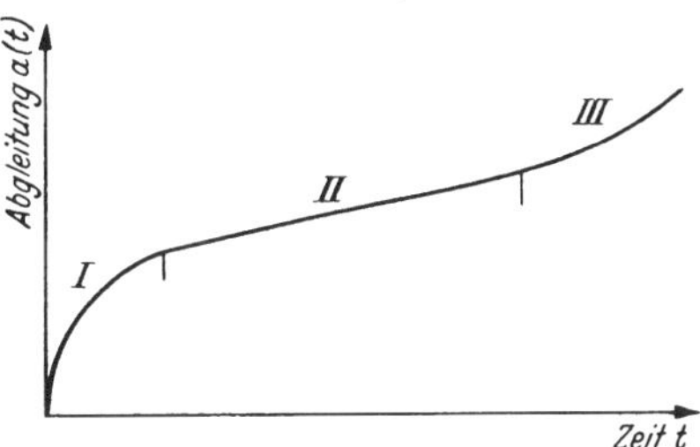

Fig. 172. Die drei Bereiche einer Fließkurve bei höheren Temperaturen. I Übergangskriechen, II stationäres Kriechen, III beschleunigtes Kriechen.

Entsprechend der großen technischen Bedeutung des Kriechens — vor allem bei Werkstoffen, die bei hohen Temperaturen mechanisch stark beansprucht werden — gibt es eine Reihe von modernen Darstellungen, die die technischen Aspekte besonders betonen[3-5]. Für die wissenschaftliche Erforschung sind vor allem die Arbeiten von ANDRADE[2,6] und OROWAN[7] bahnbrechend gewesen.

Nach ANDRADE kann man phänomenologisch in den Kriechkurven, d.h. im Zusammenhang zwischen Abgleitung und Zeit bei konstanter Spannung, drei Bereiche unterscheiden (Fig. 172):

I. *Das Übergangskriechen* (engl. „transient creep"), während dem die Kriechgeschwindigkeit von sehr großen Werten unmittelbar nach dem Aufbringen der Last allmählich abnimmt[8].

II. *Das stationäre Kriechen* (engl. „steady state creep"), bei dem die Kriechgeschwindigkeit unter konstanter Spannung konstant bleibt. Da letzteres auch beim viskosen Fließen nichtkristalliner Stoffe der Fall ist, bezeichnet man das stationäre Kriechen kristalliner Stoffe oft auch als „quasiviskos".

III. *Das tertiäre Kriechen*, auch Beschleunigungskriechen (engl. „accelerated creep") genannt, bei dem unter konstanter Spannung die Kriechgeschwindigkeit im Laufe der Zeit immer mehr zunimmt, was schließlich zum Bruch führt.

---

[1] E. C. W. PERRYMAN: [*34*], S. 111.
[2] E. N. DA C. ANDRADE: Proc. Roy. Soc. Lond., Ser. A **84**, 1 (1911); **90**, 329 (1914).
[3] A. H. SULLY: Metallic creep and creep-resistant alloys. London: Butterworth & Co. 1949.
[4] E. G. STANFORD: The creep of metals and alloys. London: Temple Press 1949.
[5] L. ROTHERHAM: Creep of metals, Inst. of Phys. London 1949.
[6] Siehe die Zusammenfassung E. N. DA C. ANDRADE: J. Iron Steel Inst. **171**, 217 (1952).
[7] E. OROWAN: J. West Scotland Iron and Steel Inst. **54**, 45 (1947).
[8] Die Erscheinungen, die sich unmittelbar nach dem Aufbringen oder Vergrößern der Last einstellen (sog. spontane Verlängerung bei starker und verzögertes Einsetzen des Fließens bei geringer Vergrößerung der Spannung), seien hier außer acht gelassen.

Das Übergangskriechen und das stationäre Kriechen werden wir in den beiden folgenden Ziffern besprechen; dabei werden wir uns im Hinblick auf eine ganze Reihe neuerer Zusammenfassungen[1,2], auch über theoretische Fragen[3-5], verhältnismäßig kurz fassen. Zum Abschluß der vorliegenden Ziffer fügen wir noch einige Bemerkungen über das tertiäre Kriechen an.

Für die Beschleunigung des Kriechens bei großen Beanspruchungszeiten, das vor allem bei höheren Temperaturen auftritt, kommen neben dem trivialen Einschnüren der Proben alle jene Mechanismen in Frage, die auch beim Zugversuch zum Bruch des Werkstoffes führen können. Wegen der hohen Temperaturen und der langen Versuchszeiten treten zu diesen jedoch noch einige unter normalen Bedingungen langsam verlaufende Prozesse hinzu. Als Beispiele seien angeführt das Abscheren benachbarter Körner durch viscoses Korngrenzenfließen[6] sowie chemische Vorgänge, wie z.B. der Abbau festigkeitserhöhender Ausscheidungen oder Bildung festigkeitsmindernder Ausscheidungen an Korngrenzen. Eine größere Anzahl experimenteller Arbeiten über diese Fragen einschließlich zahlreicher Literaturangaben sind in [*32*] zusammengefaßt. Dort finden sich auch theoretische Diskussionen des tertiären Kriechens[7].

69. Das Übergangskriechen. *α) Allgemeines.* Als Ergebnisse seiner Kriechversuche stellte ANDRADE die Länge $l(t)$ eines Metalldrahtes als Funktion der Zeit t nach dem Aufbringen einer während des Versuches konstant gehaltenen Spannung mit Hilfe dreier empirischer Konstanten $l(0)$, β und $\varkappa$ in der Form

$$l(t) = l(0)\,(1 + \beta\, t^{\frac{1}{3}})\exp(\varkappa\, t) \tag{69.1}$$

dar. Hierin gibt $l(0)$ die sich infolge der momentanen Dehnung beim Belasten einstellende Länge an [die Anfangslänge $l(0)$ beim Kriechen ist für große Spannungen von der Länge des unbelasteten Drahtes etwas verschieden], während die Konstante β den Anteil des Übergangskriechens und die Konstante $\varkappa$ den Anteil des stationären Kriechens bestimmt.

ANDRADE schrieb also dem Übergangskriechen eine Fließgeschwindigkeit

$$\dot{a} \sim t^{-\frac{2}{3}} \tag{69.2}$$

zu. Vielfach wurden aber auch andere Gesetze experimentell gefunden, vor allem das Potenzgesetz[8]

$$\dot{a} \sim t^{-m} \tag{69.3}$$

mit einem Exponenten m zwischen Null und etwa 1,8.

Die bis heute ausführlichste Untersuchung des Übergangskriechens von reinen Metallen wurde von WYATT[9] an vielkristallinem Kupfer und Aluminium bei Temperaturen zwischen $-196°$ C und $140°$ C vorgenommen. Der allgemeine Befund von WYATT ist, daß man die Kriechkurven in der Form

$$a = \alpha \log(\nu\, t + 1) + \beta\, t^{\frac{1}{3}} \tag{69.4}$$

---

[1] A. H. SULLY: Progr. Met. Phys. **6**, 135 (1956).

[2] Eine Anzahl von Arbeiten in: Creep and Fracture of Metals at High Temperatures [*32*] sowie in Creep and Recovery of Metals [*34*].

[3] J. FRIEDEL: [*26*], Kap. 11.

[4] G. SCHÖCK: Theory of Creep [*34*], S. 199.

[5] A. SEEGER: [*37*], § 10.

[6] Vgl. „Theorie der Gitterfehlstellen" in Teil 1 dieses Bandes, Abschnitt F.

[7] Siehe die Arbeiten von C. CRUSSARD und J. FRIEDEL sowie von A. KOCHENDÖRFER in [*32*].

[8] E. P. T. TYNDALL: [*30*], S. 49.

[9] O. H. WYATT: Nature, Lond. **167**, 866 (1951). — Proc. Phys. Soc. Lond. B **66**, 459 (1953).

darstellen kann, wobei bei tiefen Temperaturen das α-Kriechen und bei höheren Temperaturen das β-Kriechen überwiegt. Ebenso nimmt der β-Anteil auch mit höherer Spannung zu. Nicht genau wiedergegeben werden durch Gl. (69.4) die Kurven bei $-196°$ C, die mit wachsender Zeit weniger stark ansteigen als nach dem logarithmischen Gesetz

$$a = \alpha \log(\nu t + 1). \tag{69.5}$$

Dies entspricht den Ergebnissen von BAUSER[1] und BLANK[2] an Aluminiumeinkristallen, die zwar bei Zimmertemperatur, aber bei viel kleineren Verformungen und Spannungen als bei WYATT gewonnen wurden. Auf die Deutung dieser Abweichungen kommen wir unten zurück.

Die Darstellung der Kriechkurven in der Form (69.4) ist vom rein experimentellen Standpunkt aus deswegen nicht zwingend, weil man die Kriechkurven wohl auch noch in anderer Weise in vergleichbarer Genauigkeit mit Hilfe von drei Parametern darstellen kann. Für die Zweckmäßigkeit der vorgenommenen Aufteilung sprechen dagegen eine Reihe von theoretischen Argumenten. WYATT hat durch kleine Lasterhöhungen und Lastverminderungen während des Kriechens gefunden, daß im Bereich reinen α-Kriechens eine Zustandsgleichung

$$\dot{a} = F(a, \tau, T) \tag{69.6}$$

gilt, während dies bei merklichem Hinzutreten von β-Kriechen nicht mehr der Fall ist. Dies zeigt, daß das logarithmische Kriechen durch besondere Einfachheit ausgezeichnet ist. Andererseits wird das $t^{\frac{1}{3}}$-Gesetz bei außerordentlich vielen und sehr verschiedenartigen Stoffen gefunden[3], so daß man eine gemeinsame statistische Grundursache für dieses sogenannte Andradesche Gesetz vermuten kann. Eine statistische Ableitung der Gl. (69.2) hat MOTT[4] gegeben. Auf die Verhältnisse bei Metall-Einkristallen werden wir in Abschnitt δ kurz eingehen.

β) Die Theorie des logarithmischen Kriechens. Für das Kriechgesetz

$$a = \alpha \log(\nu t + 1) \tag{69.7}$$

und gewisse Verallgemeinerungen, auf die wir unten zurückkommen werden, gibt es im wesentlichen zwei verschiedene Erklärungsmöglichkeiten, die beide auf dieselben Gesetze und auf die Existenz der Zustandsgleichung (69.6) führen. Trotzdem besteht ein physikalischer Unterschied zwischen ihnen, da die phänomenologischen Konstanten α und ν sich ganz verschieden in den atomistischen Größen ausdrücken. Beispielsweise hat ν in der einen Theorie (der sogenannten Erschöpfungstheorie) direkt die Bedeutung einer definierten Schwingungsfrequenz, während es im anderen Falle eine abgeleitete Größe ist, die sich mit den Versuchsbedingungen ändern kann.

Die Erschöpfungstheorie wurde zuerst von MOTT und NABARRO[5] und von SMITH[6] eingeführt. Auf die Wyattschen Versuche wurde sie von WYATT[7], COTTRELL[8] und NABARRO[9] angewendet. Im Grunde handelt es sich hierbei um eine Erweiterung der Becker-Orowanschen Theorie[10].

[1] M. BAUSER: Diss. Stuttgart 1953. — M. BAUSER u. U. DEHLINGER: Z. Metallkde. **45**, 618 (1954).
[2] H. BLANK: Z. Metallkde. **49**, 27 (1958).
[3] E. N. DA C. ANDRADE: J. Iron Steel Inst. **54**, 45 (1947).
[4] N. F. MOTT: Phil. Mag. **44**, 741 (1953). — Proc. Roy. Soc. Lond., Ser. A **220**, 1 (1953).
[5] N. F. MOTT u. F. R. N. NABARRO: [*29*], S. 1.
[6] C. L. SMITH: Proc. Phys. Soc. Lond. **61**, 201 (1948).
[7] O. H. WYATT: Proc. Phys. Soc. Lond. B **66**, 459 (1953).
[8] A. H. COTTRELL: J. Mech. Phys. Solids **1**, 53 (1952).
[9] F. R. N. NABARRO: Adv. Physics **1**, 271 (1952).
[10] R. BECKER: Phys. Z. **26**, 919 (1925).

Bei der Erschöpfungstheorie wird angenommen, daß sich kein physikalischer Verfestigungsprozeß im Kristall abspielt, sondern daß sich lediglich im Laufe des Kriechens der Vorrat derjenigen Stellen, an denen das Fließen schon mit geringer thermischer Aktivierung fortschreiten kann, erschöpft. Diese Annahme widerspricht der allgemeinen Erfahrung bei der plastischen Verformung bei tiefen Temperaturen, wo man immer eine wirkliche Verfestigung durch Vergrößerung der Versetzungsdichte gefunden hat; in Fällen, in denen es möglich war, die Konstante ν mit dem Experiment zu vergleichen, haben sich Diskrepanzen ergeben[1].

Aus diesen Gründen ist die zweite Form der Theorie, die zuerst von OROWAN[2] vorgeschlagen und von MOTT[3] auf das logarithmische Kriechen angewendet worden ist, vorzuziehen. Als maßgebender Prozeß für das Fließen der reinen Metalle wird einer der in Ziff. 43 bis 45 ausführlich besprochenen thermisch aktivierten Prozesse (Durchschneiden des Versetzungswaldes durch Stufen- oder Schraubenversetzungen oder auch thermisch aktivierte Bildung von Leerstellen an Sprüngen von Schraubenversetzungen) angesehen. Für die Fließgeschwindigkeit gilt dann [vgl. Gl. (43.7)]

$$\frac{da}{dt} = b\,\nu_0 F N(t) \exp\left(-U(t)/\boldsymbol{k}T\right). \tag{69.8}$$

Hier bedeutet b die Versetzungsstärke, ν_0 die Frequenz der für die thermische Aktivierung maßgebenden Schwankungen, F die pro Aktivierung von einer Versetzung überstrichene Fläche und $N(t)$ die Zahl der pro Volumeneinheit an den jeweiligen Hindernissen aufgehaltenen Versetzungslinien. In Gl. (69.8) ist berücksichtigt, daß N von der Zeit abhängen kann. Da sich (zumindest bei tiefen Temperaturen) im fließenden Kristall die Verfestigung erhöht, ist eine Abnahme von N möglich. Andererseits kann N im Laufe der Zeit auch zunehmen, da sich ja die Gesamtlänge der ausbreitenden Versetzungsringe vergrößern kann und unter Umständen sogar neue Ringe ins Spiel kommen. $U(t)$ ist die Aktivierungsenergie, die für die Überwindung der Hindernisse notwendig ist. Diese Aktivierungsenergie wächst im Laufe des Kriechens, da die inneren Spannungen mit wachsender Verformung zunehmen. Für diese Zunahme wird der Ansatz

$$\Delta\tau = \vartheta\, a \tag{69.9}$$

gemacht, wobei ϑ der Verfestigungskoeffizient und a die Abgleitung während des Kriechens ist. Bezeichnet τ die an den Hindernissen wirkende Schubspannung, U_0 die Aktivierungsenergie bei der Schubspannung $\tau = 0$ und v das Aktivierungsvolumen, so gilt nach Gl. (43.3)

$$\left.\begin{aligned} U &= U_0 - v\,\tau = U_0 - v\,\tau^0 + v\,\Delta\tau \\ &= U_0 - v\,\tau^0 + v\,\vartheta\,a. \end{aligned}\right\} \tag{69.10}$$

Dabei wurde mit τ^0 jene Schubspannung bezeichnet, die am Ende der gewissermaßen als Zugversuch aufzufassenden Belastungsperiode und damit beim Beginn des Kriechens an den Versetzungen angreift.

Die Gl. (69.8) kann man nur dann integrieren, wenn außer Gl. (69.10) noch eine Gleichung für N zur Verfügung steht. Wir beschränken uns auf den Fall $N =$

[1] M. DAVIS u. N. THOMPSON: Proc. Phys. Soc. Lond. B **63**, 847 (1950). — N. F. MOTT: Imperfection in Nearly Perfect Crystals, S. 173. New York 1952. — O. H. WYATT: Proc. Phys. Soc. Lond. B **66**, 459 (1953).

[2] E. OROWAN: Imperfections in Nearly Perfect Crystals, S. 190. New York 1952.

[3] N. F. MOTT: Phil. Mag. **44**, 741 (1953).

const, in dem die Lösung

$$a = \alpha \log (\delta \nu' t + 1) \tag{69.11}$$

lautet, wobei die Abkürzungen

$$\left.\begin{aligned} \alpha &= \frac{kT}{\vartheta v}, \\ \delta &= \exp\left(\frac{U_0 - v\tau^0}{kT}\right), \\ \nu' &= \frac{NFb\nu_0}{\alpha} \end{aligned}\right\} \tag{69.11a}$$

verwendet wurden. Die Größe δ kennzeichnet die Schubspannung τ^0 beim Beginn des Kriechens, also zur Zeit $t=0$. Wegen einer Ausdehnung der Gl. (69.11) auf Fälle, bei denen ein Spektrum von Aktivierungsenergien U_0 auftritt, sei auf eine Arbeit von SEEGER[1] verwiesen.

Das Fließgesetz (69.11) wird experimentell verhältnismäßig oft in guter Näherung beobachtet. Führt man Versuche mit stufenweiser Belastung durch (vgl. Ziff. 12), so kann man neben der Konstanten α des Fließgesetzes auch den Verfestigungskoeffizienten ϑ bestimmen. Mit Hilfe der Gleichung

$$v = \frac{kT}{\alpha\vartheta} \tag{69.12}$$

kann man aus derartigen Messungen experimentelle Werte für das Aktivierungsvolumen v entnehmen. Wie die Auswertung der Meßergebnisse gezeigt hat[1,2], findet man im Anfangsteil der Verfestigungskurve, entsprechend den theoretischen Erwartungen, in guter Näherung ein von der Abgleitung unabhängiges Aktivierungsvolumen. Deutet man die vorwiegend an Aluminium gewonnenen Ergebnisse entsprechend den Erörterungen in Ziff. 44 auf Grund des Durchschneidens von Stufenversetzungen durch den Versetzungswald, so ergeben sich für den mittleren Abstand der durchschnittenen Versetzungen Werte von der Größenordnung 10^{-4} cm.

Tabelle 8. *Logarithmisches Kriechen eines Kupfer-Einkristalls bei Raumtemperatur nach M. Michelitsch (unveröffentlicht).* Aktivierungsvolumen v nach Gl. (69.12).

m	$\alpha \times 10^4$	ϑ [kp/mm²]	$\alpha\vartheta \times 10^4$ [kp/mm²]	Mittelwert von v [cm³]
1,00	1,99	7,55	15,1	
1,00	3,72	4,24	15,7	
1,00	4,22	3,62	15,2	$2{,}70 \times 10^{-19}$
1,00	7,35	2,16	15,9	
1,00	8,20	1,86	15,2	

Ein Beispiel, das zeigen soll, wie gut das Aktivierungsvolumen nach Gl. (69.12) beim logarithmischen Kriechen sich konstant ergibt, bringen wir in Tabelle 8. Der Kristall hatte die Orientierung C 14; die kritische Schubspannung betrug $\tau_0 = 110$ p/mm². Tabelle 8 enthält die Ergebnisse der aufeinanderfolgenden Kriechkurven, die jeweils nach einem kleinen Spannungsinkrement erhalten wurden. Die Abnahme des Verfestigungsanstiegs $\vartheta = d\tau/da$ erklärt sich daraus, daß die Versuche im Anfangsteil der Verfestigungskurve, in dem diese negativ gekrümmt ist, ausgeführt wurden.

Trifft die Annahme $N = \text{const}$ nicht zu, so macht die geschlossene Integration der Differentialgleichung (69.8) Schwierigkeiten. Man kann jedoch die eintretenden Änderungen qualitativ leicht übersehen. Nimmt N während des Fließens ab, so vermindert sich die Fließgeschwindigkeit $\dot{a}$ rascher als beim sogenannten logarithmischen Kriechen. Sofern man die Ergebnisse durch Gl. (69.3) beschreiben kann, ergibt sich $m > 1$ (hyperbolisches Kriechen). Einer Zunahme von N

[1] A. SEEGER: Z. Naturforsch. **9**a, 758 (1954).
[2] N. THOMPSON, C. K. COOGAN u. J. D. RIDER: J. Inst. Met. **84**, 73 (1953).

während des Kriechens entspricht eine im Vergleich zum logarithmischen Kriechen verringerte Abnahme der Fließgeschwindigkeit (parabolisches Kriechen, $m<1$). Die verschiedenen Arten des Übergangskriechens sind nicht streng voneinander geschieden, manchmal wird im gleichen Kristall ein Wechsel von der einen zur anderen Art beobachtet[1].

Wie schon oben erwähnt, findet man experimentell bei nicht zu hohen Temperaturen und niedrigen Spannungen in der Regel eine raschere Abnahme der Kriechgeschwindigkeit mit der Zeit als beim logarithmischen Kriechgesetz, wobei sich die Verhältnisse nach langen Zeiten gut durch Gl. (69.3) beschreiben lassen mit einem Exponenten m, der nur wenig größer als 1 ist. Dies ist, vom theoretischen Standpunkt aus gesehen, befriedigend, da auf diese Weise eine Grenzabgleitung auftritt, während ja nach dem logarithmischen Kriechgesetz die Abgleitung schon bei einer einzelnen Abgleitungsstufe im Laufe der Zeit beliebig groß werden sollte. Qualitativ ist dieses Verhalten, wie erwähnt, in der Weise zu erklären, daß infolge der Verfestigung die Zahl der am Kriechprozeß teilnehmenden Versetzungen im Laufe der Zeit abnimmt. Es ist allerdings bis jetzt noch nicht gelungen, Gl. (69.3) ohne ad hoc-Annahmen abzuleiten. Man kann deshalb die Möglichkeit nicht ausschließen, daß das Übergangskriechen mit $m>1$ durch einen ganz anderen Prozeß als hier besprochen zustande kommt. Man würde z.B. ohne weiteres Gl. (69.3) bekommen, wenn zwischen Spannung τ und Aktivierungsenergie U der Zusammenhang $U=-A\log\frac{\tau}{\tau^*}$ bestünde (vgl. S. 157, Fußnote 1). Es würde dann $m=[1-(kT/A)]^{-1}$ gelten.

γ) Einige Bemerkungen zum β-Kriechen. Wir verstehen hier unter dem β-Kriechen parabolisches Kriechen, das in seinem Zeitgesetz vom logarithmischen Kriechen *stark* abweicht und dem Andrade-Kriechen ($a\sim t^{\frac{1}{3}}$) ähnelt. Aus dem Studium der empirischen Daten über das β-Kriechen bei kubisch-flächenzentrierten Metallen, insbesondere über die Abhängigkeit vom untersuchten Metall, von der Temperatur und der Spannung gewinnt man den Eindruck[2], daß das β-Kriechen mit dem Bereich III der Verfestigungskurve der kubisch-flächenzentrierten Metalle zusammenhängt. Geschwindigkeitsbestimmend ist danach die dynamische Erholung, insbesondere der Quergleitungsmechanismus der Schraubenversetzungen. Dies ist eine sehr plausible Vermutung, die im Einklang mit den im fraglichen Temperaturbereich bei Aluminium beobachteten Aktivierungsenergien und Frequenzfaktoren[3] ist. Es liegt allerdings bis jetzt noch keine auf dieser Vorstellung basierende Ableitung des Andradeschen Kriechgesetzes vor.

Die oben erwähnte Mottsche Ableitung des Andrade-Gesetzes scheint auf den hier diskutierten Fall nicht anwendbar zu sein. Bei MOTT wird das β-Kriechen nämlich aufgefaßt als Einschwingvorgang des stationären Kriechens, wobei die Kriechgeschwindigkeit noch nicht auf den dem stationären Kriechen entsprechenden Wert abgesunken ist. Der Mechanismus müßte derselbe wie beim stationären Kriechen sein, während die Aktivierungsenergie des Andradeschen Kriechens ein Drittel der Aktivierungsenergie des stationären Kriechens betragen sollte. Beide Bedingungen sind bei Aluminium, bei dem das stationäre Kriechen wohl durch das Klettern von Stufenversetzungen bestimmt wird, nicht erfüllt.

δ) Neuere Untersuchungen an Metalleinkristallen[4]. Die vorstehenden Anschauungen und Vermutungen sind neuerdings durch Kriechmessungen von MICHE-

[1] Siehe z.B. P. HAASEN u. G. LEIBFRIED: Z. Metallkde. **43**, 317 (1952).
[2] A. SEEGER: Z. Naturforsch. **11**a, 958 (1956). — [*37*].
[3] G. SCHÖCK: [*34*], S. 199.
[4] Zusatz bei der Korrektur.

LITSCH[1] an Kupfereinkristallen bestätigt worden, bei denen insbesondere der Zusammenhang zwischen den Kriechkurven bei kleinen Zusatzbelastungen (Schubspannungsinkrementen τ_z von einigen p/mm² entsprechend) und dem

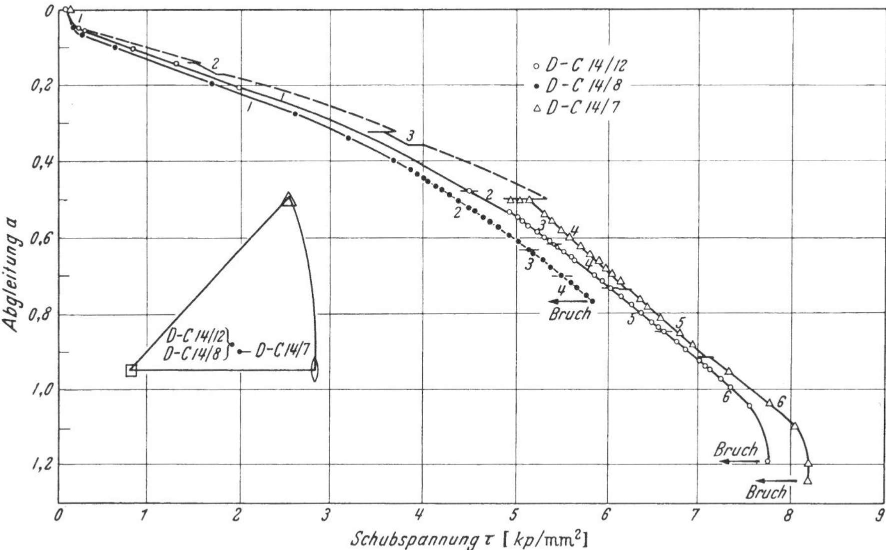

Fig. 173. Die aus Kriechversuchen ermittelten Raumtemperaturverfestigungskurven dreier Kupfereinkristalle nach Messungen von MICHELITSCH. Die in den einzelnen Intervallen der Verfestigungskurven verwendeten Vorfließgeschwindigkeiten $\dot{a}_v$ sind in Tabelle 9 angegeben. Der Kristall D-C 14/7 wurde in den gestrichelt gezeichneten Intervallen der Verfestigungskurve dynamisch zwischenverformt. Der Kristall D-C 14/8 ist an der mit *Bruch* bezeichneten Stelle *nicht* gebrochen; vielmehr ist an dieser Stelle der Versuch beendet worden.

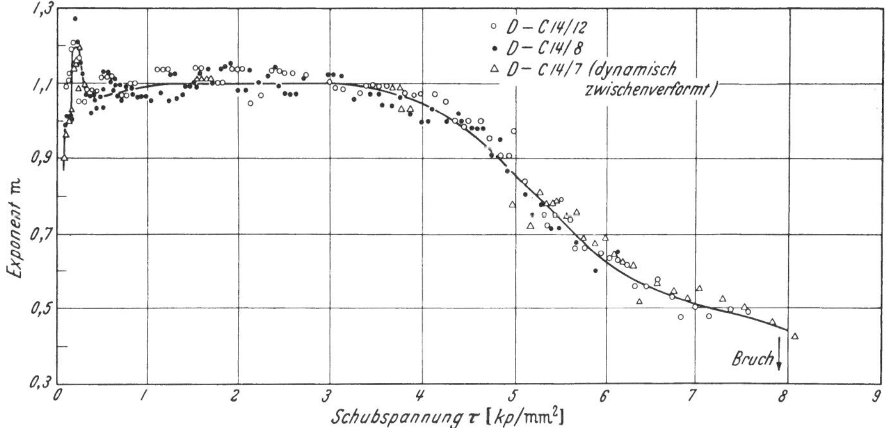

Fig. 174. Exponent m im asymptotischen Kriechgesetz Gl. (69.3) als Funktion der Schubspannung τ für die in Fig. 173 angegebenen Kristalle. Es ist nur ein Teil der Meßpunkte eingetragen.

Verlauf der Verfestigungskurve untersucht wurde. Die Fig. 173 und 174 zeigen die wichtigsten der bei Raumtemperatur erhaltenen Ergebnisse. Einige Zeit nach dem Belasten ergibt sich (wie auch bei BLANK[2]) das Potenzgesetz Gl. (69.3). In Fig. 174 sind die Exponenten m in den einzelnen Kriechkurven als Funktion

[1] M. MICHELITSCH (Stuttgart): Veröffentlichung demnächst.
[2] H. BLANK: Z. Metallkde. **49**, 27 (1958).

der Gesamtschubspannung τ für drei Kristalle aufgetragen. Fig. 173 gibt die durch statische Versuchsführung (s. Ziff. 12) erhaltenen Verfestigungskurven wieder. Die einzelnen Intervalle der Verfestigungskurven unterscheiden sich dadurch, daß die Zusatzlasten, wie in Tabelle 9 angegeben, bei verschiedenen „Vorfließgeschwindigkeiten" $\dot{a}_v$ (etwa den Abgleitungsgeschwindigkeiten bei dynamischer Verformung entsprechend) aufgebracht wurden. Der Vergleich von Fig. 173 und 174 zeigt, daß der Exponent m im Bereich I der Verfestigungskurve (nicht zu verwechseln mit den Bereichen I, II, III der Fließkurven — Fig. 172) etwa den Wert Eins hat, also logarithmisches Kriechen auftritt. Im Übergangsgebiet zum Bereich II der Verfestigungskurve steigt der Exponent m auf etwa 1,2 an, um im Bereich II sich auf den konstanten Wert $m = 1{,}1$ einzustellen. Man darf aus diesen Beobachtungen schließen, daß im Bereich I der Verfestigungskurve im wesentlichen α-Kriechen auftritt. Wir sprechen von α-Kriechen, wenn der Kriechexponent m etwa 1 (oder etwas größer) ist und wenn die thermisch

Tabelle 9. *Vorfließgeschwindigkeiten $\dot{a}_v$ (= Abgleitungsgeschwindigkeit unmittelbar vor dem Aufbringen eines neuen Lastinkrements τ_z) in 10^{-7} sec^{-1} in den einzelnen Intervallen der Verfestigungskurven der Fig. 173.*

	Intervall					
	1	2	3	4	5	6
D—C 14/12	0,8	1,9	3,2	12,8	19	32
D—C 14/8	0,8	3,2	8	16	—	—
D—C 14/7	1,0	1,0	4,1	16,5	25	41

aktivierten Vorgänge, die für das Kriechen jeweils verantwortlich sind, dieselben wie die für die Temperaturabhängigkeit der Fließspannung, im vorliegenden Falle also für τ_S, maßgeblichen Prozesse sind. Man sieht leicht ein, daß unter diesen Bedingungen eine Zustandsgleichung der Form Gl. (69.6) gilt, in Übereinstimmung mit den in Abschnitt α) erwähnten Ergebnissen von WYATT.

Beim Vergleich der Fig. 173 und 174 erkennt man, daß vom Beginn des Bereichs III der Verfestigungskurven an systematische Abweichungen von dem für Bereich II charakteristischen Exponenten $m \approx 1{,}1$ nach unten hin auftreten. Dies ist im Einklang damit, daß im Bereich III dynamische Erholung durch thermisch aktivierte Quergleitung stattfindet (vgl. Ziff. 55). Das Auftreten eines weiteren thermisch aktivierten Prozesses hat eine Erhöhung der Kriechgeschwindigkeit gegenüber Bereich II zur Folge. Wegen der mit dem Kriechen verbundenen teilweisen „Erholung" kann hier *keine* Zustandsgleichung gelten. Man entnimmt aus Fig. 174, daß beim β-Kriechen von Kupfereinkristallen der Andradesche Exponent $m = \frac{2}{3}$ nicht ausgezeichnet ist. Dies ist im Einklag mit dem in Abschnitt γ Gesagten, wonach die Mottsche Herleitung des Andrade-Gesetzes nicht auf die Quergleitung angewandt werden kann.

70. Das stationäre Kriechen. Während man es beim *Übergangskriechen* im wesentlichen mit denselben Verformungsmechanismen wie beim Zugversuch zu tun hat, trifft dies für das *stationäre* Kriechen nicht mehr zu. Außer dem kristallographischen Gleiten treten hier noch weitere Prozesse auf, an Hand derer man die Erscheinungen einteilen kann. Wir besprechen im folgenden den Einfluß der Erholung (α), den Einfluß des Korngrenzenfließens (β) und das Fließen durch Volumdiffusion von Leerstellen (γ).

α) *Stationäres Fließen als dynamisches Gleichgewicht zwischen Verfestigung und Erholung.* Beim Übergangskriechen nimmt die Fließgeschwindigkeit und damit auch die Geschwindigkeit, mit der sich der Kristall verfestigt, im Laufe der Zeit immer mehr ab. Ist bei der Versuchstemperatur eine gewisse Erholung möglich, so wird schließlich die Verfestigungsgeschwindigkeit gleich der Erholungsgeschwindigkeit. Von diesem Zeitpunkt an ergibt sich bei gleichbleibender Spannung eine konstante Kriechgeschwindigkeit, die sich so einstellt, daß die Verfestigungsgeschwindigkeit gleich der Erholungsgeschwindigkeit ist. Die formale Theorie dieses dynamischen Gleichgewichts ist von OROWAN[1] sowie von COTTRELL und AYTEKIN[2] gegeben worden; COTTRELL und AYTEKIN haben an Ein- und Vielkristallen von Zink ausführliche experimentelle Untersuchungen angestellt. Sie konnten dabei zeigen, daß sich bei plötzlicher Verminderung der Spannung die Fließgeschwindigkeit zunächst stark verkleinert und erst allmählich auf den neuen stationären Wert einstellt. Dies ist auf Grund der theoretischen Vorstellungen zu erwarten, da ja der Abbau der Verfestigung eine gewisse Zeit braucht. Das Einstellen des dynamischen Gleichgewichts ist von KUHLMANN[3] genauer theoretisch untersucht worden.

Über das stationäre Kriechen von Metallen bei mittleren und höheren Temperaturen liegt ein sehr ausführliches Versuchsmaterial vor, das von DORN[4] kritisch zusammengestellt worden ist. DORN konnte zeigen, daß die Fließgeschwindigkeit als Funktion von Spannung τ und Temperatur T durch

$$\dot{a} = \varphi(\tau) \exp(- Q_c/kT) \tag{70.1}$$

gegeben ist, wo Q_c die Aktivierungsenergie des stationären Kriechens und

$$\varphi(\tau) = \begin{cases} S' \exp(B\tau) & \text{für } B\tau \gtrsim 1{,}4 \\ S''\tau^n \quad (n \approx 4-5) & \text{für } B\tau \lesssim 1{,}4 \end{cases} \tag{70.2}$$

ist.

Wir werden sogleich sehen, daß der geschwindigkeitsbestimmende, also für die Erholung maßgebende Vorgang wohl das Klettern von Versetzungslinien ist. Diese Auffassung ist zuerst von MOTT[5] vorgeschlagen und theoretisch behandelt worden. MOTT hat jedoch eine von Gl. (70.1) etwas verschiedene Formel erhalten, deren wesentliches Kennzeichen es ist, daß die Spannung in der Kombination τ/kT vorkommt. Nach den Untersuchungen von DORN trifft dies jedoch experimentell nicht zu.

Für die theoretische Diskussion des Kletterns von Stufenversetzungen beim Kriechen hat man drei Fälle zu unterscheiden, je nachdem, ob die Aktivierungsenergie Q_j für die thermische Bildung von Sprüngen in Stufenversetzungen klein gegen, vergleichbar mit oder groß gegen die Aktivierungsenergie Q_d der Selbstdiffusion ist[6]. Im ersten Falle ($Q_j \ll Q_d$) enthält bei Temperaturen, für welche eine merkliche Selbstdiffusion stattfindet, eine Stufenversetzung so viele Sprünge, daß Leerstellen sehr leicht annihiliert oder gebildet werden können[7]. Die Leerstellen-Konzentration ist dann entlang der Versetzungslinien stets gleich der Gleichgewichtskonzentration und die Geschwindigkeit des Kletterns lediglich durch den Herantransport oder Abtransport von Leerstellen, also letzten Endes durch die Aktivierungsenergie der Selbstdiffusion, bestimmt. Dieser Grenzfall

[1] E. OROWAN: J. West Scotland Iron and Steel Inst. **54**, 45 (1946/47).
[2] A. H. COTTRELL u. V. AYTEKIN: J. Inst. Met. **77**, 389 (1950).
[3] D. KUHLMANN: Proc. Phys. Soc. Lond. A **64**, 140 (1951).
[4] J. E. DORN: [*32*], S. 89. Hier weitere Literaturangaben.
[5] N. F. MOTT: Phil. Mag. **44**, 741 (1953).
[6] A. SEEGER: [*31*], S. 391.
[7] Wir führen die Diskussion für den Fall durch, daß die Selbstdiffusion durch Wanderung von Schottky-Fehlstellen erfolgt. Auf andere Fälle läßt sie sich leicht erweitern.

ist von WEERTMAN[1] ausführlich behandelt worden; es ergab sich in der Tat das Fließgesetz Gl. (70.1) mit $Q_c = Q_d$ und eine befriedigende Übereinstimmung mit der experimentell gefundenen Spannungsabhängigkeit nach Gl. (70.2).

Der andere Grenzfall, $Q_j \gg Q_d$, läßt sich ebenfalls verhältnismäßig einfach behandeln. Hier ist die Aktivierungsenergie für die Sprungbildung so groß, daß bei den in Frage kommenden Temperaturen keinerlei Sprünge thermisch gebildet werden. Beim Klettern wirken vielmehr nur solche Sprünge mit, die beim Durchschneiden anderer Versetzungslinien gebildet wurden oder während des Kriechens auf diese Weise gebildet werden. Diese treten jedoch in der Aktivierungsenergie nicht in Erscheinung, so daß die Aktivierungsenergie des Kriechens wiederum gleich derjenigen der Selbstdiffusion ist. Die *Kriechgeschwindigkeit* bei vergleichbaren Spannungen und Temperaturen ist natürlich in diesem Falle wesentlich kleiner als im Falle $Q_j \ll Q_d$.

Schließlich haben wir noch den Fall zu besprechen, daß Q_j und Q_d von vergleichbarer Größe sind. In diesem Falle haben beide einen Einfluß auf die Größe von Q_c, welches größer als Q_d sein muß. Nähere Untersuchungen über die in diesem Bereich herrschenden, ziemlich komplizierten Verhältnisse liegen bis jetzt noch nicht vor.

Beim Vergleich mit den Experimenten hat man zu beachten, daß von den Metallen mit einfachen Strukturen nur diejenigen mit niedriger Stapelfehlerenergie zur Gruppe $Q_j \gg Q_d$ gehören können, während alle übrigen einer der beiden anderen Gruppen angehören müssen. Fig. 175 stellt die Verhältnisse nach SEEGER[2] halbschematisch dar; bei den Angaben dieser Figur wurden für Q_c und Q_d Meßwerte verwendet; bei den Aktivierungsenergien für die Sprungbildung handelt es sich zum Teil um geschätzte Werte. Die ausgezogene Kurve gibt qualitativ den nach der obigen Diskussion zu erwartenden Verlauf von Q_c/Q_d als Funktion von Q_j/Q_d wieder. Wie man sieht, und wie vor allem DORN und Mitarbeiter[3] betont haben, ist Q_c bei den meisten Metallen in guter Näherung gleich Q_d.

Während des stationären Fließens spielen sich strukturelle Änderungen im Material — die sogenannte Zellbildung — ab. Wir verweisen auf die Diskussion dieser Erscheinung in Ziff. 67.

β) Korngrenzenfließen. Der Mechanismus und die Aktivierungsenergien des viskosen Fließens der Korngrenzen wurden im Artikel „Theorie der Gitterfehlstellen" im Teil 1 dieses Bandes (Ziff. 96) im einzelnen behandelt. Beim stationären Kriechen von Vielkristallen tritt im allgemeinen neben dem im vorstehenden Abschnitt α besprochenen Fließen im Innern der Kristallite noch ein vom Korngrenzenfließen herrührender Anteil hinzu, da ja die Aktivierungsenergien für die beiden Prozesse von derselben Größenordnung sind. In einer Reihe von Arbeiten ist von MCLEAN[4] untersucht worden, wie sich die Deformation von Vielkristallen bei höheren Temperaturen aus diesen beiden Anteilen zusammensetzt. Wegen Einzelheiten sei auf die genannten sowie weitere sich mit diesen Fragen befassende Untersuchungen in [*32*] und [*34*] verwiesen. Zusammenfassende Darstellungen mit ausführlichen Literaturangaben finden sich bei SULLY[5] sowie in [*39*].

γ) Kriechen durch Volumdiffusion von Leerstellen und Zwischengitteratomen. Jeder Kristall enthält bei hinreichend hohen Temperaturen eine thermische

[1] J. WEERTMAN: J. Appl. Phys. **26**, 1213 (1955).

[2] A. SEEGER: [*31*], S. 391.

[3] Siehe J. E. DORN: [*32*], S. 89.

[4] A. D. MCLEAN: J. Inst. Met. **80**, 507 (1951/52); **81**, 133, 287, 293 (1952/53). — [*32*], S. 73.

[5] A. H. SULLY: Progr. Met. Phys. **6**, 135 (1956).

Fehlordnung, d.h. eine im thermischen Gleichgewicht befindliche Konzentration von Gitterlücken oder Zwischengitteratomen oder auch von beiden[1]. Da in den meisten Metallen Gitterlücken viel leichter gebildet werden können und deshalb in der thermischen Fehlordnung in viel größerer Zahl vorhanden sind als Zwischengitteratome, werden wir im folgenden nur von „Gitterlücken" (bzw. Leerstellen) sprechen, obwohl Entsprechendes auch für Zwischengitteratome gilt.

Mit der Diffusion von Leerstellen ist ein Materialtransport entgegen der Flußrichtung der Leerstellen verbunden. KAUZMANN[2] hat als erster darauf hingewiesen, daß sich unter einer Schubspannung hierdurch ein quasiviskoses Fließen ergeben sollte, das der Selbstdiffusion eng verwandt ist und bei denselben Temperaturen wie diese auftreten sollte. NABARRO[3] hat diesen Prozeß (Fig. 176) ausführlich behandelt. Bezeichnet σ die dem reinen

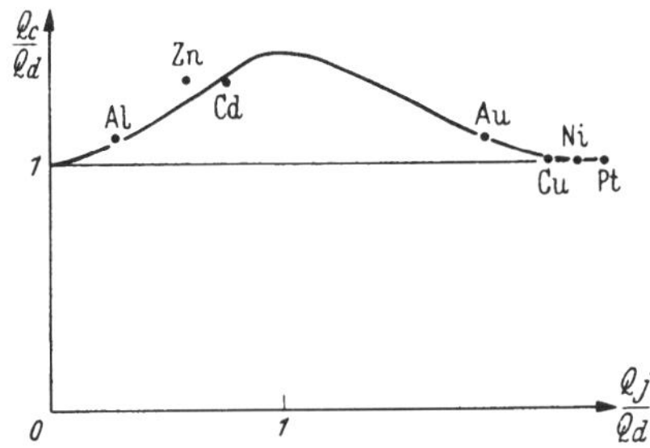

Fig. 175. Schematischer Zusammenhang zwischen den Aktivierungsenergien Q_c für das stationäre Kriechen, Q_d für die Selbstdiffusion und Q_j für die Bildung von Sprüngen in Stufenversetzungen.

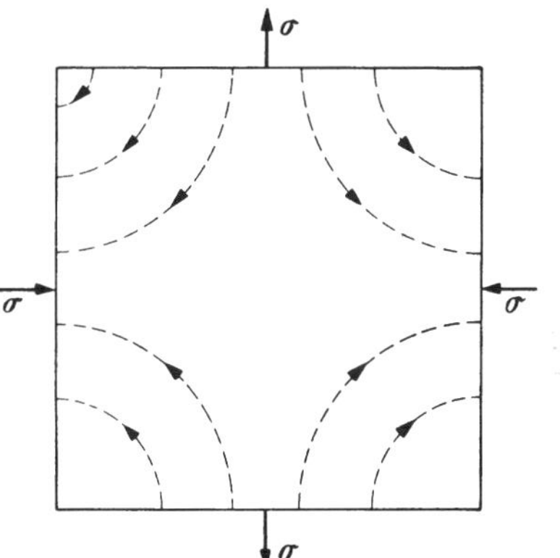

Fig. 176. Schematische Darstellung der Verformung durch Diffusion von Leerstellen nach NABARRO. σ gibt die Zug (bzw. Druck-) Kraft pro Flächeneinheit an. Die Flußlinien der Leerstellen sind gestrichelt angedeutet.

Schubspannungszustand äquivalente Zugspannung, V das Volumen, D den Selbstdiffusionskoeffizienten und schließlich L die Lineardimension des Bereiches, durch den die Leerstellen wandern müssen, so ergibt sich für die Kriechgeschwindigkeit näherungsweise

$$\dot{a} = \frac{2\sigma V D}{L^2 \mathrm{k} T}. \tag{70.3}$$

Sie hängt über die Diffusionskonstante D exponentiell von der Temperatur ab. KAUZMANN hatte versucht, durch diesen Mechanismus die Versuche von CHALMERS[4] über das Kriechen von Zinneinkristallen bei Spannungen unterhalb der kritischen Schubspannung zu erklären. NABARRO verwirft diese Deutung mit Recht, da der obige Mechanismus Form- und Volumabhängigkeit zeigen sollte und die von CHALMERS beobachteten Kriechgeschwindigkeiten zu groß sind.

C. HERRING[5] hat die Nabarroschen Überlegungen weitergeführt, insbesondere indem er die Korngrenzen in Vielkristallen als Stellen der Leerstellenerzeugung in Betracht zog und auch sphärische Kornformen betrachtete. Der Vergleich mit Messungen an polykristallinen Drähten von Au, Ag und Cu unmittelbar unter dem Schmelzpunkt und bei sehr kleinen Spannungen ergab die richtige Größenordnung,

---

[1] Siehe den Artikel über die „Theorie der Gitterfehlstellen" in Teil 1 dieses Bandes.
[2] W. KAUZMANN: Trans. Amer. Inst. Min. Metallurg. Engrs. **143**, 57 (1941).
[3] F. R. N. NABARRO: [29], S. 75.
[4] B. CHALMERS: Proc. Roy. Soc. Lond., Ser. A **156**, 427 (1936).
[5] C. HERRING: J. Appl. Phys. **21**, 437 (1950).

wenn D aus Selbstdiffusionsversuchen und die Korngröße L aus metallographischen Beobachtungen entnommen wurde[1]. Bei Einkristallen ergeben sich unter diesen Bedingungen viel kleinere Kriechgeschwindigkeiten, da hier ja die Korngrenzen zur Leerstellenerzeugung ausfallen[2]. Man darf wohl annehmen, daß die Nabarro-Herringsche Theorie das quasiviskose Fließen polykristalliner Metalle bei sehr hohen Temperaturen und sehr kleinen Spannungen richtig beschreibt[3].

Der Verfasser wünscht seinen Mitarbeitern am Institut für theoretische und angewandte Physik der Technischen Hochschule Stuttgart und am Max-Planck-Institut für Metallforschung, die mit Rat und Tat beim Zustandekommen dieses Beitrags geholfen haben, sowie allen jenen Fachgenossen, die Figuren und unveröffentlichte Arbeiten zur Verfügung gestellt haben, aufs herzlichste zu danken. Zu besonderem Dank für wertvolle Mitarbeit fühlt er sich den Herren Dr. J. DIEHL, Dr. P. HAASEN and Dr. S. MADER verpflichtet.

Literaturverzeichnis.

Die beiden klassischen Werke über die Kristallplastizität sind:

[*1*] SCHMID, E., u. W. BOAS: Kristallplastizität unter besonderer Berücksichtigung der Metalle. Berlin: Springer 1935. Berücksichtigt die Literatur bis einschließlich 1934 fast vollständig.

[*2*] ELAM, C. F.: Distorsion of Metal Crystals. Oxford: Clarendon Press 1935.

[1] und [2] behandeln auch Vielkristalleigenschaften, doch liegt der Nachdruck auf den Untersuchungen an Einkristallen. Der Zusammenhang zwischen den Einkristalleigenschaften und dem Verhalten metallischer Werkstoffe wird besonders ausführlich besprochen in:

[*3*] KOCHENDÖRFER, A.: Plastische Eigenschaften von Kristallen und metallischen Werkstoffen. In: Reine und angewandte Metallkunde in Einzeldarstellungen, Bd. 7. Berlin: Springer 1941.

Eine Darstellung der Kristallplastizität und Kristallfestigkeit mit besonderer Betonung des kristallographischen und mineralogischen Standpunktes ist:

[*4*] TERTSCH, H.: Die Festigkeitserscheinungen der Kristalle. Wien: Springer 1949.

Kürzere, zusammenfassende Darstellungen der Plastizität der Metalle, die sich auch als Einführungen eignen, finden sich in:

[*5*] SEITZ, F.: The Physics of Metals. New York u. London: McGraw-Hill 1943.

[*6*] BOAS, W.: An Introduction to the Physics of Metals and Alloys. Melbourne: University Press 1947.

[*7*] MASING, G.: Lehrbuch der allgemeinen Metallkunde. Berlin-Göttingen-Heidelberg: Springer 1950.

[*8*] BARRETT, C. S.: The Structure of Metals, 2. Aufl. New York-Toronto-London: McGraw-Hill & Co. 1952.

Als ältere Zusammenfassungen sind ferner zu erwähnen:

[*9*] SEITZ, F., u. T. A. READ: Theory of the Plastic Properties of Solids (in vier Teilen). J. Appl. Phys. **12**, 100, 170, 470, 538 (1941).

[*10*] BURGERS, W. G.: Rekristallisation, Verformter Zustand und Erholung. In Handbuch der Metallphysik, Bd. III/2. Leipzig: Akademische Verlagsgesellschaft 1941.

Anelastische Erscheinungen und ihr Zusammenhang mit der Kristallplastizität sind behandelt bei:

[*11*] ZENER, C. N.: Elasticity and Anelasticity of Metals. Chicago: Chicago University Press 1948.

---

[1] Experimentelle Arbeiten: H. UDIN, A. J. SHALER u. J. WULFF: Trans. Amer. Inst. Min. Metallurg. Engrs. **185**, 186 (1949). — F. H. BUTTNER, H. UDIN u. J. WULFF: Trans. Amer. Inst. Min. Metallurg. Engrs. **194**, 401 (1952). — A. P. GREENOUGH: Phil. Mag. **43**, 1075 (1952).

[2] Bei den untersuchten Metallen handelt es sich um solche mit niedriger Stapelfehlerenergie, so daß Stufenversetzungen nur in geringem Maße als Quellen und Senken von Leerstellen wirken können.

[3] Der diskutierte Mechanismus spielt zweifellos auch beim Sintern eine wesentliche Rolle (mit der Oberflächenspannung als treibender Kraft). Weitere Literatur hierfür bei G. A. GEACH: Progr. Met. Phys. **4**, 174 (1953).

[12] NOWICK, A. S.: Internal Friction in Metals. Progr. Met. Phys. **4**, 1 (1953).

Wegen einer Darstellung der heutigen Kenntnisse über Zwillinge und Zwillingsbildung in Metallen und Mineralien sei auf:

[13] CAHN, R. W.: Twinned Crystals, Adv. Physics **3**, 363 (1954)

verwiesen (dort weitere Literaturangaben). Außer in den meisten der Werke [1] bis [10] wird die Bildung von Verformungs- und Rekristallisationszwillingen in Metallen noch von

[14] CLARK, R., u. C. B. CRAIG: Twinning, Progr. Met. Phys. **3**, 115 (1952)

und

[15] HALL, E. O.: Twinning and Diffusionless Transformations in Metals. London: Butterworth & Co. 1954

zusammenfassend besprochen.

Der Bruch fester Körper und der Zusammenhang mit der plastischen Verformung ist außer in [1] und [4] zusammenfassend dargestellt in:

[16] SMEKAL, A.: Die Festigkeitseigenschaften spröder Körper. Ergebn. exakt. Naturw. **15**, 106 (1936).

[17] OROWAN, E.: Fracture and Strength of Solids. Rep. Progr. Phys. **12**, 185 (1949).

[18] Fracturing of Metals (American Society of Metals). Cleveland 1948. (Seminarbericht mit zahlreichen Einzelvorträgen — auch über technische Probleme.)

[19] PETSCH, N. J.: The Fracture of Metals. Progr. Met. Phys. **5**, 1 (1954).

Die Anwendung der Versetzungstheorie auf die Kristallplastizität ist zusammenfassend behandelt in:

[20] COTTRELL, A. H.: Dislocations and Plastic Flow in Crystals. Oxford: Clarendon Press 1953.

[21] OROWAN, E.: Dislocations and Mechanical Properties. In Dislocations in Metals (herausgeg. von M. COHEN), Kap. 3 (American Inst. Min. Met. Eng.), New York 1954. (Enthält auch Angaben über die historische Entwicklung der Theorie.)

[22] COTTRELL, A. H.: Theory of Dislocations. Progr. Met. Phys. **1**, 77 (1949).

[23] COTTRELL, A. H.: Theory of Dislocations. Progr. Met. Phys. **4**, 205 (1953).

[24] HAASEN, P., u. G. LEIBFRIED: Die plastische Verformung von Metallkristallen und ihre physikalischen Grundlagen. Fortschr. Phys. **2**, 73 (1954). (Diese Arbeit gibt mehr experimentelle Daten als die übrigen Zusammenfassungen dieser Gruppe.)

[25] SCHOECK, G.: Dislocation Theory of Plasticity of Metals. Adv. Appl. Math. **4**, 229 (1956).

[26] FRIEDEL, J.: Les Dislocations. Paris: Gauthier Villars 1956. (Dies ist die neueste und neben [20] umfangreichste Darstellung dieser Gruppe. Sie behandelt die Theorie der Versetzungen sehr ausführlich und daran anschließend Kristallwachstum, Verfestigung, Anlaßvorgänge, Fließen und Bruch.)

Teilgebiete der Kristallplastizität wurden zusammenfassend besprochen in:

[27] MADDIN, R., and N. K. CHEN: Geometrical Aspects of the Plastic Deformation of Metal Single Crystals. Progr. Met. Phys. **5**, 53 (1954).

[28] BROWN, A. F.: Surface Effects in Plastic Deformation of Metals. Adv. Physics **1**, 427 (1952).

Die Mehrzahl der in der Bibliographie zum Kapitel „Theorie der Gitterfehlstellen" in Teil 1 dieses Bandes aufgeführten Tagungs- und Konferenzberichte enthält Originalarbeiten und Zusammenfassungen zur Kristallplastizität. Wir begnügen uns hier damit, einige der im vorliegenden Beitrag häufiger zitierten sowie die erst in jüngster Zeit erschienenen Berichte aufzuzählen:

[29] Report of a Conference on the Strength of Solids held in Bristol 1947 (Physical Society). London 1948.

[30] A Symposium on the Plastic Deformation of Crystalline Solids. Mellon Institute Pittsburgh (Carnegie Institute of Technology and Office of Naval Research) 1950.

[31] Report of a Conference on Defects in Solids held in Bristol 1954 (Physical Society), London 1955.

[32] Creep and Fracture of Metals at High Temperatures (Proceedings of a Symposium held at the National Physical Laboratory Teddington May 31 to June 2, 1954). Her Majesty's Stationary Office, London 1956.

[33] Impurities and Imperfections, A Seminar held in Chicago, October 30 to November 5, 1954 (American Society for Metals). Cleveland, Ohio 1955.

[*34*] Creep and Recovery of Metals, A Seminar held in Cleveland, October 8—12, 1956 (American Society for Metals). Cleveland, Ohio 1957. (Konnte im vorliegenden Beitrag nur teilweise berücksichtigt werden.)

[*35*] Verformung und Fließen des Festkörpers — Deformation and Flow of Solids (Colloquium Madrid 25. bis 30. September 1955). Berlin-Göttingen-Heidelberg: Springer 1956.

[*36*] Dislocations and Mechanical Properties of Crystals (An International Conference held at Lake Placid, September 6—8, 1956), herausgeg. von J.C. FISHER, W.G. JOHNSTON, R. THOMSON u. T. VREELAND jr. New York: John Wiley & Sons 1957.

Dieser sehr reichhaltige Tagungsbericht konnte im vorliegenden Beitrag nur zu einem kleinen Teil berücksichtigt werden. Ausführlich Gebrauch gemacht wurde von dem in [36] enthaltenen Beitrag:

[*37*] SEEGER, A.: The Mechanism of Glide and Work-Hardening in Face-Centred Cubic and Hexagonal Close Packed Metals.

Eine zusammenfassende Behandlung der im Zusammenhang mit der plastischen Verformung von homöopolaren Halbleitern auftretenden Probleme geben:

[*38*] HAASEN, P., u. A. SEEGER: Plastische Verformung von Halbleitern und ihr Einfluß auf die elektrischen Eigenschaften. Halbleiterprobleme IV. Braunschweig: Friedr. Vieweg & Sohn 1958.

Die Besonderheiten der plastischen Verformung von Vielkristallen und insbesondere die Korngrenzeneinflüsse findet man bei:

[*39*] McLEAN, D.: Grain Boundaries in Metals. Oxford: Clarendon Press 1957

behandelt.

Zum Abschluß sei als eine moderne Zusammenfassung über die Versetzungstheorie, die besonderen Nachdruck auf die seit Abfassung des Kapitels „Theorie der Gitterfehlstellen" in Teil 1 dieses Bandes erzielten Fortschritte legt, genannt:

[*40*] KRÖNER, E.: Kontinuumstheorie der Versetzungen und Eigenspannungen. Berlin-Göttingen-Heidelberg: Springer 1958.

Umwandlungen und Ausscheidungen im kristallinen Zustand.

Von

U. DEHLINGER.

Mit 14 Figuren.

Die Vorgänge bei Umwandlungen (transformations) und Ausscheidungen (precipitations) im kristallinen Zustand wurden wegen der großen technischen Bedeutung, die ihnen dort zukommt, vorwiegend in Metallen und Legierungen untersucht und physikalisch-atomistisch erklärt. Selbstverständlich treten sie auch in nichtmetallischen, organischen wie anorganischen Kristallen häufig auf, jedoch liegen für diese Stoffe zwar kristallographische Beobachtungen über Orientierungsbeziehungen und ähnliches, aber kaum dynamische Ergebnisse vor. Im folgenden kann keineswegs die gesamte, größtenteils technologische Literatur des Gebietes gebracht werden; es sollen nur die Fälle besprochen werden, in welchen ein einigermaßen zusammenhängendes Verständnis der Vorgänge möglich zu sein scheint, das dem Wesen der Sache nach atomistisch und thermodynamisch zu formulieren ist (vgl. [*13*]).

Es handelt sich stets um Reaktionen, bei denen in einem ein- oder vielkristallinen Gefüge, das durch Temperaturänderung, meist durch Abschrecken, in ein Zustandsgebiet thermodynamischer Unbeständigkeit gebracht ist, neue, thermodynamisch beständigere Kristallite entstehen. Was interessiert, ist die chemische Kinetik der so gekennzeichneten Gesamtreaktion, insbesondere sind es die verschiedenen, oft nebeneinander möglichen kinetischen Mechanismen, die mit ihnen verknüpften Zwischenzustände und die Geschwindigkeit, mit der sie sich einstellen und verändern.

Als Ausgangszustand der Reaktion wählt man auch in der Technik meist einen einphasigen Zustand, der soweit als möglich homogen ist. Von *Umwandlungen* im engeren Sinn spricht man dann, wenn diese Phase im endgültigen Gleichgewicht vollständig in eine andere übergeht, von *Ausscheidung*, wenn im Endzustand eine oder mehrere neue Phasen neben der wenig veränderten alten bestehen. Wie man sieht, bestehen enge Beziehungen zu den Vorgängen bei der Rekristallisation, außerdem hat sich gezeigt, daß eine Reihe von Vorstellungen aus der Plastizitätstheorie übernommen und nachgeprüft werden können.

Der Härtung des Stahls liegt eine solche Umwandlung zugrunde[1], nämlich der Übergang des flächenzentriert kubischen Austenits in den innenzentrierten Martensit (vgl. [*1*], [*2*]); während der Endstadien der Reaktion überlagert sich dabei meistens eine Ausscheidung. Die reinen Ausscheidungen wurden technologisch bedeutsam zum erstenmal beim Duralumin (A. WILM 1909), das ist eine Mg-haltige Lösung von Cu in Al. Den Zusammenhang ihrer Härtung mit den Ausscheidungen fand zuerst MERICA[2].

[1] F. OSMOND: Transformation du Fer et du Carbon. Paris 1888.

[2] P. D. MERICA: Trans. Amer. Inst. Min. Metallurg. Engr. **99**, 13 (1932).

A. Mechanismen der Keimbildung im kristallinen Zustand.

1. Definition der Keimbildung. Der Ausgangszustand einer Reaktion ist zwar thermodynamisch instabil, jedoch stets im mechanischen Gleichgewicht, so daß bei allen zu betrachtenden Vorgängen die Atome Schwellen der potentiellen Energie überschreiten müssen. Man könnte sich nun vorstellen (und hat dies wegen einzelner Beobachtungen, wonach große Einkristalle bei Umwandlungen äußerlich vollkommen erhalten blieben, vgl. Ziff. 13, auch getan), daß alle Atome eines größeren Gebiets genau gleichzeitig die notwendige Schwellenenergie (Aktivierungswärme) erhalten und eine Umwandlung vollziehen. Dies wäre eine Reaktion außerordentlich hoher Ordnung. Wenn man annehmen könnte, daß die zum Überschreiten der Schwellen führenden thermischen Bewegungen der Atome voneinander statistisch unabhängig wären, könnte man genau so wie bei Vorgängen im Gaszustand a priori beweisen, daß sehr hohe Reaktionsordnungen ganz unwahrscheinlich sind. In Wirklichkeit zeigt die Theorie der spezifischen Wärme, daß die Bewegungen benachbarter Atome nicht unabhängig, sondern stark gekoppelt sind, eine fundierte und konsequente Theorie der statistischen Schwankungen im Kristall unter Berücksichtigung dieser Kopplung existiert aber noch nicht. Man wird daher mit der theoretischen Ablehnung solcher Vorgänge vorsichtig sein und statt dessen die experimentelle Erfahrung heranziehen, die bei genauerem Zusehen stets entdeckt hat, daß nicht nur die Ausscheidungen, sondern auch die Umwandlungen an einzelnen Punkten im Ausgangsgitter beginnen, die man Keime (nuclei) nennt.

Die Verhältnisse sind ganz ähnlich wie bei der Plastizität, wo aus der Tatsache, daß die für vollkommen homogenes Gleiten, also einen Vorgang sehr hoher Reaktionsordnung zu berechnende sog. theoretische Schubfestigkeit sich experimentell nicht bestätigt, geschlossen wird, daß das Gleiten an einzelnen Punkten im Gitter, den Versetzungsquellen, beginnt[1]. Bekanntlich hat TAMMANN[2] als erster bei der Erstarrung von Schmelzen experimentell und theoretisch die Vorgänge der Keimbildung und des darauffolgenden Kristallwachstums voneinander getrennt und dies später auch auf Umwandlungen ausgedehnt[3]. Es soll also unter Keimbildung (nucleation) jeder Vorgang verstanden werden, bei dem an einzelnen Stellen eines Gitters die ersten Atomumsetzungen zur Bildung einer neuen Phase vor sich gehen. Weitere Vorstellungen über den Mechanismus sollen damit nicht verbunden werden, da heute schon mehrere ganz verschiedene Keimbildungs-Mechanismen theoretisch entwickelt und auch experimentell hinreichend bestätigt sind.

2. Inkohärente und kohärente Keime. Wenn sich Keime in Schmelzen bilden, kann von einem regelmäßigen Zusammenhang ihres Gitters mit dem der Matrix nicht die Rede sein. Die Keime sind inkohärent. Dagegen ist man bei allen bis heute betrachteten Fällen von Keimbildung im festen Zustand veranlaßt, kohärente Keime vorauszusetzen [*3*], vor allem deshalb, weil das aus dem Keim entstandene Gitter gesetzmäßige Orientierungszusammenhänge mit dem Ausgangsgitter zeigt[4] und man nicht annehmen kann, daß die schon gebildeten Keime nachträglich noch orientiert werden. Oft existiert bei kohärenten Keimen in den ersten Stadien überhaupt keine abgrenzbare Oberfläche und damit keine Oberflächenenergie. In anderen Fällen ist der atomistische Zusammenhang

---

[1] Vgl. den vorhergehenden Artikel dieses Bandes.

[2] G. TAMMANN: Lehrbuch der Metallographie, 1. Aufl. 1914.

[3] G. TAMMANN u. K. L. DREYER: Ann. Physik **16**, 111 (1933).

[4] Vgl. U. DEHLINGER, Handbuch der Metallphysik, Bd. I/1, 1935, wo statt von kohärenten Keimen von stetigen Umwandlungen gesprochen wurde.

zwischen kohärentem Keim und Matrixgitter ähnlich wie der zwischen zwei Körnern von wenig verschiedener Orientierung an den „Kleinwinkel-Korngrenzen", und demnach ebenso wie dort durch Reihen von äquidistanten Versetzungen zu beschreiben[1], über die sich meist noch eine homogene Deformation überlagert (vgl. Ziff. 15). Demgegenüber ist ein inkohärenter Keim von seiner Matrix durch eine flüssigkeitsähnliche „Großwinkel-Korngrenze" getrennt zu denken. Da eine solche nach Ziff. 3 auch erst nachträglich nach Ausbildung eines kohärenten Keims entstehen kann, ist es nicht ohne weiteres möglich, aus einem fehlenden Orientierungszusammenhang zwischen End- und Anfangsgitter auf inkohärente Keimbildung zu schließen.

Die empirisch festgestellte Bevorzugung kohärenter Keime bei den Vorgängen im festen Zustand hat ihre Ursache wohl darin, daß die Reaktionsordnung eines solchen Vorgangs, bei dem die Atombewegungen mechanisch gekoppelt sind, wesentlich kleiner ist als die einer inkohärenten Keimbildung, bei der jedes Atom sich einzeln durch diffusionsartige Schritte bewegen muß.

3. Verzerrungsenergie des Keimzustands. Der freie Energieunterschied des Keims gegenüber dem Ausgangsgitter, der für die Stabilität des Keims maßgebend ist, besteht aus dem „chemischen Anteil" und der „Verzerrungsenergie". Der erstere ergibt sich ohne weiteres aus dem freien Energieunterschied je Mol der kompakten Phasen, wie er etwa aus Messungen der Aktivitäten zu entnehmen ist; die letztere kann zerlegt werden in den Anteil der elastischen Gitterdeformation von Keim und Grundgitter und den Anteil der Grenzflächenenergie. Die letztgenannte kann nach Ziff. 2 wie für entsprechende Korngrenzen berechnet werden. Die elastische Energie ergibt sich aus der Theorie der Eigenspannungen.

Wichtig ist dabei der von NABARRO[2] ausgesprochene Satz, daß für nicht kohärente Keime die auf den Keim wirkenden elastischen Kräfte Normalkräfte konstanten Betrags sind, d.h. daß das eingesprengte Teilchen unter hydrostatischem Druck steht. Er läßt sich in folgender Form beweisen[3]: Der vom Ort abhängende Vektor $\mathfrak{A}$ stelle die auf die Flächeneinheit der Grenzfläche wirkende Kraft dar, die von diesen Kräften nach den Hookschen Gleichungen hervorgerufenen Verschiebungen seien mit $\mathfrak{s}$ bezeichnet. Dann läßt sich das elastizitätstheoretische Problem in folgender Form ausdrücken: Die Ortsfunktionen $\mathfrak{A}$ und $\mathfrak{s}$ sind so zu bestimmen, daß die elastische Energie $E_{\text{el}} = \frac{1}{2}\iint \mathfrak{s}\mathfrak{A}\, df$ ein Minimum wird, während die bei der Verschiebung eintretende Volumänderung

$$\Delta V = \iint \mathfrak{s}\mathfrak{n}\, df$$

konstant zu halten ist. Die Integrale sind über die Oberfläche des Einschlusses zu erstrecken. $\mathfrak{n}$ ist der Einheitsvektor senkrecht zur Oberfläche. Wir setzen nun $\mathfrak{A} = \mathfrak{A}_1 + \mathfrak{A}_2$, wobei an der Oberfläche $\mathfrak{A}_1 = C\mathfrak{n}$ sei, also einen konstanten Normaldruck bedeuten möge. Die nach den Hookschen Gleichungen zugehörigen Verschiebungen seien $\mathfrak{s}_1$ und $\mathfrak{s}_2$. Dann kann die Konstante C so bestimmt werden, daß die verlangte Volumänderung durch $\mathfrak{s}_1$ gegeben ist; somit muß bei der Lösung des Minimalproblems $\iint \mathfrak{s}_2\mathfrak{n}\, df = 0$ sein. Wie sich besonders zeigen läßt, wird durch diese Wahl von C die Auswahl der heranzuziehenden Funktionen nicht eingeschränkt. Nun ist die elastische Energie

$$E_{\text{el}} = \tfrac{1}{2}\iint \mathfrak{s}_1\mathfrak{A}_1\, df + \tfrac{1}{2}\iint \mathfrak{s}_2\mathfrak{A}_2\, df + \iint \mathfrak{s}_2\mathfrak{A}_1\, df.$$

[1] Vgl. den vorstehenden Artikel von A. SEEGER in diesem Bande.

[2] E. R. N. NABARRO: Proc. Phys. Soc. Lond. **52**, 90 (1940). — Proc. Roy. Soc. Lond. A **175**, 519 (1940).

[3] E. KRÖNER: Z. Physik **139**, 125 (1954).

Dabei ist benützt, daß nach einem Theorem von BETTI[1] die Beziehung gilt

$$\iint \mathfrak{s}_1 \mathfrak{A}_2 \, df = \iint \mathfrak{s}_2 \mathfrak{A}_1 \, df .$$

In E_{el} verschwindet das letzte Integral mit $\mathfrak{A}_1 = C\mathfrak{n}$. Das zweite Integral in E_{el} ist positiv, da es die Energie einer bestimmten Lösung des elastizitätstheoretischen Problems darstellt, die stets positiv ist. Die elastische Energie hat also dann ein Minimum, wenn $\mathfrak{A}_2$ überall an der Oberfläche zu Null wird.

Der durch dieses absolute Minimum gekennzeichnete Zustand wird sich aber nur dann einstellen können, wenn zwischen Einschluß und Matrix keine Kohärenz vorhanden ist, wenn also über die Grenze hinweg Schubkräfte von einem zum anderen Gitter nicht übertragen werden können, wie es bekanntlich auch bei den flüssigkeitsähnlichen Großwinkel-Korngrenzen nachgewiesen ist. Bei der Bildung eines kohärenten Keims aber, bei der die beiden aneinander grenzenden Flächen Punkt für Punkt zusammengeklebt zu denken sind, können die Kräfte $\mathfrak{A}_2$ nicht verschwinden. Es kann dann $\mathfrak{s}_2$, das ist die Scherung an der Oberfläche des Einschlusses, aus der gittergeometrischen Orientierungsdifferenz bestimmt und der zugehörige Energieanteil $\frac{1}{2}\iint \mathfrak{s}_2 \mathfrak{A}_2 \, df$ näherungsweise elastizitätstheoretisch berechnet werden.

Wie man leicht sieht, müssen für diese kontinuumsmechanische Berechnung die Verschiebungen der auf beiden Seiten der Grenzfläche liegenden Atome gemittelt werden, so daß $\mathfrak{s}_2$ entlang der Grenze stetig verläuft. Die restlichen Atomverschiebungen, die man im Fall der Kohärenz durch Reihen von parallelen Versetzungen wiedergeben kann, machen dann die Grenzflächenenergie im engeren Sinn aus.

Nun kann es sein, daß man zur Aufrechterhaltung der Kohärenz eine Scherungsenergie $\frac{1}{2}\iint \mathfrak{s}_2 \mathfrak{A}_2 \, df$ braucht, die zusammen mit der zugehörigen Grenzflächenenergie größer ist als die bei inkohärentem Zusammenhang in Frage kommenden Grenzflächenenergie einer flüssigkeitsähnlichen Grenze. Dann ist zu erwarten, daß der kohärente Zusammenhang zwischen Keim und Matrix „aufbricht" und beim Größerwerden des Keims sich nicht mehr herstellt. Nun ist aber nach Ziff. 17 mit der Kohärenz die Möglichkeit eines ganz oder teilweise diffusionslosen Keimwachstums verknüpft, das im allgemeinen wesentlich schneller vor sich geht als das an Platzwechsel in Substitutions-Mischkristallen gebundene Wachstum. Daher wird man ein langsames Kristallwachstum in den Fällen zu erwarten haben, in welchen das Anfangs- und das Endgitter einer Umwandlung sich in der Atomkonfiguration so stark unterscheiden, daß zum Übergang große Scherungen nötig sind. Hierher gehört wohl die allotrope Umwandlung des Zinns, bei der kein reproduzierbarer Orientierungszusammenhang zwischen Keim und Matrix gefunden wurde[2]. Zweifellos rührt dies von der Größe der Volumänderung her, die 19% beträgt und außerdem zur Folge hat, daß die Keime sich bevorzugt an der Oberfläche bilden.

Der von der Verschiedenheit der spezifischen Volumina in Keim und Matrix abhängende Anteil der Verzerrungsenergie $\frac{1}{2}\iint \mathfrak{s}_1 \mathfrak{A}_1 \, df$ läßt sich auf einen effektiven Kompressionsmodul zurückführen, der gleich dem Verhältnis des Drucks $|\mathfrak{A}_1|$ an der Grenzfläche zu der relativen Volumänderung des Matrixgitters gesetzt wird. Wegen der Linearität der elastischen Grundgleichungen sind ja beide proportional. Der Wert dieses Kompressionsmoduls hängt von den elastischen Koeffizienten des Materials und der Form des Einschlusses ab.

[1] Vgl. A. F. H. LOVE: Lehrbuch der Elastizität. Wien 1907.

[2] W. G. BURGERS u. L. I. GROEN: Disc. Faraday Soc. **23**, (1957). — L. J. GROEN: Diss. Delft 1956.

Dieser Kompressionsmodul berechnet sich nach KRÖNER[1] für eine Kugel in einem kubischen Kristall zu

$$c_a = \tfrac{4}{15}(5c_{44} + \mu'),$$

für ein sehr langes Rotationsellipsoid (Nadel) zu

$$c_a = \tfrac{1}{4}(4c_{44} + \mu'),$$

und für ein kurzes Rotationsellipsoid (Scheibe) zu

$$c_a = \frac{\pi}{4}\left(\mu' + c_{12} + 3c_{44} - \frac{4(c_{12} - c_{44})^2}{3\mu' + 4c_{12} + 12c_{44}}\right) \cdot \frac{c}{a}.$$

Dabei sind c_{12} und c_{44} die anisotropen elastischen Konstanten[2] des kubischen Kristalls und $\mu' = c_{11} - c_{12} - 2c_{44}$. Ist die letztere Größe Null, so ist der Kristall isotrop. Eine von KRÖNER berechnete zweite Näherung weicht nur für starke Anisotropie, wie sie etwa bei β-Messing besteht, merklich von der ersten Näherung ab.

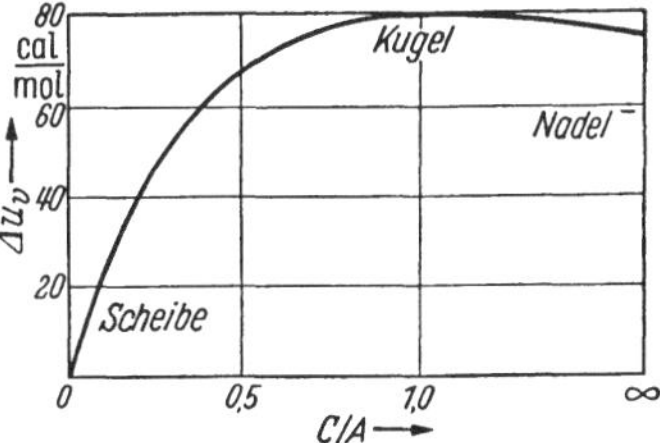

Fig. 1. Elastische Energie eines inkohärenten Keims (Cu in Al) von der Form eines Rotationsellipsoids nach KRÖNER.

Entsprechend der Definition des Kompressionsmoduls ist $\frac{1}{2} \cdot 10^{-4} c_a$ gleich der Energie, die man braucht, um einen Hohlraum der Größe 1 cm³ um 1% auszudehnen. Die Verzerrungsenergie des eingesprengten Teilchens selbst kann meist vernachlässigt werden, weil der effektive Kompressionsmodul c_i des Teilchens bei gleichen elastischen Konstanten stets wesentlich größer als der der Matrix ist. Im allgemeinen ist die elastische Energie je Volumeinheit des eingesprengten Teilchens, wenn v_i und v_a die spezifischen Volumina von Teilchen und Matrix sind:

$$E = \frac{\frac{1}{2}}{\frac{1}{c_i} + \frac{1}{c_a}} \frac{(v_i - v_a)^2}{v_i}.$$

Die Kurve Fig. 1 wurde mit $c_i = \infty$ berechnet.

Wie sich gezeigt hat, kann man mit diesen kontinuumsmechanischen Formeln in guter Näherung auch die in gewöhnlichen Mischkristallen infolge des Platzbedarfs der eingestreuten Fremdatome entstehende Störungsenergie je Mol (die stets positiv ist, also die Stabilität des Zustands verringert) berechnen, wenn man v_i und v_a aus den Atomradien bestimmt[3]. Durch die Bildung von Kohärenten Entmischungskeimen, in welchen eine Anzahl von Fremdatomen vereinigt sind, wird dieser Energiebetrag nach Fig. 1 dann verringert, wenn die Keime eine Scheiben- oder Nadelform annehmen, während er gleichbleibt, wenn sie beim Wachsen näherungsweise kugelförmig bleiben.

Es ist zu beachten, daß in der etwa aus Aktivitätsmessungen oder Wärmetönungen entnommenen freien Energie des im Gleichgewicht befindlichen Mischkristalls diese Störungsenergie mitenthalten ist. Wenn daher die freie Energiedifferenz des Keims gegen den Mischkristall berechnet wird, so ist die nach Fig. 1 bestimmte Volumen-Energie in ihrem ganzen Betrag zu der aus Messungen erhaltenen „chemischen" freien Energiedifferenz zwischen Mischkristall und Endphase zuzufügen.

---

[1] E. KRÖNER: Acta met. **2**, 302 (1954).
[2] Vgl. z. B. E. SCHMID u. W. BOAS: Kristallplastizität.
[3] J. FRIEDEL: Thèse, Paris 1954. — Phil. Mag. **43**, 153 (1952).

Die Spannungen in der Umgebung scheibenförmiger Komplexe berechnet man nach KRÖNER[1] bequemer und genauer, indem man davon ausgeht, daß an ihrer Randlinie ähnlich wie bei Versetzungslinien die Komponenten des Inkompatibilitäts-Tensors von Null verschieden sind, so daß diese Linie ähnlich wie eine Wirbellinie der Strömungstheorie das Spannungsfeld bestimmt.

Hat man eine Anzahl von solchen Scheiben geldrollenartig übereinandergepackt (vgl. den Zustand G. P. II nach Ziff. 10), so wird vielfach die Spannungsenergie dann kleiner sein, wenn die Rollen von ringförmigen Versetzungen umgeben sind, wenn sich also eine Grenzfläche zwischen dem von Keimen erfüllten Gebiet und dem übrigen Mischkristall ausbildet.

Diese Betrachtungen lassen sich nach E. KRÖNER[2] in folgender Weise verallgemeinern: Gehen wir vom idealen Matrixgitter aus, so können wir jeden in ihm eingezwängten Keim durch eine Reihe von örtlich verschiedenen Drehungen und Verzerrungen geometrisch erzeugen, die wir zu dem Feld eines unsymmetrischen Distorsionstensors β^g zusammenfassen. Da dieser Zustand durch eine eindeutige Verschiebung aus dem Ausgangszustand hervorgegangen ist, gilt

$$\operatorname{Rot} \beta^g \equiv \Delta \times \beta^g = 0 .$$

Denken wir uns nun den Körper in kleine Stücke zerschnitten, so geht der elastische Anteil β von β^g zurück, übrig bleibt der beständige (quasiplastische) Teil β^p. Die durch das Zerschneiden entstandenen Einzelstücke passen nicht mehr zu einem kompakten Körper zusammen, daher ist

$$\operatorname{Rot} \beta = - \operatorname{Rot} \beta^p = \alpha \neq 0 .$$

Nach KRÖNER und NYE[3] hat dabei der unsymmetrische Tensor α die geometrische Bedeutung einer Versetzungsdichte, d.h. das Flächenintegral $\int df \cdot \alpha$ ist gleich der geometrischen Summe der die Fläche durchschneidenden Burgers-Vektoren. Diese Beziehung ersetzt die nicht mehr gültige Kompatibilitätsbeziehung. Außerdem ist $\operatorname{Div} \alpha = 0$.

Somit gilt der Satz: Durch die Gitterform und die Orientierung eines Keims im Verhältnis zur Matrix ist eindeutig eine bestimmte Versetzungsanordnung in der Nähe der gemeinsamen Grenzfläche bestimmt. Diese Versetzungen können kristallographisch-geometrisch aufgefunden werden. Sie sind wie die an der Plastizität beteiligten durch Versetzungslinie und Burgers-Vektor festgelegt, jedoch werden im allgemeinen die Burgers-Vektoren nicht gleich einer einfachen Gittertranslation sein, sondern stetig variierende Werte haben.

Die mit dem symmetrischen Teil von β nach den Hookeschen Gleichungen zusammenhängenden Eigenspannungen σ sind durch α eindeutig bestimmt. Denn die Gleichung $\operatorname{Rot} \beta = 0$ enthält die Kompatibilitätsgleichungen der klassischen Elastomechanik; bekanntlich sind aber keine Eigenspannungen vorhanden, wenn diese Bedingungen überall (im einfach zusammenhängenden Körper) erfüllt sind. Somit lassen sich sämtliche Eigenspannungen auf Versetzungen zurückführen. Wenn wir also die oben eingeführte Verzerrungsenergie mit der Spannungsenergie der Randversetzungen identifizieren, ist die häufig nicht ganz eindeutige Trennung zwischen Grenzflächen- und elastischer Energie nicht notwendig. Die aus

[1] E. KRÖNER: Z. angew. Phys. **7**, 249 (1955). — H. FRANZ u. E. KRÖNER: Z. Metallkde. **46**, 639 (1955).

[2] E. KRÖNER: Kontinuumstheorie der Versetzungen und Eigenspannungen (Ergebn. angew. Math.) Berlin-Göttingen-Heidelberg 1958. — E. KRÖNER: Z. Naturforsch. **11a**, 969 (1956).

[3] J. F. NYE: Acta met. **1**, 153 (1953). Vgl. auch J. D. ESHELBY: Solid State Physics, Bd. 3, S. 79. 1956.

einer bestimmten Verteilung von α sich ergebende Verzerrungsenergie kann nach KRÖNER aus Spannungsfunktionen berechnet werden. Näherungsweise geht sie parallel mit dem Quadrat der über die Versetzungslinien genommenen Summe der Burgers-Vektoren.

Da nun nach Ziff. 7 die Änderungsgeschwindigkeit der gesamten freien Enthalpie (Energie) während der Reaktion ein Maximum in bezug auf die Verhältnisse der einzelnen Reaktionsparameter annimmt, also bei gleicher chemischer Energie die Verzerrungsenergie einen Minimalwert einhält, ergibt sich der Satz: Diejenige Keimorientierung stellt sich ein, der die kleinste Verzerrungsenergie zukommt, das ist näherungsweise diejenige, bei der die geringste Anzahl von Randversetzungen notwendig ist.

Läßt man auch die Gitterform und damit die chemische Energie des Keims zur Variation zu, so erhält man den Satz: Existiert eine intermediäre Gitterform, deren chemische Energiedifferenz gegenüber der Matrix kleiner ist, die also chemisch weniger stabil ist als die Endform der Reaktion, die aber eine engere geometrische Beziehung zur Matrix hat, d.h. weniger Randversetzungen benötigt, so bildet sich im allgemeinen zuerst diese Form als Zwischenstufe, aus der die Endform durch eine weitere Reaktion hervorgeht. Dieser Satz deckt sich mit der Ostwaldschen Stufenregel, die damit für Vorgänge im kristallinen Zustand begründet ist. Ein wichtiges Beispiel dafür ist das metastabile Gitter Θ' ($CuAl_2$) nach Ziff. 9. Ebenso haben SAALFELD und JAGODZINSKI[1] bei der Ausscheidung aus Mg—Al-Spinellen mit Al_2O_3-Überschuß das Auftreten einer metastabilen monoklinen Zwischenphase festgestellt, die erst nach längerem Tempern in das stabile Gitter des Korunds (α-Al_2O_3) übergeht, während an der Oberfläche sich sofort Korund bildet.

4. Keimbildung in Flüssigkeiten und Dämpfen nach VOLMER. Es sei σ die nach Ziff. 3 bestimmte Grenzflächenspannung je Flächeneinheit der Oberfläche des Keims. Dieser möge i Atome enthalten, dann ist der entsprechende Anteil der Verzerrungsenergie des Keims $g\sigma i^{\frac{2}{3}}$ wo g ein stets positiver, von seiner Form und Dichte abhängender Faktor ist. Je Atom (oder auch je Mol) gerechnet, ergibt sich $g\sigma i^{-\frac{1}{3}}$, also ein mit zunehmendem i abnehmender Betrag. Nach Fig. 12 erhält man einen ähnlichen Verlauf der Verzerrungsenergie mit der Keimgröße i auch dann, wenn in dieser die Volum- und die Scherungsenergie einen wesentlichen Anteil haben. Nur in dem (bei der Kobaltumwandlung nach Ziff. 14 auftretenden) besonders einfachen Fall eines plattenförmigen, nur an den Plattenkanten wachsenden Keims ist die Verzerrungsenergie je Mol näherungsweise unabhängig von der Keimgröße. Vielfach aber wird die freie Energie[2] eines i Atome umfassenden Keims näherungsweise oder genau in folgender Form anzusetzen sein:

$$\Delta F = g\,\sigma\, i^{\frac{2}{3}} + g'\,\Delta F_i\, i. \tag{4.1}$$

Darin bedeutet ΔF_i die je Mol gerechnete Differenz der freien Energien des End- und des Anfangszustandes der Umwandlung. Nach dem zweiten Hauptsatz muß ΔF_i stets negativ sein, wenn die Umwandlung überhaupt vor sich gehen soll, und ist näherungsweise proportional mit dem Abstand der Temperatur von der aus dem Zustandsdiagramm ersichtlichen (wahren) Gleichgewichtstemperatur der Reaktion. Man nennt diese Temperaturdifferenz oft Überschreitung oder auch Unterkühlung. (Dagegen wird die „Übersättigung" in

[1] H. SAALFELD u. H. JAGODZINSKI: Z. Kristallogr. (im Druck).

[2] In Dämpfen ist die freie Energie zu ersetzen durch die noch vom Druck wesentlich abhängige freie Enthalpie G.

Mischkristallen durch den bei konstanter Temperatur gemessenen Abstand der Konzentration von der Gleichgewichtskonzentration bestimmt.)

Da das erste Glied in ΔF positiv, das zweite negativ ist, ist für eine gegebene Unterkühlungstemperatur bei genügend kleinen Werten von i dieses ΔF stets positiv. Das heißt nach dem zweiten Hauptsatz, daß im Fall eines derartigen Verlaufs der Verzerrungsenergie der Keim sich aus dem ungestörten Anfangskristall nicht so bilden kann, daß Atom für Atom angelagert und dabei stets ein thermodynamisch beständiger Zustand durchlaufen wird, wie es z. B. bei der gewöhnlichen Diffusion der Fall ist.

Nach M. VOLMER und A. WEBER [5], [3] kann die zur Bildung eines Keims demnach notwendige positive freie Energie im Widerspruch zum zweiten Hauptsatz durch einen statistischen Schwankungsvorgang entstehen. In jedem Augenblick ist die Zahl der nicht beständigen, aus solchen Schwankungen hervorgegangenen und schnell wieder verschwindenden Keime der Größe i (die von HOLLOMON und TURNBULL [3] Embryonen genannt werden) gegeben durch

$$n_i = C\,\mathrm{e}^{-\frac{\Delta F}{kT}}. \tag{4.2}$$

Die Größe C kann für ein ideales Gas gleich der gesamten Molekülzahl n gesetzt werden. Zu wachstumsfähigen Keimen werden diese Gebilde dann, wenn ihre Größe das durch $\frac{\partial \Delta F}{\partial i} = 0$ bestimmte Maximum von ΔF überschritten hat und in ein Gebiet abnehmender Werte von ΔF gekommen ist. Wenn es sich um kugelförmige Teilchen mit der Dichte ϱ handelt, ergibt sich der Radius der gerade noch wachstumsfähigen Keime zu

$$r^* = -\frac{2\sigma}{\Delta F^* \varrho}. \tag{4.3}$$

Am wahren Gleichgewichtspunkt wird $r^* = \infty$, erst in sehr großem Abstand von ihm geht es gegen Null.

Die Anzahl der je Kubikzentimeter in der Sekunde gebildeten wachstumsfähigen Keime ist dann gleich dem Produkt aus n_i für den Maximalwert der Embryonengröße i^*, der Oberfläche dieses Embryos und der Anzahl z der Stöße von Dampfmolekülen je Zeit- und Raumeinheit. Für die letztere Größe gilt nach der Gastheorie

$$z = \frac{p}{\sqrt{2\pi m k T}}, \tag{4.4}$$

wenn p der Gasdruck, m die Masse der Moleküle ist. Die so gebildete Formel für die Keimbildungsgeschwindigkeit, noch verbessert durch Berücksichtigung der Wiederverdampfungstendenz der Embryonen und gegebenenfalls der katalytischen Wirkung einer Niederschlagsfläche, hat sich bei Versuchen von VOLMER u. a. [5] über die Kondensation von übersättigten Dämpfen aus H_2O und organischen Stoffen gut bestätigt. Ebenso konnte sie mit kleinen Abänderungen wegen der großen Abkühlungsgeschwindigkeit auf die Erstarrung rasch gekühlter Schmelzen aus Metallen und aus H_2O angewandt werden, vor allem dann, wenn nach TURNBULL[1] eine Störung durch Fremdkeime dadurch vermieden worden war, daß die Schmelze in kleine Tröpfchen von $10-50\,\mu$ gebracht und durch organische oder oxydische Häute vor der Koagulation geschützt war. Man erhielt dann reproduzierbare Unterkühlungstemperaturen, die auch theoretisch fast scharf definiert sind, weil die Keimbildungsgeschwindigkeit in einem kleinen

[1] D. TURNBULL: J. Appl. Phys. **21**, 1022 (1950); s. auch [3], [12].

Temperaturbereich schnell zunimmt, und deren Auswertung als zahlenmäßiger Beweis für die Gültigkeit der Volmerschen Formeln angesehen werden kann.

Grundsätzlich handelt es sich bei dem vorliegenden Keimbildungsmechanismus um einen statistischen Schwankungsvorgang, an dem i^* einzeln in Aktion tretende Atome beteiligt sind, der daher einer Reaktion i^*-ter Ordnung in der Gaschemie entspricht. Ein solcher Mechanismus hoher Reaktionsordnung wird nur dann ungestört ablaufen, wenn Vorgänge niederer Ordnung, wie sie etwa an katalytisch wirkenden Fremdkeimen beginnen können, ausgeschlossen sind.

5. Keimbildung durch Schwankungen in Kristallen. Von Becker und Döring [3] wurden die Ansätze Volmers zu einer formalen Theorie der Keimbildung in kondensierten Phasen verwandt. Diese wurde von Becker[1], Turnbull und Fisher[2] sowie Hobstetter[3] für den Fall der Entstehung einer neuen Phase in einem ausscheidungsfähigen Mischkristall spezialisiert. Die Verzerrungsenergie wird dabei ausschließlich durch eine Oberflächenspannung σ gekennzeichnet, so daß die gesamte freie Energie als Funktion der Keimgröße wieder die in Gl. (4.1) dargestellte Form besitzt. Zu der hier wichtigen Abhängigkeit der freien Energie von der Konzentration c ist folgendes zu beachten: Jede übersättigte Mischphase besitzt ein Temperatur- und Konzentrationsgebiet, in dem $\frac{\partial^2 f}{\partial c^2} < 0$ ist (f ist die freie Energie je Grammatom) und das durch eine, Spinodale genannte Kurve $\frac{\partial^2 f}{\partial c^2} = 0$ im Übersättigungsgebiet (zweiphasigen Gebiet des Zustandsdiagramms) nach oben begrenzt wird[4]. In diesem Gebiet wird nach Dehlinger[5] der Diffusionskoeffizient, den man allgemein als $D = D_{\mathrm{id}} \frac{c}{RT} \frac{\partial^2 f}{\partial c^2}$ schreiben kann (D_{id} sei der Diffusionskoeffizient einer entsprechenden idealen, nicht ausscheidungsfähigen Mischphase) negativ, was zur Folge hat, daß eine kleine Konzentrationsschwankung unter ständiger Verringerung der freien Energie, also durch fortlaufende „negative Diffusion" sich unbeschränkt vergrößern würde, wenn keine Verzerrungsenergie vorhanden wäre.

Sobald aber die Verzerrungsenergie den erwähnten Verlauf besitzt, also für $i \to 0$ gegen Unendlich geht, sind trotzdem statistische Schwankungen notwendig, um einen stabilen, wachstumsfähigen Keim zu erzeugen. Es ergibt sich dann für die Keimbildungsgeschwindigkeit, d.h. die Zahl der in der Zeit- und Volumeinheit neuentstehenden Keime der Ausdruck:

$$J = (c - c_1)\, n^* \sqrt{\frac{g\,\sigma}{9\pi\, kT}}\, n\, \frac{kT}{h}\, e^{-\frac{\Delta F^* + W}{kT}}. \tag{5.1}$$

Darin ist c_1 die zur Temperatur T gehörige Konzentration der Spinodalen, n^* die Zahl der Atome in der Oberfläche eines Keims der in Ziff. 4 beschriebenen kritischen Größe, ΔF^* die zugehörige gesamte freie Energie, g ein geometrischer Faktor, n die Zahl gelöster Atome in der Volumeinheit des Mischkristalls und W die Aktivierungswärme der Diffusion.

6. Die im kristallisierten Zustand beobachteten Keimbildungsvorgänge. Experimentelle Untersuchungen, aus denen gewisse Schlüsse auf den Mechanismus der Keimbildung gezogen werden können und die insbesondere die Abhängigkeit

[1] R. Becker: Ann. Physik **32**, 128 (1938).
[2] D. Turnbull u. J. C. Fisher: J. Chem. Phys. **17**, 71 (1947).
[3] J. N. Hobstetter: Metals Techn. **15**, 2447 (1948).
[4] Vgl. G. Borelius: Ann. Physik **28**, 507 (1937).
[5] U. Dehlinger: Z. Physik **102**, 633 (1936).

der Reaktionsgeschwindigkeit von der Temperatur, seltener auch von Gitterfehlern betreffen, liegen bisher für folgende Fälle vor:

a) Die sog. Komplexbildung bei der Kaltaushärtung, insbesondere im Fall der Ausscheidung in Cu- und Ag-haltigen Al-Mischkristallen.

b) Die Keimbildung bei der wirklichen Ausscheidung in Mischkristallen.

c) Die Keimbildung bei den diffusionslosen (martensitischen) allotropen Umwandlungen.

d) Die Bildung von „Kernen" regelmäßiger Atomverteilung beim Übergang aus dem Zustand regelloser Verteilung (z. B. $AuCu_3$ und AuCu).

e) Die langsamen Umwandlungen, z. B. die des weißen ins graue Zinn (vgl. Ziff. 3).

f) Die Keimbildung bei der Rekristallisation[1].

In keinem dieser Fälle wurde bisher Gl. (5.1) auch nur näherungsweise verifiziert. Darüber hinaus ist festzustellen, daß bis heute noch niemals die Mitwirkung von großen statistischen Schwankungen (d.h. Reaktionen hoher Ordnung) bei der Keimbildung im kristallisierten Zustand experimentell bestätigt wurde, so wie dies bei der Kristallisation aus Schmelzen nach TURNBULL [*12*] geschehen ist.

Allgemein scheinen die Keimbildungsvorgänge durch Schwankungen im kristallisierten Zustand mindestens bei den im Vergleich zum Schmelzpunkt tiefen Temperaturen, auf die sich bisher das Interesse konzentriert hat, wesentlich kleinere Geschwindigkeiten zu ergeben, als den Beobachtungen entspricht. Offensichtlich unterscheiden sich die tatsächlich bestehenden Vorgänge von den oben dargestellten durch zwei Umstände: Bei kohärenten Keimen hat die Verzerrungsenergie nicht immer den in Gl. (4.1) und in Fig. 12 wiedergegebenen Verlauf mit der Keimgröße, nimmt insbesondere mit abnehmender Keimgröße nicht immer unbegrenzt zu. Vor allem gilt dies für die Komplexbildung in übersättigten Mischkristallen. Hier bleibt nach Ziff. 3 die Verzerrungsenergie je Mol bei rundlichen Keimen überhaupt konstant, bei anderen Keimformen nimmt sie mit der Keimgröße etwas ab, geht aber für die bei Beginn anwesenden einatomaren „Keime" nicht gegen unendlich. Von einer Oberflächenspannung kann dabei nicht gesprochen werden. In diesen Fällen können die Keime an beliebigen Stellen im Innern des Gitters unter beständiger Abnahme der freien Energie durch negative Diffusion, d.h. durch Reaktionen niederer Ordnung aufgebaut werden.

Wenn aber die Verzerrungsenergie im ungestörten Matrixgitter nach Fig. 12 bei kleinen Keimgrößen stark ansteigt, geht die Reaktion nicht an beliebigen Punkten des Gitters, sondern nur an Fehlstellen vor sich, wie sie als „Grundstruktur"[2] in allen kristallinen Stoffen, auch wenn sie unmittelbar aus der Schmelze erstarrt und sorgfältig ausgeglüht sind, vorhanden ist. Vor allem kommen in Frage die flüssigkeitsähnlichen Großwinkel-Korngrenzen im vielkristallinen Material und das Netzwerk der durch Knoten zusammenhängenden Versetzungslinien. Dieses Versetzungsnetz ist in dem nicht durch äußerliche Spannungen beanspruchten Kristall im statischen mechanischen Gleichgewicht (während es sich sicher nicht im thermodynamischen Gleichgewicht befindet), kann aber durch verhältnismäßig geringe Schubspannungen in einzelnen Bezirken verschoben und in seiner Struktur verändert werden[3]. Nun lassen sich in dieser

[1] Vgl. W. G. BURGERS: Handbuch der Metallphysik, Bd. 3/2. 1941. — P. A. BECK: Acta met. **1**, 230 (1953). — C. CRUSSARD: Métaux No. 330. 1953.

[2] A. SEEGER: Z. Naturforsch. **9**a, 758 (1954).

[3] Insbesondere durch Aufspaltung in Teilversetzungen. Vgl. A. SEEGER, l. c.

Grundstruktur stets einzelne Stellen finden, an denen die Konfiguration der Atomverschiebungen gewisse Ähnlichkeit mit der für die Bildung eines kohärenten Keims der neuen Phase (oder auch eines zunächst entstehenden Zwischengitters, vgl. das Θ'-Gitter bei $CuAl_2$) besitzt. Vor allem kommen hier die Stapelfehler (stacking faults) in Frage, die durch Aufspaltung entstehen und ein Bestandteil der Grundstruktur sind. Im allgemeinen wird diese geometrische Ähnlichkeit nur gering sein; jedoch werden schon vor der Umwandlungstemperatur aus thermodynamischen Gründen im Ausgangsgitter diese Atomverschiebung gerade so vergrößert, daß die Atomlagen in der Umgebung der Keimstelle immer ähnlicher denen des thermodynamisch stabilen (bzw. metastabilen) Keims werden. Bezeichnen wir nämlich mit γ_k die geometrischen Parameter (meistens Winkelgrößen), welche die Atomverschiebungen vom alten zum neuen Gitter kennzeichnen, dann gilt in Analogie zu der bekannten thermodynamischen Gleichung $\partial f/\partial v = -p$ die Beziehung:

$$\frac{\partial \Delta f_i}{\partial \gamma_k} = -\sigma_k,$$

wo Δf_i der freie Energieunterschied (ohne Verzerrungsenergie) zwischen alter und neuer Phase ist und die σ_k verallgemeinerte Spannungen sind. Sie sind entgegengesetzt den etwaigen äußeren Spannungen, durch die man die entsprechenden Atomverschiebungen herstellen kann. Weiter gilt bei geeigneter Wahl der γ_k:

$$\Delta f_i = \sum_k \frac{\partial \Delta f}{\partial \gamma_k} \gamma_k.$$

Somit gehen die σ_k gleichzeitig mit Δf_i bei Annäherung an die Umwandlungstemperatur stetig gegen Null (und sind näherungsweise proportional dem Abstand der Temperatur vom Umwandlungspunkt). Die den Dehnungen bzw. Scherungen γ_k zugeordneten Elastizitäts- bzw. Schubmoduln (für unendlich langsame Formänderung) sind dann gegeben durch die Verhältnisse σ_k/γ_k. Auch sie werden bei Annäherung an die Gleichgewichtstemperatur zu Null. Unmittelbar in Erscheinung tritt das bei einzelnen Relaxationsvorgängen. Für die Keimbildung hat dieses Kleinerwerden gewisser Elastizitätsmoduln zur Folge, daß die mit der Grundstruktur verbundenen inneren Spannungen (elastischen Eigenspannungen) schon vor der Umwandlungstemperatur an einzelnen Stellen im Versetzungsnetz Atomkonfigurationen erzeugen, die den wirklichen kohärenten Keimen um so ähnlicher sind, je näher die Temperatur der Umwandlungstemperatur kommt. Auf die Bedeutung solcher „präformierter Keime" hat zum erstenmal COHEN [6] hingewiesen[1]. Ihre Bildung soll im folgenden in einen allgemeineren Zusammenhang gebracht werden.

7. Grundsätze einer Reaktionskinetik im festen Zustand. Kombiniert man die bei Ausscheidungen und Umwandlungen festgestellten Tatsachen mit den Ergebnissen der Plastizitätstheorie und den Untersuchungen der Relaxationserscheinungen, so kann man die folgenden Grundsätze einer Reaktionskinetik im festen Zustand aufstellen: Wenn man unter Reaktionsordnung die Zahl der statistisch unabhängigen Elementarereignisse versteht, die „gleichzeitig" zusammentreffen müssen, damit eine irreversible Reaktion vor sich geht, kann dieser Begriff auch auf den festen Zustand angewandt werden. Bei allen Reaktionen im festen Körper werden Übergangszustände durchlaufen, die eine erhöhte freie Enthalpie Q (Schwellenenergie, Aktivierungswärme) besitzen. Ihr Betrag kann für Elementar-

[1] Vgl. auch die genaue Beschreibung eines speziellen präformierten Keims bei Co durch A. SEEGER, Z. Metallkde. **44**, 247 (1953).

ereignisse in einzelnen Fällen gittertheoretisch berechnet, in anderen halbempirisch abgeschätzt werden. Da diese Elementarereignisse bei Kopplung mit mechanischen Schwingungen zu Relaxationserscheinungen Anlaß geben, kann Q aus diesen oft sehr genau experimentell bestimmt werden. Obgleich also während der Gesamtreaktion entsprechend dem zweiten Hauptsatz die freie Enthalpie dauernd abnimmt, ist ihr Ablauf und damit die Reaktionsgeschwindigkeit daran geknüpft, daß örtliche statistische Schwankungen stattfinden, bei denen die freie Enthalpie zunimmt. Unter „gleichzeitig" ist die Zeitspanne dieses Anwachsens der freien Enthalpie zu verstehen.

Die folgenden Elementarereignisse sind bisher in Betracht gezogen worden:

a) Entstehung einer Leerstelle und eines Zwischengitteratoms (Frenkelsche Fehlordnung). Schwellenenergie[1] $Q \approx 14$ kcal/Mol.

b) Wanderung von Leerstellen und Zwischengitteratomen[1] $Q \approx 20$ kcal/Mol (z.B. auch Diffusion von C in Fe).

c) Wanderung einzelner Versetzungen. $Q \approx 1$ kcal/Mol.

Nach A. SEEGER[2] und H. DONTH[3] geht dieses Wandern von Versetzungen über die Schwellen des Peierls-Potentials, dessen Periodenlänge gleich der Gitterperiodizität ist, in folgender Weise vor sich: Eine in einer Mulde des genannten Potentials befindliche Versetzungslinie führt unter dem Einfluß der thermischen Gitterschwingungen stets eine spezifische Brownsche Bewegung aus. Diese besteht zunächst aus harmonischen Schwingungen nach Art einer Saite. Rücktreibendes Potential ist dabei das Peierls-Potential und die elastizitätstheoretische Linienenergie W_0 der Versetzung. Als träge Masse ist einzusetzen W_0/c^2, wo c die (bei Schraubenversetzungen transversale, bei Stufenversetzungen longitudinale) Schallgeschwindigkeit ist. In seltenen Fällen erreicht nun ein Stück der Länge w der Versetzungslinie die Schwelle des Peierls-Potentials. Diese Linie erhält dann zwei Knicke (kinks) und das zwischen ihnen liegende Stück w wandert in die benachbarte Mulde, in der es sich schnell ausbreiten kann, wenn es mindestens so groß ist, daß die Versetzungslinie auf der Schwelle im dynamischen (labilen) Gleichgewicht ist. Die für das Überschreiten aufzuwendende Schwellenenergie geht parallel mit dem Minimalwert von w, der aus der zuerst von FRENKEL[4] aufgestellten Differentialgleichung der nahezu geraden Versetzungslinie berechnet werden kann. Angetrieben wird diese Brownsche Bewegung dadurch, daß statistische Schwankungen der Gitterschwingungen eine resultierende Schubspannung ergeben, gedämpft wird sie durch die bei der Bewegung ausgestrahlten akustischen Wellen.

H. DONTH (l. c.) hat die Statistik dieser Bewegung mit Hilfe der linearen Differentialgleichung von KOLMOGOROFF[5] berechnet

$$\frac{\partial p}{\partial t} = \frac{\partial}{\partial W}(V p) + \frac{\partial^2}{\partial W^2}(D p).$$

Darin ist $p(W, t)$ die Dichte der Bildpunkte der Versetzungsoszillatoren in einem Phasenraum, dessen Koordinate die Versetzungsenergie W (je Normalschwingung) ist. Das erste Glied rechts bezieht sich auf den oben genannten Antrieb, das

[1] Vgl. A. SEEGER: Theorie der Gitterfehlstellen. In Handbuch der Physik, Bd. VII/1. 1955.

[2] A. SEEGER: Phil. Mag. (8) **1**, 651 (1956).

[3] H. DONTH: Diss. Stuttgart 1957. — Z. Physik **149**, 111 (1957). — A. SEEGER, H. DONTH u. F. PFAFF: Disc. Faraday Soc. **23** (1957).

[4] J. FRENKEL u. T. KONTOROVA: J. Phys. USSR. **1**, 137 (1939). — A. SEEGER, H. DONTH u. A. KOCHENDÖRFER: Z. Physik **134**, 173 (1953).

[5] A. N. KOLMOGOROFF: Math. Ann. **104**, 415 (1951); **108**, 149 (1933).

zweite auf die Dämpfung. Die aus den dynamischen Verhältnissen zu berechnenden, von W und der Temperatur T abhängenden Größen V und D bedeuten mittlere Verschiebungsgeschwindigkeit und Diffusionskoeffizient der Bildpunkte. Außerdem geht ein die Höhe des Peierls-Potentials, meist gemessen durch die „Peierls-Spannung" σ_p^0, d.i. diejenige Schubspannung, die ein Wandern der Versetzungen ohne thermische Anregung erlauben würde. Man erhält für die Relaxationszeit, d.h. der Zeit, die im Mittel eine Versetzung benötigt, um die Schwelle zu überschreiten, einen in komplizierter Weise von T abhängenden Ausdruck, der nur näherungsweise in der für Atomsprünge üblichen Form

$$\tau = \tau_0 \, e^{\frac{Q}{RT}}$$

zu schreiben ist. Die geschilderte Bewegung gibt Anlaß zu dem zuerst von BORDONI[1] beobachteten Tieftemperaturmaximum der Relaxation in verformten Metallen. Durch Vergleich mit den an flächenzentrierten Metallen beobachteten Werten $T = 90°$ K, $Q = 0{,}9$ kcal/Mol, $\tau_0 \approx 10^{-7}$ sec erhält DONTH $\sigma_p^0 = 5 \cdot 10^{-4} G$ (G ist der Schubmodul); ein Wert, der mit sonstigen Abschätzungen dieser Größe[2] gut übereinstimmt. Die Zeit τ_0 ist im wesentlichen gleich der Dauer der oben geschilderten Schwingungen der Versetzungslinie in ihrer Potentialmulde. Sie ist wesentlich größer als die Dauer einer Atomschwingung im Gitter, die durch die Debyesche Grenzfrequenz zu etwa 10^{-12} sec bestimmt ist. Demnach ist die Brownsche Bewegung der Versetzungen viel langsamer als die Gitterschwingungen. Sie ist statistisch zu vergleichen der Bewegung eines größeren suspendierten Teilchens in einem Gas, die durch die Schwankungen der Stöße der Gasatome aufrecht erhalten wird.

Die Schwellenenergie Q aller Versetzungsbewegungen wird durch eine äußere Schubspannung stark erniedrigt. Andrerseits wird sie beträchtlich höher, wenn das Gitter Fremdatome enthält, und ist von deren Verteilung stark abhängig. Daher kann das Wandern von Versetzungen in Mischkristallen oft schneller vor sich gehen, wenn es gekoppelt ist mit einer Umsetzung der Atome. Diese ist dann der langsamste Teilvorgang und bestimmt die Geschwindigkeit und die zu beobachtende Schwellenenergie des Gesamtvorgangs, die zwischen 1 kcal und der für Einzeldiffusion der Atome liegen wird, also von der Größenordnung 10 kcal sein wird.

Wenn es sich um eine einzelne Reaktion erster Ordnung handelt, kann, wie zuerst M. PLANCK[3] bemerkt hat, die Änderungsgeschwindigkeit der Reaktionslaufzahl λ in der Form geschrieben werden.

$$\frac{\partial \lambda}{\partial t} = - w_t \frac{\partial F}{\partial \lambda} \frac{1}{RT}.$$

Darin ist $w_t = 1/\tau$ die Wahrscheinlichkeit, daß das Elementarereignis während der Zeit Eins eintritt und F die freie Enthalpie (oder auch näherungsweise die freie Energie) des Systems. Sie setzt sich zusammen aus einem chemischen Anteil, aus der Verzerrungsenergie (vgl. Ziff. 3) sowie aus Entropiegliedern nach Ziff. 13. Der Faktor $\frac{\partial F}{\partial \lambda} \cdot \frac{1}{RT}$ geht bei der (wahren oder auch metastabilen) Gleich-

[1] P. G. BORDONI: Ric. Sci. **19**, 851 (1949). — J. Acoust. Soc. Amer. **26**, 495 (1954). — H. E. BÖMMEL, W. P. MASON u. A. W. WARNER: Phys. Rev. **99**, 1894 (1955).

[2] H. D. DIETZE: Z. Physik **131**, 156 (1952).

[3] M. PLANCK: Theorie der Wärme, S. 119. 1930. — U. DEHLINGER: Z. Physik **79**, 550 (1932); **83**, 832 (1933). — U. DEHLINGER: Handbuch der Metallphysik, Bd. I/1. S. 156 u. 170. 1935. Vgl. auch den Gebrauch dieser Beziehung in der Relaxationstheorie: J. MEIXNER, Z. Naturforsch. **4**a, 594 (1949); **9**a, 654 (1954).

gewichtstemperatur der Reaktion T_U gegen Null, daher ist dieser Faktor als das erste Glied einer Reihenentwicklung aufzufassen. Somit gilt die Beziehung dann, wenn die Arbeitstemperatur T der isothermen Reaktion nicht zu weit von T_U entfernt ist (vgl. auch Ziff. 18).

Wenn an der Reaktion verschiedene Vorgänge erster Ordnung nebeneinander beteiligt sind, wird häufig einer von diesen der langsamste sein und damit die Reaktionsgeschwindigkeit bestimmen. In diesem Falle enthält aber $\partial F/\partial\lambda$ Faktoren, welche die reaktionsbereiten Mengenanteile angeben, die durch die schnelleren Vorgänge geliefert werden. Diese Faktoren können oft näherungsweise durch das Massenwirkungsgesetz sowie an Hand der geometrischen Verhältnisse bestimmt werden.

Hat man miteinander gekoppelte Vorgänge von vergleichbarer Geschwindigkeit, die durch die einzelnen Reaktionslaufzahlen λ_i gekennzeichnet seien, dann gilt

$$\frac{\partial\lambda_i}{\partial t} = -\sum_k C_{iK}\frac{\partial F}{\partial\lambda_K},$$

und der Fortschritt der Gesamtreaktion ist bestimmt durch die totale Änderung der freien Enthalpie:

$$\frac{\partial F}{\partial t} = \sum_i \frac{\partial F}{\partial\lambda_i}\,\frac{\partial\lambda_i}{\partial t}.$$

Bei einer ungehemmten Reaktion nimmt diese Größe in bezug auf die Verhältnisse der λ_i ein Maximum an (vgl. Ziff. 3). Dadurch ist das infolge der Reaktion entstehende morphologische Gefüge bestimmt[1].

Das Wachstum der einmal gebildeten Keime geht zweifellos durch aufeinanderfolgende Reaktionen erster Ordnung vor sich. Man erkennt dies an den gemessenen Aktivierungswärmen: Das diffusionslose Wachstum der dauern kohärent bleibenden Keime des Martensits geht so schnell vor sich, daß eine Aktivierungswärme nicht zu messen ist, sie liegt hier sicher unter 2 kcal/Mol, entspricht also dem Wandern von Versetzungen (vgl. Ziff. 18). Dagegen wurde für das Wachstum der nicht kohärenten Keime von α-Sn in β-Sn ein Betrag $Q=50$ kcal/Mol gemessen[2], wie er größenordnungsmäßig der Selbstdiffusion einzelner Sn-Atome zukommt. Für das Wachstum von Rekristallisationskeimen in (nicht sehr reinem) Al mißt man[3] für 5% Verformungsgrad $Q=54$ kcal/Mol, für 16% $Q=33$ kcal/Mol, während die Selbstdiffusion in Al $Q=37{,}5$ kcal/Mol erfordert. Bei Ausscheidungen sind Keimbildung und Keimwachstum experimentell nicht zu trennen, die dort gemessenen Gesamt-Aktivierungswärmen liegen stets in der Größe des der Diffusion zukommenden Werts oder sogar darunter.

Demgegenüber scheinen bei der Keimbildung sowohl Fälle, die durchweg nach der ersten Ordnung ablaufen, als auch Reaktionen höherer Ordnung vorzukommen. Nach dem oben Gesagten ist für die Aufeinanderfolge reiner Vorgänge erster Ordnung notwendig, daß von Beginn des Vorgangs an die freie Enthalpie des Systems abnimmt, abgesehen von den für die einzelnen Elementarereignisse notwendigen kleinen Schwankungen. Nun nimmt der chemische Anteil der freien Energie nach Überschreiten der Gleichgewichtstemperatur stets ab, um so stärker, je größer der Abstand von dieser ist. Dagegen muß die dazukommende Verzerrungsenergie nach Fig. 2 zunächst anwachsen, da die Gitterbaufehler, aus denen sich der Keim entwickelt, im mechanischen Gleichgewicht sind und aus

[1] U. DEHLINGER u. H. FRANZ: Z. Metallkde. **48**, 176 (1957).
[2] W. G. BURGERS u. L. J. GROEN: Disc. Faraday Soc. **23** (1957).
[3] F. HAEZNER u. K. LÜCKE: Z. Metallkde. **46**, 110 (1955).

diesem verschoben werden. Nun kann die Summenkurve aus chemischer und Verzerrungs-Energie mit zunehmender Ausbildung des Keims abfallen oder ansteigen. Wenn man diese Summenkurve ohne Aufteilung in Verzerrungs- und chemische Energie berechnen will, hat man die Temperaturabhängigkeit der effektiven Elastizitätsmoduln nach Ziff. 6 zu beachten.

Im ersteren Fall geht der gesamte Vorgang durch Reaktionen erster Ordnung vor sich, eine deutliche Trennung zwischen Keimbildung und Keimwachstum ist nicht möglich und die zu beobachtende Aktivierungswärme ist nahezu gleich der des langsamsten Elementarereignisses. Wie man aus Fig. 2 sieht, ist dies bei sehr steilem Anstieg der Verzerrungsenergie auch für Temperaturen, die weit von der Gleichgewichtstemperatur abliegen, nicht mehr möglich. Die Bildung des Keims aus schon vorhandenen Gitterbaufehlern hat, wie man leicht sieht, zur Folge, daß dieser Anstieg flacher wird als in Ziff. 5. Im zweiten Fall dagegen muß das Maximum der Summenkurve durch eine statistische Schwankung, an der mehrere Elementarereignisse gleichzeitig beteiligt sind, also durch einen Vorgang höherer Ordnung erreicht werden, während die Reaktion hinter dem Maximum durch Vorgänge erster Ordnung weitergehen kann. In diesem Falle ist also Keimbildung und Kristallwachstum reaktionskinetisch zu trennen.

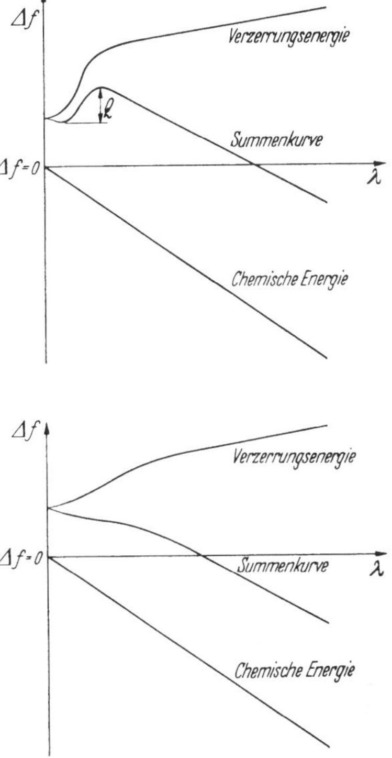

Fig. 2. Die Summenkurve gibt den Verlauf der freien Energie während der Reaktion. Im oberen Bild der Fall einer Reaktion höherer Ordnung, im unteren Bild der einer Reaktion von erster Ordnung.

Die Berechnung der Wahrscheinlichkeit eines solchen Vorgangs höherer Ordnung wird nach den in Ziff. 5 dargestellten Grundsätzen erfolgen müssen, jedoch sind an Stelle der Bewegungen einzelner Atome die gegebenenfalls mit Atombewegungen gekoppelten Wanderungen von Versetzungen zugrunde zu legen. Ihre a priori-Wahrscheinlichkeit kann zweifellos nach der Methode von DONTH (l. c) bestimmt werden, wenn genauere geometrische Modelle angesetzt werden. Dies ist bisher noch nicht geschehen. Es kann aber gesagt werden, daß die zu beobachtende Aktivierungsenergie in diesem Fall — im Gegensatz zu dem der Reaktionen erster Ordnung — etwa die Summe aus den Q-Werten von Einzelereignissen und der Wechselwirkungsenergie der Versetzungen, d. h. der Verzerrungsenergie des eben noch stabilen Keims sein wird, also wesentlich höher als die oben angegebenen Q-Werte.

In der Literatur sind bisher in drei Fällen empirische Aktivierungsenergien von mehr als 50 kcal/Mol erwähnt: Einmal bei der Keimbildung des grauen Zinns (α) aus der weißen Modifikation (β), wo $Q = 120$ kcal/Mol gemessen wurde[1]. Nun tritt bei der Zinnumwandlung eine Volumänderung von etwa 20% auf, während sich bei allen anderen hier betrachteten Reaktionen die Volumina höchstens um wenige Prozente ändern. Dieser großen Volumänderung entspricht

[1] W. G. BURGERS u. L. J. GROEN: Disc. Faraday Soc. **23** (1957).

eine ungewöhnlich hohe Verzerrungsenergie, die den Anstieg der Summenkurve Fig. 2 verursacht. Somit ist zu verstehen, daß gerade bei dieser Umwandlung eine Reaktion höherer Ordnung und damit eine anomal hohe Aktivierungsenergie auftritt. Zweitens wurde die ungewöhnlich hohe Aktivierungswärme $Q = 120-139$ kcal/Mol gefunden bei der Bildung von Keimen der Rekristallisation in technisch reinem Aluminium[1]. Dies ist besonders bemerkenswert, weil zahlreiche andere Messungen von Q für Rekristallisationskeime vorliegen[2], die Werte von der Größenordnung der Aktivierungsenergie der Selbstdiffusion, also unter 50 kcal/Mol ergeben haben. Somit scheint bei der Rekristallisation ein Vorgang höherer Ordnung neben solchen erster Ordnung möglich. Als dritter Fall einer Reaktion höherer Ordnung ist zu betrachten das von SEEGER und SCHÖCK[3] studierte Überkreuzen einer in zwei Teilversetzungen aufgespaltenen wandernden Versetzung über eine ruhende. Da zwei einzeln bewegliche Teilversetzungen mitwirken, deren Wechselwirkung für die theoretisch berechnete Schwellenenergie entscheidend ist, muß der Vorgang als Reaktion zweiter Ordnung betrachtet werden. In der Tat ist für Cu die entsprechende Schwellenenergie 90 kcal/Mol.

8. Das Zeitgesetz der Vorgänge. Für die im Lauf der Zeit umgewandelte Menge bei einer an Keimen ansetzenden Phasenbildung hat M. AVRAMI[4] summarische Formeln angegeben. Es sei $\gamma(t)$ der Bruchteil des Volumens, das die neue Phase einnimmt, und $\gamma_{\mathrm{ex}}(t)$ der Bruchteil des „extended" Volumens, d. h. des Volumens, das ein frei, ohne Behinderung durch andere Keime, wachsender Keim erhalten würde. Bei statistischer Verteilung der Keime gilt dann

$$d\gamma = (1-\gamma)\, d\gamma_{\mathrm{ex}},$$

integriert

$$\gamma = 1 - \mathrm{e}^{-\gamma_{\mathrm{ex}}}.$$

Für γ_{ex} ergibt die Berechnung unter Voraussetzung einer gleichmäßigen linearen Wachstumsgeschwindigkeit v und einer zeitlich konstanten Keimbildungswahrscheinlichkeit je Zeiteinheit w näherungsweise die Form

$$\gamma_{\mathrm{ex}} = K t^n.$$

Für kugelförmige Keime und $w \cdot t \ll 1$ d. h. ständige Keimbildung, soll n den Wert 4 annehmen, während $wt \gg 1$, d. h. Anwesenheit präformierter Keime bei Beginn des Vorgangs, $n = 3$ verlangt. Für scheibenförmige Keime wird $n = 3$ bzw. 2, für nadelförmige $n = 2$ bzw. 1.

Das Avramische Zeitgesetz hat sich bei der Umwandlung von weißem in graues Zinn empirisch gut bestätigt[5]. Es ergab sich $n = 3$. Bei der umgekehrten Umwandlung wurde $n = 1$ bis 2,5 beobachtet. Rechnungen für von Spannungen nicht beeinflußte Ausscheidungsvorgänge, bei denen statt eines konstanten v eine der Diffusionsgleichung folgende Diffusion zu den Keimen hin eingeführt wird, stammen von ZENER und WERT[6]. Das lineare Wachstum geht dann bekanntlich mit $\sqrt{Dt}$. Man erhält für das Wachstumsgesetz von Teilchen jeder

[1] F. HAEZNER u. K. LÜCKE: Z. Metallkde. **46**, 110 (1955).

[2] Vgl. die Zusammenstellung bei J. FRIEDEL: Dislocations. Paris 1956.

[3] G. SCHÖCK u. A. SEEGER: Report of 1954 Bristol Conference on Defects in Cristalline Solids, S. 340.

[4] M. AVRAMI: J. Chem. Phys. **7**, 1103 (1939); **8**, 212 (1940); **9**, 117 (1941). Vgl. auch U. R. EVANS: Trans. Faraday Soc. **41**, 365 (1945).

[5] W. G. BURGERS u. L. J. GROEN: Disc. Faraday Soc. **23** (1957).

[6] Cl. ZENER: J. Appl. Phys. **20**, 950 (1949). — C. A. WERT u. CL. ZENER: J. Appl. Phys. **21**, 5 (1950). Vgl. auch TURNBULL [*12*].

Form, die sich noch nicht überschneiden, die Formel

$$\gamma = \gamma_{\text{ex}} = K(Dt)^{\frac{2}{3}},$$

wo D die Diffusionskonstante ist.

Der Zeitpunkt t^* an dem sich die einzelnen Keimgebiete merklich überlappen, hat B. ILSCHNER[1] zu

$$t^* = 0.03\, d^2/D$$

bestimmt, wo d der mittlere Keimabstand ist. Wenn $t \gg t^*$, erhält er

$$\gamma = 1 - \frac{6}{\pi^2}\, e^{-\left(\frac{t}{\tau}\right)^n}.$$

Dabei ist die Zeitkonstante $\tau = \frac{d^2}{4\pi^2} D$ und $n = 1$, wenn die Ausscheidungen sphärische Symmetrie haben und alle Keime zur Zeit $t = 0$ schon vorhanden waren. Für die Ausscheidung[2] von N in Fe—N-Legierungen bei 25° C bestätigten sich diese Annahmen recht gut.

Wenn während der Diffusion noch eine Neubildung von Keimen stattfindet, liegt n nach ILSCHNER zwischen 1 und 2, außerdem wird τ kleiner als angegeben.

Die Überlagerung von Keimbildungsgeschwindigkeit und Wachstum bei einer Doppelreaktion, z.B. der Bildung eines Eutektikums, wurde von KRISEMENT[3] untersucht. Danach sind hier Exponenten $n = 3 - 4$ zu erwarten, wie sie nach R. F. MEHL[4] bei der Perlitbildung in Stählen tatsächlich gefunden wurden. Bei kalorischen Beobachtungen des Martensitzerfalls fand KRISEMENT[5] einen Exponenten $n = 0.9 - 1{,}0$.

Die in Ziff. 10 und 14 beschriebene inhomogene (discontinuos) Ausscheidung, von TURNBULL [*12*] auch zellulare Ausscheidung genannt, kann durch eine Diffusion entweder aus dem noch nicht abgebauten Mischkristall oder in der während der Reaktion fortrückenden Großwinkel-Korngrenze vor sich gehen. Im ersteren Fall ist die Geschwindigkeit nach ZENER[6]

$$v = \frac{\alpha_0 - \alpha_e}{\alpha_0} \frac{2D}{l}$$

wo α_0 bzw. α_e die Anfangs bzw. Endkonzentration des Mischkristalls, und l die Lamellendicke nach der Ausscheidung ist. Im zweiten Fall gilt nach TURNBULL [*12*]

$$v = \frac{\alpha_0 - \alpha_e}{\alpha_0} \frac{2\lambda D_B}{l^2},$$

wo D_B der Diffusions-Koeffizient in der Korngrenze und λ deren Dicke ist.

B. Kinetik spezieller Vorgänge.

I. Ausscheidungen.

9. Die experimentellen Erscheinungen bei der Kalt- und Warmaushärtung. Schon die technologische Untersuchung des Duralumins hat gezeigt, daß zwei verschiedenartige Härtungszustände bestehen, die man als Kalt- und Warmaushärtung bezeichnet hat, weil der eine schon beim Auslagern in Zimmertemperatur,

[1] B. ILSCHNER: Arch. Eisenhüttenw. **26**, 59 (1955).
[2] C. A. WERT: J. Appl. Phys. **20**, 943 (1949).
[3] O. KRISEMENT: Arch. Eisenhüttenw. **26**, 55 (1955).
[4] R. F. MEHL: J. Iron Steel Inst. **159**, 113 (1948).
[5] O. KRISEMENT: Arch. Eisenhüttenw. **27**, 731 (1956).
[6] C. ZENER: Trans. Amer. Inst. Min. Metallurg. Engrs. **167**, 550 (1946).

der andere erst beim Tempern, d.h. längerdauerndem Erhitzen auf mehr als 150° C sich einstellt. Dasselbe fand man später bei den rein binären Legierungen Al—Cu und Al—Ag [7].

Die atomistische Deutung der Vorgänge gründet sich vor allem auf die in Form „kinetischer Kurven“ zusammengefaßten Beobachtungen, die die zeitliche Veränderung zahlreicher physikalischer Eigenschaften während der Reaktion bei konstantgehaltener Temperatur wiedergeben. Außerdem ist es oft wichtig, einen Zustand, der nach bestimmter Zeit bei einer bestimmten Temperatur entstanden ist, plötzlich auf eine andere, meist höhere Temperatur zu bringen und die dadurch abgeänderte kinetische Kurve zu messen[1]. In dieser Weise wurden vor allem von KÖSTER und Mitarbeitern[2] zunächst für Al—Ag Messungen der Brinell-Härte, der Wärmetönung, des elektrischen Widerstands und der Thermokraft ausgeführt, die dann auch mit den Röntgeninterferenz-Beobachtungen verglichen wurden. Dadurch, daß alle Messungen am gleichen Material gemacht wurden, konnten die oft beträchtlichen Einflüsse kleiner Verunreinigungen und der Vorgeschichte einbezogen werden. So war es zum ersten Mal möglich, vom empirischen Material ausgehend die Vorgänge ähnlich wie in der Kinetik der Gasreaktionen zu analysieren und mit den theoretischen Ideen zu verbinden.

Bei den silberhaltigen Aluminium-Mischkristallen zeigte sich, daß die verschiedenen Eigenschaften in oft stark verschiedener Weise auf die Kalt- und Warmaushärtung ansprechen. Vor allem ändert sich während der ganzen Kaltaushärtung die Thermokraft nicht merklich[3], obgleich der elektrische Widerstand beträchtlich zunimmt. Andererseits gehen bei der Warmaushärtung Thermokraft und Widerstand nahezu vollständig parallel. Die etwa an Hand der Widerstandsänderung aufgenommenen kinetischen Kurven der Kaltaushärtung setzen mit einem innerhalb der Meßgenauigkeit weitgehend linearen Anstieg sofort ein, wenn das zuvor abgeschreckte Material auf die Reaktionstemperatur gebracht ist, während die der Warmaushärtung eine mit steigender Temperatur abnehmende „Latenzzeit“ zeigen, d.h. mit einer horizontalen Tangente beginnen. Während bei Zimmertemperatur (im vorher nicht verformten Material mit etwa 38% Ag) von einer Warmaushärtung auch nach langen Wartezeiten nichts zu bemerken ist, kann oberhalb etwa 100° C das Einsetzen der Warmaushärtung an einer Änderung des Gangs der Widerstandskurven oder an der Thermokraft beobachtet werden, nachdem die Kaltaushärtung sich entsprechend ihrer eigenen Temperaturabhängigkeit entwickelt hatte. Innerhalb der Meßgenauigkeit war die Latenzzeit und nachherige Bildungsgeschwindigkeit der Warmaushärtung unabhängig davon, wie weit sich vorher die Kaltaushärtung ausgebildet hatte. Dagegen wird umgekehrt die Kaltaushärtung durch eine vorhergehende, etwa bei höheren Temperaturen durchgeführte Warmaushärtung abgeschwächt, weil ja der Mischkristall dabei an gelösten Atomen verarmt.

Diese empirischen Fakten, mit denen die Röntgenbeobachtungen durchweg in Einklang zu bringen sind, beweisen wohl zwingend, daß Kalt- und Warmaushärtung zwei verschiedene und unabhängige Mechanismen der Ausscheidungsreaktion darstellen (vgl. [7]). Die erstere ist bei tieferen, die letztere bei höheren Temperaturen stärker ausgebildet, jedoch laufen in dem dazwischen liegenden

---

[1] W. FRAENKEL: Metallwirtsch. **12**, 583 (1933). — H. MEYER: Z. Physik **76**, 268 (1932). (Untersuchungen an Al—Zn.)

[2] W. KÖSTER: Z. Metallkde. **41**, 71 (1950). — W. KÖSTER u. E. BRAUMANN: Z. Metallkde. **43**, 193 (1952). — W. KÖSTER, H. STEINERT u. J. SCHERB: Z. Metallkde. **43**, 202 (1952). Siehe auch [*10*].

[3] W. KÖSTER u. A. DURER: Z. Metallkde. **30**, 306 (1938).

Temperaturgebiet beide Reaktionsmechanismen nebeneinander ab. Die von GEISLER[1] u. a. vertretene Anschauung von der „Sequenz", nach der die Kaltaushärtungskeime die notwendige Vorstufe der Warmaushärtung sein sollen, ist danach für die thermodynamisch-kinetische Analyse kaum mehr haltbar.

Die kinetischen Kuven von kupferhaltigem Aluminium zeigen etwas kompliziertere Zusammenhänge, die vor allem durch die Röntgeninterferenz-Befunde aufgeklärt wurden. Es sind hier drei verschiedene Reaktionsmechanismen erkennbar. Zwei von ihnen treten bei tieferen Temperaturen auf und stehen der Kalthärtung des Al—Ag insofern nahe, als sie mit einer Komplexbildung im Innern des Gitters zusammenhängen. Die zugehörigen Übergangszustände werden als Guinier-Preston-Zonen (G. P.) I und II bezeichnet. Nach den vergleichenden Härteuntersuchungen von HARDY[2] ergeben aber die Zustände G. P. II (auch Θ'' genannt) gerade diejenigen technischen Effekte, die bisher als Warmaushärtung bezeichnet wurden, so daß auch im folgenden G. P. II zu den Warmaushärtungsmechanismen gerechnet werden soll. Theoretisch ist das dadurch gerechtfertigt, daß bei G. P. II nach den Röntgenbefunden eine Grenzfläche zwischen Keim und Matrix auftritt, die bei G. P. I fehlt.

Auch beim dritten Mechanismus bilden sich Keime mit Grenzfläche. Sie haben vermutlich schon die Zusammensetzung Al_2Cu, jedoch zunächst eine Θ' genannte, nicht stabile Gitterform und gehen durch einen noch wenig geklärten Umwandlungsmechanismus in die stabile Endphase Θ über. Die kinetischen Kurven der beiden Warmaushärtungsmechanismen beginnen im Gegensatz zu denjenigen von G. P. I mit einem flachen Teil und steigen erst später steiler an.

Der Vergleich der Beobachtungen wird oft dadurch erschwert, daß eine vorausgegangene Kaltverformung, wie sie auch schon durch das Abschrecken auf die Arbeitstemperatur hervorgerufen wird, die kinetischen Kurven stark verändert. Ebenso ist zu beachten, daß nachträgliche Verformung die Zustände mehr oder weniger beeinflußt.

10. Röntgeninterferenzen und Schliffbeobachtungen. Debye-Scherrer-Aufnahmen an vielkristallinem Material, die an Duralumin, Cu—Be und anderem angestellt waren, und die besonders von STENZEL und WEERTS[3] mit den kinetischen Kurven verglichen wurden, ergaben bei der Kaltaushärtung zwar eine geringe Verbreiterung, jedoch keine Verschiebung der Linien des Matrixkristalls[4], woraus schon frühzeitig geschlossen wurde, daß die Kaltaushärtung auf der Bildung von größeren oder kleineren Komplexen der gelösten Atomen in kohärentem Zusammenhang mit dem Matrixgitter beruhe [*7*]. Bei der wirklichen Ausscheidung dagegen zeigten sich deutliche Gitterkonstantenänderungen der Matrix im Verlauf der Zeit, und zwar waren diese in einem Teil der Fälle kontinuierlich, im allgemeinen begleitet von einer mehr oder weniger starken Verbreiterung der Linien. In den zugeordneten mikroskopischen Schliffbildern erschienen etwa gleichzeitig mit der Gitterkonstantenänderung die ersten Spuren der neuen Phase, oft angehäuft in der Nähe der Korngrenzen und längs Gleitbändern, in idealeren Fällen aber auch statistisch gleichmäßig verteilt. Nach DEHLINGER [*7*] spricht man dann von „mikroskopisch homogener" Ausscheidung;

[1] Vgl. [*4*], sowie A. H. GEISLER: Trans. Amer. Inst. Min. Metallurg. Engrs. **180**, 230 (1949). — A. H. GEISLER u. I. K. HILL: Acta crystallogr. **1**, 238 (1948).

[2] H. K. HARDY: J. Inst. Met. **79**, 321 (1951); s. auch [*8*].

[3] W. STENZEL u. J. WEERTS: Metallwirtsch. **12**, 353 (1933).

[4] J. HENGSTENBERG u. G. WASSERMANN: J. Metallkde. **23**, 114 (1931). — Nach dilatometrischen Messungen von J. CH. LANKES und G. WASSERMANN [Z. Metallkde. **41**, 381 (1950)] tritt eine schwache Kontraktion auf.

MEHL und JETTER[1] haben später dafür die Bezeichnung „continuous" vorgeschlagen [8]. Demgegenüber treten bei der „mikroskopisch inhomogenen" (discontinuous) Ausscheidung in den Debye-Scherrer-Aufnahmen nebeneinander die Linien des Matrixgitters in seiner Anfangs- und in seiner Endkonzentration auf, meist etwas verbreitert. Im Verlauf der Anlaßzeit verändert sich nicht die Lage, sondern nur die Intensität der beiden genannten Liniensysteme. Die hier sehr aufschlußreiche mikroskopische Beobachtung des Reaktionsverlaufs zeigt, daß die Ausscheidungsspuren zuerst in einzelnen Korngrenzen auftreten und von hier aus nach Fig. 3 in das eine der benachbarten Körner hineinwachsen. Offensichtlich handelt es sich um einen typisch autokatalytischen Vorgang. Dabei verschiebt sich nach C. S. SMITH[2] die Korngrenze selbst mit, d.h. das eine Korn wächst unter Ausscheidung in das andere hinein. Nach HARDY[3] und GEISLER [4], sind für diesen Vorgang, der dem Aufzehren eines Korns durch ein daneben liegendes bei der Rekristallisation ganz ähnlich ist, vielfach, vielleicht sogar ausnahmslos, noch innere Spannungen infolge Abschreckens oder Verformung nötig, die das eine Korn noch instabiler machen, als es die Übersättigung vermag.

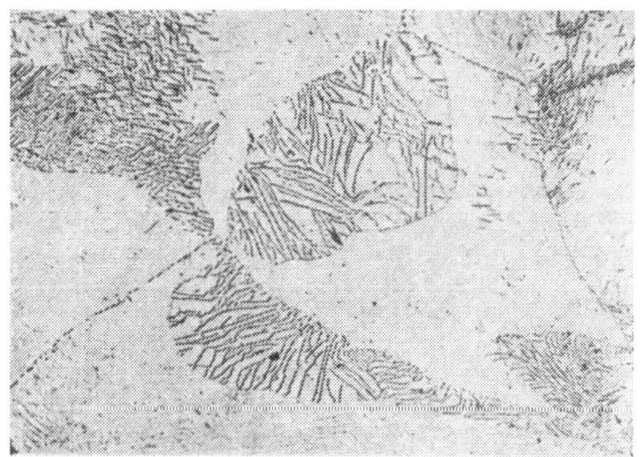

Fig. 3. Inhomogene Ausscheidung in Zn mit 2% Cu. 36 Std bei 200° C getempert. In der unteren Hälfte des Bilds ist eine Korngrenze unter Ausscheidung von rechts nach links gewandert. Nach C. S. SMITH.

Während man an vielkristallinem Material vergeblich nach Interferenzeffekten der Kaltaushärtung suchte, fanden GUINIER[4] sowie PRESTON[5] an Al—Cu-Einkristallen auf Aufnahmen nach LAUE oder SCHIEBOLD-SAUTER die sog. Streifen (streaks), die als Anzeichen der „Guinier-Preston-Zonen" im Gitter zu betrachten sind. Die zuletzt von GEROLD[6] vorgenommene sorgfältige Auswertung zeigt, daß diese Zonen in der Tat Komplexe der gelösten Cu-Atome bilden, die in einzelnen Würfelebenen plattenförmig angereichert sind (Fig. 4). Dabei rühren die Interferenzerscheinungen zum größten Teil nicht von den Kupferatomen, sondern von den in ihrer Nachbarschaft verzerrten Aluminium-Netzebenen her. Demgegenüber sind der Kaltaushärtung des Al—Ag keine

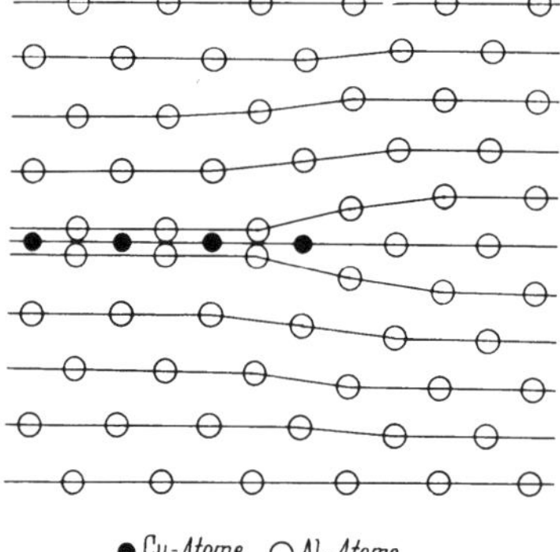

Fig. 4. Atomistische Struktur der G.P.I. nach Röntgen-Interferenzmessungen von GEROLD. Gezeichnet ist eine (100)-Ebene.

[1] R. F. MEHL u. L. K. JETTER: Agehardening of Metals. Amer. Soc. Met. **1940**. — Trans. Amer. Inst. Min. Metallurg. Engrs. **192**, 166 (1943).

[2] C. S. SMITH: Trans. Amer. Soc. Met. **45**, 565 (1953).

[3] H. K. HARDY: J. Inst. Met. **75**, 707 (1948).

[4] A. GUINIER: C. R. Acad. Sci. Paris **206**, 1641 (1938). — Nature, Lond. **142**, 569 (1938). — Z. Elektrochem. **56**, 468 (1952).

[5] G. D. PRESTON: Nature, Lond. **142**, 570 (1938).

[6] V. GEROLD: Z. Metallkde. **45**, 593, 599 (1954).

Streifen zuzuordnen[1], sondern nur eine Interferenzerscheinung bei sehr kleinen Ablenkungswinkeln (d.h. eine Verbreiterung des durchgehenden Strahls) wie sie nach der allgemeinen Beugungstheorie von rundlichen Komplexen herrührt.

Zu betonen ist, daß bei Ag—Al wie auch bei Cu—Al die Warmaushärtungsvorgänge ebenfalls mit einer Streifenbildung verknüpft sind. Im ersteren Fall ist nach ZIEGLER[2] nachgewiesen, daß die Streifen nicht zurückgehen, wenn durch Widerstandsmessungen eine Rückbildung der Kaltaushärtung gesichert ist. Bei Cu—Al sind nach GEROLD[3] die Kalt- und die Warmaushärtungsstreifen als solche deutlich zu unterscheiden: die ersteren gehen bei der Rückbildung parallel mit den übrigen Eigenschaften zurück.

Innerhalb der Streifen von G. P. II (Θ'') bei Cu—Al zeigen sich verwaschene Punkte, die niemals ganz scharf werden. Dagegen liegen nach GEROLD die für das neue Gitter Θ' kennzeichnenden Punkte weit entfernt von den gleichzeitig auftretenden „Warmaushärtungsstreifen". Im Verlauf des Temperns werden sie bald scharf. Bei geeigneten isothermen Glühversuchen zeigt sich, daß die Merkmale von G. P. I durch Rückbildung (vgl. Ziff. 10) verschwinden, ehe die von G. P. II auftauchen, daß es sich also in der Tat um zwei thermodynamisch verschiedene Vorgänge handelt.

Das Verhältnis von G. P. II und Θ' wurde vor allem von HARDY[4] kinetisch untersucht. Wie sich zeigte, bildet sich im allgemeinen zunächst der erstere Mechanismus in merkbarer Menge aus, nach einer gewissen Glühzeit zeigt sich dann Θ', wobei gleichzeitig die Bildungsgeschwindigkeit fast unstetig stark erhöht wird, in Anbetracht des Zusammenhangs zwischen Geschwindigkeit und freier Energie ein Zeichen dafür, daß es sich um zwei verschiedene Mechanismen handelt.

Aus den Interferenzen berechnet sich für G. P. II eine Struktur, die aus ebenen Schichten von Cu-Atomen wie in G. P. I besteht; jedoch sind diese parallel und in nahezu regelmäßigen Abständen übereinandergepackt, so daß drei Aluminiumschichten dazwischen liegen. Der mittlere Schichtabstand wird dadurch um etwa 5% kleiner als im Mischkristall und die somit tetragonale Struktur ist durch eine (aus ringförmigen Versetzungen mit regelmäßigem Abstand bestehende) Grenzfläche von dem kubischen Mischkristall getrennt. Das Gitter von Θ' entspricht der Zusammensetzung Al_2Cu und hat wahrscheinlich ein tetragonal verzerrtes F_2Ca-Gitter[5]. Bemerkenswert ist, daß in Θ' die Anordnung und der Abstand der Al-Atome in der Ebene (001) mit großer Genauigkeit gleich dem im Mischkristall ist. Demnach hat das Gitter von Θ' noch wesentlich mehr Ähnlichkeit mit dem des Mischkristalls als das Gitter der Endphase Θ, die dieselbe Zusammensetzung hat.

Die aus den Warmhärtungs-Streifen zu berechnenden „Warmaushärtungszonen" gehören nach GEROLD dem Mischkristall an. Wahrscheinlich handelt es sich um Anhäufungen von Cu-Atomen in den der Basisebene des angrenzenden Θ' parallelen Würfelebenen.

11. Magnetische Beobachtungen. In einer Legierung wie Ni—Be, in der das Matrixgitter ferromagnetisch, die neu entstehende Phase nicht ferromagnetisch ist oder einen wesentlich anderen Curiepunkt hat, kann man nach GERLACH[6]

[1] R. GLOCKER, W. KÖSTER, J. SCHERB u. G. ZIEGLER: Z. Metallkde. **43** 208 (1952).
[2] G. ZIEGLER: Z. Metallkde. **43**, 213 (1952).
[3] Vgl. V. GEROLD: Z. Metallkde. **45**, 593, 599 (1954).
[4] H. K. HARDY: J. Inst. Met. **75**, 707 (1948).
[5] G. WASSERMANN u. J. WEERTS: Metallwirtsch. **14**, 605 (1935). Vgl. auch V. GEROLD: Z. Metallkde. **45**, 593, 599 (1954).
[6] W. GERLACH u. K. HAMMER: Naturwiss. **26**, 369 (1938). — Z. Metallkde. **29**, 145 (1937).

die Konzentrationsabnahme der Matrix an Hand von Messungen ihrer WEISSschen Sättigungskurve studieren. In den Fällen der oben beschriebenen mikroskopisch homogenen Ausscheidung beobachtet man dabei eine kontinuierliche Verschiebung des Curie-Punkts im Lauf der Anlaßzeit, bei der inhomogenen Ausscheidung sind von Anfang an zwei Curie-Punkte, der der Ausgangs- und der der Endkonzentration im Mischkristall, zu sehen.

Schon von TAMMANN[1] wurden an eisenhaltigem Kupfer Ausscheidungsvorgänge untersucht, bei welchen nur die neuentstehende Endphase ferromagnetisch ist. Dabei zeigte sich, daß dieser Ferromagnetismus in den ersten Stadien der Ausscheidung im allgemeinen noch nicht auftritt[2]. Nach KNAPPWOST[3] sind die Fe-Keime zunächst kohärent und strukturgleich mit dem flächenzentrierten Cu-Mischkristall und wie das γ-Fe nicht ferromagnetisch. Durch Kaltwalzen oder Tiefkühlen können die Keime ferromagnetisch gemacht werden, wenn sie genügende Größe hatten. Jedoch beobachteten GORDON und COHEN[4], daß die bei der inhomogenen Ausscheidung entstandenen, nach Fig. 3 zusammenhängenden Nadeln stets ferromagnetisch sind [*8*]. Bei dem paramagnetischen Al—Cu wurden von AUER[5] kennzeichnende Änderungen der Suszeptibilität während der Ausscheidung aufgefunden, die elektronentheoretisch zu deuten sind.

Technisch besonders wichtig ist die bei der Segregation zweier flächenzentrierter Gitter aus einem flächenzentrierten Mischkristall in ternären Systemen wie Cu—Ni—Co und Cu—Fe—Ni eintretende magnetische Härtesteigerung [*8*]. Nach den Röntgenuntersuchungen[6] liegen tetragonale Übergangszustände zugrunde, die gewisse Ähnlichkeit mit den Zuständen G. P. II von Al—Cu haben. Die magnetischen Untersuchungen des Vorgangs[7] zeigen, daß es sich um eine negative Diffusion handelt und daß die hohe Koerzitivkraft durch die Form der segregierten kohärenten Komplexe bedingt ist. Atomistisch weniger aufgeklärt sind die Verhältnisse bei Fe—Ni—Al[8] (Alni und Alnico) sowie Fe—Co—Mo[9], Legierungen in welchen durch geeignete Wärmebehandlung der Ausscheidung besonders hohe ferromagnetische Gütewerte zu erzielen sind.

12. Thermodynamik der Ausscheidungen. Eine vergleichende Reaktionskinetik der Ausscheidungen hat nach Ziff. 7 auszugehen von der Frage, welche Zustände in einem übersättigten Mischkristall durch Reaktionen erster Ordnung, d. h. durch diffusionsartige Atombewegungen erzeugt werden können. Wir wenden dazu die allgemeine Gl. (5.1) auf die Diffusion an und erhalten für den Diffusionsfluß je Flächeneinheit die Beziehung

$$\frac{\partial \lambda}{\partial t} = -p a^2 w_t \frac{\alpha}{RT} \frac{\partial^2 f}{\partial \alpha^2} \frac{\partial \alpha}{\partial x} = -D' \frac{\alpha}{RT} \frac{\partial^2 f}{\partial \alpha^2} \frac{\partial \alpha}{\partial x} = -D \frac{\partial \alpha}{\partial x}.$$

Dabei ist α die Konzentration im Mischkristall, f die freie Enthalpie bzw. Energie je Grammatom, a die Länge eines mit der Wahrscheinlichkeit w_t vor sich gehenden

[1] G. TAMMANN u. W. OELSEN: Z. anorg. allg. Chem. **186**, 257 (1930).
[2] F. BITTER u. A. R. KAUFMANN: Phys. Rev. **56**, 1044 (1939).
[3] A. KNAPPWOST: Z. Elektrochem. **58**, 65 (1954). — Z. Metallkde. **45**, 137 (1954).
[4] R. B. GORDON u. M. COHEN: Amer. Soc. Met. Symp. **1940**, 161.
[5] H. AUER: Z. Naturforsch. **4**a, 533 (1949).
[6] V. DANIEL u. H. LIPSON: Proc. Roy. Soc. Lond. A **182**, 378 (1944); **192**, 585 (1948). — M. E. HARGREAVES: Acta crystallogr. **2**, 259 (1949). — A. J. BRADLEY: Proc. Phys. Soc. Lond. **52**, 80 (1940). — A. H. GEISLER, u. J. B. NEWKIRK: Trans. Amer. Inst. Min. Metallurg. Engrs. **180**, 101 (1949).
[7] E. BIEDERMANN u. E. KNELLER: Z. Metallkde. **47**, 760 (1956).
[8] A. J. BRADLEY: J. Iron. Steel Inst. **168**, 233 (1951). — H. K. HARDY: Acta met. **1**, 210 (1953).
[9] W. KÖSTER u. W. TONN: Arch. Eisenhüttenw. **5**, 627 (1932). — J. L. SNOEK: Physica, Haag **6**, 321 (1939).

Atomsprungs und p eine von den geometrischen Bedingungen abhängende Konstante der Größenordnung Eins. In idealen und daher nicht ausscheidungsfähigen binären Mischkristallen wird

$$f = C + \alpha RT \ln \alpha + (1 - \alpha) RT \ln (1 - \alpha),$$

daher

$$\frac{\partial^2 f}{\partial \alpha^2} = \frac{RT}{\alpha},$$

so daß in diesem Fall das gewöhnliche Ficksche Diffusionsgesetz resultiert, also $D' = D$ wird. In allen ausscheidungsfähigen (unteridealen) Mischkristallen aber muß aus thermodynamischen Gründen eine (Spinodale genannte) Temperatur-Konzentrationskurve existieren, für die $\partial^2 f/\partial \alpha^2 = 0$ wird, und unterhalb dieser Kurve muß $\partial^2 f/\partial \alpha^2 < 0$ werden. In diesem Gebiet wird also der Diffusionskoeffizient D negativ. Entsprechend der Differentialgleichung der Diffusion

$$\frac{\partial \alpha}{\partial t} = D \frac{\partial^2 \alpha}{\partial x^2}$$

werden aber bei negativem D irgendwelche Anhäufungen der Konzentration α im Laufe der Zeit nicht abgebaut, sondern verstärkt (Up-hill-Diffusion)[1, 2].

Wenn wir entsprechend Ziff. 1 die Vorgänge in einem über die Gleichgewichtslinie des Zustandsdiagramms hinweg abgeschreckten Mischkristall berechnen wollen, haben wir f für die an dieser Linie im Gleichgewicht vorhandene (vielfach nicht vollkommene regellose) Atomverteilung zu bilden. Unterhalb der dann mit Hilfe der spezifischen Wärmen eindeutig zu bestimmenden Spinodalen tritt die oben beschriebene negative Diffusion ein und führt offenbar zu einer Entmischung.

Experimentell wurde von G. W. Tichelaar[3] für das System NaCl—KCl, in dem bei höheren Temperaturen eine lückenlose Mischkristallreihe, bei tieferen ein zweiphasiges Gebiet besteht, die Lage der wie oben definierten Spinodalen aus gemessenen Lösungswärmen, spezifischen Wärmen des Mischkristalls sowie aus dem Verlauf der wahren Gleichgewichtslinie zwischen ein- und zweiphasigem Gebiet sehr genau bestimmt. Es zeigte sich dann, daß sämtlich zu beobachtenden Ausscheidungsvorgänge unterhalb der Spinodalen ablaufen. Mikroskopische und röntgenographische Beobachtungen zeigten weiterhin, daß tatsächlich negative Diffusion vorhanden ist, d.h., daß sich zunächst sehr kleine Bezirke der beiden Endkonzentrationen nebeneinander ausbilden und weiterhin die größeren von diesen auf Kosten der kleineren wachsen. Dieses zweite Stadium des Vorgangs wird wesentlich beeinflußt durch die in dem ursprünglichen Ansatz von f noch nicht enthaltenen, von der Differenz der Atomradien herrührenden Spannungen zwischen den sich entmischenden Bezirken. Sie führen dazu, daß die größeren Bezirke aufbrechen, und zwar bei tieferen Temperaturen von der Oberfläche des Präparats her, also als „diskontinuierlicher" Vorgang (vgl. Ziff. 10). Unter 450° C tritt dann eine Rekristallisation ein, welche die ursprüngliche regelmäßige Orientierung der entmischten Bezirke in unregelmäßiger Weise verändert.

Die beim Zerfall der flächenzentriert-kubischen Phasen Cu—Ni—Fe (etwa 50% Cu, 35% Ni, 15% Fe) und Cu—Ni—Co (50% Cu, 21% Ni, 29% Co) in zwei ebenfalls flächenzentriert kubische Mischkristalle angestellten röntgenographischen, mikroskopischen und magnetischen Untersuchungen (vgl. Ziff. 9)

[1] U. Dehlinger: Z. Physik **102**, 633 (1936). — Z. phys. chem. Unterr. **50**, 134 (1937). — Z. Metallkde. **29**, 401 (1937).

[2] G. Borelius: Ann. Physik (5) **28**, 507 (1937). — J. Metals **3**, 477 (1951). — S. Konobejevski: Z. phys. Chem. **171**, 75 (1934).

[3] G. W. Tichelaar: Diss. Delft 1956.

zeigen wohl sicher, daß hier ebenfalls negative Diffusion vorhanden ist[1]. Dabei ist nach den Messungen der Sättigungsmagnetisierung durch E. BIEDERMANN und E. KNELLER (l. c.) anzunehmen, daß die Ausbildung der ersten entmischten Keime schon während des Abschreckens erfolgt. Eine Abschätzung der Diffussionsgeschwindigkeit, die bei Substitutionsmischkristallen mit der Leerstellenwanderung zusammenhängt, nach einer Formel von A. SEEGER[2] ergab, daß dies auch ohne Mitwirkung von Versetzungen möglich ist. Unter dem Einfluß der Eigenspannungen ordnen sich dann die wachsenden Entmischungskeime in Schichten. Daraus, daß diese eine tetragonale Struktur annehmen, die erst nach langem Glühen in die endgültige kubische übergeht, ist zu schließen, daß das bei NaCl—KCl beobachtete Aufbrechen zunächst nicht eintritt, sondern daß die Bereiche verschiedener Zusammensetzung kohärent bleiben, d.h. ihre Grenzen eine den Kleinwinkelkorngrenzen ähnliche Struktur besitzen und damit auch Schubspannungen übertragen können.

Bei Al—Cu[3] und Al—Ag verlaufen sämtliche Vorgänge oberhalb der Spinodalen, so daß eine vollständige Entmischung durch negative Diffusion nicht möglich ist. Nach DEHLINGER und KNAPP[4] läßt sich aber ein ähnlicher, oberhalb der Spinodalen eintretender Vorgang theoretisch konstruieren, wenn man dieselben Forderungen stellt, die auch zur thermodynamischen Ableitung des Diffusionsgesetzes geführt haben. Man sucht nämlich eine Zustandsänderung im Innern des Mischkristalls, die durch Bewegungen einzelner Atome (Vorgänge erster Ordnung) so vor sich geht, daß dabei die freie Energie $U-TS$ dauernd abnimmt.

Bei der negativen Diffusion unterhalb der Spinodalen nimmt die Energie U dauernd ab (und zwar entweder dadurch, daß die von der Atomradiendifferenz herrührende Störungsenergie abnimmt, oder daß die zwischen den verschiedenartigen Atomen bestehenden Anziehungskräfte Arbeit leisten und daher das chemische Energieniveau sinkt), aber ebenso nimmt auch die Vertauschungsentropie S ständig ab. Wenn also die freie Energie $U-TS$ abnehmen soll, muß die Verminderung von U größer sein als die von TS, was nur bei genügend kleinem T möglich ist, und die Temperatur der Spinodalen ist dadurch gekennzeichnet, daß auf ihr die beiden Beträge sich gerade kompensieren. Da sich U über die Spinodale hinweg stetig ändert, wird auch oberhalb derselben eine Komplexbildung von einer Verminderung von U begleitet sein. Damit aber F dabei abnimmt, muß die gleichzeitige Abnahme von S kleiner sein. Dies wird dadurch erreicht, daß die Komplexe nicht mehr, wie unterhalb der Spinodalen, bis ins Unendliche wachsen, sondern klein bleiben und regellos im Gitter verteilt sind und damit als solche einen positiven Beitrag zur Entropie geben. Das durch die beschriebenen Vorgänge sich einstellende Gleichgewichts besteht also unterhalb der Spinodalen in vollständig entmischten, sehr großen Gebieten (deckt sich also mit dem wahren Gleichgewicht des Zustandsbildes), über der Spinodalen dagegen ist es metastabil[5] und besteht aus endlichen Komplexen, deren Größe mit zunehmender Temperatur abnimmt.

---

[1] U. DEHLINGER u. H. FRANZ: Z. Metallkde. **48**, 176 (1957).

[2] Handbuch der Physik, Bd. VII/1, S. 442 u. 454. 1955.

[3] Vgl. H. FRANZ: Diss. Stuttgart 1956. Bei der halb-empirischen Berechnung der Spinodalen ist das von CL. ZENER eingeführte, der Mischkristallkonzentration proportionale Schwingungsentropieglied von wesentlichem Einfluß.

[4] U. DEHLINGER u. H. KNAPP: Z. Metallkde. **43**, 223 (1952).

[5] Die Existenz eines metastabilen Gleichgewichts bei der Kaltaushärtung von Al—Cu haben zum erstenmal H. AUER [Naturwiss. **40**, 533 (1939)], H. AUER u. H. SCHRÖDER [Ann. Physik **37**, 137 (1940)] daran erkannt, daß ein durch Härte oder Widerstand gekennzeichneter Zustand sich beim Erhitzen oder Abkühlen in gleicher Weise einstellte.

Es ist also auch oberhalb der Spinodalen eine negative Diffusion thermodynamisch möglich, jedoch führt sie nicht zur vollständigen Entmischung, sondern nur zu einem Zustand, den man in anderen Worten als eine stark ausgeprägte Nahordnung im Mischkristall bezeichnen kann. Es ist ja thermodynamisch selbstverständlich, daß in jedem nicht idealen und daher nicht bis zum absoluten Nullpunkt beständigen Mischkristall der Zustand, den er bei tiefenTemperaturen im Gleichgewicht einnehmen würde, bei höheren Temperaturen in kleinen Bezirken als Nahordnung vorgebildet ist, wobei natürlich wegen der Kohärenz dieser Bezirke innere Spannungen einen modifizierenden Einfluß haben.

Der entsprechende Nahordnungsgrad nimmt mit abnehmender Temperatur zu. Wenn man also einen bei tieferer Temperatur ausgehärteten Zustand auf höhere Temperatur bringt, nimmt die Aushärtung zunächst ab, was man Rückbildung nennt[1]. Die oben ausgeführten thermodynamischen Schlüsse besagen in dieser Ausdrucksweise, daß an der Spinodalen die Nahordnungsbezirke unendlich groß werden, wobei zu bedenken ist, daß die Einstellung auch des Nahordnungsgleichgewichts durch diffusionsartige Prozesse geschieht und daher entsprechend lange Zeiten beansprucht.

Die kinetischen Untersuchungen an Al—Cu zeigen wohl mit Sicherheit, daß die Komplexe von G. P. I und II sich durch Diffusion einzelner Kupfer-Atome entlang von Versetzungslinien bilden, während die rundlichen Komplexe der Kaltaushärtung von Al—Ag nach Ziff. 13 durch normale Diffusion zustande kommen können. Die Rückbildungsexperimente zeigen, daß ein metastabiles Gleichgewicht existiert, das bei geeigneter Versuchsführung von höheren wie von tieferen Temperaturen aus erreicht werden kann. Alles dies beweist, daß die oben gegebene thermodynamische Beschreibung auf diese Zustände zutrifft. Die wichtigste theoretische Folgerung daraus ist, daß die zu ihrer Bildung führenden negativen Diffusionsprozesse nicht bis zum wahren Gleichgewicht weitergehen können, sondern daß dieses erst durch eine neue Keimbildung erreicht werden kann. Der Unterschied zwischen G. P. I und G. P. II ist ebenso zu verstehen wie der zwischen den Primär- und den Sekundärvorgängen bei NaCl—KCl. Soll G. P. I in G. P. II übergehen, so muß sich unter dem Einfluß der Eigenspannungen der an ungünstiger Stelle liegende Teil der G. P. I auflösen und durch günstiger gelegene ersetzt werden.

Nach den Röntgenbeobachtungen sind die Kaltaushärtungskeime (Komplexe) des Al—Ag rundlich, während die des Al—Cu einatomare Platten sind. Dieser Unterschied hängt offensichtlich damit zusammen, daß bei Al—Ag die Atomradiendifferenz verschwindend klein und daher die in Ziff. 3 betrachtete Volumverzerrungsenergie gleich Null ist, bei Al—Cu dagegen entscheidende Größe besitzt und daher nach Fig. 1 die Plattenform verursacht. Bei Al—Ag ist wohl mit einer geringen Oberflächenenergie der Kugelkomplexe zu rechnen, die aber bei abnehmender Größe derselben nicht zunimmt, sondern konstant anzusetzen ist.

Thermodynamisch haben DEHLINGER und KNAPP[2] gezeigt, daß bei Vernachlässigung der Spannungsenergie in jedem übersättigten Mischkristall ein metastabiles Gleichgewicht rundlicher Komplexe auftreten muß, dessen Gesetzmäßigkeiten den bei Al—Ag gefundenen Verhältnissen durchaus entsprechen. Wesentlich dabei ist eine Entropie[3], die von der regellosen Verteilung dieser Komplexe herrührt und die die Ursache ist, daß sie auch oberhalb der Spinodalen beständig sind.

[1] Die Rückbildung wurde erstmalig von W. FRAENKEL [Metallwirtsch. **12**, 583 (1933)] an Al—Cu beobachtet.

[2] U. DEHLINGER u. H. KNAPP: Z. Metallkde. **43**, 223 (1952).

[3] U. DEHLINGER: Z. Physik **74**, 264 (1932). Berechnung von Rückbildungskurven für Al—Zn.

Sie nehmen an, daß alle Komplexe von gleicher Größe seien, ein Komplex umfasse i Atome. Es seien N Gitterplätze vorhanden. Die Zahl der A-Atome sei N_A, die der einzelnen B-Atome N_B, die der Komplexe aus B-Atomen N_K; aus ihnen berechnen sich die Molenbrüche c_A, c_B und c_K. Dann ist die Komplexionszahl der Vertauschungsmöglichkeiten

$$W = \frac{(N_A + N_B + N_K)!}{N_A!\, N_B!\, N_K!}.$$

Oder, wenn c der Molenbruch der insgesamt anwesenden B-Atome, also

$$c = \frac{1}{N}\,(N_B + i\,N_K)$$

ist, und der Bruchteil der in Komplexen befindlichen B-Atome gleich

$$\frac{1}{n} = \frac{i\,N_K}{N_B}$$

gesetzt wird, ergibt sich für W der Ausdruck:

$$W = \frac{\left[(1-c)\,N + \left(1 - \frac{1}{n}\right) cN + \frac{c}{n\,i}\,N\right]!}{[(1-c)\,N]!\left[\left(1 - \frac{1}{n}\right) cN\right]!\left[\frac{c}{n\,i}\,N\right]!}.$$

Für die Energie $u(c)$ des Mischkristalls als Funktion der Konzentration (bezogen auf die ungemischten Elemente als Nullzustand) macht man nach BORELIUS[1] einen dreigliedrigen Ansatz, wobei auch die Bildungsenergie der Verbindung gleich Null gesetzt ist. Dann wird die freie Energie des Mischkristalls mit Komplexen je Mol

$$\begin{aligned} f &= R\,[u(c_B) - (1 - i\,c_K)\,u(c)] - T\,S \\ &= R\,[\alpha c_B + \beta c_B^2 + \gamma c_B^3 - (1 - i\,c_K)\,(\alpha c + \beta c^2 + \gamma c^3) - \\ &\quad - TR\left\{\left[1 + \frac{c}{n}\left(\frac{1}{i} - 1\right)\right] \ln\left[1 - \frac{c}{n}\left(\frac{1}{i} - 1\right)\right] - \right. \\ &\quad \left. - (1-c)\ln(1-c) - \left(1 - \frac{1}{n}\right) c \ln\left[\left(1 - \frac{1}{n}\right) c\right] - \frac{c}{n\,i} \ln \frac{c}{n\,i}\right\}. \end{aligned}$$

Das metastabile Gleichgewicht tritt dann ein, wenn bei konstantgehaltenem Gesamtgehalt an B-Atomen die Beziehungen gelten:

$$\frac{\partial f}{\partial i} = 0 \quad \text{und} \quad \frac{\partial f}{\partial c_K} = 0.$$

Da f mit großer Näherung nur von dem Produkt $i\,c_K$ abhängt, was davon herrührt, daß die bei der Änderung von i sich ändernden Spannungen nicht berücksichtigt sind, kann man statt dessen nur mit der einen Bedingung arbeiten:

$$\frac{\partial f}{\partial (i\,c_K)} = 0.$$

Die damit berechneten Gleichgewichtswerte von $1/n$, das ist der Bruchteil der in Komplexen zusammengefaßten B-Atome, zeigt Fig. 5 als Funktion der B-Konzentration und Temperatur.

[1] G. BORELIUS u. L. STRÖM: Ark. Mat. Astronom. Fys. A **32**, 21 (1945). — Vgl. auch U. DEHLINGER u. H. KNAPP: Appl. Sci. Res. A **4**, 231 (1954).

Wenn bei der Bildung der Komplexe keine Änderung der elastischen Gitterverspannung eintreten würde, wären in dem dreigliedrigen Energieansatz die gewöhnlichen, für den Mischkristall geltenden Werte der Konstanten α, β und γ einzusetzen. In diesem Fall würde der Ausdruck für f mit $N_k = 0$ in die freie Energie des komplexfreien Mischkristalls übergehen und die Gleichgewichtsbedingung in die Form:

$$\frac{\partial f}{\partial c} = 0.$$

Dies ist aber mit großer Näherung die Gleichung der wahren Grenzkurve des Mischkristalls. Somit kann, wenn keine Verzerrungsenergie vorhanden ist, die Komplexbildung schon dicht unterhalb der wahren Gleichgewichtskurve beginnen. Jedoch wächst das Verhältnis der zu Komplexen zusammengefaßten zur Gesamtzahl gelöster Atome mit wachsendem Abstand von der Gleichgewichtslinie, also sinkender Temperatur. Nimmt dagegen die Verzerrungsenergie mit der Keimgröße zu (etwa so, daß ihr Betrag je Atom näherungsweise konstant bleibt) dann unterscheidet sich die obere Grenzkurve des Mischkristalls, und zwar liegt sie tiefer als diese. Dies gilt für Al—Ag, in wesentlich stärkerem Maß aber für Al—Cu. Hier findet man, daß die obere Grenzkurve der Komplexbildung (d.h. von G. P. I, da für G. P. II die Voraussetzung regelloser Lage und damit erhöhter Entropie nicht zutrifft) tiefer liegt als bei Al—Ag, und daß außerdem die Komplexe die flache Form besitzen, die nach Fig. 1 einem Minimum der Verzerrungsenergie (im Fall verschwindenden Oberflächenenergieanteils) entspricht.

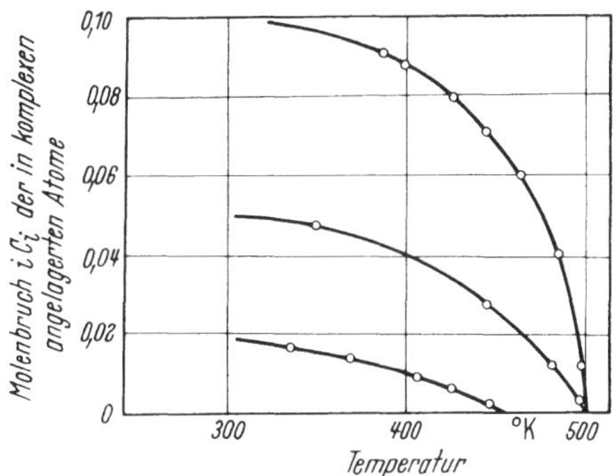

Fig. 5. Thermodynamisch berechnete Komplexgröße bei der Kaltaushärtung von Al—Ag nach DEHLINGER und KNAPP.

Anschaulich ist ohne weiteres verständlich, daß die Komplexe in dem übersättigten Mischkristall sich entgegen dem von ihrer Lageentropie herrührenden osmotischen Druck nur dann bilden können, wenn in dem Mischkristall zwischen den gelösten Atomen spezifische (sog. chemische) Anziehungskräfte wirksam sind. Daraus folgt, daß die Größe $\partial U/\partial N$ Gebiete mit negativen Werten besitzen muß[1]. Somit muß auch im Mischkristall eine verbindungsbildende Affinität wirksam sein, die nicht auf die stöchiometrischen Konzentrationen intermediärer Phasen beschränkt ist[2]. Die freie Energie des Mischkristalls (gegebenenfalls bis zur Konzentration der auszuscheidenden Phase extrapoliert) muß einen Wendepunkt besitzen[3], damit überhaupt ein zweiphasiges Gleichgewicht zustandekommen

[1] Dabei gilt $u(c) = \frac{\partial U}{\partial N} c + \frac{\partial U}{\partial M} (1-c)$. In einem System wie Au—Ni, in dem nach B. L. AVERBACH, P. A. FLINN and M. COHEN, Acta Met. **2**, 92 (1954), nur eine von der Atomradien-Differenz herrührende Gitterstörung wirkt und daher $\frac{\partial U}{\partial N} > 0$ ist, gibt es demnach keine Kaltaushärtung, was der Erfahrung entspricht. Von U. DEHLINGER und H. KNAPP [Appl. Sci. Res. A **4**, 231 (1954)] wurde zahlenmäßig abgeschätzt, welcher Anteil der Bildungswärme des Mischkristalls Al—Cu auf Gitterstörungsenergie und auf chemische Anziehung kommt.

[2] Dies ist für die metallische und VAN DER WAALSsche Bindung kennzeichnend. Vgl. U. DEHLINGER: Z. Metallkde. **26**, 227 (1934).

[3] Hierauf machen HARDY [*8*] und J. L. MEIJERING [Rév. Met. **49**, 906 (1952)] aufmerksam.

kann. Wenn ein idealer Mischkristall oder auch ein solcher, dessen $\partial U/\partial N$ stets positive Werte hat, mit einer streng stöchiometrisch zusammengesetzten Verbindung im Gleichgewicht ist, entartet der Wendepunkt zu einer bei der stöchiometrischen Konzentration liegenden Spitze. Nach dem oben gesagten können dann keine Komplexe gebildet werden.

13. Die Geschwindigkeit der Kaltaushärtung. Die Geschwindigkeit (kinetische Kurve) der Kaltaushärtung kann man bei Al—Ag, wo die elastischen Spannungen keine wesentliche Rolle spielen, nach HAUSSÜHL[1] in folgender Weise zahlenmäßig aus dem gemessenen Diffusionskoeffizienten berechnen: Man setzt zunächst allgemein an:

$$\frac{\partial \lambda}{\partial t} = -C \frac{1}{RT} e^{-\frac{W}{RT}} \frac{\partial f}{\partial \lambda}.$$

Unter der Reaktionslaufzahl λ versteht man hier die Zahl $\frac{iN}{N} b i$ der in Komplexen eingebauten durch die Gesamtzahl aller Atome. Dabei ist W die Aktivierungsenergie der Diffusion, f die freie Energie je Grammatom der Kaltaushärtungszustände, wie sie oben aus dem metastabilen Gleichgewicht bestimmt wurde und C eine noch zu bestimmende Konstante, für die gilt:

$$C = A \frac{c - \lambda}{z}.$$

Darin ist c die Konzentration und z die Zahl der zum Einbau eines Atoms in den Komplex nötigen elementaren Diffusionsprozesse. Um dieses A und z zu bestimmen, kann man für kleine λ die Geschwindigkeit als Diffusionsstrom mit Hilfe des gewöhnlichen Diffusionskoeffizienten bestimmen. Nach dem Diffusionsgesetz ist ja der gesamte Diffusionsfluß zwischen Mischkristall und Komplexen

$$\frac{\partial \lambda}{\partial t} = S = -Z_K F D \operatorname{grad} c,$$

wobei Z_K die Anzahl der Komplexe je Mol, F die Oberfläche eines Komplexes und $\operatorname{grad} c$ der aus den röntgenographischen Bestimmungen abzuschätzende Abfall der Konzentration am Rand eines Komplexes ist. D ist der unter Berücksichtigung des nicht idealen Mischkristalls bestimmte Diffusionskoeffizient:

$$D = -a^2 \gamma A e^{-\frac{W}{RT}} \frac{c}{RT} \frac{\partial^2 f}{\partial c^2}.$$

Dabei hat der von der Nichtidealität herrührende Faktor $\frac{c\,\partial^2 f}{RT\,\partial c^2}$ hier den Betrag 0,186. Setzt man die beiden Werte für $\partial\lambda/\partial t$ einander gleich, so erhält man für das Produkt $z\gamma a^2$ den Zahlenwert $1{,}15 \cdot 10^{-14}\,\mathrm{cm}^2$, was für z die Größenordnung Eins ergibt, wie zu erwarten war. Damit kann man aus der gewöhnlichen Diffusionskonstanten die Größe c bestimmen und die kinetische Kurve, das ist λ als Funktion der Zeit bei gegebener Temperatur T, durch Integration berechnen. Man erhält einen linearen Anfangsteil und ein allmähliches Einmünden in den metastabilen Gleichgewichtszustand in zahlenmäßiger Übereinstimmung mit der Erfahrung. Die Temperaturabhängigkeit wird durch die Exponentialfunktion wie auch in schwächerem Maß durch das Glied $\frac{1}{RT} \frac{\partial^2 f}{\partial c^2}$ bestimmt, das zur Folge hat, daß die Aktivierungsenergie scheinbar von 37,0 auf 36,2 kcal/Mol heruntergesetzt wird.

---

[1] Stuttgarter Diplomarbeit 1953. Vgl. U. DEHLINGER: Theoretische Metallkunde. Berlin 1955.

Diese Übereinstimmung mit dem Experiment zeigt, daß es bei den rundlichen Komplexen des Al—Ag nicht nötig ist, spezielle Mechanismen für den Diffusionsverlauf im Innern der Körner anzunehmen. Anders scheint es bei Al—Cu, wo die gewöhnliche Diffusionskonstante zu klein ist, um die beobachtete Bildungsgeschwindigkeit zu erklären[1], so daß man hier die Diffusion in eine Versetzungslinie verlegt[2], wo sie wesentlich größer ist. Dabei berührt die Versetzungslinie den Rand des plattenförmigen Komplexes (G. P. I), wo sie wegen des Atomradienunterschieds der beiden Atome festgehalten wird, legt aber im übrigen ihre Gleitebene nach Cu-Atomen ab, die durch negative Diffusion innerhalb der Linie an den Komplex angelagert werden.

14. Der Mechanismus der wirklichen Ausscheidung. Während bei den Komplexen der Kaltaushärtung jedenfalls im Anfangsstadium keine Grenzflächenenergie vorhanden ist, also die Verzerrungsenergie-Kurve bei kleinen Keimgrößen nahezu horizontal verläuft, so daß die Verzerrungsenergie je Mol nahezu unabhängig von der Keimgröße ist, hat man es bei der Warmaushärtung (zu der auch G. P. II von Al—Cu gerechnet werden soll, vgl. Ziff. 9) stets mit Grenzflächenenergie und daher mit Kurven von der Art der Fig. 12 zu tun. Da nun nach Ziff. 6 die einem (ohne starke Schwankungen verlaufenden) Reaktionsmechanismus zugeordnete Geschwindigkeits-Zeitkurve ein direktes Abbild der entsprechenden Verzerrungsenergie-Kurve ist, hat man zu erwarten, daß die Kaltaushärtung mit konstanter Geschwindigkeit (linearem Anstieg der kinetischen Kurve) beginnt, indessen die Geschwindigkeit der Warmaushärtung zunächst nahezu Null ist und dann immer weiter ansteigt, bis sie infolge der Annäherung an das thermodynamische Gleichgewicht wieder abnimmt. Dies wird durch die in Ziff. 7, 9 und 12 erwähnten gemessenen kinetischen Kurven, vor allem die „Latenzzeit" der Warmaushärtung, gut bestätigt. Quantitative Berechnungen der Verzerrungsenergie-Kurve erfordern eine modellmäßige Vorstellung von der Keimbildung, die bisher noch in keinem Fall vorliegt.

Bei der in Ziff. 10 beschriebenen mikroskopisch inhomogenen wirklichen Ausscheidung wachsen lange Nadeln unbeschränkt an ihren Spitzen weiter. Somit ist die Verzerrungsenergie je Mol zweifellos konstant, daher existiert keine Latenzzeit und die umgewandelte Menge ist proportional mit der Zeit. In der flüssigkeitsähnlichen Großwinkel-Korngrenze, die die Nadelspitze berührt, ist die Diffusionsgeschwindigkeit wesentlich größer als im Innern des Kristalls. Daher wächst nach TURNBULL[3] die Nadel nur an dieser Stelle. Durch die Korngrenze wird der übersättigte Mischkristall auf ihrer einen Seite ständig aufgelöst und auf der anderen in Form der zwei thermodynamisch stabileren Endphasen niedergeschlagen, wobei die Orientierung der letzteren erhalten bleibt[4].

II. Diffusionslose Umwandlungen.

15. Die Umwandlung hexogonal-kubisch des Kobalts. Die Umwandlung des bei hoher Temperatur beständigen kubisch-flächenzentrierten Kobalts in die unterhalb 417° C stabile hexagonale dichteste Kugelpackung verläuft besonders einfach, weil sich bei ihr das spezifische Volumen nicht merkbar ändert. Die

---

[1] Hierauf machen H. JAGODZINSKI und F. LAVES [Z. Metallkde. **40**, 296 (1949)] aufmerksam.

[2] Vgl. D. TURNBULL: Rep. Conf. Defects of Solids. Bristol 1954.

[3] D. TURNBULL: Rep. Congr. Defects of Solids. Bristol 1954. Vgl. [*12*].

[4] In gleicher Weise geht vermutlich bei der Rekristallisation das Aufzehren eines infolge der vorausgegangenen Verformung weniger stabilen Korns durch ein danebenliegendes vor sich.

röntgenographisch bestimmte Orientierungsbeziehung[1] zwischen altem und neuem Gitter zeigt, daß die Umwandlung durch eine Scherung parallel der dichtgepackten (111)-Ebene des kubischen Gitters und der in ihr liegenden Richtung $[11\bar{2}]$ um einen Winkel von 20° vor sich geht. Die Atombewegung, die dabei das kubische ins hexagonale Gitter überführt, läßt sich als Wanderung einer Versetzung mit dem Burgers-Vektor $a/6\ [11\bar{2}]$, dessen Betrag $\frac{1}{6}$ der Gitterkonstanten a ist, in jeder zweiten Ebene (111) als Gleitebene durch das kubische Gitter beschreiben[2]. Der von der Bewegung überstrichene Bereich der Ebene bildet dann einen „Stapelfehler" (stacking fault) im kubischen Gitter.

Nun kann man aber zwei der genannten Versetzungen, die darum Halbversetzungen genannt werden, zu der im kubisch-flächenzentrierten Gitter dem kleinsten Atomabstand entsprechenden und daher häufigsten Versetzung mit der Burgers-Vektor $a/2\ [110]$ entsprechend der Vektorgleichung zusammensetzen:

$$\frac{a}{6}[\bar{2}11] + \frac{a}{6}[\bar{1}2\bar{1}] = \frac{a}{2}[\bar{1}10].$$

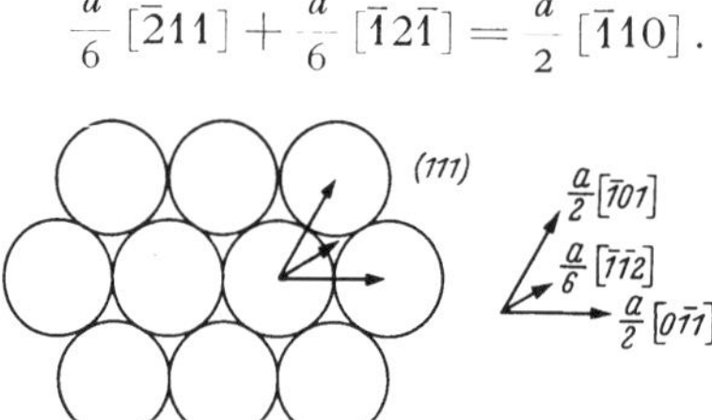

Fig. 6. Burgers-Vektoren der normalen und der Halbversetzung im flächenzentriert kubischen Gitter.

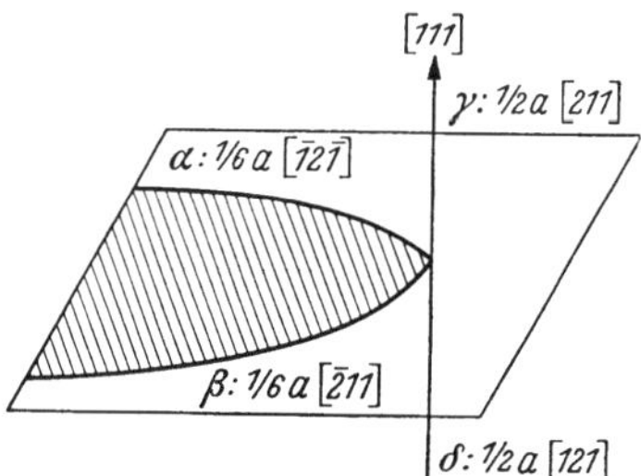

Fig. 7. Versetzungsknoten am Ende eines Stapelfehlers. Der schraffierte Bereich ist ein flächenhafter Keim des hexagonalen Gitters im kubischen.

Da sich nun nach einem Satz von FRANK zwei Versetzungen abstoßen bzw. anziehen mit einer Kraft, die dem Kosinus des von ihren Burgers-Vektoren gebildeten Winkels sowie dem Reziproken ihres Abstands proportional ist, und da dieser Kosinus hier negativ ist, wird jede normale Versetzung im flächenzentrierten Gitter das Bestreben haben, entsprechend Fig. 6 in zwei Halbversetzungen aufzuspalten. Da diese aber einen Stapelfehler zwischen sich einschließen, dem eine der freien Energiedifferenz zwischen kubischem und hexagonalem Gitter annähernd proportionale „Flächenenergie" zukommt (wie sie bei gewöhnlichen „vollständigen" Versetzungen, wo die von der Versetzungslinie eingeschlossene Fläche keine physikalische Bedeutung besitzt, nicht auftritt), wird diese Aufspaltung im allgemeinen gering sein. Wenn sich aber die Temperatur von oben her dem Umwandlungspunkt nähert, treten die in Ziff. 6 beschriebenen Vorgänge ein, und die Stapelfehler bilden präformierte Keime der Umwandlung.

SEEGER[3] hat in Analogie zu dem für die Zwillingsbildung von COTTRELL und BILBY[4] vorgeschlagenen Mechanismus eine Kombination von Versetzungen aufgefunden, die beim Wachstum dieser Keime die genannten Halbversetzungen von einer Ebene (111) in die übernächste bringt. Der in Fig. 7 dargestellte, als ein Stück des Versetzungsnetzes anzusehende Versetzungsknoten besteht aus den beiden Halbversetzungen in der Ebene (111), sowie zwei davon ausgehenden und senkrecht auf dieser Ebene stehenden Versetzungslinien. Von diesen soll γ

[1] G. WASSERMANN: Metallwirtsch. **11**, 61 (1932). — W. G. BURGERS: Physica, Haag **1**, 561 (1934).

[2] Vgl. auch hierzu den Artikel von H. JAGODZINSKI, Hdbch. d. Physik Bd. 7,1.

[3] A. SEEGER: Z. Metallkde. **44**, 247 (1953).

[4] A. H. COTTRELL u. B. A. BILBY: Phil. Mag. **42**, 573 (1951).

den Burgers-Vektor $\frac{a}{2}[211] = \frac{2}{3}a[111] + \frac{a}{6}[2\bar{1}\bar{1}]$ und δ den Vektor $\frac{a}{2}[121] = \frac{2}{3}a[111] + \frac{a}{6}[12\bar{1}]$ besitzen. Somit haben die beiden Versetzungslinien die gemeinsame Schraubenkomponente $\frac{2}{\sqrt{3}}a$ senkrecht zu (111), während der Netzebenenabstand $\frac{1}{\sqrt{3}}a$ ist. Nun ist bekanntlich eine Schraubenversetzung dadurch gekennzeichnet, daß die senkrecht zu ihrer Versetzungslinie liegenden Netzebenen nach Art einer Spiralfläche ineinander übergehen, wobei die Ganghöhe gleich der Schraubenkomponente der Versetzung ist. Somit führt die genannte Versetzungslinie jede (111)-Ebene in die zweitnächste parallele Ebene über. Wenn sich also die beiden Halbversetzungen an der Umwandlungstemperatur vollständig auseinander gespreizt haben, so daß der schraffierte Bereich der Fig. 7 die ganze Netzebene umfaßt, stoßen sie nicht etwa aneinander, sondern liegen im Abstand der Ganghöhe übereinander. Bei weiterem Kristallwachstum der neuen Phase bewegt sich die eine Halbversetzung auf der Spiralfläche nach oben, die andere nach unten: Daher kann nach Fig. 8 der ganze dreidimensionale Kristall umgewandelt werden, ohne daß neue Versetzungen zu bilden sind, solange die sich bewegenden Versetzungen nicht an der Grundstruktur aufgehalten werden. Die Geschwindigkeit dieses Vorgangs wird wesentlich kleiner sein als die einer durch die gleiche Schubspannung getriebenen geraden Versetzungslinie (vgl. Ziff. 18), da sich dabei die Versetzungslinien ständig vergrößern müssen.

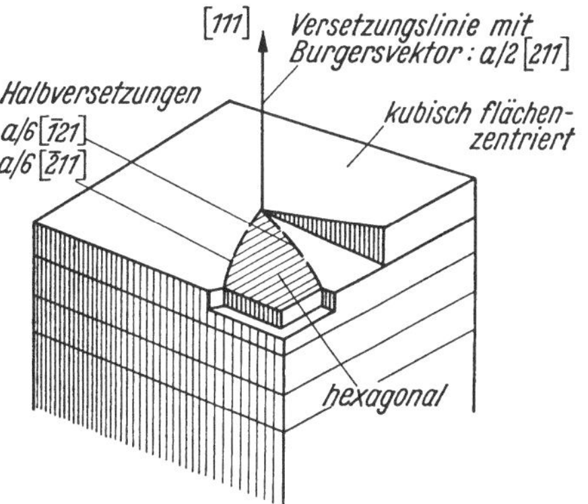

Fig. 8. Aus dem flächenhaften Keim entsteht durch Drehung der Halbversetzungslinien um den Versetzungsknoten ein räumlicher Keim. Nach SEEGER.

Reaktionskinetisch betrachtet ist das Wandern einer Versetzung, die keine anderen Versetzungen überkreuzen muß, ein diffusionsloser Vorgang, d.h. eine Reaktion, für die keinerlei statistische Schwankungen notwendig sind, oder auch eine Kettenreaktion, deren Aktivierungsenergie schon bei der Ausbildung der Grundstruktur aufgebracht wurde. Ihre Geschwindigkeit ist bei gegebener freier Energiedifferenz nahezu unabhängig von der Temperatur, insbesondere kann die Reaktion bis zu den tiefsten Temperaturen unverändert ablaufen[1].

Dieser letzte Punkt ist zwar nicht bei Kobalt, sondern bei der ebenfalls zu den diffusionslosen Umwandlungen zu rechnenden Martensitbildung experimentell bestätigt, die noch bei 4° K beobachtet wurde[2].

Die verschiedenartigen Einzelerfahrungen über die Dynamik der Umwandlung des reinen Kobalts lassen sich mit dem beschriebenen Mechanismus vollständig deuten. Zunächst ist festzustellen, daß sich auch bei nicht verformten, also möglichst wenig gestörten Einkristallen die Halbversetzungen nicht über die ganze Netzebene ausbreiten können, sondern nur über einen von den übrigen Versetzungslinien der Grundstruktur freien Bereich. Außerdem gibt es im kubischen Kristall des Ausgangszustands aus Symmetriegründen zahlreiche verschieden orientierte, aber gleichwertige Keime, an welchen der Mechanismus zunächst einsetzen wird. Nun aber besteht eine elastische Wechselwirkung

[1] Schnelle diffusionslose Umwandlungen nennt man nach E. SCHEIL [Arch. Eisenhüttenw. **2**, 375 (1928/29)] auch Umklappvorgänge.

[2] S. A. KULIN u. M. COHEN: Trans. Amer. Inst. Min. Metallurg. Engrs. **188**, 1139 (1950).

zwischen den wachsenden Keimen, außerdem mit der Oberfläche des Kristalls, die bei der oben beschriebenen Scherung verändert wird. Die dabei auftretende elastische Energie und Oberflächenenergie ist zu der chemischen freien Energie zu addieren, ihr Differentialquotient nach dem Scherungswinkel (vgl. Ziff. 6) ist meist positiv, hemmt also das Keimwachstum, kann aber für einzelne, günstig gelegene und orientierte Keime auch negativ werden.

Den kleinsten Wert hat diese Größe zweifellos für benachbarte gleichorientierte Keime. Der Einfluß der Oberflächenenergie wird bei Einkristallen mit freien Oberflächen und außerdem dann am kleinsten sein, wenn die parallelen Keime diejenige (111)-Ebene als Gleitebene besitzen, die die größte Fläche innerhalb des Kristallstücks einnimmt. Somit wird in den Kristallen eine Auswahl unter den präformierten Keimen stattfinden, welche die genannten bevorzugt. In der Tat fanden DEHLINGER, BUMM und OSSWALD[1], daß möglichst wenig gestörte Einkristalle von reinem Kobalt sich einheitlich, ohne Zerfall in die vier möglichen Orientierungen der Gleitebene (111) umwandelten, und zwar wurde jeweils diejenige unter diesen vier kristallographisch identischen Ebenen betätigt und ging demnach in die hexagonale Basisebene über, die den kleinsten Winkel mit der Stabachse des zylindrischen Kristallstücks einschloß.

Die Temperatur, bei der das unbeschränkte Wachstum der präformierten Keime einsetzt, liegt sicher tiefer als die wahre Umwandlungstemperatur, bei der die chemische freie Energiedifferenz (die sog. Oberflächenenergie der Stapelfehler) zu Null wird. Die Temperaturdifferenz (die sog. Temperaturhysterese) wird bestimmt durch die erwähnte elastische Wechselwirkungs- und Oberflächenenergie, wohl noch stärker aber durch die elastische Energie, die auftritt, wenn die zwei Halbversetzungslinien eines Keims in der oben beschriebenen Weise gerade parallel sind und untereinander stehen. Nach Ziff. 7 ist bei einer Reaktion erster Ordnung die Temperatur, bei der ein präformierter Keim unbeschränkt wachstumsfähig wird, gegeben durch

$$\left(\frac{\partial V}{\partial \lambda}\right)_{\max} \leqq \frac{\partial F_c}{\partial \lambda}.$$

Dabei ist V die Verzerrungsenergie, F_c die chemische freie Energie. Die Größe $\partial V/\partial \lambda$ ist für den Wert von λ zu nehmen, für den sie maximal wird (vgl. Fig. 2). Die Größe $\partial F_c/\partial \lambda$ ist weitgehend proportional der oben genannten Temperaturdifferenz. Bei der Co-Umwandlung von unversehrten Einkristallen ist nach SEEGER[2] damit zu rechnen, daß die Versetzungen zur Überwindung des Maximums von $\partial V/\partial \lambda$ noch vorher angesammelte kinetische Energie mitbringen. Dann ist offensichtlich statt $(\partial V/\partial \lambda)_{\max}$ ein Mittelwert über $\partial V/\partial \lambda$ bis zum Maximalwert von λ einzusetzen.

Bei vielkristallinem Material (ebenso bei stärker gestörten Einkristallen) tritt ein weiterer, experimentell besonders auffallender Umstand ein: Da die Korngrenzen festliegen, nimmt die Verspannung der Körner und damit die Größe E_{el} mit zunehmender Umwandlung immer mehr zu, auch dann, wenn die Scherung in verschiedenen Schichten entgegengesetzt verläuft und so die Gestaltsänderung minimal ist. Das hat zur Folge, daß die Temperaturhysterese ΔT vom Umwandlungsgrad abhängig ist. Daher kann in diesem Fall bei einer bestimmten Temperatur nicht das ganze Material umgewandelt werden. Man erhält statt

[1] U. DEHLINGER, H. BUMM u. E. OSSWALD: Z. Physik **105**, 21 (1937). — Z. Metallkde. **25**, 62 (1933); **29**, 29 (1937).

[2] A. SEEGER: Z. Metallkde. **47**, 653 (1956). Vgl. auch F. SEBILLEAU u. H. BIBRING: The Inst. of Metals, Mon. a. Rep. Ser. No. 18, 1956.

dessen eine von der Korngröße, den Beimengungen und Gitterstörungen abhängende Kurve, die das Mengenverhältnis der hexagonalen zur kubischen Phase als Funktion der Temperatur angibt[1]. Durch geeignete Vorbehandlung kann man die Umwandlung in bestimmten Temperaturbereichen auch ganz unterdrücken.

16. Orientierungsbeziehungen diffusionsloser Umwandlungen. In Tabelle 1 sind nach KNAPP[2] diejenigen bekannten allotropen Umwandlungen zusammengestellt, bei denen ähnliche Orientierungsbeziehungen wie bei Kobalt beobachtet wurden und deren auch noch bei verhältnismäßig tiefen Temperaturen große Geschwindigkeit das Bestehen eines diffusionslosen Vorgangs vermuten läßt; jedoch ist zu betonen, daß Vorstellungen über die Natur des präformierten Keims sowie konsequente Messungen der Temperaturabhängigkeit der Vorgänge außer für Kobalt nur für Martensit (Fe—C und Fe—Ni) vorliegen, der deshalb im einzelnen besonders zu behandeln ist.

Die besonders einfache Umwandlung des Kobalts kann in Tabelle 1 durch eine einzige und reine Scherung dargestellt werden; bei einer solchen wird, wie man leicht sieht, eine bestimmte Gitterebene weder in ihrer Orientierung verändert (weshalb sie invariante Ebene genannt wird) noch in sich verzerrt. Sobald

Tabelle 1. *Orientierungsbeziehungen bei Umwandlungen.*

Habitusebene Nadeln auf	Orientierungsbeziehung	Mechanismus Invariante Ebene, Bewegungsrichtung
Fe—C 0—0,4% C; $\gamma K12 \rightarrow \alpha' T8$ ($\rightarrow \alpha$-Ferrit $+ Fe_3C$):		
$\{111\}_\gamma$	$\{111\}_\gamma \parallel \{111\}_{\alpha'}$ $\langle 110\rangle_\gamma \langle 111\rangle_{\alpha'}$ KURDJUMOW-SACHS	1. Verzerrung $(225)_\gamma$ $[\bar{1}\bar{1}2]_\gamma$ 2. Verzerrung $(112)_{\alpha'}$ $[11\bar{1}]_{\alpha'}$
Fe—C 0,5—1,1% C:		
$\{225\}_\gamma$	$\{111\}_\gamma \parallel \{111\}_{\alpha'}$ $\langle 110\rangle_\gamma \langle 111\rangle_{\alpha'}$	1. Verzerrung $(225)_\gamma$ $[\bar{1}\bar{1}2]_\gamma$ 2. Verzerrung $(112)_{\alpha'}$ $[11\bar{1}]_{\alpha'}$
Fe—C 1,5—1,8% C:		
$\{259\}_\gamma \pm 1°$	$\{111\}_\gamma \parallel \{111\}_{\alpha'}$ $\langle 110\rangle_\gamma \langle 111\rangle_{\alpha'}$	1. Verzerrung $(225)_\gamma$ $[\bar{1}\bar{1}2]_\gamma$ 2. Verzerrung $(112)_{\alpha'}$ $[11\bar{1}]_{\alpha'}$
Fe—Ni 27—34% Ni; $\gamma K12 \rightarrow \alpha' K12$ ($\rightarrow \alpha$):		
$\{225\}_\gamma$	über 20° C: KURDJUMOW-SACHS	1. Verzerrung $(225)_\gamma$ $[\bar{1}\bar{1}2]_\gamma$ 2. Verzerrung $(112)_\alpha$ $[11\bar{1}]_{\alpha'}$
$\sim\{225\}_\gamma$	unter —70° C: $\{111\}_\gamma \parallel \{110\}_{\alpha'}$ $\langle 211\rangle_\gamma \parallel \langle 110\rangle_{\alpha'}$ NISHIYAMA	1. Verzerrung $\sim(259)_\gamma$ $\sim[1\bar{5}\bar{6}]_\gamma$ 2. Verzerrung $\sim(112)_{\alpha'}$ $[11\bar{1}]_{\alpha'}$

[1] Vgl. die „Martensitkurve" von Ziff. 18. — Einzelbeobachtungen bei Co: O. S. EDWARDS u. H. LIPSON: Proc. Roy. Soc. Lond. A **180**, 268 (1942). — T. R. ANANTHARAMAN u. J. W. CHRISTIAN: Phil. Mag. **43**, 1338 (1952). — J. B. HESS u. C. S. BARRETT: J. Met. **4** 465 (1952). — A. J. C. WILSON: Proc. Roy. Soc. Lond. A **180**, 277 (1942). — E. A. OWEN u. D. M. JONES: Proc. Phys. Soc. Lond. B **67**, 456 (1954).

[2] H. KNAPP: Stuttgarter Diss. 1954. Vgl. auch [9], [8], sowie J. S. BOWLES u. C. S. BARRETT: Progr. Met. Phys. **3**, 1 (1952).

Tabelle 1. (Fortsetzung.)

Habitusebene Nadeln auf	Orientierungsbeziehung	Mechanismus Invariante Ebene, Bewegungsrichtung
Fe—C—Ni 1,2% C, 11,5% Ni:		
$\{259\}_\gamma$	$\{111\}_\gamma$ 1° von $\{110\}_\alpha$	
Fe—C—Ni 0,8% C, 22% Ni:		
$\{3\ 10\ 15\}_\gamma$	$\langle 110\rangle_\gamma$ 2° von $\langle 111\rangle_\alpha$	
Cu—Zn 40% Zn, $\beta_1 K 8$ geordnet $\to \beta'$ ($\to \alpha K 12 + \beta_1$):		
$\{155\}_{\beta_1}$		
Cu—Al 11—13% Al, $\beta_1 K 8$ geordnet $\to \beta' h 12$ ($\to \alpha K 12 + \delta$):		
2° von 133_{β_1}	$(011)_{\beta_1}$ 4° von $(00,1)_{\beta'}$ 111_{β_1} $01,0_{\beta'}$	
Cu—Al 12,9—14,7% Al, $\beta_1 K 8 \to \gamma' h 12$:		
3° von $\{122\}_{\beta_1}$	$(110)_{\beta_1} \parallel (00,1)_{\gamma'}$ $[1\bar{1}1]_{\beta_1} \parallel [01,0]_{\gamma'}$	
Cu—Sn 25% Sn, $\beta K 8 \to \beta'$ ($\to \alpha K 12 + Cu_3Sn$):		
$\{133\}_\beta$		
In—Tl 20,7—23% Tl, $K 12 \to t 12$:		
$\sim\{110\}$		1. Verzerrung $\{101\}$ $\langle 101\rangle$ 2. Verzerrung $\{101\}$ $\langle 101\rangle$ (60° zur 1. Ebene)
Au—Cd 47,5—49% Cd, $\beta_1 K 8 \to \beta'$ tetrahedrisch (orthorh.):		
$\{331\}_{\beta_1}$	$(011)_{\beta_1} \parallel (001)_{\beta'}$ $[\bar{1}1\bar{1}]_{\beta_1} \parallel [\bar{1}\bar{1}0]_{\beta'}$	(331) $[\bar{3}23]_{\beta_1}$ Scherung von 3° + Kontr.
Co $\beta K 12 \to \alpha h 12$:		
$\{111\}_\beta$	$(111)_\beta \parallel (00,1)_\alpha$ $\langle 110\rangle_\beta \parallel \langle 11,0\rangle_\alpha$	$(111)_\beta$ $[11\bar{2}]_\beta$
Li $\beta K 8 \to \alpha h 12$:		
$\{441\}_\beta$	$(110)_\beta \parallel (00,1)_\alpha$ $[\bar{1}11]_\beta \parallel [11\bar{2},0]_\alpha$	
Zr $\beta K 8 \to \alpha h 12$:		
	$(110)_\beta \parallel (00,1)_\alpha$ $[111]_\beta \parallel [11\bar{2},0]_\alpha$	

sich bei der Umwandlung das spezifische Volumen ändert, kommt man mit reinen Scherungen dieser Art nicht aus. In jedem Deformationstensor aber gibt es bekanntlich drei aufeinander senkrechte Ebenen, deren Orientierung sich nicht ändert, wenn sie auch im allgemeinen in sich verzerrt werden. Da durch zwei von ihnen die dritte bestimmt ist, werden nur zwei solche invariante Ebenen angegeben.

Von ihnen zu unterscheiden ist im allgemeinen die „Habitusebene" (habit-plane), das ist eine Ebene, die sich bei der Umwandlung weder dreht noch verschiebt, auf der also der umgewandelte Bereich aufwächst. Sie ist die Mittelebene der sich bildenden Nadeln oder Platten und kann durch mikroskopische Beobachtungen, z.B. Ausmessung der Aufrauhungen (Kippungen) einer polierten Kristallfläche ermittelt werden. Als Verwachsungsfläche wird die Grenzfläche zwischen altem und neuem Gitter bezeichnet, die sich während der Umwandlung verschiebt und ausdehnt[1].

17. Orientierungsbeziehungen beim Martensit. Die in den Zustandsdiagrammen Fe—C und Fe—Ni sowie in anderen ähnlichen Diagrammen mit erweitertem Feld des γ-Fe geforderte Umwandlung des flächenzentrierten γ-Gitters (Austenit) in das bei tiefer Temperatur beständige α-Gitter (Ferrit), die mit einer mehr oder weniger großen Ausscheidung von C bzw. Ni verbunden ist, geht unterhalb einer bestimmten Temperatur[2], dem Martensitpunkt M_s, so vor sich, daß sich zunächst in einzelnen Nadeln oder Platten mit großer Geschwindigkeit in einem diffusionslosen Ereignis das innenzentrierte Gitter (Martensit) ohne Konzentrationsänderung bildet. Es enthält noch den vollen Kohlenstoff- bzw. Nickelgehalt des Austenits und ist infolgedessen bei Fe—C, wo die beigemengten Atome in Gitterlücken sitzen, schwach tetragonal verzerrt. Im Laufe längerer Zeit vermindert dann die Ausscheidung von Zementit, bzw. von einem nickelreichen flächenzentrierten Gitter diese Konzentration und stellt das endgültige Gleichgewicht her. Hier soll nur die Bildung des Martensits besprochen werden.

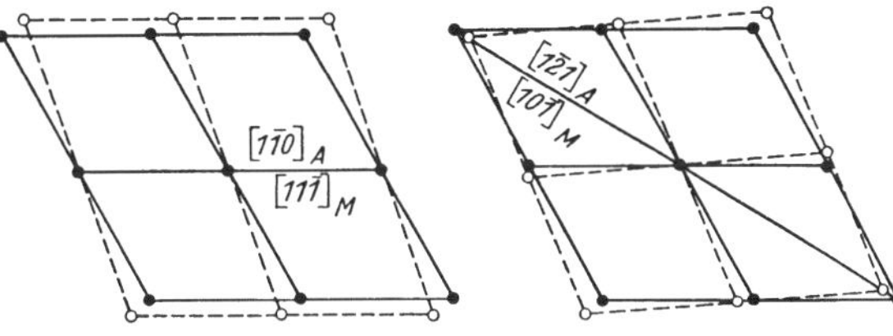

Fig. 9. Lagenbeziehung zwischen Austenit und Martensit. Links nach KURDJUMOW-SACHS, rechts nach NISHIYAMA.

An Fe—C wurde von KURDJUMOW und SACHS[3] zum erstenmal eine Orientierungsbeziehung bei Umwandlungen beobachtet, die auf einen diffusionslosen Vorgang schließen ließ. Nach Fig. 9 bleibt dabei die Richtung des kürzesten Abstands im Austenitgitter erhalten. Wie sich weiterhin gezeigt hat[4], tritt diese Orientierungsbeziehung nach KURDJUMOW und SACHS nur dann auf, wenn der genannte Atomabstand dem entsprechenden Abstand im neuen Gitter nahezu gleich ist, was nur in bestimmten Grenzen des C- und Ni-Gehalts der Fall ist. Eine andere Orientierungsbeziehung wurde von NISHIYAMA[5] gefunden. Auch sie ist an bestimmte Gitterkonstantenverhältnisse gebunden und als Grenzfall aufzufassen, während bei beliebigen Konzentrationen des Austenits Orientierungen sich einstellen, die zwischen der KURDJUMOW-SACHSschen und der NISHIYAMAschen Beschreibung liegen. Im folgenden soll an die erstere angeknüpft werden, die besonders einfache Verhältnisse liefert[6].

[1] Eingehende Beobachtungen bei Au—Cd: L. C. CHANG u. T. A. READ: Trans. Amer. Inst. Min. Metallurg. Engrs. **189**, 47 (1951).

[2] F. WEVER u. N. ENGEL: Mitt. Kaiser-Wilhelm-Inst. Eisenforsch. **12**, 93 (1930).

[3] G. KURDJUMOW u. G. SACHS: Z. Physik **64**, 325 (1930). — G. WASSERMANN: Mitt. Kaiser-Wilhelm-Inst. Eisenforsch. **17**, 149 (1935). — U. DEHLINGER u. H. BUMM: Z. Metallkde. **26**, 112 (1934).

[4] R. F. MEHL, C. S. BARRET u. D. W. SMITH: Trans. Amer. Inst. Min. Metallurg. Engrs. **105**, 215, (1933). — R. F. MEHL u. S. DERGE: Trans Amer. Inst. Min. Metallurg. Engrs. **125**, 482 (1934).

[5] N. NISHIYAMA: Soc. Rep. Tohoku Un. **23**, 637 (1934).

[6] H. KNAPP: Arch. Eisenhüttenw. **24**, 494 (1953). Stuttgarter Diss. 1954.

Atomistisch kann in diesem Fall der Übergang beschrieben werden als eine Parallel-Verschiebung der dichtbesetzten Atomreihen mit der Richtung $[110]_A = [111]_M$, innerhalb deren in beiden Gittern der Atomabstand nahezu der gleiche ist. Und zwar kann man die Verschiebung, soweit sie die Lage der Atomreihen in der Ebene $(111)_A$ betrifft, in zwei Teile zerlegen: a) eine Vergrößerung der Abstände zwischen den Reihen um etwa 6% in der $[112]$-Richtung, b) eine Scherung der dichtbesetzten Reihen innerhalb der Ebenen $(111)_A = (101)_M$ mit einem Scherungswinkel von $^1/_3 = 18,5°$. Die Translation a) ergibt eine Volumänderung, die sich in der äußeren Form entsprechend abzeichnet. Dagegen zeigt ein Vergleich der mikroskopischen Beobachtungen[1] mit den Röntgeninterferenzdaten, daß die Scherung b) nach Fig. 10 durch eine gewöhnliche Gleitung nach außen großenteils kompensiert wird.

Dabei findet man, daß die durch Scherung und entgegengesetzte Gleitung bestimmte Verrückung der einzelnen Atome aus ihrer Lage im Austenit dann am kleinsten ist, wenn die parallel $[110]_A$ gerichtete Gleitung nach jeder sechsten Atomreihe vor sich geht. Wegen der Gittersymmetrie ist durch die unter a) und b) angegebenen Verschiebungen auch die gegenseitige Verschiebung der Netzebenen $(111)_A$ und damit der Deformationstensor bestimmt.

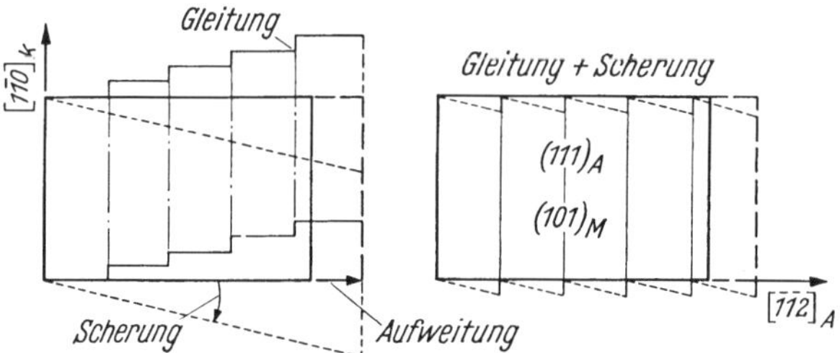

Fig. 10. Gleichzeitig homogene Scherung und inhomogene Gleitung bei der Martensitbildung.

Als Habitusebene kommt nur eine solche in Frage, die „makroskopisch invariant" ist, d.h. die weder eine Drehung ihrer Normalrichtung noch der in ihr liegenden Atomreihen-Richtungen erleidet. Die ausführliche Analyse der Verrückungen durch BOWLES[2] ergab, daß dies nur für die Ebene $(225)_A = (734)_M$ zutrifft. In der Tat zeigt die mikroskopische Beobachtung, daß sie die Mittelebene der platten- oder linsenförmigen Martensit-Nadeln ist (Fig. 11). Insbesondere gehen von ihr die Atomverschiebungen a) parallel $[112]_A$ aus, die die Volumänderung und die für die Gitteränderung wichtigste Scherung bewirken.

Die demnach aneinander grenzenden Netzebenen $(225)_A$ und $(734)_M$ passen nicht genau aufeinander. Ein kohärenter Zusammenhang ist nur möglich, wenn man nach FRANK[3] eine Reihe von Schraubenversetzungen mit dem Burgers-Vektor $[\bar{1}10]_A$ einfügt (Fig. 11). Durch sie wird den bisher betrachteten homogenen Deformationen ein nicht homogener Anteil überlagert, und zwar handelt es sich um die bei den Gleitungen nach Fig. 10 zurückbleibenden Ungleichmäßigkeiten entlang der Netzebene $(225)_A$. Somit muß auch der Abstand der Schraubenversetzungslinien gerade sechs Netzebenen betragen. Aus Gleichgewichtsgründen wird man den Burgers-Vektor dieser Versetzungen zur Hälfte dem Austenit und zur anderen Hälfte dem angrenzenden Martensit zurechnen. Da die Versetzungslinien sich um die Nadel herum schließen müssen, bilden sie einen „Versetzungsrahmen", der sich beim Dickenwachstum der Nadel ausweiten, beim Längenwachstum um neue Versetzungen vermehren muß.

[1] A. B. GRENINGER u. A. R. TROIANO: Trans. Amer. Inst. Min. Metallurg. Engrs. **145**, 289 (1945). — E. S. MACHLIN u. M. COHEN: Trans. Amer. Inst. Min. Metallurg. Engrs. **191**, 1019 (1951).

[2] J. S. BOWLES: Acta crystallogr. **4**, 162 (1951). — J. S. BOWLES u. J. K. MACKENZIE: Acta met. **2**, 129, 224 (1954).

[3] F. C. FRANK: Acta met. **1**, 15 (1953).

Insgesamt kann man nach KNAPP[1] die Orientierungsbeziehungen sowie die Lage der invarianten Ebene aus der Forderung ableiten, daß die Atome beim Übergang vom alten zum neuen Gitter möglichst kurze Wege zurückzulegen haben.

18. Verzerrungsenergie und Umwandlungsgeschwindigkeit bei Martensit. Die gesamte Verzerrungsenergie, die je Mol neugebildeten Martensits aufzubringen ist, setzt sich zusammen aus der in den Schraubenversetzungen an der Grenzfläche steckenden „Oberflächenenergie" und der elastizitätstheoretisch zu berechnenden Spannungsenergie. Für die erstere erhält man wie bei Kleinwinkel-Korngrenzen nach READ und SHOCKLEY[2] die Formel

$$E_F = E_0 \vartheta\,(A - \ln \vartheta)$$
$$\tan \vartheta = b/D,$$

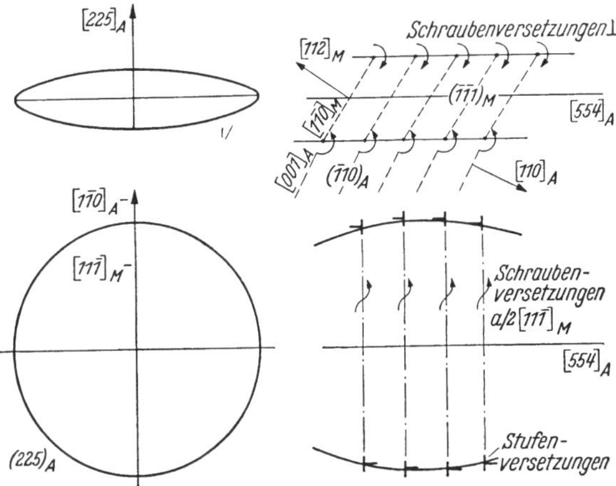

Fig. 11. Orientierung und schematische Form der Martensitnadel. Rechts die an der Grenze von Austenit und Martensit vorhandenen Schraubenversetzungen.

wo b den Burgers-Vektor, D den Abstand der Versetzungen bedeutet, während E_0 und A Konstanten sind, die näherungsweise elastizitätstheoretisch zu berechnen sind, aber besser aus der gemessenen Grenzflächenenergie der Zwillinge im Austenit[3] entnommen werden. Dort ist $\vartheta = 27°$ und $E = 510$ erg/cm². In unserem Falle ist $\tan\vartheta = b/D = {}^1/_{12}$, mithin $\vartheta = 4{,}8°$, woraus $E_F = 107$ erg/cm².

Für die Spannungsenergie würde man nach Ziff. 3 zu kleine Werte erhalten wenn man allein den aus der Änderung des spezifischen Volumens folgenden Betrag berücksichtigen würde. In Wirklichkeit[4] ist an der Oberfläche der Martensitplatte eine Verschiebung anzusetzen, die in Richtung $[\bar{1}\bar{1}2]_A$ geht, also mit der Mittelebene $(225)_A$ der Platten einen Winkel von $\Psi = 25{,}2°$ bildet. Für ihren Betrag gilt: $|\mathfrak{s}| = \varepsilon \dfrac{d}{\cos \Psi}$, wo ε nach Ziff. 15 die Abstandsänderung von 6% und d der Abstand von der Mittelebene ist. Aus dem so festgelegten Verschiebungsfeld werden durch Differenzieren die Komponenten des Deformationstensors ε_{ik} bestimmt und daraus mit Hilfe der zwei isotropen Laméschen Elastizitätsmoduln λ und μ die Spannungen berechnet.

Die Martensitnadel wird nach Fig. 11 als flaches Rotations-Ellipsoid angesehen, dementsprechend werden elliptische Koordinaten eingeführt und die Komponenten des Verschiebungsfeldes nach LAMÉschen Funktionen entwickelt. Man kann dann die elastische Energie

$$E_v = \int_v W\,d\tau = \int \Big(\mu \sum_{ik} \cdot \varepsilon_{ik}^2 + \frac{\lambda}{2}\,\Theta^2\Big)\,d\tau$$

durch Integration über die Martensitnadel und über die Austenitmatrix berechnen und sie etwa auf die Volumeinheit Martensit beziehen. Wie sich zeigt,

[1] H. KNAPP: Arch. Eisenhüttenw. **24**, 494 (1953).
[2] Vgl. A. SEEGER in diesem Band.
[3] A. VAN VLACK: J. Metals **1954**, 251.
[4] Für das folgende vgl. H. KNAPP: Stuttgarter Diss. 1954.

ist der auf den Einschluß fallende Anteil klein gegen den der Matrix und kann vernachlässigt werden. Dann wird

$$E_v = c_4 \pi\left(\frac{1}{3} + \xi_0^2\right)\left(\operatorname{arc\,cot} \xi_0 - \xi_0\right) +$$
$$+ c_5 \frac{4\pi}{3}\left[\frac{1}{2}\left(\xi_0 + (1+\xi_0^2)\operatorname{arc\,cot}\xi_0\right) - \xi_0(1+\xi_0^2)(\operatorname{arc\,cot}\xi_0^2)\right],$$

wobei

$$c_4 = \frac{2\mu+\lambda}{2} a_1^2 + \frac{1}{2}\mu(a_1^2 + 2c_1^2),$$

$$c_5 = \frac{2\mu+\lambda}{2} c_1^2 + \frac{1}{2}\mu a_1^2,$$

$$c_1 = \varepsilon \frac{\xi_0}{1+\xi_0 \operatorname{arc\,cot}\xi_0}; \qquad a_1 = c_1 \cot \Psi$$

und ξ_0 die Exzentrizität des Ellipsoids mit den Halbachsen a, a, c bedeutet. Das Volumen des Ellipsoids wird

$$V = \frac{4\pi a^3 c}{3} = \frac{4\pi}{3}(1+\xi_0^2)\,\xi_0 a^3.$$

Für $\frac{c}{a} \ll 1$ wird $\frac{E_v}{V} \approx 2{,}58 \cdot 10^2\, \xi_0\, m\, kp/\text{cm}^3$. Andererseits kann man aus den Spannungsvektoren $\mathfrak{A}$ an der Grenzfläche durch Integration über diese die Arbeit der Oberflächenkräfte

$$\tfrac{1}{2}\iint \mathfrak{A}\,\mathfrak{s}\,df = \tfrac{1}{2}\iint \mathfrak{A}_x\,\mathfrak{n}\,df + \tfrac{1}{2}\iint \mathfrak{A}_z\,\mathfrak{n}\,df = \tfrac{1}{2}(E_1 + E_2)$$

berechnen, wobei $\mathfrak{A}_z$ die Komponente von $\mathfrak{A}$ in Richtung der Achse des Ellipsoids, $\mathfrak{A}_x$ die Komponente senkrecht dazu bedeutet. Dann ergibt sich

$$E_1 = 2\pi a_1^2\{(\mu+\lambda)\,\xi_0(1+\xi_0^2)(1-\xi_0\operatorname{arc\,cot}\xi_0)^2 -$$
$$- \tfrac{1}{3}(1-\xi_0\operatorname{arc\,cot}\xi_0)\,[\xi_0(3\mu+\lambda) - 2\mu(1+\xi_0^2)\operatorname{arc\,cot}\xi_0]\},$$

$$E_2 = 4\pi c_1^2\{-(1+\xi_0^2)\,\xi_0(1+\xi_0\operatorname{arc\,cot}\xi_0)^2(\mu+\lambda) +$$
$$+ \tfrac{1}{3}(1-\xi_0\operatorname{arc\,cot}\xi_0)\,[-\mu\xi_0 + (2\mu+\lambda)(1+\xi_0^2)\operatorname{arc\,cot}\xi_0]\}.$$

Für $\frac{c}{a} \ll 1$ wird $\frac{E_1+E_2}{2V} = 2{,}16 \cdot 10^2\,\xi_0\, m$ kp/cm³.

Wenn das angesetzte Verschiebungsfeld die elastizitätstheoretischen Differentialgleichungen sowie die Randbedingungen für die Spannungen an der Grenzfläche genau erfüllen würde, müßte gelten

$$E_v = \tfrac{1}{2}(E_1 + E_2).$$

Wie man sieht, ist dies zwar nicht genau, aber doch mit einer den sonstigen Vernachlässigungen entsprechenden Näherung erfüllt, so daß man das Ergebnis nicht zu verbessern braucht, was an sich möglich wäre[1].

Die gesamte, bei der Bildung einer Volumeinheit Martensit aus dem Austenit eintretende Änderung der freien Energie wird dann:

$$F = (f_M - f_A)\frac{\varrho}{M} + \frac{E_v}{V} + \frac{3}{2c}E_F.$$

Dabei ist f_M und f_A die „chemische" freie Energie je Mol und $\frac{E_v}{V} = A\frac{c}{a}$. Die durch die beiden letzten Summanden dargestellte Verzerrungsenergie ist von c

[1] Vgl. das Verfahren von F. KRÖNER, l. c., Ziff. 3.

und a abhängig. Bildet man ihr Minimum in bezug auf c/a, so erhält man

$$\left(\frac{c}{a}\right)_{\min} = \sqrt{\frac{3}{2}\frac{E_F}{A}\frac{1}{\sqrt{a}}}.$$

In Fig. 12 ist die (auf ein Mol bezogene) minimale Verzerrungsenergie als Funktion von a aufgetragen. Infolge des Einflusses der Grenzflächenenergie geht sie für $a \to 0$ gegen Unendlich. Da die Bildungsgeschwindigkeit der Nadeln nahezu vollständig temperaturunabhängig ist, also empirisch ein Schwankungsvorgang, der die damit gegebene Energieschwelle überwinden könnte, ausgeschlossen ist, ist nach Ziff. 6 ein präformierter Keim zur Einleitung des Vorgangs nötig.

Ein solcher kann nach KNAPP[1] gebildet werden durch die Kombination einer Stufenversetzung, deren Burgers-Vektor $a\ [\bar{1}\bar{1}2]$ und deren Versetzungslinie parallel $[\bar{1}\bar{1}0]$ ist, mit einer dazu parallelen Schraubenversetzungslinie, deren Burgers-Vektor $a\ [\bar{1}10]$ ist. In einem bestimmten Gitterbereich ergibt dann die geometrische Analyse Atomverschiebungen, die schon weitgehend den zur Bildung des Martensits aus dem Austenit nötigen ähnlich sind. Der Bereich hat in der Richtung $[225]_A$ der c-Achse des ellipsoidischen Keims, eine Ausdehnung von etwa $7 \cdot 10^{-7}$ cm, der zugehörige Minimalwert von a ist $5 \cdot 10^{-6}$ cm. Diese Abmessungen können als Größen des präformierten Keimes im Augenblick der beginnenden Umwandlung bei der Martensittemperatur betrachtet werden. Setzt man sie in Fig. 12 ein, so erhält man die Verzerrungsenergie, die bei dieser Temperatur von der chemischen freien Energie aufgebracht werden muß, damit der Keim gerade mit dem Wachstum beginnen kann.

Die freie Energie der Eisenmodifikationen wurde von JOHANSSON[2] aus calorischen Daten berechnet, die des kohlenstoffhaltigen Austenits und Ferrits (Martensits) von COHEN [*6*], [*9*] aus Aktivitätsmessungen[3] abgeleitet. Damit erhält man die mit zunehmendem C-Gehalt abnehmende wahre Gleichgewichtstemperatur zwischen den nicht entmischten flächenzentrierten und innenzentrierten Mischkristallen, sowie den Unterschied der chemischen freien Energie $f_M - f_A$ als näherungsweise lineare, bei der wahren Gleichgewichtstemperatur durch Null gehende Funktion der Temperatur. Bei der Temperatur des Martensitpunkts M_s muß diese Größe gleich der oben definierten Verzerrungsenergie des Keims sein. Sie ist nach Fig. 12 etwa gleich 300 cal/Mol Martensit und man erhält damit eine vom Kohlenstoffgehalt nahezu unabhängige Temperaturdifferenz zwischen M_s und der wahren Gleichgewichtstemperatur (Temperaturhysterese) von 220°. Beides ist in Einklang mit den experimentellen Erfahrungen.

Entsprechend der allgemeinen experimentellen Methodik ist dabei unter Martensitpunkt diejenige Temperatur verstanden, bei der die Geschwindigkeits-Temperaturkurve, aufgenommen bei einer bestimmten Abkühlungsgeschwindigkeit, einen Knick zeigt, bei der also die Geschwindigkeit selbst noch Null ist. Wie theoretisch zu erwarten, ist die Lage dieses Knicks in weiten Grenzen von der Abkühlungsgeschwindigkeit unabhängig[4], während er bei sehr hohen Abkühlungsgeschwindigkeiten undeutlich wird. HOUDREMONT, KRISEMENT und WEVER[5] haben dagegen versucht, eine Temperatur hoher, etwa maximaler

---

[1] KNAPP: l. c.

[2] C. H. JOHANSSON: Arch. Eisenhüttenw. **11**, 241 (1937). — Zur elekronentheoretischen Deutung dieser Daten vgl. F. BADER, K. GANZHORN u. U. DEHLINGER: Z. Physik **137**, 190 (1954), sowie U. DEHLINGER: Theoretische Metallkde., Berlin 1955.

[3] R. P. SMITH; J. Amer. Chem. Soc. **68**, 1163 (1946). — Für Fe—Ni: R. A. ORIANO, Acta met. **4**, 448 (1953).

[4] F. WEVER u. N. ENGEL: Mitt. Kaiser-Wilhelm-Inst. Eisenforsch. **12**, 93 (1930).

[5] O. KRISEMENT, E. HOUDREMONT u. F. WEVER: Rev. Métallurg. **51**, 401 (1954).

Umwandlungsgeschwindigkeit zu berechnen; sie rechnen mit einer wesentlich kleineren, die Scherung an der Oberfläche nicht berücksichtigenden Verzerrungsenergie, also nach Fig. 12 mit einem größeren Nadelumfang und betrachten den Vorgang wegen der hohen Geschwindigkeit als adiabatisch. Zahlenmäßig erhalten sie damit die experimentell gefundene Martensit-Temperatur, ohne jedoch Angaben über die Umwandlungsgeschwindigkeit machen zu können.

Nach Ziff. 17 ist das Wachstum der Keime daran geknüpft, daß der ihn umgebende Versetzungsrahmen in den Austenit hineinwandert. Man kann diesen Vorgang als den langsamsten betrachten, der die Geschwindigkeit der übrigen Atomverschiebungen bestimmt. Nun kann bei gegebener Wanderungsschubspannung die Geschwindigkeit von im sonst ungestörten Gitter wandernden Versetzungen nach SEEGER und BURKHARDT[1] zahlenmäßig berechnet werden, da sie (in Metallen, wo die Peierls-Kraft zu vernachlässigen ist) wesentlich durch die von den beim Wandern ausgestrahlten Schallwellen herrührende Dämpfung und Reibungskraft bestimmt wird. Die treibende Schubspannung erhält

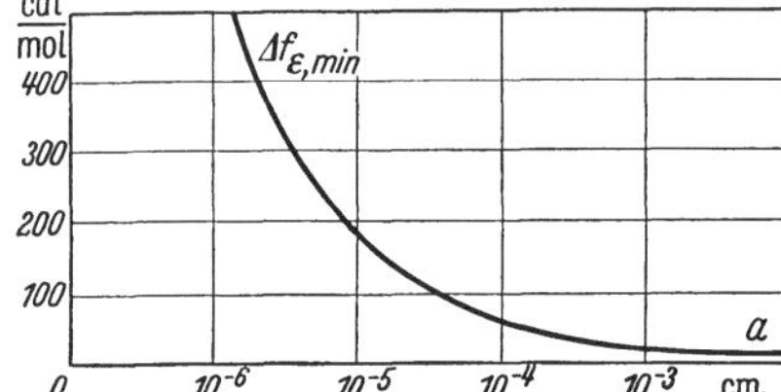

Fig. 12. Verzerrungsenergie des Martensits als Funktion der Nadellänge.

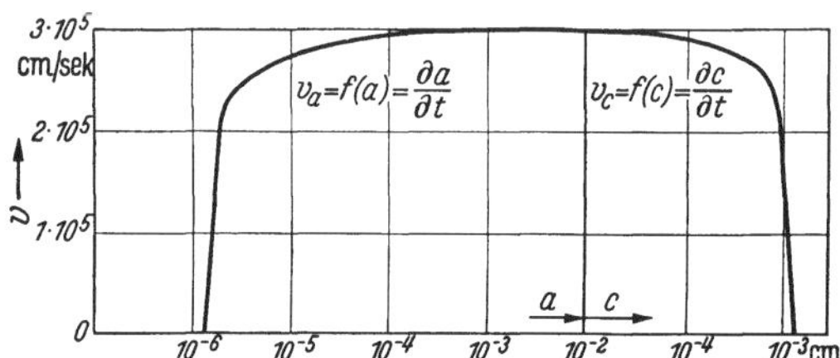

Fig. 13. Berechnete Geschwindigkeit des Wachstums der Nadellänge und der nachträglichen Dickenzunahme.

man nach Ziff. 6 und 7 aus der jeweils zur Verfügung stehenden freien Energie ΔF, d.h. der Differenz von chemischer freier Energie und Verzerrungsenergie. Näherungsweise wird dabei angenommen, daß die ganze Umwandlung in der in Ziff. 17 betrachteten Scherung längs $[\bar{1}10]_A$ um einen Winkel $\gamma = \frac{1}{3}$ besteht. Diese Scherung kann man sich dann nach Ziff. 7 erzeugt denken durch eine gleichgerichtete Schubspannung der Größe

$$\tau = \frac{\partial \Delta F}{\partial \gamma} \approx \frac{\Delta F}{\gamma}.$$

Nach Ziff. 17 liegt aber diese Schubspannung gerade in der Gleitebene der Schraubenversetzungen des Versetzungsrahmens. Man findet so leicht, daß einer treibenden freien Energie von 1 cal/Mol eine Wanderungs-Schubspannung von $5 \cdot 9\ \mathrm{kp/cm^2}$ entspricht. Damit ergibt sich die in Fig. 13 wiedergegebene Geschwindigkeitskurve, die, wie oben bemerkt, bei Null beginnt, dann aber wegen des Abfalls der Verzerrungsenergie sehr schnell zu hohen Werten ansteigt. Das dadurch gegebene Wachstum der Nadellänge a wird dann aufhören, wenn der Nadelumfang in das Spannungsfeld anderer Nadeln oder auch der Korngrenzen kommt. Entsprechend Fig. 12 wächst gleichzeitig mit a die Nadeldicke c so, daß stets das Minimum der Verzerrungsenergie gewahrt ist. Für die in Fig. 13 als empirischen Endwert eingesetzte Größe $a = 10^{-2}$ cm erhält man damit $c = 10^{-5}$ cm. Von hier ab kann nun aber die Dicke c allein weiterwachsen. Weil die Verzerrungsenergie dabei ihren Minimalwert nicht beibehält, sondern ansteigt, fällt die treibende freie Energie und damit die Umwandlungsgeschwindigkeit bis auf Null ab (vgl. Fig. 13). Für den angenommenen Endwert von a erhält man einen endgültigen Betrag von $c = 10^{-3}$ cm, der den Beobachtungen gut

[1] Vgl. A. SEEGER: Handbuch der Physik. Bd. VII/2. 1958.

entspricht. Durch Integration der Geschwindigkeitskurve Fig. 13 ergibt sich nach KNAPP die Bildungszeit einer Nadel zu $5 \cdot 10^{-7}$ sec, während an Hand der Widerstandsänderung direkt $0,5-5 \cdot 10^{-8}$ sec gemessen wurde[1]. Die anfängliche Dicke der Nadel $c = 10^{-5}$ cm entspricht wohl der mikroskopisch an den fertigen Nadeln zu beobachtenden Mittelrippe. Die Martensitbildung ist weitaus die schnellste bisher bekannte Umwandlung, weil es sich um einen diffusionslosen Vorgang handelt, dessen treibende freie Energie entsprechend der Kurve Fig. 12 schon bald nach Beginn stark ansteigt.

Wird die bei einer bestimmten Temperatur entstandene Nadel weiter abgekühlt, so wächst die chemische freie Energie, während die Verzerrungsenergie konstant bleibt. Daher kann nun die Dicke der Nadel noch zunehmen. Dieses nachträgliche Wachstum der einzelnen Nadeln wurde von KURDJUMOW und KHANDROS[2] beobachtet (sog. thermoelastischer Martensit).

Im einzelnen wird die Verzerrungsenergie eines Keims von der speziellen Lage der ihn konstituierenden Versetzungen, von seiner Orientierung und seinen Entfernungen von den Korngrenzen abhängen. Vor allem wird sie beträchtlich mit der Zahl schon gebildeter Nadeln innerhalb des Korns zunehmen. Daher können sich am Martensitpunkt selbst nur die Nadeln bilden, deren Keime die günstigste Lage haben. Bei weiterem Abkühlen wird die Zahl der Nadeln zunehmen[3], jedoch wird bis zu sehr tiefen Temperaturen immer noch eine gewisse Menge Rest-Austenit übrigbleiben. So ergibt sich die von WEVER und LANGE[4] gemessene „Martensitkurve“. Bei Temperaturen oberhalb des Martensitpunkts kann die Umwandlung des flächenzentrierten Gitters in die innenzentrierte Form nur dann vor sich gehen, wenn sie von einer diffusionsartigen Segregation des Kohlenstoffs bzw. Nickels begleitet wird, da nur dann die freie Energie abnimmt. Durch diesen kombinierten Vorgang, der entsprechend der Geschwindigkeitsgleichung

$$\frac{\partial \lambda}{\partial t} = -A\,e^{-\frac{W}{kT}}\,\frac{\partial F}{\partial \lambda}$$

bei einer bestimmten Temperatur oberhalb des Martensitpunkts maximale Geschwindigkeit besitzt, entsteht ein „Bainit“ genanntes besonderes Gefüge[5]. Nach mikroskopischen Beobachtungen ist dabei das neuentstandene innenzentrierte Ferritgitter zum Austenit ebenso wie das Gitter des Martensits orientiert[6], so daß dieselben präformierten Keime anzunehmen sind wie dort[7].

Während alles bisher Besprochene sich auf Martensitnadeln bezieht, die ohne merkbaren Verzug nach Erreichen einer bestimmten Temperatur zu wachsen beginnen, deren Keime also schon bei höheren Temperaturen ihre wachstumsfähige Form erhalten haben, beobachtet man auch eine zusätzliche, im Laufe der Zeit bei konstanter Temperatur vor sich gehende „thermische“ Keimbildung

---

[1] F. FÖRSTER u. E. SCHEIL: Z. Metallkde. **28**, 245 (1936); **32**, 165 (1940). — R. F. BUNSHAH u. R. F. MEHL: Trans. Amer. Inst. Min. Metallurg. Engrs. **184**, 1251 (1953).

[2] G. V. KURDJUMOW u. L. G. KHANDROS: Akad. Wiss. UDSSR. **66**, 211 (1949).

[3] H. J. WIESTER: Arch. Eisenhüttenw. **18**, 97 (1944). Bei tiefen Temperaturen entsteht ein plattenförmiges Gefüge: U. DEHLINGER, H. BUMM, u. E. OSSWALD: Z. Metallkde. **25**, 62 (1933); **26**, 112 (1934); **29**, 29 (1937).

[4] F. WEVER u. H. LANGE: Mitt. Kaiser-Wilhelm-Inst. Eisenforsch. **14**, 71 (1932). — W. J. HARRIS u. M. COHEN: Trans. Amer. Inst. Min. Metallurg. Engrs. **180**, 447 (1949).

[5] E. S. DAVENPORT u. E. C. BAIN: Trans. Amer. Inst. Min. Metallurg. Engrs. **70**, 25 (1924); **90**, 117 (1930). — F. WEVER, H. LANGE u. W. JELLINGHAUS: Mitt. Kaiser-Wilhelm-Inst. Eisenforsch. **14**, 71 (1932) 1, 85; **15**, 179 (1933).

[6] T. KÔ u. S. A. COTTRELL: J. Iron Steel Inst. **172**, 307 (1952).

[7] Die Ausscheidung von C aus dem tetragonalen Martensit wurde besonders von K. H. JACK [J. Iron Steel Inst. **170**, 251 (1952); Acta crystallogr. **3**, 392 (1950)] untersucht.

unterhalb des Martensitpunkts. Ihre Aktivierungsenergie wurde an einer Fe-Legierung mit etwa 23% Ni und 3% Mn bei — 196° C zu 6,1 kcal/Mol, bei — 90° C zu 13,9 kcal/Mol gemessen[1].

Bei Temperaturen in der Nähe und oberhalb des Martensitpunkts läuft dieser Vorgang viel zu langsam ab, als daß er die dort mit keiner merkbaren Verzögerung verbundene Keimbildung erklären könnte, der eine Aktivierungsenergie von nur 1 bis 2 kcal/Mol zukommen dürfte (vgl. Ziff. 7). Trotzdem führt er zu den gleichen Keimen wie dort. Vermutlich beruht er auf einer Wanderung von Versetzungen, die weiter voneinander entfernt sind als diejenigen der primär gebildeten Keime und die daher andere Versetzungen schneiden müssen, um den Keim zu bilden. Die dazu nötige Aktivierungsenergie, die zunächst etwa 90 kcal/Mol beträgt, wird (wie beim plastischen Kriechen) durch die von der chemischen Energie herrührende Schubspannung stark und temperaturabhängig verkleinert.

III. Umwandlungen regelloser in regelmäßige Atomverteilung.

19. Beobachtungen bei Au—Cu. Die Umwandlung regellos—regelmäßig in Substitutions-Mischkristallen, z. B. in der Nähe der Zusammensetzung AuCu und $AuCu_3$, ist zweifellos kein diffusionsloser Vorgang [4]. Trotzdem geht sie vielfach so schnell vor sich, daß nur durch sehr rasches Abkühlen über den kritischen Punkt hinweg, die die regelmäßige Verteilung nach oben begrenzt, die ersten Stadien des Vorgangs unterdrückt werden können. Dies ist verständlich, weil hier sicher ein Fall präformierter Keimbildung vorliegt. Nach BETHE[2] besteht ja auch oberhalb des kritischen Punktes eine lokale regelmäßige Verteilung (Nahordnung), die bei Annäherung an diesen stetig zunimmt, während erst unterhalb der kritischen Temperatur die Fernordnung im thermodynamischen Gleichgewicht ist. Diese Temperatur hat thermodynamisch die gleiche Bedeutung wie die Spinodalentemperatur in Ziff. 12, insofern man die Fernordnung als Nahordnung mit unendlich großen Umfang der Nahordnungskomplexe betrachten kann.

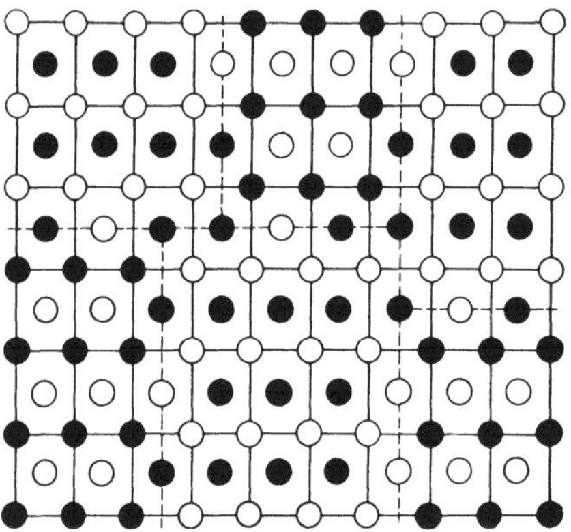

Fig. 14. Zwischenzustand von AuCu, nach raschem Abkühlen aus der regellosen Verteilung.

Die beim Überschreiten des kritischen Punktes vorhandenen Keime haben also noch keine Fernordnung (sie haben eine „phasenverschobene" Atomverteilung). Beim Wachstum der Keime, bei dem unter Umständen auch ungünstig orientierte von den stabileren aufgezehrt werden, entsteht daher notwendig der in Fig. 14 dargestellte „Zwischenzustand", dessen atomistische Struktur durch die Kombination[3] von Röntgeninterferenzen und Messungen des elektrischen Widerstandes gesichert sein dürfte. Zwischen den phasenverschobenen „Kernen" mit regelmäßiger Atomverteilung befinden sich Bereiche, die etwa einen Atomabstand dick sind und noch regellose Verteilung tragen. Im allgemeinen ist die Ausdehnung der Kerne viel kleiner als die der gesamten kohärenten Gitterbereiche, was auf den Röntgenaufnahmen daran zu erkennen ist, daß die von

[1] C. H. SHIH, B. L. AVERBACH u. M. COHEN: J. Metalls 7, 183 (1955).
[2] H. BETHE: Proc. Roy. Soc. Lond. A **150**, 562 (1935).
[3] F. W. JONES u. C. SYKES: Proc. Roy. Soc. Lond. A **161**, 440 (1937); **166**, 376 (1938).

der Fernordnung herrührenden „Überstrukturlinien" wesentlich stärker verbreitert sind als die sonstigen Interferenzen. Die Grundzelle des Gitters, die sich bei der Umwandlung mehr oder weniger stark ändert, hat im Zwischenzustand schon nahezu die dem endgültigen Gleichgewicht zukommende Form; insbesondere besitzt sie bei AuCu mit großer Näherung schon das tetragonale Achsenverhältnis des Endzustands. Bei AuCu weist der Zwischenzustand eine außergewöhnliche Härte auf, die bei weiterem Ausglühen wieder zurückgeht[1].

Besonders bemerkenswert ist nun, daß die Ausdehnung der genannten Kerne mit zunehmender Störungsfreiheit des Kristalls immer kleiner wird[2]; schon ganz geringe Deformationen der Einkristalle vor der Umwandlung verringern die Breite der Überstrukturlinien beträchtlich. Vermutlich ist dies in folgender Weise zu erklären: Die präformierten Keime werden zunächst ohne Mitwirkung von Versetzungen vergrößert. Im ungestörten Gitter erreicht die Umwandlungsgeschwindigkeit dann ein Minimum, wenn diese ursprünglichen Keime zusammenstoßen und Kerne von etwa 100 Å Durchmesser entstehen. Wie in Ziff. 11 ist die Geschwindigkeit im zweiten Stadium des Vorgangs, in dem einzelne Keime aufgezehrt werden, kleiner. Sind aber Versetzungen in der Nähe, an denen sich die regellos verteilten Kerngrenzen stabilisieren, so tritt das genannte Minimum nicht auf, die Kernvergrößerung geht mit großer treibender Kraft und Geschwindigkeit solange weiter, bis ein durch die Versetzungen bestimmter, daher wesentlich größere Kerne enthaltender metastabiler Zwischenzustand erreicht ist.

Literatur.

[1] Masing, G.: Lehrbuch der allgemeinen Metallkunde. Berlin 1950.
[2] Houdremont, E.: Handbuch der Sonderstahlkunde. Berlin 1943.
[3] Hollomon, J. H., and D. Turnbull: Nucleation. Progr. Met. Phys. **4**, 333 (1953).
[4] Smoluchowski, R.: Phase Transformations in Solids. New York 1951.
[5] Volmer, M.: Kinetik der Phasenbildung. Leipzig 1939.
[6] Cohen, M., E. S. Machlin and V. G. Paranjpe: Thermodynamics in Physical Metallurgy. Amer. Soc. Metal **1950**.
[7] Dehlinger, U.: Die verschiedenen Arten der Ausscheidung. Z. Metallkde. **29**, 401 (1937).
[8] Hardy, H. K., and T. J. Heal: Report on Precipitation. Progr. Met. Phys. **5**, 143 (1954).
[9] Cohen, M.: Phase Transformations in Solids. Cornell Rep. New York u. London 1951.
[10] Köster, W.: L'Etat Solide. Congr. de Physique Solvay, Brüssel 1952.
[11] The Mechanism of Phase Transformations in Metals. The Inst. of Metals, Monogr. and Report Ser. No. 18, 1956.
[12] Turnbull, D.: Phase Changes. Solid State Physics, Bd. 3, S. 225. New York 1956.
[13] Schwiete, H. E., u. H. Stollenwerk: Messungen der Umwandlungsgeschwindigkeit von Quarz in Cristobalit und Tridymit. Arch. Eisenhüttenw. **26**, 583 (1955); **28**, 17 (1957).
[14] Mackenzie, J. K., u. J. S. Bowles: The Crystallographic of Martensite Transformations. Acta met. **2**, 192, 138, 224 (1954); **5**, 137 (1957).

[1] Nach C. H. Johansson und J. O. Linde [Ann. Phys. **26**, 1 (1936)], sowie A. Guinier und R. Griffoul [Rev. Métall. **45**, 387 (1948)], K. Schubert, B. Kiefer und M. Wilkens [Z. Naturforsch. **9**a, 987 (1954)] treten außerdem Gitter mit großen Periodenlängen der Ordnung auf, die vermutlich kinetisch bei bestimmten Wärmebehandlungen aus dem angegebenen Zwischenzustand sich bilden.

[2] U. Dehlinger u. L. Graf: Z. Physik **64**, 359 (1930). — K. Oshima u. G. Sachs: Z. Physik **63**, 210 (1930). — W. Gorsky: Z. Physik **60**, 64 (1928). — U. Dehlinger: Acta met. **1**, 492 (1953).

Sachverzeichnis.

(Deutsch-Englisch).

Bei gleicher Schreibweise in beiden Sprachen sind die Stichwörter nur einmal aufgeführt.

Subject Index.

(English-German.)

Where English and German spelling of a word is identical the German version is omitted.

Zeitfracht Medien GmbH
Ferdinand-Jühlke-Straße 7
99095 Erfurt, Deutschland
produktsicherheit@kolibri360.de